INFORMATION

정보 거버넌스

GOVERNANCE

조성갑/김계철/안종철 Ph.D

D.B.Info

이 책을 지으며

1967년 경제기획원 산하의 조사통계국에 인구조사를 위하여 우리나라에 IBM 1401컴퓨터를 최초로 도입한 이래 전 세계가 부러운 눈으로 IT강국의 실체를 경험하고 그 효과성을 보기위하여 수많은 국가와 관련인사들이 내한하고 있다 실제로 우리나라 전자정부(e-Government)를 개발 초기에 11영역으로 나누어 개발 된 시스템은 UN에서 6년 연속 세계 1위의 IT 강국임을 공표하고 있다. 어디 이뿐이랴 IOT로 시작되는 사물인터넷과 지능정보 사회의 도래와 진입은 정보를 어떻게 만들고 어떻게 활용하느냐의 결정에 따라서 앞으로 다가올 4차 산업시대의 First Mover로 갈 것인가? Next follower로 남을 것인가의 결정지을 것이다.

이러한 변화를 미리 예견했던 세계적인 미래학자인 앨빈 토플러는 그의 저서 『제3의 물결』에서 산업과 국가 사회의 성공을 좌우하는 요인은 옛날처럼 교통수단이 아니고 우리가 경험하고 있는 정보통신기술이며, 따라서 정보운영체계를 새로운 방식으로 끊임없이 개발하고 이를 잘 활용 운영하는 자는 살아남을 것임에 틀림없다고 할 것이다.

AI기술을 이용한 컴퓨터가 이세돌 기성과 대결하여 4 : 1로 이기는가 하면 미국 대선에서는 도널드 트럼프가 이긴다는 예상을 적중시키도 하였다 또한, 미국 뉴욕 시는 빅데이터 기술을 적용하여 탈루세금 54억 달러를 찾아냈고 구글은 무인 자동차를 개발하였다.

가상현실(VR) 증강현실(AR) 3D산업, 무인자동차, 드론(Drone), 전자화폐(FinTech), MOOC(Massive Online Open Course), 원격진료, Deep Learning, 가상현실, 전자정부, 지능형 로봇 등의 출현과 이의 개발 및 활용 여하에 따라서 개인, 기업, 국가의 경쟁력 지수와 발전의 속도를 가늠하게 될 것이며 이는 크게 보아서 통신기술과 정보기술(SW)이 결합하여 나타난 새로운 영역이라고 할 수 있다. 정보통신 즉 IT로 대변되는 기술과 응용에는 소프트웨어가 세상을 먹어치우고 있으며 자동차 항공기 기술의 60%이상이 정보기술임은 이미 증명되었다.

이 정보들의 개발과 활용을 위하여 제 1장에서는 IT와 융합경영을 다루면서 IT와 산업융합, BI(Business Intelligence), 핀테크, Big Data를 다루었다.

제2장에서는 지속가능 경영과 IT와의 함수관계를 IT 거버넌스, IT ROI(Return On Investment), IT 컴플라이언스 그리고 사이버공간에서 자행되고 있는 해킹, IT윤리와 기업가치 부분을 설명하였다. 앞으로 다가올 대부분의 기술변화와 정보기술을 활용한 미래사회상을 그리고 그 대비책으로 저술하였다.

제4차 산업혁명이 눈앞에 다가 온 이즈음 여기에 더 나아가 엘빈 토플러는 "제3의 물결" 이후 15년 만에 내놓은 그의 저서 "미래쇼크"를 통해 다가오는 제4물결을 예견하고 경제에서 사회제도, 비즈니스부터 개인의 삶까지 미래 세계를 조명하였다. 여기서 그는 혁명적 부 창출의 요인으로 시간, 공간, 지식을 꼽았으며, 그는 자칫 평범해 보일 수도 있는 이 요인을 비즈니스는 물론 경제, 사회 전반을 주관하는 기반(fundamentals, 펀더멘털) 내면 깊숙한 곳에서부터 작용하고 있는 심층 기반(deep fundamentals)으로 규정하였다.

정보사회의 의미와 내용에 대한 논의가 다양함에도 불구하고 자원으로서 정보가 갖는 가치와 중요성에 대해서는 그 누구도 부인할 수 가 없다.

정보가 생성 된 이후에도 소비에 의하여 고갈되지 않는 자원적 의미에서 정보는 그 가치를 더하고 있으며 농경 사회의 토지에서 공업사회의 공산품으로, 정보 지식사회의 정보로, 경제 및 사회 발전에 따른 재화 가치의 변화를 통해 정보의 가치가 증대되고 있는 것을 확인할 수 가 있다.

정보는 사용하는 용도에 따른 가치 판단(정보의 사용성), 결합 가공되어 새로운 정보가 생성될 때 가치가 증대되며(누적 효과성), 아무리 좋은 정보라도 좋은 결과를 얻지 못하면 정보로서의 가치가 소멸된다(결과 지향성)

여기에 대해 본서는 정보 거버넌스의 개념을 시작으로 정보의 가치 증대를 위해서는 사전에 어떠한 시스템이 준비되어 있어야 하고 그러한 시스템들은 어떻게 구축되었고 활용할 것인가를 중점적으로 설명하였다.

본서가 정보의 가치를 이해하고 이를 통한 활용이나 미래경영혁신에 관심이 있는 학생이나 실무자에게 다소나마 참고가 되었으면 다행이며, 여러 가지 사정으로 좀 더 충분한 연구시간을 가지지 못한 관계로 부족한 점을 정정 보완할 생각이다.

끝으로 본서를 출판할 수 있도록 도와주신 복두 출판사의 송광헌 사장님과 출판국의 후위에 감사드리며, 특히 김동원 조교의 노고에 진심으로 사의를 표하는 바이다.

2016년 12월20일

저자 조성갑, 김계철, 안종철

목 차
Table of Contents

제 2 장 지속가능 경영과 IT 윤리

Management
Intelligence
Business
IT
FIN TECH
Governance
BIG DATA
Information
Governance

제 1 장

융 합 경 영

제 1 절 IT와 4차 산업 혁명

1. 4차 산업혁명과 IT 융합의 개요

제4차 산업혁명의 시대를 맞이하여 전 세계 여러 산업 영역에서는 어떻게 변화를 준비해야할지 논쟁이 뜨겁다. 사실 제4차 산업혁명과 관련한 논의는 IT기술과 인터넷의 보급이 확대되면서부터 꾸준히 진행되어 왔지만, 세계적 화두로써 공식화한 계기는 2016년 스위스 다보스에서 열린 제46차 세계경제포럼(World Economic Forum, WEF)이라고 할 수 있다. 이 포럼에서 채택된 핵심 주제가 바로 '제4차 산업혁명의 이해'였다.

1차 산업혁명의 핵심이 기계화를 통해 증기와 물의 힘으로 기계적인 힘의 사용과정을 혁신시킨 것이었다면, 2차 산업혁명은 전기 에너지를 이용한 지구적 대량생산 체제를 구축한 것이며, 3차 산업혁명은 정보기술을 이용한 자동화 생산체계와 인터넷 보급을 통한 디지털 혁명이라 할 수 있다.

〈표 4-1〉 산업 혁명의 과정

1차 산업혁명	2차 산업혁명	3차 산업혁명	4차 산업혁명
기계화를 통해 증기와 물의 힘을 혁신적으로 발전	전기에너지를 이용한 대량생산체제 구축	정보기술을 이용한 자동화 생산체계와 인터넷 보급(디지털 혁명)	다양한 기술의 융합 및 인공지능 중심의 인지혁명

그리고 현재 우리는 다양한 기술의 융합과 인공지능 중심의 인지혁명을 결합한 제4차 혁명의 단계를 맞고 있다. 그 대표적인 기술로 인공지능, 3D 프린팅, 자율주행 자동차, 사물인터넷, 바이오테크놀로지 등이 거론되고 있다.

〈표 4-2〉 제조업의 산업 혁명의 과정

구 분	1차 산업혁명	2차 산업혁명	3차 산업혁명	4차 산업혁명
시기	18세기 후반	20세기 초반	1970년 이후	2020년 이후
혁신부문	증기의 동력화	전력, 노동 분업	전자기기, ICT 혁명	ICT와 제조업 융합
커뮤니케이션 방식	책, 신문 등	전화기, TV 등	인터넷, SNS 등	사물인터넷, 서비스 간 인터넷(IoT & IoS)
생산 방식	생산 기계화	대량생산	부분 자동화	시뮬레이션을 통한 자동 생산
생산 통제	사람	사람	사람	기계 스스로

* 자료: 현대경제연구원

이를 제조업의 혁신단계로 설명하면 4차 산업혁명기에는 *ICT[1]와 제조업의 융합으로 산업기기와 생산과정이 모두 네트워크로 연결되고, 상호 소통하면서 전사적 최적화를 달성할 것으로 기대되고 있다.

- 기술의 진보로 공장이 스스로 생산, 공정통제 및 수리, 작업장 안전 등을 관리하는 완벽한 스마트 팩토리(Smart Factory)로 전환
- 스마트 팩토리는 생산기기와 생산품 간 상호 소통체계를 구축해 전체 생산 공정을 최적화 · 효율화하고, 산업 공정의 유연성과 성능을 새로운 차원으로 업그레이드

가. IT융합과 4차 산업혁명

기술과 기술의 소통, 융합이 세상을 바꾸고 있다. 융합의 확산은 기존의 상식을 뛰어넘는 혁신을 바탕으로 우리 앞에 새로운 세상을 열고 있다. 특히 융합은 의료 · 건강, 안전, 에너지 · 환경 등 미래의 사회적 문제를 해결해 나갈 수 있는 가장 효과적인 해법이라는 점에서 더 주목된다.

세계적인 미래학자 엘빈 토플러는 21세기를 "융합의 시대"로 규정하고 "한국의 미래는 융합기술에 달려있다"고 조언했다.

토플러의 뒤를 잇는 미래학자로 평가받는 대니얼 핑크 역시 21세기를 융합과 콘셉트의 시대라고 정의했다. 그는 "융합이란 1 + 1이 2가 아니라 3이상의 가치를 창조하는 것"이라며 "융합

1) ICT: 정보통신기술(Information & Communication Technology) 또는 간략하게 정보기술 IT(Information Technology, IT)로 쓴다.

시대에 성공하기 위해선 여러 재료를 섞어 더 훌륭한 맛을 내는 비빔밥 요리사가 돼야한다"고 설명했다.

1) 4차 산업혁명의 정의

국내외 다수의 문헌들은 제4차 산업혁명을 조금씩 다르게 정의하고 있으나, 일관적인 입장은 ICT에 기반을 둔 새로운 산업혁신 시대의 도래에 주목하고 있으며, 제4차 산업혁명은 「Industry 4.0」이라고도 표현하기도 한다.

다보스포럼은 4차 산업혁명이 3차 산업혁명의 더욱 확장된 개념으로서 속도(Velocity), 범위(Scope) 그리고 시스템에 미치는 영향(System Impact)이 매우 크다고 발표하였으며 이는 전례가 없는 획기적인 기술 진보 속도(Velocity), 모든 국가와 모든 산업 분야에 미치는 영향력(Scope) 그리고 생산, 관리, 구조 측면의 모든 시스템을 변화(System Impact)시킨다고 하였다.

또한, 다보스포럼은 4차 산업혁명의 대표적인 기술로 인공지능, 로봇, IoT, 무인자동차, 3D 프린팅, 나노, 바이오공학 등을 언급하였다.

〈표 4-3〉 다양한 4차 산업혁명의 정의

출처	정 의
위키피디아 백과사전	제조기술 뿐만 아니라 데이터, 현대 사회 전반의 자동화 등을 총칭하는 것으로서 Cyber-Physical System과 IoT, 인터넷 서비스 등의 모든 개념을 포괄
다보스포럼 자료	디지털, 물리적, 생물학적 영역의 경계가 없어지면서 기술이 융합되는 인류가 한 번도 경험하지 못한 새로운 시대
매일경제용어사전	기업들이 제조업과 정보통신기술(ICT)을 융합해 작업 경쟁력을 높이는 차세대 산업혁명을 의미

* 자료: WIKIPEDIA, 현대경제연구원, 매일경제용어사전

2) 4차 산업혁명의 주요 기술

다보스 포럼을 비롯해 제4차 산업혁명에 대해 언급하는 대다수 전문가들과 문헌에서는 주요 기술로 IoT, CPS, 빅 데이터 그리고 인공지능을 언급하였으며, 전문가들은 ICT 관련 기술 대부분이 제4차 산업혁명에 활용될 것으로 언급하면서, 그 핵심에는 위 4개의 기술이 주요하게 활용될 것으로 전망하였다.

실제 주요 선진국의 제4차 산업혁명 대응정책의 중심에도 앞서 언급된 4가지 기술이 주축을 이루고 있으며, 이를 중심으로 대응정책이 구성 및 추진 중에 있다. IoT, CPS, 빅 데이터 그리고 인공지능에 의한 제4차 산업혁명은 시스템의 지능성이 월등해지고(초지능성), 모든

사물과 시스템이 연결되며(초연결성) 향후 일어날 일에 대한 예측 역시 가능(예측 가능성)할 것으로 예상한다.

세계 경제의 패러다임이 단순한 기술의 고도를 넘어서 융합을 통해 새로운 가치를 창출하는 시대로 급속히 전환하고 있다. 18세기 노동자본 중심의 농경시대, 19세기 산업화시대, 20세기 통신과 정보기술(IT) 기반의 정보화시대를 거쳐 21세기는 IT를 기반으로 서로 다른 2개 이상의 기술과 산업이 소통하는 융합시대에 접어든 것이다.

이를 반증하듯 세계 곳곳에서는 융합시장의 주도권을 잡기 위한 총성 없는 전쟁을 벌어지고 있다. 산업발전과 국민의 삶의 질 향상을 위해 융합 원천기술 개발 및 신산업 육성, 생활밀착형 융합 확산을 국가 차원에서 전략적으로 추진하고 있다.

미국은 IT융합의 원천기술 개발을 위한 연구개발(R&D)을 공격적으로 확대하고 있다. 국가과학기술위원회(NSTC)는 융합 SW, 고성능 컴퓨팅, 로봇 등 IT융합의 기반이 되는 원천기술에 대한 R&D 투자를 늘리고 있으며 기후변화대응, 에너지, 의료, 교육, 물류, 보안 등 사회 전반에 IT융합을 촉진할 수 있는 신규 R&D 영역을 발굴하는데도 역량을 기울이고 있다.

유럽연합(EU)은 지난 2000년대 중반부터 범 유럽 차원에서 지식사회 촉진을 위한 IT융합기술 발전전략(EIPKIS)을 추진하고 있다. 회원국 R&D 프로그램인 제7차 프레임워크 프로그램(FP7)을 통해 환경, 에너지, 의료, 복지, 제조업 등 IT융합 도전과제를 설정하였다.

〈표 4-4〉 4차 산업혁명의 주요기술

기 술	내 용
IoT (Internet of Things)	· 사물인터넷이라고도 하며, 사물에 센서가 부착되어 실시간으로 데이터를 인터넷 등으로 주고받는 기술이나 환경을 의미 · IoT가 도입된 기기는 사람의 개입 없이 상호간 정보를 직접 주고받으면서, 필요에 따라 정보를 해석하고 스스로 작동하는 자동화된 형태
CPS (Cyber-Physical System)	· 로봇, 의료기기 등 물리적인 실제의 시스템과 사이버 공간의 소프트웨어 및 주변환경을 실시간으로 통합하는 시스템 · 기존 임베디드시스템의 미래지향적이고 발전적인 형태로서 제조시스템
빅 데이터	· 디지털 환경에서 생성되는 다양한 형태의 데이터를 의미하며 그 규모가 방대하고 생성 주기도 짧은 대규모의 데이터를 의미 · 증가한 데이터의 양을 바탕으로 사람들의 행동 패턴 등을 분석 및 예측할 수 있고, 이를 산업 현장에 활용할 경우 시스템의 최적화 및 효율화 등이 가능
인공지능	· 컴퓨터가 사고, 학습, 자기계발 등 인간 특유의 지능적인 행동을 모방할 수 있도록 하는 컴퓨터공학 및 정보기술의 한 분야 · 단독적으로 활용되는 것 외에도 다양한 분야와 연결하여 인간이 할 수 있는 업무를 대체하고, 그보다 더욱 높은 효율성을 가져올 것으로 기대가 가능

일본의 경우 IT융합을 통한 신산업 육성과 생활밀착형 기술개발에 주력하고 있으며 에너지, 의료, 로봇, 자동차, 농업, 콘텐츠 등 IT 융합 기반의 시스템 형 신산업 육성을 위해 6대 중점분야 선정하고 육성전략을 추진하고 있다. 안전, 환경, 의료를 중심으로 한 27개 분야의 인간생활 지원형 IT 융합기술 개발도 오는 2030년까지 정부 차원에서 집중 지원한다.

세계의 공장 중국도 단순 제조업에서 탈피해 산업고도화를 이루기 위한 전략으로 IT융합 활성화를 추진하고 있다. 중앙정부 차원에서 차세대 정보기술, 바이오산업, 에너지절약 및 환경보호, 고성능 장비제조, 신에너지, 신소재, 신에너지 자동차 등 7대 전략적 신흥 산업 및 서비스산업 육성 전략을 제시하고 강한 드라이브를 걸고 있다.

나. 융·복합의 개념

1) 융합의 사전적 의미

- Fusion: 서로 다른 두 개 이상의 것이 모여 구별 없이 합쳐지는 것
  - 생물학: 식물의 기관끼리 합쳐지는 현상, 세포의 경우는 생식세포의 융합, 즉 접합 또는 수정이 대표적인 예, 동물 융합, 이류 융합(adnation)
  - 원자력: 원자핵과 원자핵 또는 원자핵과 입자가 결합하여 한 개의 원자핵이 되는 것
  - 의 학: 좌우 눈의 망막에 찍혀진 동일 목표의 상을 하나로 합쳐서 단일시하는 동작
- Convergence(수렴): 독립적으로 존재하던 개체들(예: 학문, 기술, 산업, 제품/서비스, 문화 등)의 화학적 결합을 통해 가치가 커진 새로운 개체를 창조하는 것

2) 융합의 정책상 정의: Convergence

- 산업융합촉진법: "산업융합"이란 산업 간, 기술과 산업 간, 기술 간의 창의적인 결합과 복합화를 통하여 기존 산업을 혁신하거나 새로운 사회적·시장적 가치가 있는 산업을 창출하는 활동
- 국가융합기술발전 기본계획: "융합기술"이란 NT(Nano Technology), BT(Bio Technology), IT(Information Technology) 등의 신기술 간 또는 이들과 기존 산업·학문 간의 상승적인 결합을 통해 새로운 창조적 가치를 창출함으로써 미래경제와 사회, 문화의 변화를 주도하는 기술

3) 복합의 사전적 의미

둘 이상이 거듭 합쳐지거나 그것을 합쳐 하나를 이루는 것 또는 거듭 합쳐지거나 섞여 하나로 만들어지게 되는 것으로, 대표적인 예로서 프린터와 복사기 그리고 팩시밀리의 기능을 합친 복합기를 들 수 있다.

4) 융 · 복합의 일반적인 형태

융합은 결합이 진행된 정도에 따라 패키지, *하이브리드[2], 퓨전으로 구분할 수 있으며, 이를 포괄하는 용어로 융합(Convergence)이라 부른다.

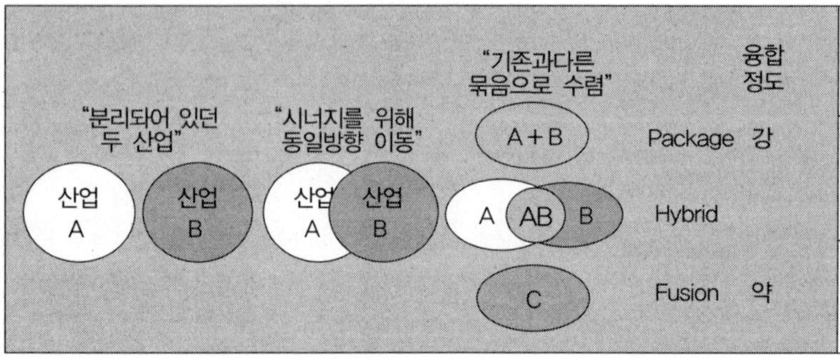

- 패키지 상품 (렌트카 + 호텔 + 항공 + 관광지)
- 하이브리드 자동차 (기존엔진과 하이브리드 엔진간 기계적 융합)
- 스마트 폰 (인터넷, 통신, 컨텐츠간의 화학적 융합)

2. 산업융합

가. 산업융합의 개념

우리나라 산업융합촉진법 제2조 1항에서 정의한 바와 같이 "산업 융합"이란 산업 간, 기술과 산업 간, 기술 간의 창의적인 결합과 복합화를 통하여 기존 산업을 혁신하거나 새로운 사회적 · 시장적 가치를 창출하는 활동을 말한다.

여기서 가치창출이란 이종 기술 · 기능 간의 단순한 결합이 아닌 융 · 복합의 결과물이 다음과 같이 사회적 또는 경제적으로 충분한 고부가가치를 창출해야 한다는 것을 의미한다.

2) 하이브리드: 특정한 목적을 달성하기 위해 두 개 이상의 기능이나 요소를 결합한 것

- 경제적 가치: 유망 신기술 · 신시장 창출, 고용창출 효과, 중소기업 육성 등에 기여
- 사회적 가치: 건강 · 복지 · 안전 등 사회적 니즈 충족, 친환경, 에너지 문제 등에 기여

나. 산업융합의 시대적 변화

산업 융합의 개념과 범주는 기술의 발달, 시대적 · 사회적 환경 등에 따라 다음과 같이 유동적으로 변화하고 있다.

- 첫째: 기능 복합의 시대로서 대표적인 제품으로는 프린터 복합기라든지 냉 · 난방기 등이다.
- 둘째: 기술결합의 시대로서 이 시대에는 나노기술과 IT 반도체기술이 결합된 나노 반도체 기술 그리고 나노기술과 로봇기술이 결합된 미세 나노 로봇 등이 대표적인 기술이다.
- 셋째: 가치 융합의 시대로서 기술적 요소와 인문 · 예술 분야의 상승적 결합을 통해 수요자 니즈를 반영한 새로운 사회 · 경제적 가치창출을 의미한다. 예를 들면 건강 · 웰빙 수요증대, u-IT 기술과 BT · 의학기술 등이 결합하여 u-Health 서비스가 나타나고, LED 조명기술과 도시건축설계 그리고 감성예술이 결합되어 도시경관의 감성조명시스템 기술이 탄생하는 것 등이다.

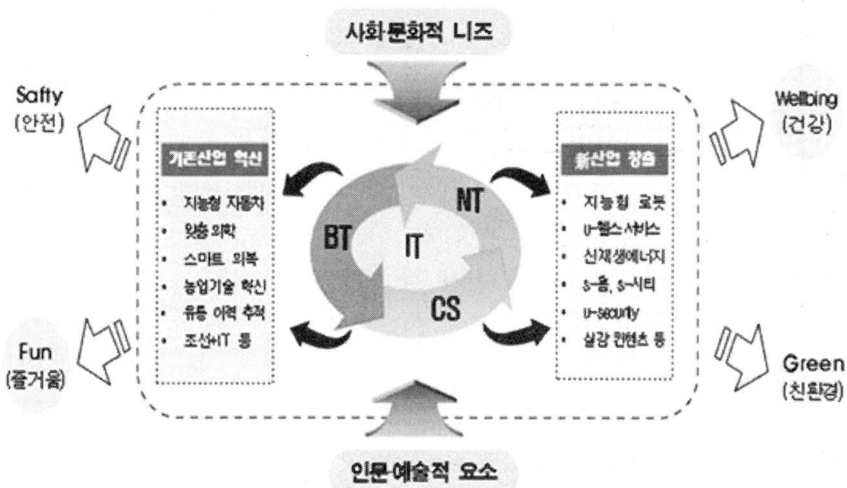

최근에는 수요자의 니즈가 복잡 다양해지면서 인문 · 예술 분야를 포괄하는 개념으로 상기 그림과 같이 "산업융합"의 범주가 확장되고 있다. 즉, 산업융합의 범주는 안전, 즐거움, 편안함, 건강, 친환경 등으로 확산되고 있는 것이다.

3. 국내외 산업융합 현황

가. 국내 산업융합의 요인과 정부의 정책 비전

산업융합은 "기존산업의 성장 둔화", "핵심요소 기술의 혁신", "가치관 및 생활패턴의 변화"를 배경으로 글로벌하게 확산되고 있다.

1) 기존산업의 성장 둔화

- 글로벌 경제위기 확산: 2012년 유럽 재정 · 금융위기 이후 수출주도형 국가인 우리나라는 유럽 등 선진국의 경기침체 확산으로 교역이 정체되어 경제적인 어려움이 예상되고 있다.
- 우리나라의 5대 주력산업이 전 세계적으로 공급과잉 품목에 해당되고 있어 국가에서도 새로운 먹거리를 창출해야 하므로 새로운 산업융합 정책이 필요하다.

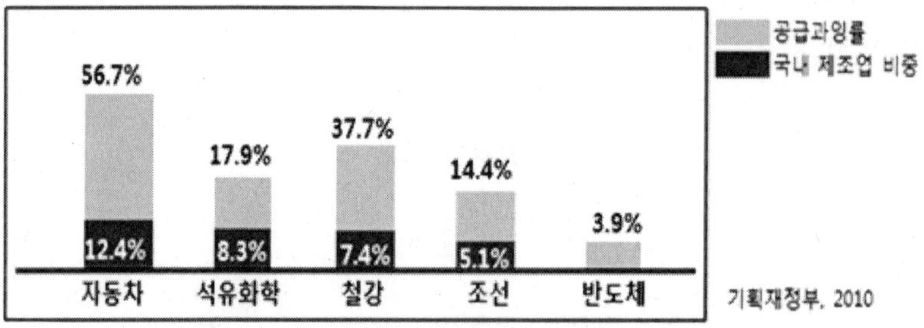

- 자동차 · 철강 · 석유화학 · 조선 · 반도체
- 자동차산업 공급 과잉률 56.7%, 철강 37.7%,

2) 핵심기술요소의 혁신

- 정보통신 인프라 확산 및 기술 고도화
  - 스마트 IT 인프라 구축으로 게임, 커머스, 보안, 광고 등 분야의 서비스 활성화 및 자동차/조선/금융 인프라 등에서 ICT 융합 가속화

  * Wibro 조선소, u-City, 모바일 뱅킹, 스마트 카 개발 등
  - 저 전력 소모기술 개발, 디바이스 용량 확대, 클라우드 서비스 도입 등으로 하이브리드 서비스의 지속적 발전

  * 저 전력 IT 인프라 구축, 감성기반서비스 제공, 스마트 그리드 구축

- 초미세 공정 제어기술 발달
  - 나노 물질의 개발 및 환경, 에너지, 정보통신기술 등 다양한 분야에의 응용을 통해 나노 기반 시장이 확대되고 있다.
  - 나노기술은 5년 이내에 디스플레이, 나노 소재 제조, 에너지 소자 등의 분야에서 산업화가 기대되고 있다.
  * IT: 자유로운 정보의 활용을 통한 편의성과 안전성 증진
  * BT: 생명의 비밀을 탐구하여 누구나 건강한 삶을 구현
  * NT: 나노 제어를 통해 원하는 특성을 갖는 (작고 가볍고 강한)재료 개발

3) 가치관 및 생활패턴의 변화

- 고령화 확산에 따라 건강관리 및 질병치료에 대한 관심 증대
  - 웰빙 문화의 확산 및 건강관리에 대한 개개인의 관심이 증대되고 있다.
  * u-health: 일상생활에서 건강관리의 용이성을 높이기 위해 원격진료 서비스 제공
  - 안전하고 정확한 진단 · 치료를 위해 의료 서비스 영역에서 신기술 적용 사례 증가하고 있다.
  * 로봇 수술: 정밀한 제어기술을 바탕으로 수술의 안전성 향상
  * 개인맞춤 의료: 개인의 유전적 특성에 맞추어 치료효과가 높은 치료제 개발

- 스마트하고 편리한 생활을 위한 맞춤형 서비스 요구
  - 필요한 기능을 선제적으로 제공해 주는 지능형 서비스가 확산되고 있다.
  * 지능형 자동차: 자동 주차기능, 차선 이탈방지 기능 등 운전자 맞춤형 기능 제공
  - 시간적 · 공간적 제약을 넘어 필요시 즉각 제공되는 서비스 요구가 증가하고 있다.
  * 스마트 콘텐츠: 스마트 폰, 스마트 패드 등의 단말기와 통신 서비스를 활용하여 e-book, 게임, 음악, 동영상 등의 콘텐츠를 언제 어디서나 다운로드 가능

- 감성적인 면과 체험을 중시하는 문화의 확산
  - 인간 감성이 적용된 소비자 친환경 제품 · 서비스 개발이 확산 되고 있다.
  * 감성제품: 오감을 통해 분위기 및 문화를 공유하는 제품 · 서비스 확산
  - 개인적 체험의 양과 질을 높여 즐거움을 얻는 문화가 확산되고 있다.
  * 3D/4D 영화: 가상적인 체험의 현실성을 높여 개인이 느끼는 재미 증가
  * 소셜 네트워크: 다수의 사람들과 관심사와 정보를 공유, 공간의 제약이 없는 인적 네트워크의 확대를 통해 사회적 즐거움 획득

4) 국내 산업융합촉진법의 정책 비전 및 방향

비전	융합으로 함께여는 행복 대한민국
목표	행복소득 4만불 (삶의 질 1위) 견인 ① (융합강국) 융합 중소 중견기업 육성 '10년 7,000개 ~ '17년 20,000개 ② (융합기반) 창의형 융합인재 '17년 10,000명 ③ (융합사회) 융합서비스 시장 창출: '10년 94조원 ➜ '17년 430조원

이 목표를 달성하기 위해서 크게 3가지 정책방향이 있다. 3가지 정책방향이라는 것은 첫째 더불어 풍요로운 산업 강국을 견인하겠다는 것으로 이것은 기존산업을 융합을 통해서 고도화하고 성장을 촉진하겠다는 의미이며, 둘째 창의적이고 열린 융합 인프라 조성은 기존 산업의 경쟁력 강화와 신산업의 창출을 이루어 낼 수 있도록 어떤 인프라를 조성하겠다는 것이며, 셋째로 건강하고 살기 좋은 사회 구현은 신산업 창출을 통해서 성장을 견인하겠다는 의미이다.

3대 정책방향에 대한 정책과제는 다음 표와 같다.

3대 정책방향	10대 정책 과제
① 더불어 풍요로운 산업 강국 견인	① 산업융합을 통한 산업 강국 실현 ② 인문 · 기술 융합형 미래 신산업 창출 ③ 기업간 산업융합 촉진기반 조성
② 창의적이고 열린 융합 인프라 조성	① 융합사회에 부응하는 법 · 제도 활성화 ② 창의 · 융합형 인재양성 기반 조성 ③ 융합형 R&D 혁신역량 강화
③ 건강하고 살기 좋은 사회 구현	① 헬스케어 융합을 통한 건강 100세 사회 촉진 ② 스마트 융합을 통한 편리 · 안전 생활 구현 ③ 감성 융합에 기반한 즐거운 문화 확산 ④ 녹색 융합을 통한 지속성장 역량 강화

나. 세계 산업융합 현황

산업융합은 "기존산업의 성장 둔화", "핵심요소 기술의 혁신", "가치관 및 생활패턴의 변화"를 배경으로 글로벌하게 확산되고 있다.

1) IT 융합 기술과 융합산업

차세대기술혁명은 IT, BT, NT 등 어느 한 분야에 국한되지 않는 신기술간 융합이 주도할 것으로 예측된다. 그 가운데서 1차적으로 IT 기반융합이 확산될 것으로 전망된다. 차세대 신성장 동력산업 중 IT 산업비중이 2010년 78%에 달할 것으로 보인다. 그 중에서 디지털 컨버전스 및 INBT 컨버전스를 거쳐 서비스 컨버전스로 이어지는 IT 기반 컨버전스를 통해 메가 컨버전스 패러다임이 정착될 것으로 기대된다.

세계적으로 글로벌화, 기술보호주의 팽배, 기술간 융·복합화 가속, 기술혁신주기의 단축 등에 편승하여 IT 산업이 향후 5 ~ 10년간 세계경제를 주도할 것으로 예상된다.

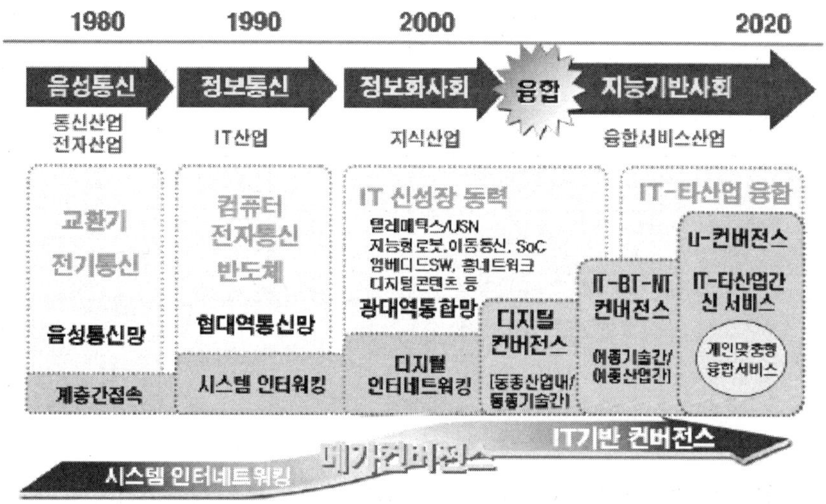

[그림 4-1] 시대에 따른 메가 컨버전스의 전개

또한, 디지털화가 급진전되면서 전 산업분야에 걸쳐 광범위하게 확대 적용됨에 따라, 전통산업 및 식·의약품, 유통·물류, 농업을 포함한 산업전반의 생산성 향상 및 경쟁력 강화를 위한 첨단 IT 기술의 적용이 확대되고 있다.

그뿐만 아니라 자동차·조선·항공 등 국내 주요산업들도 다양한 형태로 IT와의 융합을 통해 제2의 도약을 준비하고 있다. IT 산업은 '01년 IT 버블 붕괴에도 불구하고 우리나라뿐만 아니라 전 세계적으로도 경제성장에 있어서 GDP 제고, 수출경쟁력 강화, 물가 안정, 기술 리더쉽 제고 등 성장엔진의 역할을 꾸준히 수행하고 있다.

2) 산업융합 시장 전망

• 향후 융합시장은 건강 · 편의 · 안전 등 새로운 수요자 니즈에 부합하는 융합제품 · 서비스 품목을 중심으로 급격히 성장할 것으로 전망된다.

〈표 4-5〉 주요 분야별 시장 전망

단위: 억원

분 야	항 목	2011년	2020년
편의 · 안전	지능형 자동차	1,764	3,029
	지능형 로봇	462.8	3,448
	u-Security	500	1,248
소통 · 즐거움	융복합 콘텐츠	28,000	47,000
	e-러닝	300	1,316
건강 · 웰빙	u-Health	129	2,310
	바이오메디컬 진단 시스템	179	833
친환경 · 에너지	친환경 융합소재	12,000	93,000
	신 에너지 융합	21,000	53,000

- 편의 · 안전: 스마트 센싱, SW 기술 등이 결합된 "지능형 제품 · 서비스" 부각
- 건강 · 웰빙: IT · BT 기반의 원격의료, 바이오메디컬 분야 등
- 소통 · 즐거움: IT 기술과 인문 · 예술적 결합을 통한 융합 비스 지속 성장
- 친환경 · 에너지: 국제적 이슈화와 함께 친환경 · 신에너지분야 융합가속화

3) 주요국의 정책동향

우리나라를 비롯하여 주요국에서는 2000년대 이후 IT 융합을 산업육성과 사회적 인프라 및 자본축적, 사회문제 해결을 위한 차세대 성장 동력으로 선정하고 있다.

특히 최근에는 녹색성장의 중요성이 부각되면서 각국에서 IT와 녹색기술의 융합이 강조되고 있다. 이를 상술하면 다음과 같다.

• 미국

미국은 2002년 6월 차세대 융합기술의 선점과 삶의 질 개선, 인간의 수행능력 향상을 목표로 NBIC 전략을 수립하였다. 본 전략은 Nano, Bio, Info, Cogno의 4개 핵심기술을 기반으로 인간의 인지능력과 통신능력의 확장, 인간의 건강과 물리적 가능성 증대, 사회의 물리적 장벽제거와 사회구성원의 경제적 효율성 향상, 과학과 교육의 연결을 적극적으로 추진하고 있다.

2004년 수립된 Innovation America를 통해 미국은 IT 활용촉진을 국가 혁신전략으로 설정하고 IT를 활용하여 제조부문과 서비스부문의 연계를 적극적으로 추구하고 있다.

또한, 미국은 2006년 2월 국가경쟁력 강화 계획(ACI)을 수립하였다. 융합분야를 중심으로 연구개발 확대, 기술혁신, 세제 혜택 등을 주요 내용으로 하고 있으며 특히 이를 통해 2006년의 100억 달러에서 2016년의 200억 달러로 과학기술 및 혁신기업에 대한 기초연구 투자를 확대하였다.

그린 IT에 대한 중요성을 강조하여 미국은 신정부 등장 이후 그린뉴딜을 적극적으로 추진하고 있으며 그린산업을 육성하고 그린 IT 촉진을 위한 인프라 보급 및 확산에 주력하고 있다. 또한, 미국 PCAST(President's Council of Advisors Science and Technology)는 선진 제조기술 필요성에 대한 보고서를 지난 2011년 6월에 발표하였으며, 발표된 「REPORT TO THE PRESIDENT ON ENSURING AMERICAN LEADERSHIP IN ADVANCED MANUFACTURING」 보고서에 기반을 두고 오바마 정부는 AMP 프로그램을 추진하였다.

AMP(Advanced Manufacturing Partnership) 프로그램은 R&D 투자, 인프라 확충, 제조산업 플레이어 간의 협력 등을 토대로 제조 산업 전반의 활성화 및 변화를 도모하고 있다.

• EU

EU는 2004년 7월 지식사회 건설을 위한 융합기술 발전전략 수립인 CTEKS를 발표하고 적극적으로 추진하고 있다. CTEKS은 융합기술 투자를 통한 과학기술 연구의 장려, 산업경쟁력 강화, 유럽사회 및 국민의 요구 충족을 적극적으로 추구하고 있다.

또한, 2006년 수립된 Shaping Europe Future thought ICT를 통해 경제사회 전반에 걸쳐 ICT와 ICT 융합의 중요성을 강조하였으며, 2006년에 입안된 제7차 FP를 통해 융합기술개발 확대계획 및 집행전략을 구체화하였다. 이를 통해 IT, BT, 교통, 에너지 등의 융합부문을 중심으로 2007년부터 2013년까지 총 727.6억 유로의 투자를 집행하고 있다.

EU 집행위원회는 2008년에는 미래 융합산업 경쟁력 강화 및 조기 글로벌 경쟁력 확보를 위해 의료, 섬유, 건설, 바이오 등 6대 선도시장 육성 전략을 발표하고 부문 간 융합을 촉진하기 위한 다양한 프로그램과 투자를 집행하고 있다. 2009년 수립된 Future Internet 2009를 통해

EU는 IT 기반 융합의 중요성을 역설하고 집중적인 연구개발 투자를 권장하고 있다. EU의 개별국가에서 IT 융합을 적극적으로 추진하고 있는 나라로 영국(Building Britain's Future, 2009; Digital Britain, 2009), 프랑스(Digital France 2012, 2008), 독일(IKT 2020, 2007; Shaping the Digital Future in Germany, 2008)을 들 수 있다.

EU와 역내 주요 국가는 그린 IT를 적극적으로 추진하기 위한 전략을 설정하고 집행하고 있으며 특히 덴마크는 2007년 Green IT Action Plan을 수립하고 녹색 전략의 핵심으로 IT와의 융합을 적극적으로 추진하고 있다.

- 일본

일본은 2001년 제2차 과학기술 기본계획을 통해 IT, BT, NT, ET를 4대 전략부문으로 설정하였으며 일본이 강점을 지니는 제조기술과 융합기술과의 결합을 통해 상용화 전략을 추진하였다.

또한, 일본 경제 산업성은 2004년 신산업 창조전략을 수립하고 IT, BT, NT 등 신기술 간 융합 혁신을 통해 7대 신성장 산업을 집중적으로 육성하는 산업전략을 실행하였다. 일본은 본 전략을 통해 연료전지, 정보가전, 로봇, 콘텐츠, 보건의료, 환경에너지, 비즈니스 지원 서비스의 7개 분야를 단기간 실용화가 가능한 기술융합 분야로 선정하고 기술개발과 상용화를 위한 집중투자를 집행하였으며 일부 분야에서는 세계 최고의 기술선점이라는 성과를 이룩하였다.

2006년에 제3차 과학기술 기본계획과 총리실 산하의 IT 전략본부 주관으로 IT와의 융합을 통해 의료, 환경, 안전 등의 분야에서 구조개혁과 사회문제 해결을 위한 IT 신 개혁 전략을 수립하였다.

일본은 본 과학기술 기본계획을 통해 기술융합의 중요성을 강조하고 신흥영역과 융합영역을 중심으로 연구개발을 촉진하는 계획을 수립하였다. 또한, IT 신 개혁 전략을 통하여 연구개발 중점 추진분야로 세계를 선도하는 IT와 다른 분야의 융합을 촉진하는 IT로 구분하고 각각 집중적인 투자를 실행하였다.

2007년 총리주관으로 수립된 이노베이션 25를 통해 2025년 일본사회의 5대 목표를 설정하고 이를 달성하기 위한 기술전략과 기술로드맵으로 IT 기반 융합기술을 선정하였다.

본 총무성은 2008년 일본의 국제경쟁력 강화를 위한 ICT 연구개발 표준화 전략을 핵심으로 하는 UNS II 전략을 수립하고 집중적으로 실행하고 있다. 유니버셜 커뮤니케이션 기술(U), 신세대 네트워크 기술(N), ICT 안심안전기술(S) 등을 중점으로 연구 · 개발하며 UNS를 기반으로 융합산업 촉진 및 국민의 디지털 사회 실현 추구를 목표로 하고 있다. 본 전략은 동 년도에 발표된 ICT 성장력 강화플랜과 연계되어 ICT 활용을 통한 기존 산업의 혁신 및 디지털 역량 강화 추구로 이어지고 있다.

특히 일본은 2009년도에 스마트 u-Network 사회실현계획, i-Japan 전략 2015를 국가 발전전략으로 설정하고 경제 산업성을 중심으로 미래기술 전략지도 2025를 발간하였다. 이 전략들은 IT를 기반으로 융합의 촉진을 골자로 한다.

IT 융합을 통한 그린 전략의 핵심으로 일본은 2007년 그린 IT 이니셔티브(Cool Earth 50)와 2008년 저탄소사회 비전을 통해 그린 전략을 중점 추진하고 있다. 그린 IT를 통해 탄소 배출 감축효과를 극대화하고 환경보호와 경제성장이 양립하는 사회를 목표로 IT 분야 에너지 절약과 IT를 활용한 에너지 절약을 추진하고 있으며 산 · 학 · 관 · 연이 중심이 되어 그린 IT 추진협의회를 운영하고 있다.

- 대한민국

우리나라는 2008년 IT 융합 전통산업 발전전략을 수립하여 세계 최고수준의 IT 인프라를 활용하여 주력산업의 르네상스화를 추구하고 있으며 2008년 11월 국가과학기술위원회 및 교육과학기술부를 중심으로 국가융합 기술발전 기본계획을 확정하였다.

본 계획은 차세대 기술혁명을 주도할 융합기술을 체계적으로 발전시켜 의료 · 건강, 안전, 에너지 · 환경문제의 해결뿐만 아니라 신성장 동력인 융합 신산업 육성을 목표로 하고 있다. 이를 위해 원천융합기술의 조기 확보, 창조적 융합기술 전문인력 양성, 융합 신산업 발굴 및 지원 강화, 융합기술 기반 산업고도화, 개방형 공동연구 강화, 부처 간 연계 · 협력 · 조정체계 강화 등의 6대 추진전략을 설정하였다.

또한, 지식경제부는 2009년 1월 IT 융합시스템을 신 성장 동력으로 선정하고 융합기술 관련 신 산업 및 신 서비스를 발굴하며 융합기술에 의한 기존산업의 고도화, IT 기반 융합기술 및 융합부품 소재 육성과 인프라 확충, 융합기술의 기술이전 및 사업화 촉진, 표준화 제도 확립에 주력하고 있다. 우리나라는 2008년 저탄소 녹색성장을 국가 비전으로 설정한 이래, IT를 통한 그린 전략(Green of IT), IT의 그린전략(Green by IT)을 적극적으로 추진하고 있다. 녹색성장위원회를 중심으로 2020년 세계 7대 녹색강국을 목표로 설정하고 기후변화 적응 및 에너지 자립, 신성장 동력 창출, 삶의 질 개선 및 국가 위상 강화를 위한 10대 정책을 달성하기 위해 그린 IT를 적극적으로 활용하고 있다.

4. 이종 산업간 융합

가. IT 융합 R&D 전제 조건

융합기술이 NT, BT, IT 등 신기술 간 또는 이들과 기존 제품 · 산업 · 학문 · 문화 간의 상승적인 조합 · 결합을 통해 경제 · 사회적 파급 및 미래수요 충족을 위한 창조적 가치를 창출하는 기술로 새로이 정의됨에 따라 기존의 IT, BT, NT 등의 첨단 신기술 간 물리 · 화학적 결합의 의미를 확장하게 되었다. 새로운 정의에 의한 범위 확장은 다음 그림과 같이 IT 융합에서 그 진면목을 잘 볼 수 있다.

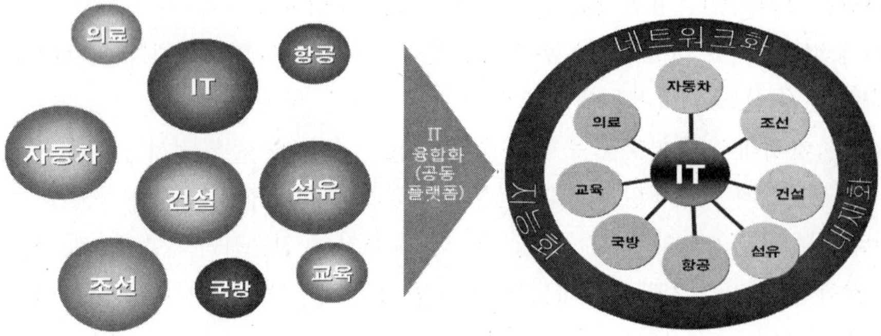

[그림 4-2] IT와 산업간 융합 개념도

최근 들어 원천기술력을 확보한 선진기업이 유형제품의 생산 · 판매에서 지재권 등 무형자산을 활용한 수익 창출로 비즈니스를 변화함에 따라 전략적 지재권확보의 중요성이 증대되고 있으며, 공공부문 R&D가 민간부문 R&D 및 설비투자를 견인하는 중요한 수단이 되기 때문에 공공 및 민간부문 간 역할분담을 통한 시너지 창출을 위해서는 체계적 기획에 의한 R&D가 필수적이다.

나. IT와 자동차 산업의 융합

1) IT와 자동차 융합의 정의

- IT와 자동차 융합은 첨단 IT 신기술을 기반으로 자동차의 센서 및 전자장치가 기능적,

유기적으로 상호 작용하여 운전자의 안전 및 편의성을 증대시켜 최적의 운전환경을 제공하는 것에 목적을 두고 있다.

- 자동차에 IT를 접목하여 편의성과 안전성 등을 높인 자동차의 고부가가치화에 기여하고, 자동차 IT 라는 새로운 IT 시장을 개척하여 IT 산업의 지속적 발전에 기여할 수 있다.
- 또한, 차량 공간의 편의성과 오락성, 주행의 안전성 등에 초점을 맞춰 휴먼 친화적인 자동차의 고급화를 달성할 수 있다.

2) IT 자동차 융합의 범위

〈표 4-6〉 IT-자동차 융합의 범위

영 역	구 분	내 용
IT-자동차	Automotive	Navigation, Multimedia, Driver assistance
	Consumer device	Cockpit, Multimedia, Information, Navigation, HMI(Human-Machine Interface)
	Safety system	Driver assistance, Driver environment Information, Predictive systems
	Comfort electronics	Driver comfort, Automation, Seat comfort, Closure systems, Climate control
	Body system / Chassis systems	Exterior electronics, Steering/ Breaking/ Lighting system
비 IT-자동차	Automotive-related content	Traffic Information, Consumer-binding
	Networking & power management	Energy management, Communication network, IT-비 자동차 Central control unit
	Power train electronics	Engine control, Drive train control, Hybrid & electrical device

- IT와 자동차 융합의 범위는 다음 표에서 보는 바와 같이 전장 분야 중 *인포테인먼트[3], 안전 시스템, 차체 및 섀시 시스템, 편의 장치, 자동차 가전분야를 포함한다. 그러나 자동차 관련 콘텐츠, 파워 트레인 및 엔진, 네트워킹, 파워 매니지먼트는 해당하지 않는다.
- IT와 자동차 융합은 대표적인 선진국 주도형 융합산업이며 교통, 물류, 보험 등 타 산업으로의 파급효과가 큰 선도 산업이다. 미국, 일본, EU 등에서 국가 및 산업 경쟁력 향상을 위해 전략적으로 추진하고 있는 산업으로서 새로운 산업 창출을 견인할 것으로 예상된다.

---

3) 인포테인먼트: 정보의 전달에 오락을 함께 제공하는 프로그램

3) 기술적 특성

- 안전 시스템
  - 자동차 안전 시스템은 자동차사고를 능동적으로 방지하는 액티브 세이프티 시스템(Active Safety System)과 사고 발생 시 부상 정도를 경감시키는 *패시브 세이프티 시스템(Passive Safety System)[4]으로 구분할 수 있다.
  - 안전 시스템은 자동차의 전자화와 더불어 지능형으로 발전되고 있으며, 능동형 사고방지 시스템인 액티브 세이브티 시스템이 고급 자동차들 중심에서 최근에는 중소형 모델까지 채용이 확대되고 있다.
  - 최근의 안전 시스템은 충돌 감지 및 경고, 차선이탈 경고, Adaptive Cruise Control 등이 중심이지만, 점차 Fail mode 분석을 통한 fail safe 자동차 중심으로 자율 조향 시스템, 운전자 생태 감지 및 경고 시스템, 센서-통신 융합 경고 시스템 등의 방향으로 진화하고 있다.

- 편의 시스템
  - 자동차는 이미 대중화되면서 단순한 이동 수단을 넘어서 업무와 생활공간으로서의 기능면이 강조되고 있으므로 편의성에 대한 소비자의 욕구와 관심도도 증가하고 있다. 따라서 자동차 업체들은 안전 분야뿐만 아니라 편의 분야에서도 IT와 결합한 전장 기술과 소재의 연구/개발에 투자를 확대하고 있다. 자동차의 편의 시스템은 다양한 *텔레매틱스[5] 서비스를 넘어서 자동 주차 시스템까지 상용화되고 있다.
  - 최근의 편의 시스템은 Firmware 기반의 독립적이고 고정적인 편의 기능을 제공하고 있으나, 향후 유무선 방 · 통신망에 연결된 편의 자동차 중심으로 HMI, 운전 부하경감 운전자 맞춤형 주행 안내, 안락한 이동 수단 등의 방향으로 진화하고 있다.

- 친환경 시스템
  - 향후 자동차 메이커의 성장과 생존을 좌우할 친환경/지능형 자동차를 글로벌 자동차 메이커와 세계 각국 정부는 신성장 동력으로 설정하고 막대한 R&D 투자를 집중하고 있으며 시장 선점을 위해 치열한 경쟁이 전개되고 있다. 이에 따라 우리나라 최대 자동차 메이커인 현대기아자동차 그룹도 안전성, 연료효율, 고객 요구 만족, 비환경적 요소 최소화를 목표로 품질과 신뢰도를 높여 생산 비용을 최소화하는 데 주력하고 있으며, 하이브리드 전기자동차/수소연료전지/전장기술/소재기술 등 다양한 분야에 대한 연구개발을 진행하고 있다.
  - 최근까지만 해도 친환경 시스템은 기계적인 자동차 성능 극대화처럼 소극적인 친환경

---

4) 패시브 세이프티 시스템: 자동차 사고가 발생했을 때 승객의 부상을 방지하거나 부상을 최소화하는 충돌 안전장치

5) 텔레 메틱스: 컴퓨터 통신 이용

자동차에 머물렀지만, 이제는 연료 절감에 기반을 둔 HEV, EV 등의 자주적인 친환경 자동차로 진화하고 있다.

다. IT와 건설 산업의 융합

1) IT-건설 산업 융합의 정의

- IT-건설 융합은 기존 건설 산업에 통신, 환경친화적 건축 소재기술, 첨단 건설공정관리 기술, 공정과 연계된 최적 물류관리, 에너지 절감 및 효율적 이용기술 등을 포괄하는 큰 개념이다. IT 기술의 접목을 통해 이용자는 편의성을 높이고, 사업자 측면에서는 부가가치를 높이는 스마트 건설 산업을 이룰 수 있다.
- IT-건설 융합은 크게 기존 건설상품에 IT 기술을 적용하여 u-City, u-Building 등 새로운 부가가치를 창출하는 상품을 생산하는 것과 기존 건설 산업의 프로세스에 IT 기술을 활용하여 건설 생산성을 향상시키는 것으로 나눌 수 있다.

2) IT-건설 산업 융합의 정책

- 국내정책

최근 우리나라는 정부주도의 IT-건설 융합기술 개발 및 시장 창출을 위한 노력을 다각적으로 시도, 건설 산업은 국가 경제에서 차지하는 비중이 큰 반면 부가가치 창출이 미흡한 전통적인 아날로그 산업으로 인식되어 왔다.

그러나 2000년대 초반 홈 네트워크 산업을 차세대 10대 성장 동력 산업으로 선도하여 정부주도의 융합형 첨단 기술 개발, 표준화, 시장기반 조성을 위한 다양한 정책 지원을 시도, 건설 산업 분야에서는 1998년에 제정된 CALS 계획을 발전시켜 CALS 시스템을 고도화하고 유비쿼터스 기반의 실시간 건설정보서비스 체계를 구축하는 등 IT 부문의 선진 기술을 활용한 국제적 수준의 건설사업 정보화 달성을 추진하였다.

- 해외정책

최근 세계적으로 건설 산업의 첨단화가 추진되면서, 설계와 시공을 비롯하여 유지관리까지 건설 전 분야에서 정책적으로 첨단 IT 기술의 융복합 기술개발을 적극적으로 추진하고 있다. 주요 선진국들은 건설 산업 전 과정에서의 경비절감, 높은 정확도, 현장 안전도 향상 등의 방향으로 IT + 건설 융합 기술을 개발, 적용하고 있다. 건설 산업은 대형 국책 사업에 영향을 받는 산업이며, 미국과 EU, 일본 등 주요국은 정부 주도로 건설 산업에 IT를 접목하려는 시도를 진행하고 있다.

3) IT–건설 산업 융합 관련 기술

구 분	주요 내용
친환경/저에너지 스마트 건축자재	• 에너지 절감/친환경건설 소재/소자기술 - 주거자 친화형 자재기술
친환경/지능형 스마트 건설 설비	• 친환경 에너지 절감건설설비기술 (물 순환관리, 컴퓨넌트형 건축 기술 등)
스마트 건설 시공	• IT 기반 스마트 시공기술(레이저 스캐닝 기반 공사현황 모니터링, 지능형 스마트 작업복, 현장 청소 로봇, 도로에 센서 및 인터넷 설치 GPS 활용 등)
스마트에너지 제어 및 관리를 위한 건설 IT 융합	• 에너지 인지 기반 건물에너지관리 기술(스마트그리드) - 지능형 서비스 기술(범죄예방 기술 등) - 지능형 건물관리 미들웨어 기술 - 에너지 자급자족 기술(건물 일체형 태양광 시스템)
스마트 도시 건설	• IT 융합 인간 친화형 감성주거환경 구축기술 (u-City와 홈 네트워크 연동 기술)

4) 적용분야

- 건설 산업은 IT의 활용 및 접목을 통해 산업의 고도화 및 생산성 향상을 기대할 수 있는 분야이다.

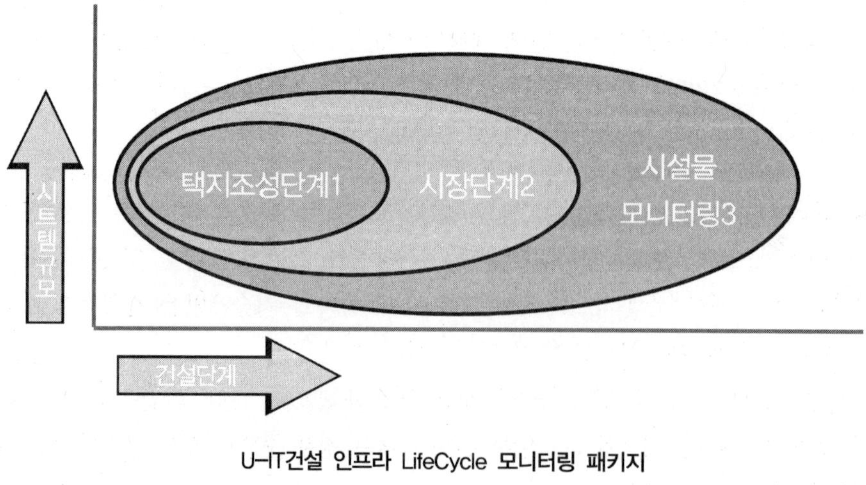

U-IT건설 인프라 LifeCycle 모니터링 패키지

- IT 와 건설 융합 산업은 공사 현장관리, 자재공급, 관리를 위한 정보시스템의 활용에서 최근 u-City의 형태로 발전하고 있다.
  * u-City는 주택, 경제, 문화, 교육, 환경 등 각종 도시 구성 요소에 유비쿼터스 IT 인프라를 접목시킨 지능화된 미래형 첨단 도시로 정의한다.

라. IT와 국방 · 항공 산업의 융합

1) IT-국방 · 항공 산업 융합의 정의

- 최근 들어 IT 산업의 비약적인 성장을 바탕으로 IT 산업의 지속적인 발전뿐만 아니라 다른 산업의 성장을 도모하는 IT 융합에 대한 다양한 노력이 범국가적 차원에서 이루어지고 있으며, 그중 하나가 바로 국방 분야이다.
- 미래의 전장은 지상에서 공중 및 해상 나아가 우주에까지 영역이 대폭 확대되고 고도의 정보전과 미사일전 그리고 전후방 동시 입체 고속기동전 수행이 불가피하다.

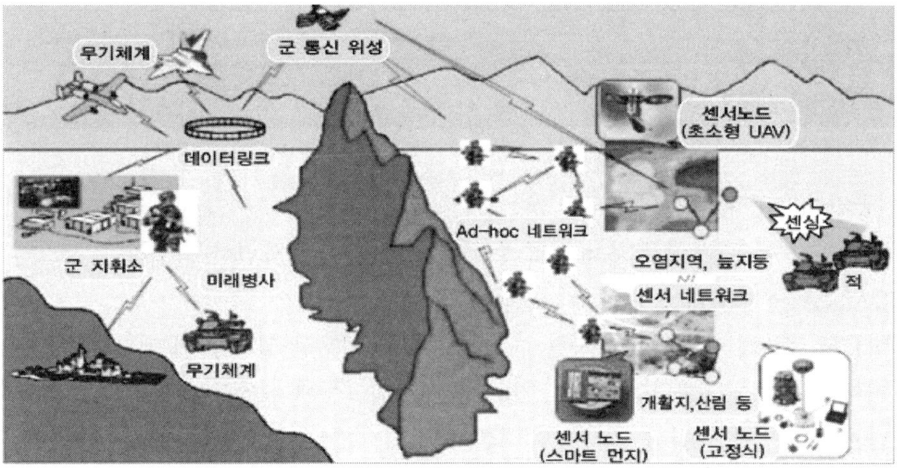

2) 관련 기술

- 차세대 웹: 국방 메가 센터 환경 및 사용자 단말 환경에 유비쿼터스, 모바일 웹, 시멘틱 웹 기술을 적용한다.

• VnR(Virtual & Real World)
- 워게임 시뮬레이션이나 모의 전술훈련에 활용되고 있으며, 한 번의 실수로 큰 인명 피해가 날 수 있는 전장 상황이나 실제 상황에서 일어날 수 있는 실수를 예방 가능한 기술이다.

• 차세대 DRM(Digital Rights Management)
- 디지털 콘텐츠의 생성에서 이용까지 유통 전 과정에 걸쳐 디지털 콘텐츠를 안전하게 관리/보호하고, 부여된 권한 정보에 따라 디지털 콘텐츠의 이용을 제어/통제하는 기술이다.

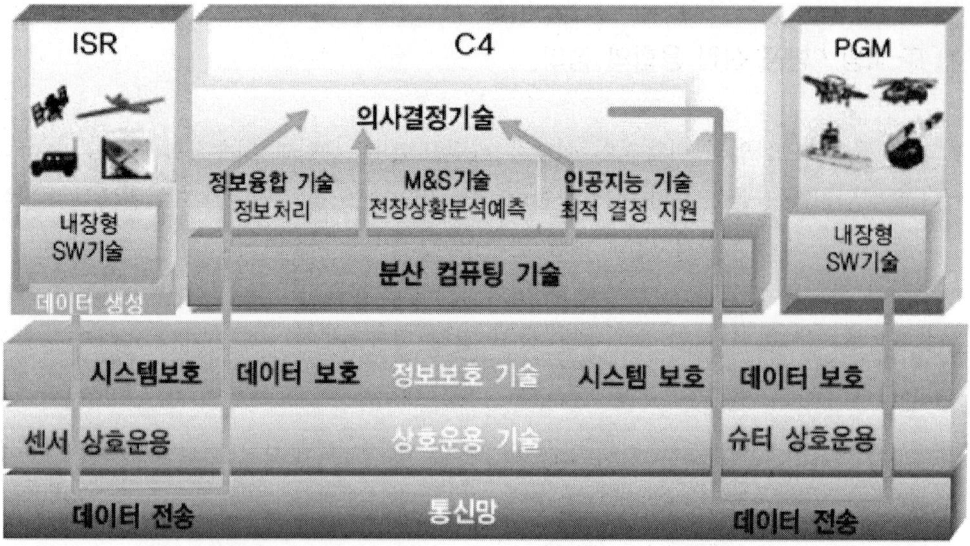

• 인공지능
- 인간의 두뇌와 같이 컴퓨터 스스로 추론, 학습, 판단하면서 작업하는 시스템이다.

• SOA(Service Oriented Architecture)
- 대규모 컴퓨터 시스템을 구축할 때의 개념으로 업무상 일 처리에 해당하는 소프트웨어 기능을 서비스로 판단하여 그 서비스를 네트워크상에 연동하여 시스템 전체를 구축해 나가는 방법을 말한다.

3) 적용분야(기술 및 제도)

• 전장예측 기술 분야
- 네트워크 중심전의 가속화되는 작전 속도와 전 전장 영역에서의 동시 다발적 위협에 대하여 모든 전투요소들이 전장예측과 협업을 통해 작전을 계획하고 수행함으로써 지휘 결정 우세, 정밀 교전 및 전 차원 방호를 실현하도록 지원하는 기술이다.

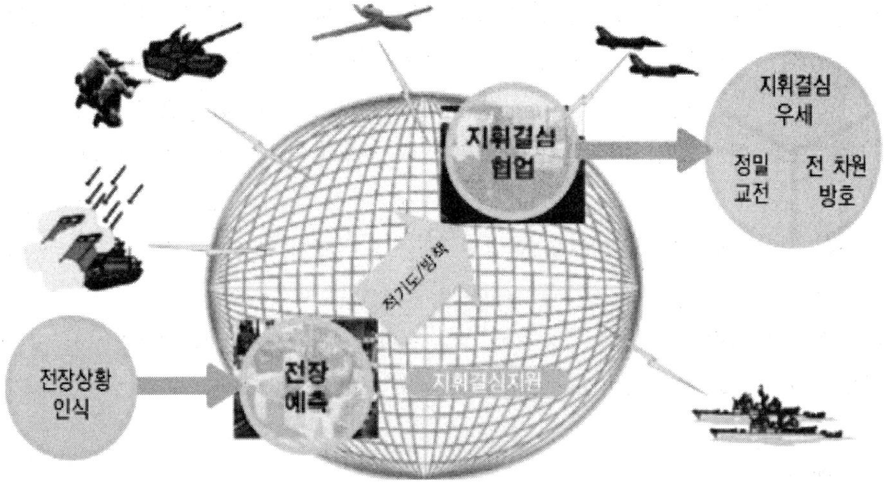

- 전장예측 기술은 전략 및 전술체계별로 지휘통제체계를 운용하여 전장 상황을 모델링하고 있으나, 다차원 전장 상황 통합 모델링 및 공유로 발전하고 있다.
- 현재는 입력된 상황 정보를 단순 저장 및 관리하고 예측 및 추론은 사람이 수행하는 수준이나, 미래에는 모델링 및 시뮬레이션을 통해 미래 전장을 예측하는 수준으로 발전할 것이고 지능형 소프트웨어를 통해 맞춤형 상황 정보가 자동으로 제공될 수 있도록 발전할 것이다.

- 모델링 및 시뮬레이션 분야

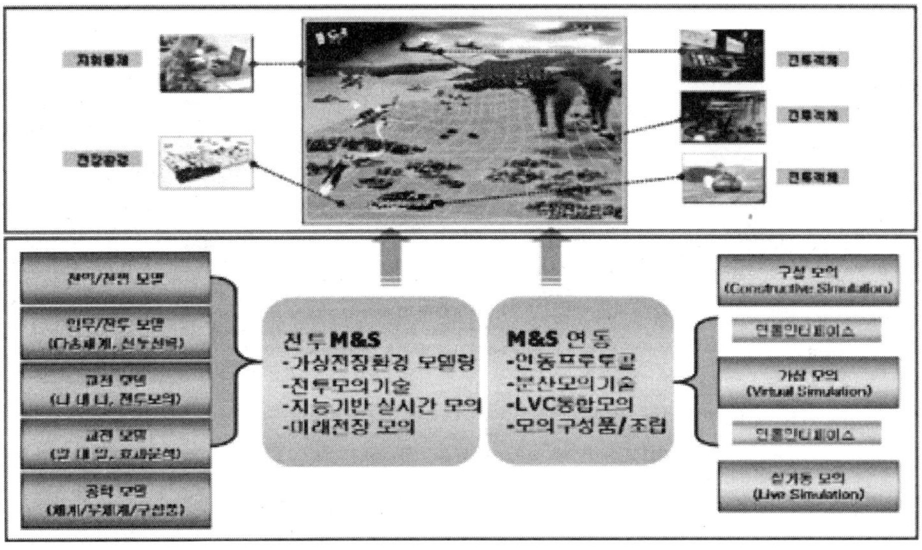

- 효율적인 전장 훈련과 비용을 절감하기 위해서 평시에 실 전장과 같은 환경에서 다양한 전투/전술을 훈련할 수 있는 군 가상 모의 기반 기술 분야를 연구한다.
- 군사훈련은 많은 비용과 넓은 훈련부지, 대규모의 인력 등을 필요로 하며, 훈련 자체의 위험성으로 인해 다양한 훈련을 반복적으로 실행하기에는 어려움이 있다. 향후 실전을 제외한 대부분의 군사 훈련은 컴퓨터 시뮬레이션을 활용한 모의 전투를 실시할 것이며, 컴퓨터 가상환경 기술과 네트워크 발달로 점차 실전에 가까운 다양한 전투 훈련이 가능할 것이다.
- 이와 같은 다양한 전투훈련 기능을 수행하기 위해서는 모델링 및 시뮬레이션 연동 기술과 전투 모델링 및 시뮬레이션 기술 등이 요구된다.

● 전술 데이터 링크 분야

- 네트워크 중심 전 환경 하에서 근 실시간 정보공유에 의한 공통상황인식의 개선을 통한 정보 우위를 제공하기 위해 요구되는 네트워크 기반의 데이터 링크를 개발하기 위한 기술이다.
- 모든 지휘통제체계와 무기체계가 통신환경에 적응적이고 융통성 있는 망을 구성하여 합동작전 수행에 필요한 무기체계 간 전술자료 교환, 상황 정보 공유 및 안정적이고 지속적으로 전파하는 기능을 제공한다.

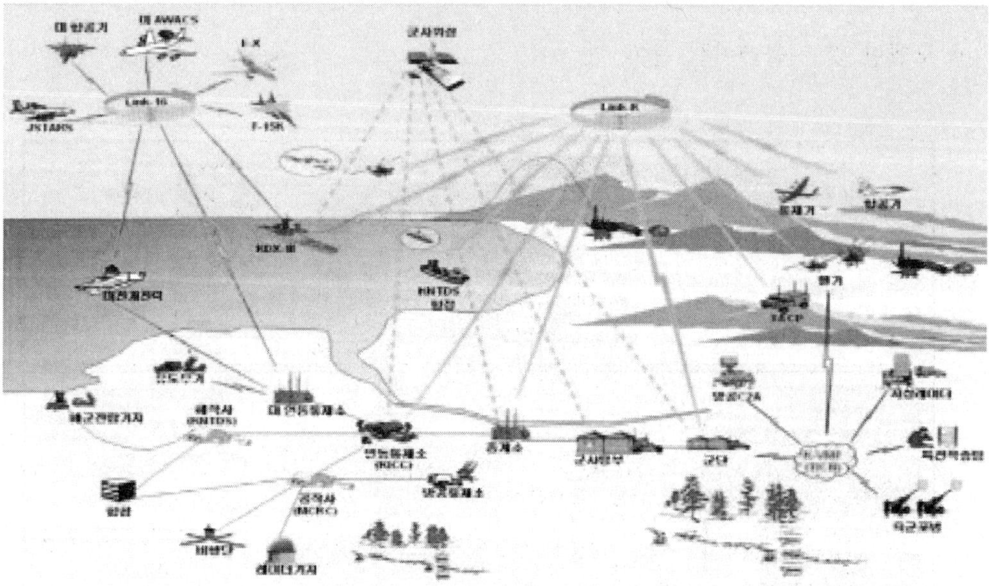

마. IT와 의료 · u-헬스 산업의 융합

1) IT-의료 · u-헬스산업 융합의 정의

- 급속한 인구 고령화로 의료비 급증과 전문인력 부족현상이 가속화되고 있는 가운데, IT가 이 같은 의료 환경에 새로운 길을 제시해 주고 있다. RFID(전자태그)와 센서 등 IT 관련 기술이 비약적으로 발전함에 따라 IT는 의료 서비스와 융합해 "언제 어디서나" 의료 서비스를 제공할 수 있는 환경을 조상하고 있다.

- 또 의료 패러다임도 과거 치료 중심에서 예방 및 건강관리 중심으로 전환되면서 IT 융합 의료 서비스에 대한 요구는 더 높아지고 있다. 이에 따라 개별 밀착형 서비스 중요성도 커지고 있으며 이에 따라 u-헬스 등 IT 기반 새로운 의료 서비스가 다음과 같이 속속 등장하고 있다.

- 집에서 진료를 받고 약까지 받는다.
  고혈압이나 당뇨병 환자가 가정에서 생체정보를 측정해 병원으로 보내고 원격상담과 진료를 받는다. 이후 집에서 택배로 약까지 받을 수 있다.

- 환자 진료기록 언제 어디서나 확인
  병원 등 의료기관에서는 첨단 IT 도입으로 차트와 종이가 사라지고 있고, 모바일 병원도 점차 현실화되고 있다. 스마트 폰, 태블릿 PC 등 각종 모바일 단말기 보급 확대로 의료정보 솔루션의 모바일 시대가 본격적으로 열리고 있기 때문이다.

2) IT-의료 · u-헬스산업 융합의 등장배경

일반적으로 의료 서비스는 병원에서 제공된다. 몸이 아프거나 건강에 이상이 생기면 병원을 찾아가서 의사를 만나 진료를 받고 치료 등 의료 서비스를 제공받는다.

기술의 발전, 특히 정보통신기술의 발전은 이러한 전통적인 의료 서비스의 형태를 바꿔나가고 있다. 1990년대에 이미 국내에서 통신망을 이용하여 의료진 간에 의료영상 등 의료정보를 주고받으며 협진을 하는 원격진료(telemedicine)가 등장하였고, 인터넷을 통해 다양한 의료정보를 검색할 수 있는 시대가 되었다.

또한, 각종 초소형 센서의 개발은 언제 어디서나 건강과 질병에 관련된 정보를 손쉽게 측정할 수 있는 도구를 제공하고 있다. 정보통신기술과 센서 기술의 발전은 질병의 진단과 치료에서 예방과 관리로 의료 서비스의 패러다임을 바꾸는 *유헬스[6]를 실현시켜 나가고 있다.

유헬스에 대한 관심은 고령 인구의 증가로 인한 여러 가지 문제를 해결하려는 노력에서 나타나고 있다. 우리나라의 65세 이상 고령 인구는 2000년에 이미 전체인구의 7%를 넘어 고령화 사회에 진입하였고, 2010년에 11%, 2015년에 13%에 이르고 2020년에 15%를 넘어 고령사회에 진입하고, 2025년에는 20%에 달해 초고령 사회가 될 것으로 전망되고 있다. 이러한 고령 인구의 증가는 전 세계적인 추세로 선진국의 경우 2025년에 60세 이상 인구가 전체 인구의 25%를 넘고, 2050년에는 35%를 넘을 것으로 전망되고 있다.

우리나라 고령 인구에 의한 의료비는 2009년에 이미 전체 의료비의 30.5%에 이르렀으며 선진국의 경우 고령 인구에 의한 의료비가 전체 의료비의 40 ~ 50%에 이르고 있다. 고령 인구의 비율은 10%이지만 의료비의 비율은 30%로 노인 의료비가 평균 의료비의 3배가 된다는 것을 알 수 있다. 그러므로 노인 인구의 증가는 의료비의 급증을 야기한다.

노인 의료비 중 70 ~ 80%가 당뇨병, 고혈압, 심장질환, 뇌혈관질환 등 만성질환에 의한 것으로 나타나고 있으며, 의료비의 부담은 우리나라의 경우 GDP의 6%를 넘었고, 미국은 이미 15%에 이르러 사회적 부담으로 나타나고 있다. 우리나라도 2020년에는 GDP의 11.4%를 의료비가 차지할 것으로 전망되고, 2030년에는 16.8%를 차지할 것으로 예상된다.

급증하는 의료비의 부담을 노인 의료비 중 가장 큰 부분을 차지하는 만성질환을 유헬스를 통해 효율적으로 관리함으로써 완화시킬 수 있을 것으로 기대되고 있으며, 2007년 삼성경제연구소 자료에 따르면 2006년도 국민건강보험 의료비 자료를 이용하여 원격 환자모니터링을 통한 의료비 절감 효과를 분석한 결과 전체 의료비의 약 7.2%인 1.5조 원의 의료비 절감 효과가 있을 것으로 예측됐다.

의료비 절감 효과는 노인 인구의 증가에 따라 더욱 커질 것으로 예상된다. 또한, 유헬스는 효율적인 의료 서비스를 제공할 뿐만 아니라 양질의 의료 서비스를 제공할 수 있어 시장전망 또한, 매우 밝으며, 아직은 시장이 활성화되어있지 않으나 2012년을 고비로 급격한 시장 성장이 예상되고 있다. Forrest Research의 미국의 홈 및 모바일 헬스케어 시장규모 전망에 따르면 2012년 약 300억 달러로 급격한 시장 확대를 예상하고 있다.

국내시장 규모도 만성질환 관리 서비스 수요를 추산한 결과 2012년 약 1.1조 원에 이를 것으로 전망되었다. 이와 같이 유헬스는 인구구조 변화에 따른 여러 가지 사회문제를 해결해 줄 수 있을 것으로 기대되며, 초소형 센서와 정보통신기술의 발전으로 등장하게 되었다.

6) 유헬스: U-헬스케어(Ubiquitous Health Care)의 줄임말로 유비쿼터스와 원격의료 기술을 활용한 건강관리 서비스, 정보통신기술(IT)과 의료기술의 융합으로 시간과 공간의 제한을 받지 않고 언제 어디서든 질병의 예방, 진단, 치료, 사후관리를 받을 수 있게 됨.

3) IT-의료 · u-헬스산업 융합의 적용분야

- 일상에서 만나는 의료와 게임 같은 운동으로 건강을 챙기는 u-헬스

- IT융합 분야 중에서 일반 국민이 가장 쉽게 체감하는 분야가 의료와 u-헬스 분야다. 의료분야는 날이 갈수록 IT에 의존하고 있다. 건강보험관리나 환자관리는 수작업에서 벗어나 컴퓨터로 관리한 지 오래다. 병을 진단하기 위해 사용하는 초음파나 MRI, X레이 등은 결과를 자동으로 이미지 파일로 저장하고 환자정보에 연결시킨다. '뇌파, 근전도, 심전도, 맥파' 등의 많은 생물학적 신호가 IT 기술을 통해 정보로 추출되고 저장된다. 바이오기술(BT)과 IT가 결합되는 분야가 바로 의료 분야이다. 초기에는 단순하게 측정된 자료를 수치화하는 수준이었으나 지금은 감성을 분석하고, 거짓말을 탐지하며, 학습능력 검사 및 자율신경계 검사까지 가능해졌다.

- 개인에게는 u-헬스 분야가 빠르게 보급 중이다. 가장 간단한 장비로는 건강용품인 만보기를 들 수 있다. 국내에서 판매되는 만보기인 USB 만보기 워키는 사용자의 걸음을 시간대별로 기록한다. 이 만보기를 PC에 연결하면 사용자가 지금까지 걸은 운동량과 시간대별 움직임 및 다양한 정보를 표시해준다. 이를 통해 개인의 건강을 관리하게 해준다.

〈PC에 연결해 사용자 운동량을 관리하는 USB 만보기〉

- 헬스 장비도 하루가 다르게 발전하고 있다. 엑스프레소 피트니스가 개발한 'S2u 자전거'는 IT 기술을 활용하여 추격 메뉴를 추가했다. 사용자는 목표물을 잡을 때까지 쉬지 않고 페달을 밟아야 하는데, 8개의 기구가 연결될 경우에는 다른 사람과 실제로 경주를 하는 것 같은 느낌이 든다. 비행 시뮬레이션을 도입해 친구들과 함께 편을 나누어 공중전을 펼치는 자전거 머신도 있다. 지루하게 페달만 밟아야 하는 기존 자전거 머신의 단점을 IT기술로 보완한 제품이다.

〈운동의 지루함을 이겨내고 동기부여를 해주는 S2u 자전거머신〉

- 러닝머신의 한 종류인 지트레이너(G-Trainer)는 제품 하단에 설치된 공기압 조절기를 통해 중력을 조절할 수 있어 체중을 80%까지 낮출 수 있다. 관절이 약한 노인이나 부상자, 환자들의 경우 달리기가 무리를 줄 수 있는데, 지트레이너는 압력을 줄일 수 있어 개인별 맞춤식 달리기가 가능하다.

〈개인 특성에 따라 체중 압력을 조절해주는 러닝머신인 지트레이너〉

- 이런 식으로 운동한 개인의 운동량은 몸에 달린 장비를 통해 모두 컴퓨터에 기록된다.

폴라 플로우링크(Polar FlowLink)는 자동으로 개인의 운동량을 기록했다가 무선으로 PC에 전송해주는 시계다. 만보기의 한 종류인 바디버그(Bodybugg)는 팔띠(암밴드)를 이용해 몸에 차고 있으면 센서가 알아서 하루 칼로리 소비량을 측정해 준다. 바디버그는 걸을 때는 물론이고 쉬거나 잠잘 때의 칼로리 소비까지 계산해준다.

- 과거에는 헬스기구가 운동하는 기능 외에는 없었지만, 최근의 u헬스분야에서 IT기술 접목을 통해 사용자의 운동량 및 각종 생체정보 측정과 체계적 관리까지 책임진다. 나아가 지겹고 지루해질 수 있는 운동을 즐거운 오락과 레저로 바꿈으로써 좀 더 즐겁게 운동에 참여할 수 있도록 해준다.

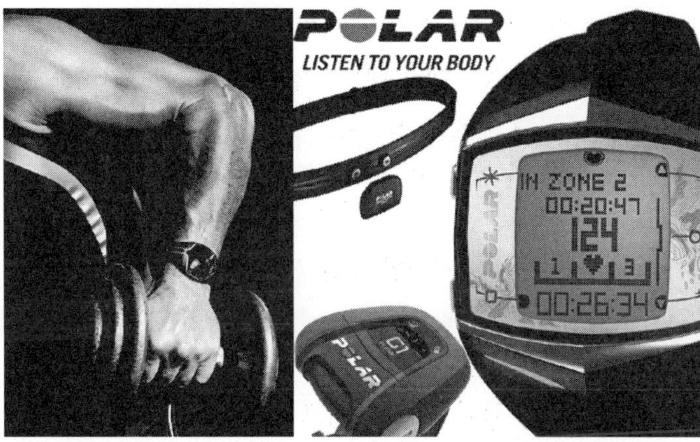

〈개인의 운동량을 무선으로 송신하는 폴라 플로우링크〉

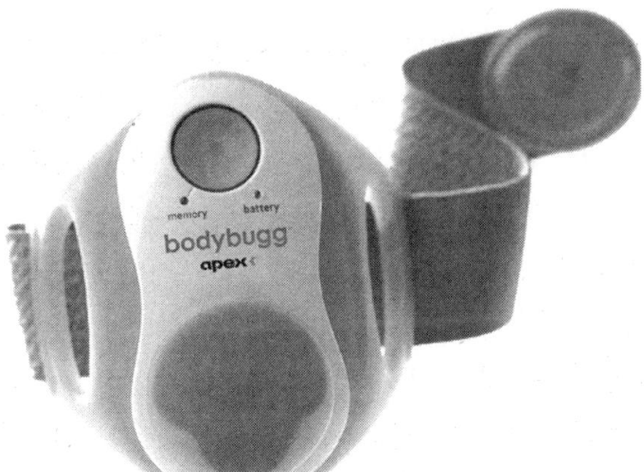

〈팔에 차고 다니면 하루 칼로리 소모량을 측정해주는 바디버그〉

바. IT와 조선 산업의 융합

1) 조선 산업의 개요

조선 산업은 기간산업으로 전방산업의 성격과 후방산업의 성격을 가지고 있다. 전방산업의 역할로는 해운과 수산, 해양방위, 해양자원의 개발 등에 필요한 각종 선박과 수중장비 및 해양구조물 등의 개발과 생산을 포괄하며, 이는 대부분 주문에 의해 생산하는 수출 전략형 산업이다. 이에 따른 후방산업으로는 철강과 기계, 전기, 전자, 화학, 소재 등의 산업이다. 이러한 조선 산업은 산업전반에 미치는 파급효과가 크고, 노동 집약형이면서도 기술 집약적인 성격을 동시에 지닌다.

또한, 대규모의 산업으로 용도에 따라 다양한 기능과 형태가 요구되므로 건조공정이 복잡하고 다양하여 자동화 제작에 한계가 있다. 대량 생산이 불가능한 주문생산이고, 단일시장이므로 국제경쟁력의 확보가 매우 중요하며, 해양이라는 특수 환경에서 사용되고 종류에 따라 건조비용이 고가일 뿐만 아니라 인명과 직결되므로 고도 의안전성과 신뢰성, 정밀성이 필수적으로 요구되는 특징을 지니고 있다.

2008년 이후 글로벌위기에 따른 전 세계적인 조선 산업의 불황에도 불구하고 현재 한국은 글로벌 리더로서의 지위를 누리고 있으나, 향후 5 ~ 10년 후에도 현재의 상태를 유지할지는 불확실한 상황이다. 특히 정부의 과감한 투자와 저렴한 노동력을 앞세운 중국과, 조선 산업의 수성탈환을 꿈꾸는 일본의 도전은 점점 더 거세지고 있다.

전략적으로는 그동안 원가 우위의 양적 성장전략에서 고부가가치 선박제조를 위한 질적 성장으로의 전환이 필요하며, 기술 대안으로는 최근 기술 트렌드의 중심에서 있는 IT 기술과의 융합이다.

IT 융합은 서로 다른 기술과의 접목을 통해 새로운 고부가가치를 창출할 수 있는 원천이 된다는 점에서 새롭게 주목받고 있다. 특히 우리나라 조선 산업의 경우 선박 수주량과 선박 건조량에 있어 세계 1위를 유지하고 있으며, 우리 IT 산업의 경우에도 휴대전화 보급률과 초고속 인터넷 보급률, 그리고 메모리 반도체 생산 등 다양한 IT 분야에서 1위를 유지하고 있으나, 정작 조선 산업의 IT 분야에서는 고부가가치 기자재와 선박통신장치기술 등 핵심 기술에 대한 국산화율이 매우 저조한 실정이다.

세계적인 경제침체에도 불구하고 꾸준히 세계 1등을 유지하고 있는 한국 조선 산업의 1위 수성을 위해 IT 융합이라는 새로운 전략과 기술대안 개발이 필요하다.

2) IT-조선 산업 융합의 필요성

우리나라는 선박건조 분야에서는 설계 및 신건조공법을 개발하여 세계 1등으로 발돋움하였으나, Gyro Compass, Autopilot, Radar System 등의 항해운항시스템과 BMS, DPS 등의 자동화 시스템의 고부가가치 기자재는 국내생산이 안되고 외국에 의존하고 있는 형편이다.

최근 들어 정책적으로 융합이 강조되고 있는 이유는 기존에 발생하였던 점진적 융합과는 달리 급격한 속도와 광범위한 영역에서 일어나는 혁신적, 광역적 융합의 성격을 띠고 있으며, 이 융합의 공통점은 IT를 기반으로 하고 있다.

조선 산업은 현재 세계 최고의 경쟁력을 갖추고 있는 것으로 나타나고 있으나, IT와의 접목은 상대적으로 느리게 진행되고 있는 분야이다. IT 융합을 활성화시키기 위한 방안으로 디지털 선박(digital ship)으로의 선박개념 진화, 초대형 선박 등장 등으로 선박 내 통신을 위한 주파수 자원의 확보와 무선통신기술의 적용도 제고 및 선박 내 무선통신을 위한 각종 기기의 개발이 필요하다. 특히, 선박 내 통신을 위한 주파수자원의 확보는 국제표준 기구에서의 표준화가 중요한 문제이므로 CDMA 및 MWiBro, DMB 등의 국제표준을 관철시킨 경험을 조선 산업 분야에 십분 활용할 필요가 있다.

또한, 우리나라는 조선 세계 1위의 조선국가로 일반선박은 90% 이상의 국산화율을 유지하고 있으나, 최근 수주되고 있는 LNG선, 호화 여객선, 석유시추선 및 셰이빙선 등의 고부가가치 선박의 경우 60% 이하의 낮은 국산화율을 유지하고 있는 반면, IT 융합장비의 비중은 선박가격 대비 15%까지 증가할 것으로 예상되고 있다.

3) 국내 IT-조선 산업 융합의 연구사례

국내에서는 IT 융합을 통한 조선 산업 초 일류화를 위한 디지털 선박 인프라를 조성하기 위해 2008년부터 3년간 ETRI는 현대중공업 및 울산대학교와 공동으로 선박건조의 생산성을 향상시키기 위한 통신 인프라인 *WiBro[7] 망을 구축하고 이를 기반으로 그룹 통신시스템을 개발하며, 조선소 선박 블록/자재 및 이동 객체에 대한 실시간 모니터링기술을 개발하고 있다.

또한, 선박 내 각종 장치에 대한 육상에서의 원격 모니터링 기술을 할 수 있는 유무선 통합 SAN 기술개발을 수행하고 있다. 조선소의 선박 건조 현장에서 사용하도록 개발하는 WiBro 통신망 기반 그룹통신 시스템에 대한 연구는 현재 조선 산업 현장에서 사용되는 주파수 기반 그룹 통신시스템의 한계를 극복하고, 차세대 All-IP 기반 네트워크 통합 환경을 대비하는 WiBro 기반 그룹통신시스템을 개발하는 것이다.

---

7) Wibro(Wireless Broadband): 해외에서는 모바일 와이맥스로 불린다. 대한민국 삼성전자와 한국전자통신연구원이 개발한 무선 광대역 인터넷 기술. 대한민국에서 통용되는 국제 표준 IEEE 802.16e에 대한 명칭이며, 처음에는 고속 데이터 통신 기술을 가리키는 용어로 창안되었지만, 통신업체에서 기술 명을 서비스명으로 이용함.

그룹통신시스템 개발에 적용되는 기술은 현재 그룹통신에 일반적으로 사용되고 있는 무전기의 동일 채널 이용으로 발생하는 혼신 및 간섭과 보안성이 취약하다는 문제점과 *TRS[8]의 경우 다수 사용자가 공동의 여러 주파수를 이용함으로써 접속이 지연되는 문제점을 극복하는 IP 기반 음성 서비스 기술로 무전기와 TRS, 휴대폰의 기능을 하나의 무선 복합단말기로 제공하도록 한다.

그룹통신시스템은 열악한 조선소의 무선통신환경에서 복합 단말을 활용하여 작업자 간에 원활한 통신환경을 제공하고 조선소 및 선박 내 공동작업 환경을 개선함으로써 선박건조 생산성을 향상시킨다. 다음 그림은 그룹통신시스템 구성도이다.

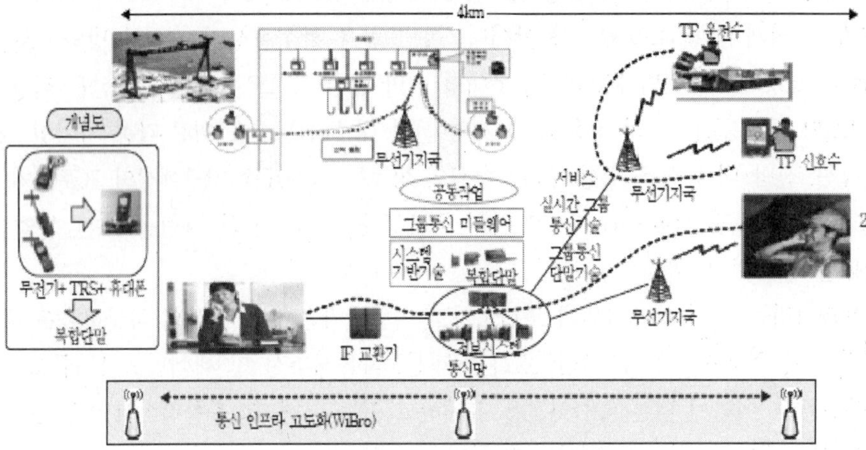

〈조선소를 위한 그룹통신시스템 구성〉

선박블록/자재 및 이동객체에 대한 실시간 모니터링 기술개발에는 조선소 야드 현장에서 IDGPS 기술 및 RFID 기술기반으로 이동체에 대한 위치정보 추적 인프라를 구축하고, 이동객체(즉 선박블록 및 트랜스포터)와 조선소 야드 모니터링을 위한 시스템개발을 포함하고 있다. 이동체 위치추적기술은 LOS 지역에서는 GPS 기술과 음영지역에서 RFID 기술을 적용하여 중단없는 위치추적이 가능하도록 하고, 철재 구조물로 인해 전파의 난반사가 심한 작업환경에서 위치정보 오차를 줄이기 위해 IDGPS 기술을 적용한다.

이러한 인프라 기술을 적용하여 개발하는 응용 서비스인 선박블록/자재 및 트랜스포터 모니터링 기술은 다음 그림과 같이 GPS 기술 및 RFID 기술을 적용하여 조선소 야드에 적재된 선박블록을 자동인식하고, 이를 운반하는 트랜스포터를 실시간 추적하며, 이동 객체 데이터베이스를 기반으로 선박블록 및 트랜스포터를 실시간 원격으로 통합관리, 모니터링 하는 기술이다.

---

8) TRS: 기존의 자가무전기를 발전시킨 시스템으로, 각 사용자가 하나의 주파수만 사용하던 기존 이동통신과는 달리 무선중계국의 많은 주파수를 다수의 가입자가 공동으로 사용하는 무선이동통신

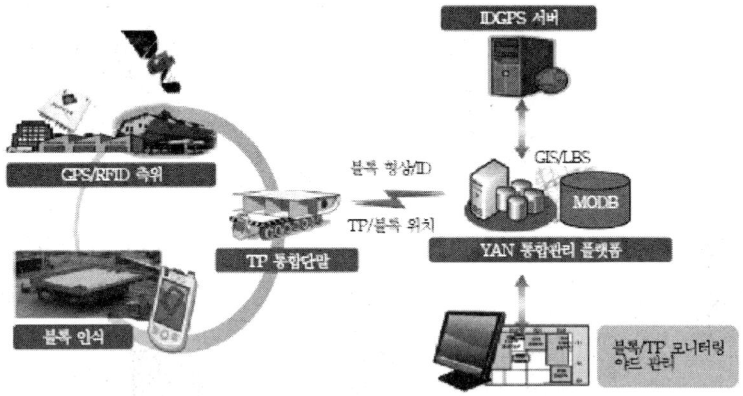

〈조선소 블록/TP 실시간 모니터링 시스템 개념도〉

이로써, 선박블록 및 트랜스포터의 수동관리로 인해 발생되는 블록배치의 오류를 줄일 수 있으며, 트랜스포터와 같은 이동객체에 대한 최적관리 및 운용으로 인해 작업공정 효율을 높일 수 있어 결과적으로 선박건조 생산성이 향상되는 효과를 얻을 수 있을 것이다.

IT 기반 유무선 통합 SAN 기술은 460종에 달하는 선내 기자재를 하나의 네트워크로 연결하고, 선내 시스템 간의 통신을 가능하게 하는 기술이며, 통신영역을 육상까지 확대하여 선내시스템을 육상의 서비스에 활용할 수 있는 소프트웨어 프레임워크를 제공하여 선내에서뿐만 아니라 육상에서도 모니터링 서버를 통해 원격으로 선박의 상태관리, 유지보수, 관제/감시 등 통합적 선박관리 기술을 포함한다.

사. IT와 기타 산업의 융합

1) 실버 IT

고령화의 진전과 더불어 IT 부문에서도 실버 시장이 크게 열리면서 실버 IT가 새로운 정보화 이슈로 떠오르고 있다. 실버 IT란 노인을 상징하는 은색(Silver)과 정보기술(IT)의 합성어로 협의적으로는 "노인이 사용하기 편리한 IT"를 의미하지만 보다 광범위한 정의로는 "노인 생활을 지원하는 IT"를 포함한다. 여기서 "노인의 생활을 지원하는 IT"란 노인들이 편안한 생활, 안전한 생활, 건강한 생활, 즐거운 생활을 누릴 수 있도록 도와주는 IT 제품 및 서비스를 의미한다.

이제까지 실버 IT는 노인들이 사용하기 편리한 IT 기기나 노인들의 건강상태를 체크하거나 응급상황 시 신속한 대응을 위한 모니터링 및 호출용 제품이 주류를 이루어 왔다. 화면과

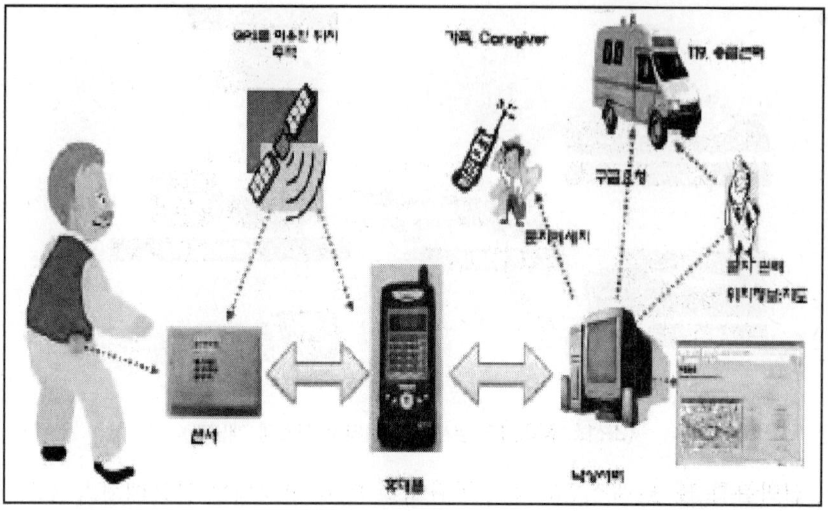

* 출처: ETRI 보도자료 2008-033

〈낙상폰 서비스 구성도〉

자판이 크고 조작이 쉬운 실버폰과 떨어뜨릴 경우 응급신호를 전송하는 다음 그림 낙상폰 등을 예로 들 수 있다.

그러나 향후 실버 IT는 노인의 독립적 생활을 보장하고 경제 및 사회 활동 참여 확대를 지원하는 제품 및 서비스로 영역을 확대해 나갈 것으로 예상된다. 저출산 고령화로 전체 인구에서 노인이 차지하는 비율이 점차 증가하면서 노인을 돌보는 인력이 부족하고 노인복지 비용 증대에 따른 사회적 부담이 증가함에 따라 노인의 건강과 더불어 경제적 자립이 중요한 이슈가 되고 있기 때문이다.

일반적으로 노인의 노동시장 진출은 해당 사회의 사회보장제도 성숙도와 밀접한 상관관계를 지니고 있다. 특히 국가의 노령 연금 재정이 부족하여 소득을 얻기 위한 수단으로 일자리를 원하는 노인이 많은 국내 실정을 고려할 때 노인의 경제활동은 복지 측면에서도 검토가 필요하다. IT를 통하여 노인의 육체적, 정신적 능력이 향상된다면 노인의 노동가치가 증대되어 일할 수 있는 기회가 증가할 수 있다.

이와 관련된 미래 IT 기술로는 다음 그림에서 보는 바와 같이 입는 로봇(Wearable Robot)을 들 수 있다. 입는 로봇은 거동이 어려운 노인의 이동성을 보장해 주며 근력을 10배 이상 증대하여 육체적 노동도 쉽게 수행할 수 있게 도와준다.

이미 일본에서는 상용화 단계에 접어들었다. 쓰쿠바 대학의 교내 벤처로 출발한 사이버다인은 근력 강화용 로봇 'HAL(Hybrid Assistive Leg: 하이브리드 보족 수족)'을 출시하였다. 이 로봇은 사용자가 움직일 때 발생하는 미세한 근육 신호를 감지하는 센서가 내장되어 큰 힘을 들이지 않고도 같거나 무거운 물체를 들어 올릴 수 있게 도와준다.

한편에선 생각만으로 생활에 필요한 작업을 할 수 있도록 도와주는 기술도 개발되고 있다.

* 출처: IDG, 연합뉴스

〈입는 로봇 HAL 시연 모습〉

미국 브라운 대학과 사이버키네틱스 뉴테크놀러지 시스템 등은 다음 그림에서 보는 바와 같이 몸을 자유롭게 사용할 수 없는 노인이나 장애인들이 생각만으로 기계장치를 작동하는 브레인게이트(Brain Gate)를 개발하였다. 브레인게이트는 머리카락 굵기의 전극 100개로 구성된 전자칩으로 뇌의 운동피질에 1mm 깊이로 이식해서 뇌에서 나오는 전기적인 신호를 컴퓨터로 전송하면 컴퓨터가 데이터를 분석하여 명령을 실행한다.

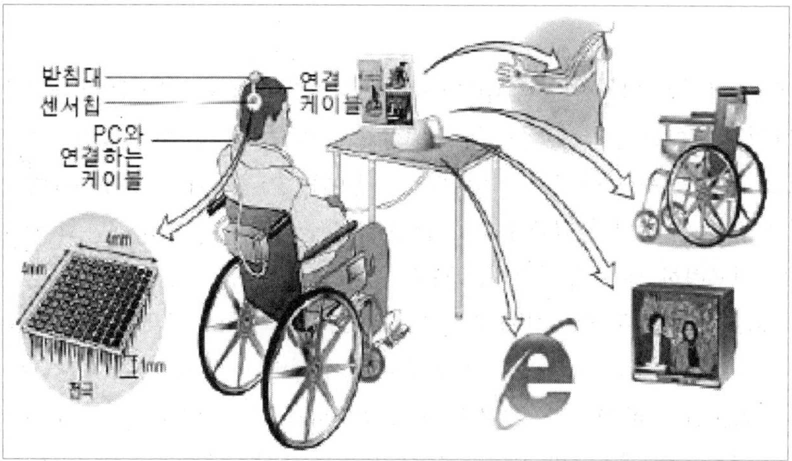

* 출처: 한국정보사회진흥원, 삶의 질 관련 산업의 미래전망과 IT 활용과제 발굴 연구

〈브레인게이트 서비스 구성도〉

최근 미국 피츠버그대 연구진은 원숭이의 뇌와 연결된 로봇 팔을 움직여 간식을 집어 먹도록 하는 실험이 성공하기도 하였다. 이러한 기술은 인공 손 또는 로봇 팔을 움직여 물건을 집거나 휠체어를 운전하고 컴퓨터를 이용하여 문서작업을 하는 것도 가능하게 한다.

특히 서비스 로봇은 노인들의 독립적인 생활을 지원하는 데 유용하다. 네트워크를 통해 로봇을 원격관리하고 노약자나 장애인을 비롯한 모든 사람이 간단하고 안전하게 로봇을 사용하게 되면서 다양한 실버 서비스가 종합적으로 제공될 수 있다.

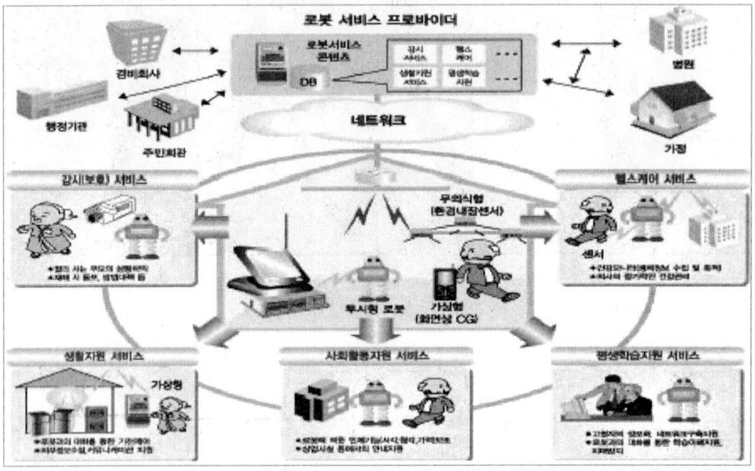

* 출처: 한국정보사회진흥원, "일본 xICT 비전: 모든 산업 및 지역과 ICT의 융합을 위하여"

〈로봇을 이용한 다양한 실버 서비스 결합 모습〉

2) 그린 IT

"그린 IT"는 환경을 의미하는 녹색(Green)과 정보기술(IT)을 합성한 용어로 "IT 제품 및 서비스의 라이프 사이클 전반에 걸친 녹색화(Green of IT)"와 "IT를 활용한 국가사회 전반의 녹색화(Green by IT)"를 포괄하는 개념이다. 기존에는 기후변화와 고유가가 글로벌 이슈로 떠오르면서 IT 부문의 에너지 절감과 CO2 감축 활동을 뜻하는 용어로 사용되었으나 최근에는 IT를 활용한 기후변화 대응 방안을 포함하는 개념으로 확장되고 있다.

저탄소 사회로의 전환을 위해서는 근본적으로 화석에너지의 사용을 줄이고 이를 대체할 신재생에너지 개발이 중요하다. 그러나 신재생 에너지 개발 및 보급에는 상당한 시간이 소요되며 선진국과 비교하여 아직은 기술 수준이 낮은 우리나라는 더욱 많은 시간이 필요하다.

따라서 신재생에너지 개발뿐만 아니라 사회 전반의 에너지 효율성을 향상하여 낭비요인을 제거하고 신재생에너지의 원활한 이용을 지원하는 기반 구축을 함께 추진해야한다. 이러한 접근에서 향후 그린 IT는 IT 부문의 그린화보다는 IT를 활용한 그린화에 초점이 맞춰질 것으로 전망된다.

IT는 건물관리, 교통체계, 전력시스템 등을 지능화하여 에너지의 효율적 이용을 극대화하고, 물리적 제품의 디지털화로 자원 소비를 절감하며, 원격근무 · 화상회의 · 전자상거래 등을 통해 기후변화 대응 역량을 강화하는 등 저탄소 사회 전환을 촉진하는 녹색 기반으로서 중요한 역할을 할 것이다.

글로벌 환경보호 민간단체인 세계자연보호기금(WWF: World Wide Fund for Nature)은 세계 자연보호를 통해 전 세계 CO2 배출량을 최소 7%에서 최대 26% 감축할 수 있다고 주장하면서 〈표 4—7〉에서 보는 바와 같이 대표적인 10대 자연 솔루션을 제안하였다.

〈표 4-7〉 2020년까지 CO2 10억 톤을 감축하기 위한 10대 IT 솔루션

No	솔루션	주요 조치 내용	CO2 감축효과
1	스마트 도시계획	첨단 시뮬레이션 및 분석 SW를 배치하여 에너지 효율을 최적화 하도록 도시 설계 /계획 개선	건물과 기반시설의 CO2 배출량 2.3% 감축
2	스마트 빌딩	건물에 센서를 사용하여 에너지 효율을 높이고 에너지 사용을 적절 필요량에 맞추도록 통제	향후 10년 동안 신축건물의 CO2 배출량 4.6감축
3	스마트 가전	가전제품에 IT를 내재하여(마이크로프로세서 및 ASICs) 효율성을 높이고 에너지 사용량을 적정 수준으로 통제	기존 건물에서의 에너지 사용에 따른 평균 CO2 배출량의 약 1% 감축
4	탈 물질화 서비스	실제 제품 및 소통을 대체한 '서비스 제공' 형태의 IT 활용, 즉 벽돌을 비트로 대체	현재의 종이 사용량 13% 감축
5	I-최적화	개별 생산 프로세스 내에서 IT 기자재 통제 및 지식 관리 시스템을 사용하여 운영을 개선하고 에너지를 절감하여 효율성 제고	산업 발생 CO2의 1% 감축
6	스마트 산업	플랜트와 프로세스의 저탄소 설계를 위해 생산 프로세스의 에너지 사용량을 예측, 시뮬레이션. 분석하기 위한 설계 툴과 소프트웨어 배치	산업 발생 CO2의 1% 감축
7	스마트 그리드	전력 공급자와 사용자간의 쌍방향 소통이 가능하도록 하고 '사용시간 계측'이나 '원격 수요관리' 등의 선진 서비스를 제공하기 위한 송전망 내의 스마트 계측 및 통신 기술 배치	10년 내 건물에서 사용되는 전기관련 CO2 배출량의 약 1.25% 감축
8	통합 재생 솔루션	포괄적인 재생 에너지 배치가 가능하도록 시뮬레이션, 분석 및 관리 툴 활용	글로벌 에너지 시스템에 75GW의 재생 에너지 용량 추가
9	스마트 워크	원격근무가 가능하고 출장이나 업무 교대를 피할 수 있도록 인터넷을 비롯한 선진 통신 툴 활용	자동차 통근자의 5%가 원격 근무자가 되고 항공 출장의 5%가 가상회의로 대체
10	지능형 교통	오염이 적은 교통이 가능하도록 해당 정보를 제공하기 위한 선진 센서와 제어, 분석 모델, 관리 툴 및 유비쿼터스 통신 배치	승용차 전체 주행거리의 6%가 대중교통으로 대체

* 출처: WWF, Becoming a winner in a low-carbon economy: IT solutions that help business and the planet

WWF는 이들 10대 세계자연 솔루션 보급을 통해 유럽에만 2020년까지 10억 톤의 CO2를 감축할 수 있을 것으로 전망하고 있다. 한편 포레스터 리서치에 따르면 IT 부문 그린화를 위한 기술로는 클라우드 컴퓨팅, 서버 및 클라이언트 가상화, IT 에너지 측정, 서버 파워 매니지먼트 소프트웨어 등 16가지 기술이 주목될 것으로 전망된다.

아울러 세계 각국은 IT 제품의 소비 전력 및 환경 기준을 대폭 강화하여 비관세 무역장벽으로 활용하는 한편, 친환경 제품에 인센티브를 제공하는 등 자국 시장보호와 그린 IT 시장 창출을 위해 노력을 하고 있다.

우리나라는 세계적 수준의 IT 인프라를 보유하고 있으며, UN, ITU 등이 발표하는 주요 IT 국제지수에서 높은 순위를 유지하는 등 국제사회로부터 IT 강국으로 평가받고 있다.

따라서 IT 부문의 녹색 경쟁력을 강화하여 그린 IT 시장을 주도한다면 IT 산업에 새로운 활력을 불어넣어 중국 등 후발 국가와의 격차를 벌리고 선진국을 따라잡기 위한 기회를 잡을 수 있을 것으로 기대된다.

5. IT 융합관련 서비스 및 기술

가. 유비쿼터스

1) 유비쿼터스의 개념

- 유비쿼터스(Ubiquitous)라는 단어를 영어 사전에서 검색해보면 다음과 같이 온다.

  ubiquitous [jubikwts] a. 《문어》
  - 어디에나 있는, 편재하는(omnipresent)
  - 《익살》 〈사람이〉 어디에나 모습을 나타내는

유비쿼터스라는 단어는 1988년 제록스사에 근무하던 마크와이저가 "유비쿼터스 컴퓨팅"이라는 개념으로 처음 제시하였다. 먼저 마크와이저의 약력을 간단히 살펴보면, 1952년 7월 시카고에서 출생하였고, 21살에 회사를 설립하여 운영한 경험이 있다.

이후 미시간대학 Computer and Communication Sciences 분야에서 석사와 박사학위를 받았다. 36세가 되던 1987년에 제록스사에 연구원으로 참여하게 되었고, 1988년에 유비쿼터스 개념

을 제안하였다. 이후 여러 논문을 통하여 유비쿼터스 개념을 정립하였으나 안타깝게도 1999년 4월 위암으로 세상을 떠났다.

제록스사 근무 시절 마크와이저가 유비쿼터스 컴퓨팅을 제시하게 된 상황을 구성해보면 다음과 같다. "미국 제록스사의 팰러앨토연구센터(PARC: Palo Alto Research Center)에서 연구원으로 일하던 마크 와이저라는 사람이 있었다. 그는 오랜 시간 동안 다가올 미래의 전자문명의 화두가 무엇일까에 대해 고민했다.

'분명 지난 30여 년 동안 설계되고 문명을 지배해온 컴퓨터 시스템과는 근본적으로 다르지 않겠는가?', '아침에 현관에서 신문을 집어 들거나 출근 시 구둣주걱으로 구두를 신을 때의 느낌처럼 사람과 사물 간에 인터페이스가 어떤 거부감도 없이 자연스럽게 연결될 수 있게 하는 기술이 필요하지 않을까', '그렇게 되려면 인간과 컴퓨터 그리고 네트워크가 서로 조화돼 나타날 지극히 인간화된 기술(calm technology)이어야 하지 않을까' 등 수많은 추론과 질문을 던져보았다.

그러다 이것이 점점 구체화되기 시작하면서 지난 88년에 비로소 본격적인 연구과제로 추진된다. 그 연구과제의 주제가 바로 '유비쿼터스 컴퓨팅'이었다.

1991년, 마크 와이저(Mark Weiser)는 미국의 대표적 과학저널 중의 하나인 Scientific American 1991년 9월호에 "21세기를 위한 컴퓨터(The computer for the 21st Century)"라는 논문을 발표하였다.

이 논문에서 유비쿼터스 컴퓨팅을 통해 대부분 일상용품에 컴퓨터 장치가 들어가게 된다는 유비쿼터스 컴퓨팅 개념을 대외적으로 제안했다. 유비쿼터스 분야를 시작하는 사람은 꼭 읽어야 되는 논문이다.

1993년에는 "Some Computer Science Problems in Ubiquitous Computing"이라는 논문을 발표하였다. 이 논문은 "Ubiquitous Computing"이라는 제목으로 재발간 되기도 하였다. 1996년에는 그의 논문 'The Coming Age of Calm Technology'에서 많은 사람이 한 대의 대형 컴퓨터를 공유하던 메인 프레임 시대에서 1980년대부터 시작한 PC 시대, 분산 컴퓨팅을 제공하는 인터넷 시대를 거쳐 개개인이 환경 속에 편재돼 있는 여러 컴퓨터를 사용하는 유비쿼터스 컴퓨팅 시대가 도래할 것이라고 주장하였다.

1997년 ABC방송 Nightline의 컴퓨터 관련 기술을 소개하는 코너에 출연하여 유비쿼터스 컴퓨팅과 관련된 여러 기술을 소개하기도 하였다. 1999년에 일본 노무라연구소의 무라카미 데루야스 이사장은 "유비쿼터스 네트워크"라는 개념으로 마크와이저의 "유비쿼터스 컴퓨팅"을 재해석하였고 2000년 12월에는 노무라종합연구소가 '유비쿼터스 네트워크'라는 연구보고서를 발간했다.

	유비쿼터스 컴퓨팅	유비쿼터스 네트워크
개념	유비쿼터스 컴퓨팅이란 벽이나 손목에 차고 있는 장치, 또는 주변에 놓여있는 각종 컴퓨터 장치들을 이용하여 컴퓨터에 액세스가 가능한 것이라 할 수 있다. 즉, 단어 뜻 그대로 언제 어디에나 존재하는 컴퓨터를 이용할 수 있음을 말한다.	"유비쿼터스 네트워크" 개념은 일본 노무라 연구소의 무라카미 이사장이 개념을 제안하였다. 그는 1988년 마크와이저가 유비쿼터스 컴퓨팅을 내놓을 당시엔 지금처럼 인터넷이란 강력한 네트워크가 없었다는데 주목하였고 컴퓨팅 능력을 중시하는 유비쿼터스보다는 네트워크로서의 유비쿼터스가 중요하다는 것을 강조하였다.
특징	○ "네트워크에 접속되어야 한다" - 무선을 통하여 모든 기기가 연결되어 어느 곳에서나 정보를 얻을 수 있어야 한다. 어디에나 컴퓨터가 있으므로 컴퓨터를 가지고 다닐 필요가 없다. 하지만 이러한 개념에 반하여 일본에서 제안하는 유비쿼터스 네트워크는 휴대단말기를 통하여 어디에서든지 정보를 얻을 수 있다는 약간은 다른 개념을 제안하고 있다. ○ "컴퓨터는 사용자에게 보이지 않아야 한다" - 주변 물리적 환경 속에 컴퓨터를 사용할 수 있게 함으로써 컴퓨터 활용도가 증가하지만, 사용자가 컴퓨터가 존재하는 것을 의식하지 않으면서도 자연스럽게 컴퓨터를 사용할 수 있어야 한다. 이러한 개념은 컴퓨터 칩 설계, 네트워크 프로토콜, 입출력 장치, 응용프로그램, 프라이버시 같은 모든 컴퓨터 분야의 연구에 영향을 주게 된다. 또한, 주변 환경에 숨어 있는 컴퓨터들의 도움을 받아서 여러 일을 하지만 사용자는 자기 스스로 어떤 일을 했다고 느낄 정도로 컴퓨터의 존재를 느끼지 못하게 된다. ○ "현실세계 어디서나 컴퓨터 사용이 가능해야 한다" - 유비쿼터스 컴퓨팅은 가상 현실이 아닌 현실 세계에 정보를 표현할 수 있는 증강현실이 되어야 한다.	○ 고정 · 이동, 유선 · 무선, 통신 · 방송이라는 영역을 넘어 이용 장소에 관계없이 상시 접속이 가능한 모바일 특성을 갖춘 브로드밴드 네트워크 기반을 갖는다. ○ 대형범용컴퓨터나 PC뿐만 아니라 휴대폰 · PDA · 게임기 · 카 내비게이션 · 디지털TV · 정보가전 · 웹 카메라 · 물체에 부착한 전자태그 등 각종 정보기기나 센서가 IP(가능하다면 IPv6) 등 프로토콜을 이용해 서로 연결된 상태가 된다. ○ 문자 · 숫자, 정지영상뿐 아니라 동영상이나 음성을 가진 콘텐츠, 이용자의 수요에 맞춘 솔루션, 안전한 정보의 송수신, 전자상거래가 가능한 플랫폼 등에 활용이 가능하다.
해결 문제점	디바이스 간의 연결을 위해서는 상당한 양의 데이터 전송 양을 필요로 하는데 이러한 통신 대역폭을 해결하여야 하며, 사물들이 이동했을 때 마치 사람이 이쪽 방에서 저쪽 방으로 이동하는 것처럼 응용프로그램들도 이쪽 스크린으로에서 저쪽 스크린으로 이동할 수 있어야 하는 문제입니다. 이것 말고도 선결해야 할 문제들이 많이 있으며, 수많은 연구자이 연구 개발에 많은 노력을 기울이고 있습니다.	유비쿼터스 시대를 'P2P(Person to Person)' 'P2M (Person to Machine)' 'M2M(Machine to Machine)'으로 나누어보면 P2P 다음에 P2M, M2M으로 유비쿼터스가 발전해 갈 것으로 노무라 연구소는 내다보고 있다. (유비쿼터스 컴퓨팅이 세 가지를 동시에 거론하는 데 비해) u 네트워크는 P2P를 유비쿼터스 사회의 기반으로 중시한다. 인간과 인간이 언제, 어디서든지 서로 커뮤니케이션할 수 있도록 네트워크를 만들고, 이 토대 위에 인간과 기계가 나아가 기계 상호 간 네트워킹이 자리 잡을 수 있을 것으로 예상하고 있다. 즉, P2P 실현 없이 어느 날 갑자기 M2M이 도래하지는 않는다는 개념이다

그는 유비쿼터스 컴퓨팅에서 특히 네트워크가 중요하다고 생각해 지금의 네트워크 인프라를 더욱 확장시킨 개념을 내세운 것으로 알려지고 있다. 무라카미 이사장은 스스로 유비쿼터스 네트워크를 세 단계 P2P(Person To Person), P2O(Person To Object), O2O(Object To Object)

로 나누고 O2O 단계에서 비로소 유비쿼터스 컴퓨팅 시대가 도래한다고 말한 바 있다.

이를 다시 정리해보면, 유비쿼터스는 1988년 미국의 마크 와이저 박사가 "유비쿼터스 컴퓨팅"이라는 개념으로 처음 제안하였고, 이후 일본에서 1999년에 "유비쿼터스 네트워크"로 그 개념을 확장하였다. 따라서 유비쿼터스를 이해할 때 마크 와이저의 "유비쿼터스 컴퓨팅"의 개념을 이해한 후, "유비쿼터스 네트워크" 개념으로 순차적으로 이해를 하는 것이 좋을 듯싶다.

"유비쿼터스 컴퓨팅"은 모든 곳에 컴퓨터 칩을 집어넣은 환경을 말한다. 즉, 모든 사물에 칩을 집어넣어 모든 곳에서 사용이 가능한 컴퓨팅 환경을 구현하는 것이다. 어느 곳에나 컴퓨터를 설치하여 사용자가 언제든지 사용이 가능하게 하는 개념이다. 미국은 이러한 컴퓨팅과 소프트웨어 기술을 중심으로 유비쿼터스 실현을 위한 연구 및 개발을 진행하고 있다.

반면에 일본에서 주장하는 "유비쿼터스 네트워크"는 언제 어디서나 컴퓨터에 연결(네트워킹)돼 있는 IT 환경을 의미한다. 이는 컴퓨터를 가지고 다니면서 멀리 떨어져 있는 각종 사물과 연결하여 그 사물을 사용한다는 개념으로 확장된 것이다. 예를 들어 휴대폰이나 PDA같은 휴대용 단말기를 가지고 다니면서 말이다.

이렇게 되면 무선 네트워크가 중요하게 되는데 근거리, 원거리 무선 통신망 개념이 더욱 핵심적인 요소가 되고 있다. 이렇듯 "유비쿼터스 네트워크"라고 표현함으로써 네트워크의 역할과 비중을 좀 더 강조하게 되었다. 이는 유비쿼터스를 통하여 새로운 국가적 활력소를 찾으려는 일본에 의해 확대된 유비쿼터스 개념이며, 특히 일본은 정부 주도로 네트워킹 중심의 유비쿼터스 전략을 수립하여 미국 중심의 유비쿼터스 기술을 앞지르겠다는 의욕을 보이고 있다.

2) 유비쿼디스 IT 융합

유비쿼터스와 장보기술(IT) 기술의 융합은 보다 넓게 보면, 정보기술을 바탕으로 나노기술 또는 바이오 기술이 접목되어 융합기술을 확장시킨다. 더 나아가서는 인공생명기술과 *인지과학(Cognitive Science)[9]까지 접목되는 기술 분야를 총괄적으로 포함한다.

정보기술의 중점적인 시각으로 정의하자면 콘텐츠/컴퓨팅/네트워크를 기본 바탕으로 인간과 사물, 가상공간에서의 융합 기술을 말하며, 정보기술(IT)의 발전과 더불어 나노기술(NT), 바이오기술(BT) 등과의 융합 발전은 인간, 사물, 환경(실제, 가상)의 능력 향상과 지능화를 가져올 것이라 전망한다.

다음의 그림에서는 각 융합기술분야의 관계와 종류를 나눠 보여주고 있다. 이 외에도 전통기술과 정보기술과의 융합도 신성장 동력과 선도기술로 주목받고 있는데 방송과 통신의 융합, 자동차와 IT의 융합, 그린 IT, 에너지 관련된 스마트 그리드, 건설과 IT 융합으로 스마트 City,

9) 인지과학: 인간의 마음과 동물 및 인공적·지적 시스템(artificial·intelligent systems)에서 정보 처리가 어떻게 발생하는지를 탐구하는 학문

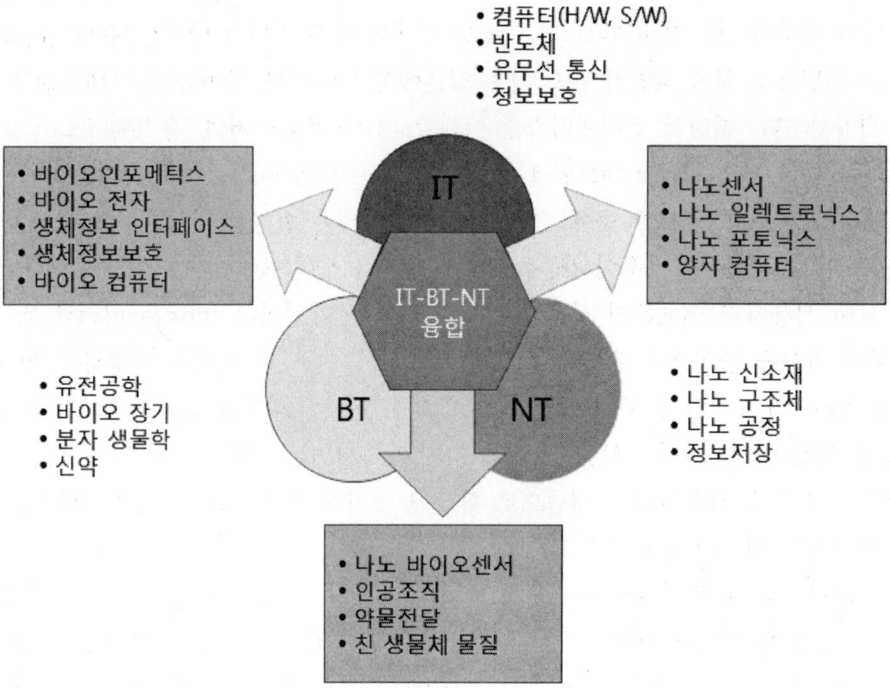

클라우드 컴퓨팅, 미래 인터넷 연구 등이 있다.

유비쿼터스 IT 융합기술은 산업별 가치사슬의 광범위한 확장을 가져올 것이다. 산업별 간의 수평과 수직적인 확장이 동시에 일어나게 되어 각 산업이 독자적인 개발로는 더 뛰어난 제품과 기술 개발을 이루지 못한다.

IT 융합을 살펴보면, IT와 다른 신기술(BT, NT 등)과의 결합을 통하여 새로운 기술과 가치를 창출하게 되는 현상으로, 기존 전통산업의 제품 또는 고정에 IT 기술개발 결과를 응용하여 신제품 · 신공정을 만들어 내는 IT 접목과는 구별이 된다.

신산업 창출은 시장 요구에 의해 이루어지기도 하나 신기술의 급속한 발전에 따라 기술 주도에 의해 이루어지는 것이 일반적이다. 유비쿼터스와 IT 융합 기술의 전 세계적인 추세보다 국내의 기술 개발 단계가 뒤쳐져 있으므로 국내의 기술적 기회와 환경을 활용하여 전 세계적인 발전 속도와 발맞추어나가야 한다.

3) 유비쿼터스 시대의 도래와 새로운 수요창출

현재 전 세계 정보통신 패러다임은 언제 어디서나 원하는 정보를 실시간으로 주고받을 수 있는 유비쿼터스 환경으로 발전하고 있다. 유비쿼터스 시대에는 모든 전자기기들이 복합화,

융합화되고 네트워킹되면서 편리하고 풍요로운 생활을 구현해주고, 디지털 컨버전스 제품들이 기존의 제품들을 빠르게 대체하면서 새로운 수요를 창출한다.

그동안 우리나라는 초고속인터넷 정책 이후에 제시된 정책비전이 통신사업자들이 적극적으로 나설 수 있는 동인이 부족하였고, AT&T, NTT 등 세계 유수 사업자와 비교할 때 차세대 네트워크나 유비쿼터스 기술, 부품 및 원천기술 분야에 상대적으로 취약하여 서비스 사업자의 신성장 산업 주도력이 미약하였다.

우리는 유비쿼터스화를 통하여 산업 생산성 향상과 경영합리화 실현을 통한 경제발전 및 국민소득증대, 신제품 개발 및 신규산업을 육성할 수 있다. 즉, 현재 우리가 직면한 IT 산업의 정체는 프로덕트 혁신에 의한 유비쿼터스 시장 창출이 차세대 IT 산업을 선도함으로써 해결할 수 있다.

유비쿼터스 IT의 활용을 통하여 u-커머스, u-비즈니스, u-물류, u-헬스, u-건설, 스마트자동차, u-learning, u-home 등 킬러 애플리케이션 발굴을 통한 새로운 수요창출과 고용확대를 도모하고, 특히 소자(少子)화, 고령화 등 사회변천에 대해 효과적으로 대응할 수 있다.

우리는 세계 최초·최고의 유비쿼터스 IT 응용제품 및 서비스를 발굴하고 조기 상용화를 통한 도전적 성공사례를 창출함으로써 세계시장을 선도할 수 있다. 유비쿼터스는 우리에게는 기회인 동시에 위험이 될 것인데, 1990년대 효자산업인 반도체 산업의 생산력, 세계적인 무선통신 기술, 최정상급인 유선 네트워크 인프라, 꾸준히 지켜온 가전 산업 생산력, 정보화에 잘 적응하는 국민, 유비쿼터스 IT 구현을 위한 정부 및 산업계의 강력한 의지 등은 유비쿼터스 사회가 도래할 때 우리나라가 국제경쟁력을 갖는 좋은 기회가 될 것이다.

그러나 아직 산업 서비스 모델의 부재, 요소 부품기술의 부족 및 과도한 해외의존도 등의 취약점을 갖고 있다. 이를 해결하기 위해서는 서비스 모델의 개발 및 부품소재산업의 육성, 국제표준화 대응이 필요하다.

나. RFID/USN

1) Ubiquitous Sensor Network 개요

USN은 태그와 센서로부터 사물이나 환경정보를 감지하거나 이를 저장, 가공, 통합해 상황인식 정보와 지식 콘텐츠를 만들어 활용하는 것으로 언제, 어디서, 누구나 원하는 지식과 서비스를 이용할 수 있는 첨단 지능형 사회의 정보기술 핵심 인프라가 되는 것이다.

모든 사물에 컴퓨팅 기술이나 통신 기능을 부여하게 되면 사람 중심의 정보화 사회가 사물

중심의 정보화 사회로 변화할 것으로 기대하고 있다. USN의 적용 분야는 무궁무진하다고 하겠다. 특히, 공공성이 강한 교통이나 기상, 환경, 행정 정보 외에도 개인 특화 서비스를 위한 각종 위치 정보나 상황 정보, 사무환경 등에서 핵심기술을 응용할 수 있는 것이다.

무선 센서 네트워크 기술은 미국의 스탠포드 대학에서 구조물의 실시간 무선 계측이 가능한 시스템을 개발하였고, 상용화된 제품으로는 미국 Berkely 대학에서 개발한 Berkely Mote라 불리는 소형 무선 센서 플랫폼으로서 하드웨어와 소프트웨어가 공개되어 있다. 또한, 무선 센서 네트워크를 위한 운영체제는 미국 Berkely대학에서 개발한 TinyOS가 대표적이며, 국내에서는 전자통신연구원에서 개발한 Qplus가 정보가전, 로봇, *텔레메틱스[10] 운영 체제로 이용되고 있다.

해외 적용 사례를 보면 알 수 있듯이 이스라엘 공군은 팔레스타인 교전지역의 지형탐사를 위한 USN 기술을 적용한 무인 무선데이터 전송 비행물체를 개발했고, 일본에서는 지진으로 인한 진동이나 충격 및 화재로 인한 온도 상승을 감지하기 위한 건물 모니터링 시스템을 개발했으며, 미국 하버드대가학은 환자 몸에 착용해 심장박동 수나 산소포화 심전도 등을 체크해 이상이 발생하면 병원이나 의사에게 위험신호를 발신하는 센서를 개발하여 활용하고 있다.

2) USN(Ubiquitous Sensor Network) 정의

센서 네트워크는 통상적으로 특정 지역에 소형의 센서 노드를 설치하여 주변 정보 또는 특정 목적의 정보를 획득하고, Base-Station이 정보를 수집하여 이를 활용하기 위한 서비스 네트워크 환경을 말한다. 센서 네트워크가 기존의 네트워크와 구분되는 점은 기본 목적이 상호간의 정보 전달보다는 자동화된 원격정보의 수집에 있다는 것이다.

즉, 각 센서노드가 특정 목적을 위해 필요한 주변정보를 센싱하고, 센싱된 정보를 센서노드 간의 무선통신을 이용하여 특정 지점으로 자동화된 방식으로 전달함으로써, 사용자가 센서필드 주변의 정보를 원격으로 수집하여 활용할 수 있다는 것이다.

이러한 센서 네트워크의 전통적인 개념은 무선방식의 센서 인프라를 활용하는 개념을 중심으로 불특정 공간에 배포된 센서로부터 수집된 정보를 일괄적으로 활용하는 무선 센서 네트워크(WSN: Wireless Sensor Network)를 의미하며, 국내에서는 이러한 WSN과 RFID를 통칭하여 USN이라고 부르기도 한다.

---

10) 텔레매틱스: 텔레매틱스는 '통신'과 '정보'의 합성어로 무선을 이용한 음성 및 데이터 통신과 인공위성을 이용한 위치정보 시스템을 기반으로 자동차 내부와 외부 또는 차량간 통신시스템을 이용해 정보를 주고받음으로써 텔렉스, 비디오 텍스, 팩시밀리 등과 같은 사용자 중심의 서비스를 제공하는 기술

3) RFID/USN 기술 개념

RFID(Radio Frequency Identification) 기술은 정보통신 기술의 발달과 더불어 초소형, 저비용, 다기능을 지향하고 있으며, 기존의 대표적인 인식수단 이었던 바코드에 비해 원거리 동시식별, 반영구적인 사용 등의 큰 장점을 가지고 있어 사물 자동식별과 대량 통합 정보 관리 체계에 대표수단이 될 것으로 전망된다. 유통, 물류 뿐 아니라 항공, 보안, 센서분야 등 다양한 사업모델이 적용 될 것이며, RFID 적용 분야는 점점 넓어지는 추세로 전력산업 등 분야에서 관심이 고조되고 있는 상황이다.

USN(Ubiquitous Sensor Network) 기술은 그림과 같이 필요한 모든 곳에 센서를 부착하고 이를 통하여 사물의 인식정보는 물론 주변의 환경정보까지 탐지하여 이를 실시간으로 네트워크에 연결하여 정보를 관리하는 것을 의미한다. 궁극적으로 모든 사물에 컴퓨팅 및 정보통신 기능을 부여하여 언제(anytime), 어디서나(anywhere), Network, Device, Service에 관계없이 통신이 가능한 환경을 구현하기 위한 것이다. 결국 USN 목표는 유비쿼터스 환경을 구현할 수 있는 수단으로 인간 생활에 폭넓게 활용하는 최상의 센서 네트워크인 것이다.

4) USN(Ubiquitous Sensor Network) 핵심기술

USN의 핵심 요소기술로는 크게 사물과 환경 인지에 사용되는 센서관련 기술과 정보전달을 위한 네트워크 기술, 전달된 정보를 서비스하기 위한 응용 기술 등 3가지로 구분할 수 있다.

센서관련 기술 분야는 온돈, 압력, 빛, 습도, 화학적 센서 등 다양한 센서들이 개발, 이용되고 있다. 센서 노드는 하드웨어 플랫폼 모듈을 말하며, 모듈 연결부, 센서, 전원부, 무선 모듈부로 구성되고, 주요 업체로는 국외의 Crossbow, Moteiv와 국내의 맥스포, 옥타컴 등이 있다.

네트워크 기술 분야의 USN에 적용 가능한 무선 프로토콜로는 802.11a/b/g와 UWB, Bluetooth, ZigBee 등이 있으며, 센서 네트워크 표준은 Ad-hoc 망을 기반으로 센서 네트워크를 구축하는 것이 대부분이며, 여기에는 Bluetooth, IEEE 802. 15.4, ZigBee 등이 존재한다. 이들 세 프로토콜은 WPAN(Wireless Personal Area Network)에 관한 표준으로 IEEE 802. 15.4를 다양한 상위 응용에 적용하기 위한 표준이다.

응용 기술 분야는 네트워크상의 정보를 응용, 서비스하기 위한 기술로는 대표적으로 미들웨어와 응용 시스템을 들 수 있다. 미들웨어는 일반적인 미들웨어처럼 센서 노드의 하드웨어와 운영체제 상에 존재하면서 센서 네트워크의 변화를 지원하여 다양한 응용에 적합한 데이터 운용 및 관리 기능을 수행한다. 현재 센서 네트워크를 위한 미들웨어 기술은 아직 초기 단계이며, 주로 대학 연구소를 중심으로 개발되고 있다. 주요 센서 네트워크 미들웨어로는 코넬 대학의 Cougar, 델라웨어대학의 SINA, 로체스터 대학의 MILAN, 프린스턴대의 Impala 등이 있다.

5) Ubiquitous Sensor Network 구성

USN은 많은 수의 작고 이질적인 센서 노들 간의 네트워크를 의미하는데, 각 센서 노드들은 전원, 센싱, 컴퓨팅, 통신 유니트를 포함하고 있다. 이질적인 노드들 간의 무선통신을 지원한다는 측면에서 Ad-hoc 네트워크와 유사한 성격을 가진 센서 네트워크는 Ad-hoc 네트워크와 비교하여 각 노드들이 제한된 리소스의 단순한 구조를 가졌다는 점과 범용의 목적을 위한 네트워크가 아니라는 점, 그리고 통신에 있어서 데이터 중심(Data Centric)이라는 점에서 차이점을 가지고 있다.

Ad-hoc 네트워크의 경우는 리소스의 제한이 없는 범용 목적을 위하여 구성되었으며, 통신에서 노드 중심(Node Centric)의 특징을 가지고 있다. [그림2]는 센서 네트워크의 구성 예를 보여 준다. 유비쿼터스 컴퓨팅 환경에서 강력한 힘을 발휘할 것으로 예상되는 USN 구성은 제한된 리소스, 센서 노드들의 이질성, 센서 네트워크의 확장성, 그리고 무인 운용 등의 독특한 특징들을 가지고 있다.

- 센서 노드 기술

센서 노드에서의 제한된 리소스는 USN의 가장 중요한 특징 중의 하나로서, 센서 노드들은 크기 및 가격 면에서의 경쟁력을 위하여 컴퓨팅 능력, 메인 메모리, 통신 대역폭 그리고 배터리 용량에서 제한된 성능만을 가지게 된다. 특히 배터리 용량은 센서의 동작 및 중지와 관련이 있으므로 매우 중요한 제한 요건이라 할 수 있다. 이 밖에도 센서 노드의 크기 및 가격을 고려할 때, 센서 노드들이 컴퓨팅 능력 및 통신 대역폭에서도 저성능의 CPU, 작은 용량의 메모리, 그리고 작은 용량의 통신 대역폭을 가질 것으로 예상된다.

그러므로 USN에서는 이러한 센서 노드들의 제한된 리소스를 최소로 활용하고 최대의 결과를 얻기 위한 노력이 절대적으로 요구된다고 볼 수 있다. 현재 센서 데이터베이스 분야에서는 이러한 센서의 제한요건을 고려하면서 사용자가 원하는 정보들을 어떻게 효율적으로 제공할 것인가에 대한 많은 연구들이 진행되고 있다.

- 미들웨어 기술

USN 미들웨어는 사용자에게 통합된 서비스 정보를 제공하는 역할을 한다. 이 기종 센서 네트워크로부터 수집한 센싱 데이터를 필터링/통합/분석하여 의미 있는 상황정보를 추출/저장/관리/검색하고, 응용서비스로 전달 및 서비스 간 연계 통합하는 역할을 담당한다. 또한, 센서 노드 미들웨어는 다양한 센서 응용 소프트웨어와 운영체제 및 네트워크 기능 사이에 존재하며, 유지보수/설치, 배포/응용수행에 필요한 제반 사항을 지원한다.

센서노드 및 싱크 노드에 탑재되어 센서 네트워크의 프로그램 갱신, 응용 변화에 따른 프로그래밍 조정을 수행한다. 센서 노드 및 싱크 노드에서 측정되는 센싱 데이터에 대한 데이터베이스, 데이터 보관관리, 다양한 응용에 적합한 데이터 운영 및 처리기능, 데이터 융합 기능을 수행한다.

미들웨어 기술에는 센서 네트워크 공통인터페이스 기술인 이 기종 센서 네트워크로부터 수집된 센싱 데이터들을 응용 프로그램 수정 없이 같은 방식으로 전달하기 위한 공통인터페이스 기술이 있으며, 센서 모니터링 기술로 센서 네트워크의 신뢰성을 향상시키기 위해 센서 네트워크를 구동, 모니터링, 제어, 진단, 복구하기 위한 관련 기술이 있다.

- 센서 네트워크 통신 기술: Bluetooth(IEEE 802. 15.1)

Bluetooth는 가정이나 사무실 내에 있는 컴퓨팅, 프린터, 휴대폰, PDA 등 정보통신기기는 물론 각종 디지털 가전제품을 물리적인 케이블 접속 없이 무선으로 연결해 주는 무선접속기술로 최대 데이터 전송속도가 1Mbps에 최고 전송 거리 10m의 무선데이터 통신 실현을 우선 목표로 하고 있다.

1Mbps는 사용자가 면허 없이 이용할 수 있는 2.4Ghz의 ISM 주파수 대역을 사용해 비교적 손쉽게 동시에 저렴한 비용으로 실현할 수 있는 전송속도이다. 전송 거리 10m는 사무실 내에서 사용자가 휴대하고 있는 기기와 책상 등에 설치해 둔 기기간의 전송 거리로는 충분하다고 판단에 따른 결정이다.

전 세계 어디에서나 사용이 가능하고, 음성 및 데이터의 송수신이 가능하다는 장점이 있다. 또한, 주파수 도약방식으로 간섭에 강하며, 최소의 전력소모와 작고 저렴한 송수신기 사용이 가능한 세계적으로 표준화된 무선통신 기술로 다양한 애플리케이션구현이 가능하다.

- UWB(IEEE 802. 15.3a)

UWB(Ultra Wideband — 초 광대역) 무선기술은 기존의 스펙트럼에 비해 매우 넓은 대역에 걸쳐 낮은 스펙트럼 밀도의 신호를 수신하여 기존 시스템의 주파수 대역에 간섭을 주지 않고 통신이 가능한 무선 전송방식이다. 초광대역 통신 방식은 이미 점유되고 사용되고 잇는 주파수 대역을 공유하여 사용할 수 있는 장점이 있어 물류 추적, 텔레메틱스 등의 서비스에 적합한 저속 UWB 기술과 HDTV, 캠코더, 영상전송, 디지털 카메라 등에 이용될 수 있는 고속 UWB 기술 등 다양한 응용 서비스에 적용이 가능하다.

소위 WPAN(Wireless Personal Area Netwirk)이라 불리는 노드 사이에 연결을 제공할 수 있는 수단으로 Ad-hoc 통신에 핵심적인 역할을 할 것으로 전망되고 있다.

- Zigbee(IEEE 802. 15.4a)

지그비(Zigbee)는 가정, 사무실 등의 무선 네트워킹에서 10 ~ 20m 내외, 최대 100m 이내의 근거리 통신 시장과 최근 주목받고 있는 유비쿼터스 컴퓨팅을 위한 기술로, 무선통신 분야에서 무선 LAN(IEEE 802.11)이나 다른 WPAN(IEEE 802.15) 기술과 달리 단순 기능이 요구되는 매우 작은 크기, 저전력, 저가격 시장을 목표로 하고 있다. 이런 지그비 기술은 지능형 홈네트워크, 빌딩과 산업용기기 자동화, 물류, 환경 모니터링, 휴먼 인터페이스, 텔레매틱스, 군사 등 다양한 유비쿼터스 환경에 응용될 수 있다.

지그비는 지그비 얼라이언스에서 IEEE802.15.4의 PHY/MAC 계층을 기반으로 네트워크 구조, 라우팅, 시큐리티, 애플리케이션 프로파일 등을 추가해 지그비 표준 규격을 완료했다. 지그비는 IEEE 802.15.4에서 정의하고 있는 868/915Mhz와 2.4Ghz 두 개의 주파수 범위에서 동작한다.

6) Ubiquitous Sensor Network 응용 서비스

유비쿼터스 시대가 열리면 센서 기술과 결합된 무선통신 기술은 건강관리나 안전분야 등에 유용하게 적용할 수 있기 때문에 무선통신 기술을 개발하는 많은 업체가 관심을 갖고 있다. 우선 집안 곳곳에 거주자의 생체 상태나 변화를 감지하는 센서를 설치하면, 센서를 통해 수집된 각종 생체 정보를 곧바로 의료기관으로 전송하는 환경을 구축할 수 있다. 안전 분야에선 교량이나 터널 등 구조물 안전 유지에 응용이 가능하다.

수 km에 달하는 교량이나 터널에 균열 충격 감지 지그비 센서 수천 개를 일정 간격으로 배치한 뒤, 센서에 들어오는 정보를 바로바로 중앙처리 장치로 무선 전송하면 교량이나 터널의 안전 상태를 실시간으로 점검할 수 있다. 사람이 직접 교량의 안전 상태를 눈으로 확인하려면 수개월로도 부족할 수 있는 한계를 극복하게 되는 셈이다. 또 온도 움직임 감지 지그비 센서를 빌딩 곳곳에 설치하면, 빌딩의 전체 난방이나 조명을 원격 제어할 수 있어 에너지 효율성을 높일 수 있다.

제 2 절 비즈니스 인텔리전스

1. BI의 개념

기업 경영에서 내비게이션 역할을 수행하는 것이 바로 비즈니스 인텔리전스(BI: Business Intelligence)이다. 비즈니스 인텔리전스는 경영인이 전략을 세우는데 필요한 데이터를 수집하고, 이 데이터를 가장 효과적이고 효율적인 방법으로 이용하여 적절한 의사결정을 하도록 도와주며, 경영상의 다양한 위협이나 위험을 자동적으로 알려주는 시스템이라고 할 수 있다.

〈표 4-1〉 비즈니스 인텔리전스의 영역

구 성	내 용	구성요소	비 고
전략 인텔리전스	경영전략을 효과적으로 수립하고 실행하기 위해 필요한 가치동인 관리, 경영성과 관리, 전략 실행 모니터링, 원가 및 수익성 등에 관한 분석정보를 제공	VBM, BSC, ABC/ABM	경영자 등 관리자 중심
분석 인텔리전스	특정 이슈의 해결을 위한 전문적인 의사결정 모델부터 업무 기능의 영역별 보고서 및 조회를 위한 기능까지, 분석을 위한 다양한 정보를 생성하고 제공	OLAP, 데이터마이닝, 의사결정분석도구	분석가, 관리자 및 담당자 중심
확장 인텔리전스	기업내부뿐만 아니라 고객, 공급자 등 외부 이해관계자와의 거래 및 운영 프로세스에서 생성 되는 데이터를 분석하여 정보를 제공	CRM 인텔리전스, SCM 인텔리전스	관리자 및 담당자 중심
인텔리전스 인프라	비즈니스 인텔리전스를 구현하기 위한 다양한 기술 및 데이터 통합기반 제공	ETL, 데이터웨어하우스, 데이터마트	
인텔리전스 정보전달	비즈니스 인텔리전스에서 생성된 정보를 사용자의 요구에 맞도록 제공	전사포털, 정보시스템	

인텔리전스를 직역하면 '지식', '정보'이며, 지식과 정보는 데이터를 가공하여 특정한 의미가 내포된 데이터이다. 때문에 비즈니스 인텔리전스는 데이터를 수집하고, 이 데이터를 가공하여 올바른 의사결정을 내릴 수 있도록 지원하는 시스템 및 기술이라고 할 수 있다.

〈표 4−1〉에서 보는 바와 같이 비즈니스 인텔리전스 영역에는 다양한 시스템과 기반기술이 요구되며, 때문에 비즈니스 인텔리전스를 이해하기 위해서는 이러한 시스템 및 기술에 대한 이해가 선행되어야 한다. 기반기술은 ETL(Extraction Transformation Loading), 데이터 웨어하우스, 데이터마트, 데이터 마이닝, OLAP, 전사포털 등이 포함되며, 최근에는 에이전트 기술이나 인공 신경망, 유전자 알고리즘과 같은 인공지능 기법과의 연계를 고려한 비즈니스 인텔리전스 영역들이 기술적으로 확장되고 있다.

2. BI의 필요성

현장에서 매일 수시로 이루어지는 의사결정은 전략적 의사결정이나 전술적 의사결정만큼 무게와 영향력은 없으나, 실제 고객을 상대로 사업 실적에 직접 영향을 미치는 의사결정이라는 점에서 매우 중요하다.

그럼에도 불구하고 비즈니스 성과관리에 대한 조직 구성원들의 일반적인 애로사항과 그들의 요구사항은 〈표 4−8〉, 〈표 4−9〉와 같다.

오른쪽 표에서 보는 바와 같이 지금까지 조직의 의사결정을 위한 도구는 특정한 영역이나, 기술에 초점이 맞추어져 있으며, 전사의 광범위한 전략 관점이 부족하다. 또한, 복잡한 사용자의 인터페이스를 배워야 하므로, 시간과 비용 발생하고, 핵심 업무기능을 수행하기 위한 애플리케이션상의 데이터를 임포팅/익스포팅 해야 하는 불편함을 야기하였으며, 조직 내 모든 레벨의 사용자가 사용할 수 있도록 디자인되어 있지 않고, 솔루션의 가격이 비싸기도 하지만, 운영하는데 있어서 너무나 복잡하여 ROI가 떨어져 있었다.

따라서 의사결정을 위해 전략적인 목표에 대한 자원 할당의 중요성을 제고하는 비즈니스 인텔리전스는 기업의 협업, 연결, 스마트에 필수 불가결한 요소이다. 조직 내 모든 레벨의 사용자는 자신의 업무에 더욱 자세한 관점이 필요로 하고 있다. 비즈니스 인텔리전스는 기업의 핵심 업무인 예산(Budgeting), 예측(Forecasting), 기획(Planning)에서 반드시 필요한 기능이다.

〈표 4-8〉 비즈니스 성과관리에 대한 일반적인 불만

조직 구성원	일반적인 불만
임원진	· 더 나은 결정을 더 빨리 내려야 하는데, 보고서가 제때 준비되지 못한다. · 분석 정보를 이해하기 힘들다. · 한눈에 파악할 수 있도록 더 시각적이고 직관적이었으면 좋겠다. · 성과지표(KPI)가 부분적이고 임의로 정의되어 있어 지표에 의한 성과관리가 제한적이다.
경영기획 부서	· IT에 수많은 시간과 자원의 투자 후에 성과관리가 가능해졌지만, 그중 50 ~ 70%는 사용되지 않는다. · 일반적인 지표만 관리될 뿐 문제의 원인을 분석하기 위한 방법은 없다. · 경영계획 수립을 위한 시뮬레이션 기능을 제공하지 못한다. · 회사의 각 부서별 정보를 연결해서 부서간 영향 사항들을 보고해야 하지만, 연계가 불가능하다.
영업부서	· 새로운 계획 수립을 위해 과거 및 최근의 판매 실적 등을 조회하고자 할 때, 자료가 불충분 하거나 매번 전산 담당자에게 요청해야 한다. · 자료 요청시 결과를 받기까지 시간이 오래 걸린다. · 다른 각도로 보고자할 때는 또다시 자료를 요청해야 한다. 필요한 정보는 직접 다룰 수 있어야 한다. · 고객 발굴을 위해서 회사의 정보를 이용하고자 할 때 시스템이 너무 복잡하거나, 어떤 자료를 어떻게 보아야 하는지 알 수 없다.
재무/인사 부서	· ERP 시스템이 구축되어 있으나 원하는 형태로 가공하기 위해 다양한 소스에서 데이터를 취합하여 매번 수작업으로 정리한다. · 데이터의 일관성이 부족하여 확인하는데 불필요한 시간이 오래 걸린다. · 수요예측 또는 최적의 재고량 파악 등 원가 및 비용을 산정하는데 매번 몇 일이 걸린다.
부서 공통	· 원하는 정보를 찾기 위해 다양한 시스템에서 데이터를 추출하고 작업해야 한다. · 기존에 있던 보고서가 아닌 다른 형태가 필요할 경우는 전문가에게 요청해야 하고 결과를 받아 보기까지 시간이 너무 오래걸린다. · 명확한 성과관리 지표가 수립되어 있지 않아서 의사결정시 혼란이 있다.

〈표 4-9〉 비즈니스 성과관리에 대한 일반적인 요구사항

통합된 데이터	분석 및 측정능력 강화	명확한 성과지표 및 관리기준 설정
정제되고 통합된 데이터 제공	· 비즈니스 현황을 한눈에 볼 수 있는 형태로 제공 · 문제의 결과 및 근본 원인을 분석할 수 있는 도구 제공	· 회사의 주요 측정 지표를 일관되고 직관적인 형태로 제공

비즈니스 인텔리전스는 [그림 4—3]과 같이 소프트웨어에서 기본적으로 효과적인 정보 시각화를 지원하고 있으며, 또한, 이러한 시각화 자료가 데이터 이해에 도움이 되는 의미 있는 색상표와 뷰 유형을 제공하고 있어 이를 이용하는 사용자는 경영의 의사결정을 하는데 있어 매우 필요한 도구로 활용되고 있다.

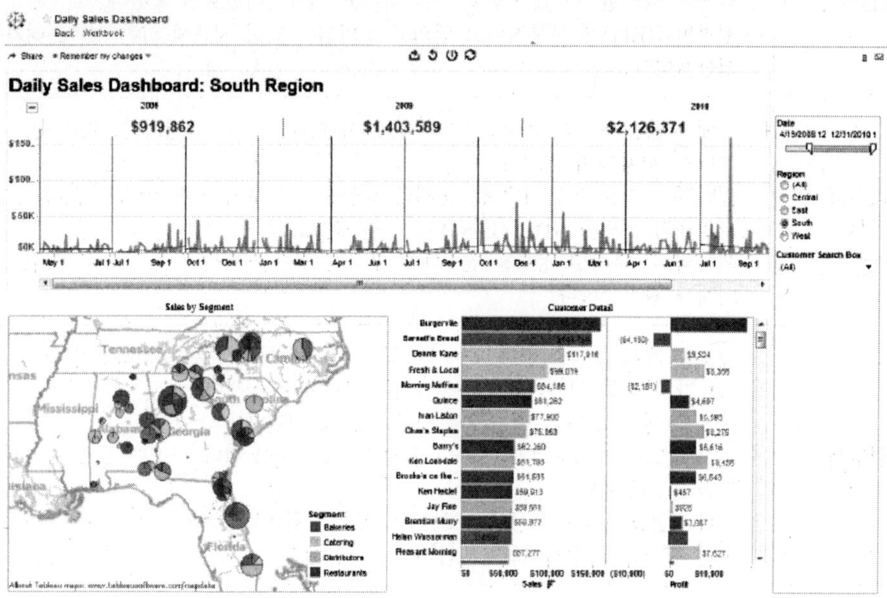

[그림 4—3] 직관적인 BI 소프트웨어

3. BI의 구성요소

BI의 구성 요소에는 데이터 웨어하우스(DW: Data Warehouse)와 데이터마트(DataMart) 그리고 데이터 마이닝과 OLAP을 들 수 있다.

데이터 웨어하우스(DW: Data Warehouse)는 BI를 수행하는 중요한 부분으로, 거래기록 등 다양한 데이터를 담고 있는 대용량 데이터베이스를 의미한다. 데이터마트(DataMart)는 기업의 SBU(Strategic Business Unit, 전략적 사업단위), 개별부문 등을 위해 고안된 작은 DW라 할 수 있다.

데이터마이닝은 대용량 데이터베이스, DW 그리고 데이터마트에서 가치 있는 정보를 찾는다는 데에서 유래하였다. 그리고 OLAP는 가상의 입방체 모양으로 축적된 정보를 사용자의 요구에 맞게 회전시켜, 한 면이 결정되면 다른 두 면의 정보를 제공하는 것이다.

가. 데이터 웨어하우스

1) 데이터 웨어하우스의 정의

데이터 웨어하우스는 업무 트랜잭션을 처리하는 데이터베이스 시스템에서 사용자들이 필요로 하는 정보를 추출해서 가공된 데이터 형태로 구성되는 업무 분석을 위한 데이터베이스이다. 이는 데이터베이스 관련자들이 업무 처리와 관련된 데이터들은 잘 저장하지만, 저장된 데이터들을 제대로 활용하지 못한다는 점에 착안하여, 어떻게 하면 데이터베이스에 저장되어 있는 데이터들을 보다 유익하게 효율적으로 활용할 수 있는가 하는 관점에서 시작한 개념으로써, 1980년대 후반 IBM에서 도입한 개념에서 시작되었고, "W. H. Inmon"에 의해 데이터 활용 전략으로 데이터 웨어하우스의 개념을 사용함으로써 관련자들의 관심을 집중시켰다.

데이터 웨어하우스에 대한 정의는 학자들에 따라 조금씩 다르게 표현하였지만, "기업 또는 조직들에서 일정 기간 정보시스템을 운영하며 발생한 기간계 업무 데이터와 외부 데이터들을 주제(Subject)별로 통합하여 다양한 분석을 제공함으로써 사용자들이 필요로 하는 의사결정을 지원하기 위한 데이터들이 저장된 저장 공간"을 의미한다.

먼저 "Barry Devlin"은 "다양한 운영환경으로부터 얻어지며 최종 사용자가 사용하고 이해할 수 있는 방법으로 정리된 유용하며 완전하게 일관성을 유지하는 데이터 저장소"라고 정의했으며, "Sean Kelly"는 "기업 내의 수많은 플랫폼과 아키텍처에 구현된 다중의 데이터 모델에 대한 주소를 갖고 있는 주제 지향적인 기업의 데이터베이스"라고 정의한다. 그리고 버틀러 그룹(Butler Group)에서는 "데이터 웨어하우스를 구성한다는 것은 물리적으로 여러 곳에 분산된 데이터베이스 내에 존재하는 데이터들을 이용하여 사용자들의 의사결정 지원을 위한 하나의 논리적인 뷰(View)를 창출하는 것이다."라고 정의하여 데이터 웨어하우스를 정의했다.

특히, "Bill Inmon"의 정의에 의하면 데이터 웨어하우스는 "기업이 경영 관리를 위해 필요로 하는 의사 결정 지원에 효율적으로 사용될 수 있는 응용 프로그램들이 활용하는 정보 기반을 제공하는 하나의 통합된 데이터 저장공간으로서 다양한 운영 환경의 운용 시스템들로부터 데이터들을 추출, 변환, 통합해서 요약한 읽기 전용 데이터베이스"로 정의한다.

또한, DW는 의사결정을 지원하기 위해 주제별로 분류된 데이터의 저장소라고 할 수 있다. 따라서 데이터 마이닝, 의사결정 지원, 질의 응용 등과 같은 분석적 활동들이 용이하도록 지원하므로 DW는 다음과 같은 특징을 나타낸다.

- 주제별 정렬: 고객, 벤더, 제품, 가격, 지역 등 다양한 주제나 비즈니스 차원으로 정렬
- 일관성: 다른 데이터베이스에 있는 데이터라도 동일하게 코딩 됨

• 역사성: 데이터는 추세, 예측, 연도별 비교분석 등을 위해 다년간 보관 됨
• 비휘발성: 데이터는 웨어하우스로 들어가면 업데이트 되지 않음
• OLAP 활용: 데이터베이스는 통상 거래를 다루므로 거래발생 즉시 온라인으로 처리되는 OLTP(Online Transaction Processing)가 사용되고, 의사결정을 지원하는 DW는 축적된 데이터를 분석하는 OLAP를 사용
• 다차원: 2차원 테이블 구조인 관계형 데이터베이스와는 달리, DW는 3차원 이상의 다차원 데이터 구조를 사용

2) 데이터웨어하우스의 필요성

급변하는 기업의 환경 변화와 무한 경쟁 시대에서 생존 및 성장을 위해 기업을 운영하는 최근의 기업들은 전략적인 정보를 획득하여 이를 기반으로 해당 산업의 미래를 예측하고 경쟁적 우위를 차지하지 못한다면 기업이 자연 도태하게 되는 현실이다. 최근의 기업 환경은 사업 영역의 확대뿐 아니라 국제적 시장 경제 체제로의 변화 등에 적응해야 하며 무한 경쟁 체계의 사업 환경에서 고객들의 다양한 요구와 전문화된 요구에 적응할 수 있어야 한다.

이러한 현실에서 기업들이 전략적 정보를 획득하기 위해서는 기업들의 경영 관리를 위해 필요로 하는 의사결정 정보를 신속하고 정확하게 제공하는 정보시스템의 구축이 필요조건이다. 의사결정 정보를 제공하는 정보시스템이란 단순히 실적 통계를 제공하는 정보시스템이 아니라, 환경의 변화에 적응하고 경쟁 기업들과의 차별화된 경쟁 전략을 수립할 수 있도록 함으로써 산업 내에서 지속적인 발전을 할 수 있도록 하는 정보시스템을 의미한다. 따라서 이러한 정보시스템은 다음과 같은 정보들을 파악할 수 있도록 정보를 제공해야 한다.

• 산업의 발전 형태 및 방향을 파악할 수 있는 미래 지향적 정보의 제공
• 경쟁 유발 요인을 파악하여 경쟁에 대응할 수 있는 최선의 방법을 찾을 수 있는 정보의 제공
• 유리한 경쟁 위치에 설 수 있는 요인을 파악할 수 있는 정보의 제공

[그림 4—4] "기업 환경의 변화"는 단순히 소품종 다량 생산의 시장 환경에서 제품을 대량으로 생산하여 대량 소비에 의한 이익 창출에 기여하던 정보시스템으로부터 다품종 소량 생산의 시장 환경 변화 및 고객들의 다양한 요구변화를 반영하여 변화해야 하는 새로운 정보시스템의 방향을 제시한다.

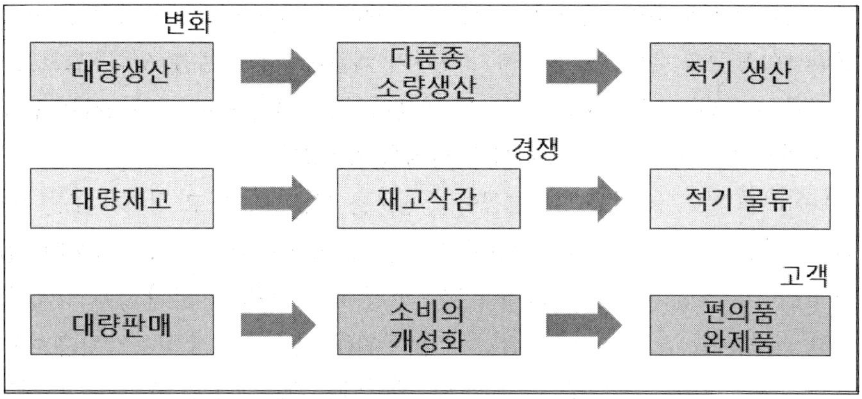

[그림 4-4] "기업 환경의 변화"

이는 기존의 정보시스템들에서 제공되던 정보들이 단순히 생산을 관리하거나 판매를 관리하는 실적관리 위주의 정보시스템이었다면, 새로운 정보시스템은 고객의 요구사항을 분석하고, 시장 동향을 분석할 수 있는 정보를 제공할 수 있어야 한다는 것을 의미한다.

따라서 새로 구축되는 정보시스템에는 다음과 같은 경영 환경의 변화를 반영한 정보들을 제공할 수 있도록 구축되어야 한다는 것을 알 수 있다.

- 고객 및 시장 환경의 급격한 변화에 대한 분석 및 예측
- 고객 성향 및 요구를 반영한 새로운 마케팅
- 제품의 품질 및 높은 품질의 서비스 요구
- 신규 시장 개척 및 신제품 개발을 통한 새로운 비즈니스 창출

기존의 트랜잭션 데이터 처리 위주의 정보시스템들은 이러한 정보들을 최고 경영자 또는 관리자들에게 제공하기에는 미흡한 점이 많은 정보시스템이다. 다시 말해 최고 경영자나 관리자들이 새로운 효과적인 의사결정을 할 수 있도록 정보를 제공하기에는 한계를 가지고 있으며, 제공되는 정보의 품질도 매우 낮은 정보시스템이다. 이러한 문제점은 먼저 기존의 정보시스템들이 기업의 전체 업무를 대상으로 구축되어 통합적으로 운영되는 시스템이 아니라, 담당 업무별로 개별적인 필요성에 의해 단위 업무 위주의 정보시스템으로 구축되어 정보가 고립(Isolate)된 상태로 유지되기 때문이다.

그리고 기존의 정보시스템들은 고립된 정보시스템들에 존재하는 데이터들의 신뢰성과 일관성에 관련된 많은 문제를 내포하고 있다. 예를 들어 영업 관리 시스템에 있는 판매수량과 생산관리 시스템의 출고수량이 차이를 보일 수 있고, 수량은 맞는다고 하더라도 해당 제품을 구매한 고객의 정보가 각각의 시스템에 서로 다르게 존재할 수도 있다. 이러한 문제는 다수의

중복된 데이터들이 서로 다른 단위 시스템들에 존재하기 때문에 발생할 수 있으며, 일관성을 가지고 단위 시스템들의 데이터를 처리하지 못하기 때문에 발생할 수도 있다. 그리고 데이터를 수집하는 곳과 사용되는 곳이 분리됨으로써 발생하기도 하며, 업무를 처리하는 담당 부서들 사이의 이해관계 및 문화적인 차이에서도 발생할 수 있다.

그러므로 이러한 정보시스템들에서 제공하는 정보를 이용하여 최고 경영자 또는 관리자들이 올바른 의사결정을 할 수 없다는 것을 의미하는 것으로써, 기존에 관리하는 데이터들을 정제하여 사용해야 한다는 것을 의미한다. 그리고 기존에 존재하는 다양한 단위 업무 시스템들로부터 필요한 의사 결정 지원 정보를 취합해서 제공하기 위해서는 많은 시스템 자원뿐 아니라 시간 및 비용이 필요하다. 따라서 기업 또는 조직들은 경쟁력을 확보하기 위해서 기존의 단위 시스템들에 축적되어있는 방대한 과거의 데이터들을 활용하여 효과적인 분석 기능을 가지며, 신속하고 정확한 의사 결정을 지원할 수 있는 새로운 정보시스템인 데이터 웨어하우스의 구축이 필요하다.

3) 데이터 웨어하우스의 구성요소

데이터 웨어하우스는 기업 내부에 존재하는 다수의 운영 시스템으로부터 현재 및 과거 데이터를 추출한다. 이러한 데이터들은 외부 원천으로부터 제공되는 데이터와 결합되어 경영보고 및 분석을 위해 통합 데이터베이스로 재구성된다. 정보 사전은 사용자들에게 데이터 웨어하우스에 존재하는 데이터들에 관한 정보를 제공한다.

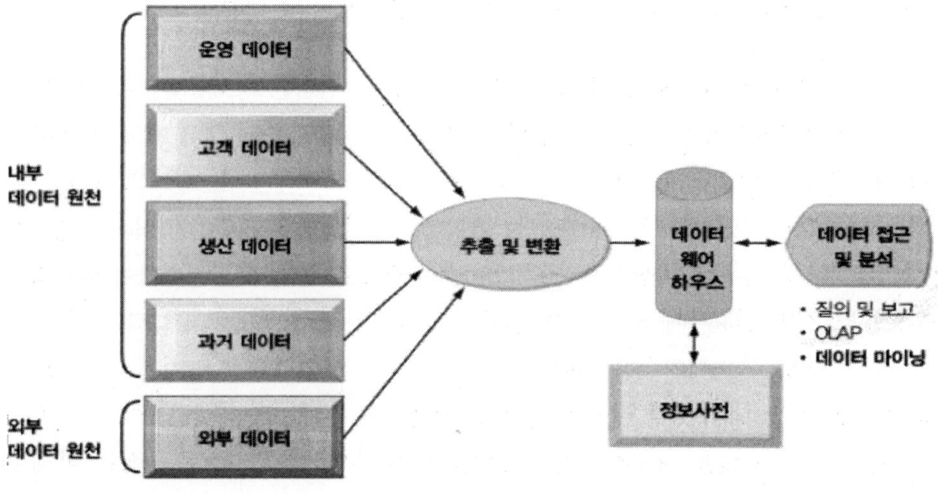

4) 데이터 웨어하우스의 특징

데이터 웨어하우스는 기존의 운용 데이터베이스에 비교하여 의사 결정을 지원할 수 있는 분석 정보를 제공한다는 것이 가장 큰 차이점이며 특징이라고 할 수 있다. 이와 관련하여 데이터 웨어하우스의 기본적인 사상을 정립한 "W. H. Inmon"의 저서에 의하면 데이터 웨어하우스는 다음과 같은 4가지 특징들을 지닌 데이터의 집합체를 의미한다고 그의 저서 "Building the Data Warehouse(2nd Edition)"에 서술했다.

- 주제 지향성(Subject Oriented)

주제 지향성이란 데이터 웨어하우스 내에 존재하는 데이터들은 조직에서 일반적인 트랜잭션 처리를 위한 다양한 종류의 프로세스 중심의 데이터와는 달리 기업의 의사 결정에 필요한 특정 주제(Subject) 즉, 기업의 주요 업무 기능과 관련된 주제 영역별로 데이터들을 구성하는 특성을 의미한다.

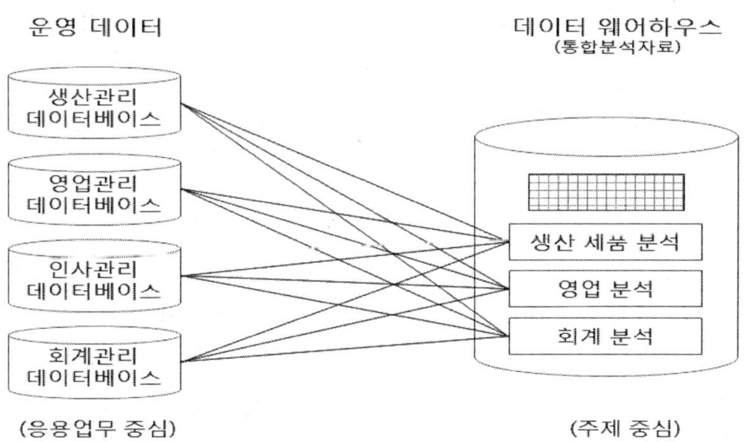

[그림 4-5] 데이터 웨어하우스의 특징: 주제지향성

예를 들어, 보험회사의 경우 프로세스 중심의 시스템으로는 "자동차 보험", "생명보험", "개인연금보험", "교육보험" 등이 해당하지만, 이들의 주제 영역을 보면 분석이 되는 "고객", "약관", "청구", "보험 상품" 등이 될 수 있다. 금융 기관의 단위 시스템들은 "예금", "대출", "신용카드", "신탁" 등과 같은 단위 업무 기능들을 처리하는 데이터베이스를 중심으로 운영되며, 데이터 웨어하우스는 금융기관과 거래를 하는 "고객", "거래처", 또는 금융 기관의 "상품", "영업 활동" 등과 같은 주요 주제 영역을 중심으로 조직화 된다.

[그림 4—5] "데이터 웨어하우스의 특징: 주제지향성"의 경우는 현재 운영되는 단위 시스템들

로 "생산관리", "영업관리", "인사관리", "회계관리" 시스템들로부터 주제 영역이 "생산 제품", "영업", "회계"인 데이터 웨어하우스를 데이터를 취합하는 내용을 도식한 것이다.

• **통합성(Integrated)**

통합성은 데이터베이스에 다양한 형태 또는 종류로 존재하는 원시 데이터들로부터 일관된 명명 규칙이나, 저장 규칙 등을 도출하여 데이터 웨어하우스에 하나의 유형의 물리적 데이터로 저장해야 한다는 특성을 의미한다.

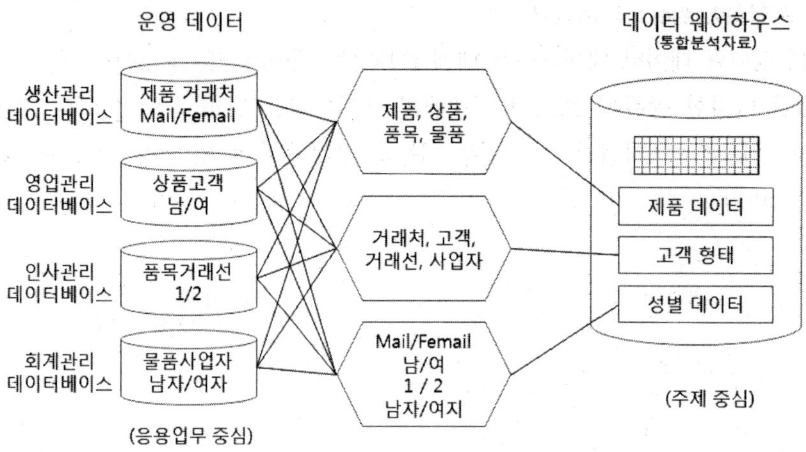

[그림 4-6] 데이터 웨어하우스의 특징: 통합성

기존의 애플리케이션 중심의 환경에서는 데이터베이스 내에 관리되는 남자와 여자를 구분하는 데이터 도메인(Domain)으로, "생산관리" 데이터베이스에서는 "Male/Female", "영업관리" 데이터베이스에서는 "남/여", "인사관리" 데이터베이스에서는 "1/2", 그리고 "회계관리" 데이터베이스에서는 "남자/여자" 등으로 다양하게 적용할 수 있으나, 데이터 웨어하우스에서는 이들을 통합하여 하나의 성별로 관리하도록 하는 특성을 말한다. 즉, 각각의 단위 시스템들에서 사용되는 남자와 여자를 구분하는 내용에 대하여 '남'과 '여'로 통합하여 관리하도록 하는 특성이다.

또, 다른 예제로 기존의 데이터베이스에서는 업무 영역별로 센티미터, 미터, 킬로미터와 같은 미터법을 사용하는 데이터와 인치, 야드, 피트와 같은 서로 다른 여러 가지 측정 단위를 사용할 수 있지만 데이터 웨어하우스에서는 측정 단위를 통합하여 일관되게 데이터를 유지할 수 있도록 해야 한다.

• 시-계열성(Time-Variant)

시-계열성이란 데이터베이스에 존재하는 데이터들은 데이터를 액세스하는 특정 시점에 정확성을 유지해야하는 반면에 데이터 웨어하우스의 데이터들은 일정 시간(기간) 동안의 시간 변화에 따른 데이터들의 변화 정보를 저장 관리해야 한다는 특징을 말한다. 즉, 데이터 웨어하우스에 저장되는 데이터들은 수시로 갱신이나, 변경하기보다는 시간에 따라 변화된 데이터를 저장해야 한다는 것을 의미한다.

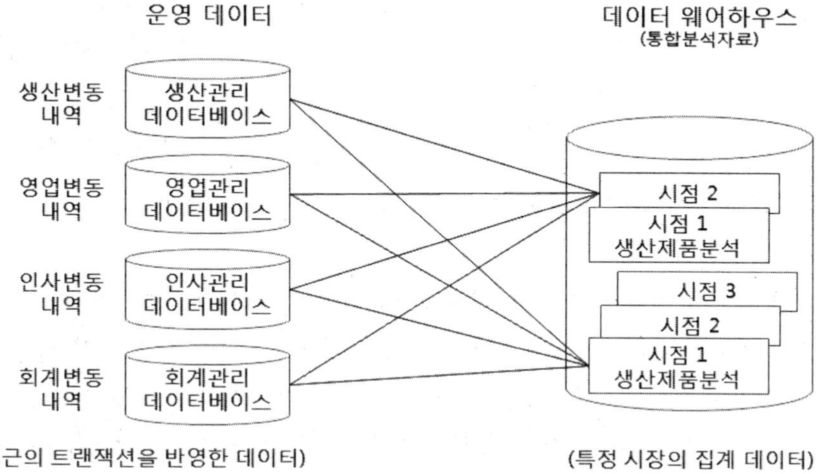

[그림 4-7] 데이터 웨어하우스의 특징: 시-계열성

예를 들어 지난 20년간의 예산, "편성금액 증가율 대비 경제성장 증가율", "작년 같은 해당 월의 생산량 대비 판매량 실적", "분기별 판매 계획 대비 현재의 판매 실적" 등과 같이 시간 변화에 따른 추이 등의 정보를 관리한다.

데이터 웨어하우스에 존재하는 대부분의 데이터들은 정형 또는 비정형적으로 "날짜", "주", "월", "분기", "년도"와 같은 시간 요소를 포함한다.

• 비-휘발성(Non-Volatile)

비-휘발성은 데이터베이스에 존재시키는 데이터들은 트랜잭션 관리, 복구 기법, 동시성 제어 기법 등을 고려하여 수시로 입력, 수정, 삭제 등이 발생하는 "휘발성"의 성격을 가진 반면에 데이터 웨어하우스의 데이터들은 기존의 운용 데이터베이스로부터 데이터들을 데이터 웨어하우스로 데이터 로딩(Loading)되면 특별한 경우를 제외하고는 수정, 삭제 등이 발생하지 않고 읽기-전용(Read-Only) 데이터로 존재한다는 특성을 의미한다.

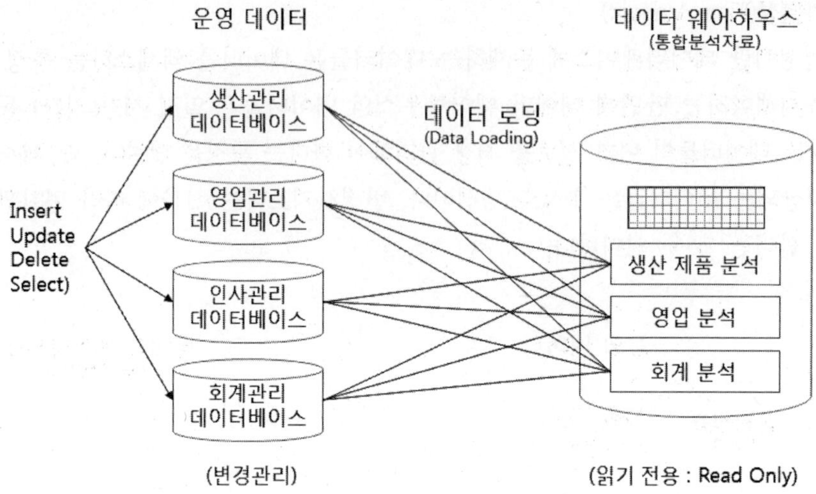

[그림 4-8] 데이터 웨어하우스의 특징: 비-휘발성

예를 들어, 지난 1개월간 고객들이 이용한 거래 유형별 사용실적 집계와 같이 데이터베이스의 원시데이터가 변경되는 경우를 제외하고는 데이터 웨어하우스에 한번 생성된 데이터는 변경 또는 수정이 발생하지 않도록 관리해야 한다. 데이터 웨어하우스에 존재하는 데이터들은 일반적인 처리과정에서 갱신은 이루어지지 않으며, 주로 초기 데이터 탑재와 데이터 액세스만을 수행한다.

나. 데이터마트

데이터 웨어하우스는 대용량 데이터베이스이므로 비용부담이 클 수밖에 없어, 주로 대기업에서 사용된다. 큰 비용을 부담할 수 없는 중소기업의 경우, 데이터마트가 규모는 작지만 비용이 1/10 정도밖에 되지 않으므로 많이 사용된다. 데이터마트는 기업의 *SBU[11], 개별부문 등을 위해 고안된 작은 데이터 웨어하우스라 할 수 있다.

즉, 데이터마트는 데이터의 한 부분으로서 특정 사용자가 관심을 갖는 데이터들을 담은 비교적 작은 규모의 데이터 웨어하우스. 즉 일반적인 데이터베이스 형태로 갖고 있는 다양한 정보를 사용자의 요구 항목에 따라 체계적으로 분석하여 기업의 경영 활동을 돕기 위한 시스템을 말한다.

데이터 웨어하우스는 정부 기관 혹은 정부 전체의 상세 데이터를 포함하는데 비해 데이터마

11) SBU: 독립적으로 전략을 수립하고 재정을 집행하는 권한과 책임을 가진 사업단위

트는 전체적인 데이터 웨어하우스에 있는 일부 데이터를 가지고 특정 사용자를 대상으로 한다. 데이터 웨어하우스와 데이터마트의 구분은 사용자의 기능 및 제공 범위를 기준으로 한다.

기업들은 아마도 데이터 웨어하우스를 구축하면 그것으로 모든 것이 끝난 것처럼 생각할 수도 있다. 이제 기업의 모든 사용자가 구축된 웨어하우스에 대해 질의를 하고 필요한 정보를 얻는 일만 남았다고 여길 수도 있다. 그러나 이것은 현실적이지 않다.

기업의 모든 사용자가 웨어하우스에 대해 직접질의를 수행하는 것은 현실적이지 못할 뿐 아니라, 전체 시스템 성능에 심각한 부하를 줄 수 있으며, 웨어하우스가 사용자들이 원하는 유용한 정보를 주지 못할 수 있다. 나아가 데이터 웨어하우스는 다양한 질의에 응답할 수 있도록 상세 데이터를 보유하고 있으며, 이러한 데이터는 일반적으로 정규화 되어야 한다.

그래서 데이터 웨어하우스와 사용자 사이에 중간층이 필요할 수 있다. 이 중간층이 바로 '데이터마트'이다. 전사적 '데이터 웨어하우스'가 모든 사업부문에 걸쳐 통합된 정보를 제공하기 위해 많은 운영시스템으로부터 관련된 데이터들이 취합되는 장소라면, '데이터마트'는 하나의 주제 혹은 하나의 부서 중심의 데이터 웨어하우스라고 할 수 있다. 즉 데이터마트는 개별적인 부서 혹은 사용자 그룹에 의해 사용되는 소규모, 단일 주제의 웨어하우스이다.

현실에서 데이터 웨어하우징은 다양한 운영시스템으로부터 전사적 데이터에 대한 통합적 관점을 제공하는, 단일의 대규모 서버에 초점을 맞춘다. 데이터 웨어하우스는 운영시스템을 보호하고, 통합된 단일한 데이터 모델로 데이터를 수집한다. 반면 데이터마트는 거의 배타적으로 상이한 사용자 집단의 비즈니스에 대한 이해를 반영하여 구축된다.

데이터마트에서 사용자 집단이 생성할 질의의 범위와 유형은 어느 정도 예측할 수 있으며, 전사적 데이터 웨어하우스와는 다르게 데이터를 조직화하고 인덱싱 함으로써 이러한 질의에 대해 빠르게 응답할 수 있다(Kelly, 1996).

데이터마트의 목적은 사용자의 질의에 매우 빠르게 응답할 수 있도록 데이터를 제공하는 데 있다(Varney, 1996). 데이터마트는 특별하게 요약된 형태로 웨어하우스 플랫폼 상에 위치할 수도 있으나, 일반적으로 분리된 플랫폼 상에 위치한다. 데이터마트는 이해관계가 동일한 사용자 집단에 특화된 데이터 저장소로서, 데이터마트 내의 데이터는 대부분 데이터 웨어하우스로부터 복제되지만 자체적으로 수집될 수도 있다.

데이터마트는 동질적인 사용자 집단에 유사한 비즈니스 모델과 비즈니스 언어를 제공함으로써 데이터의 이해성(logibility)을 높이는 데 초점을 맞춘다(Demartest, 1994). 데이터마트는 데이터 웨어하우스를 대체하는 것이 아니며, 보완하는 개념으로 출발하였다.

그러나 오늘날 많은 기업들이 데이터 웨어하우스를 구축하기 이전에 데이터마트를 먼저 구축한다. 이러한 현상의 가장 큰 이유 중의 하나는, 데이터마트가 데이터 웨어하우스보다 구축하기 쉽다는 점이다. 데이터 웨어하우스를 구축하려면 그 규모와 비용, 기간 등의 측면에서 막대한 자원을 필요로 하며, 그래서 쉽게 실행으로 옮기기 힘들다.

데이터 웨어하우스를 구축하는 데 가장 어려운 점 중의 하나는 바로 데이터이다. 데이터 웨어하우스는 기업의 곳곳에 산재해 있는 모든 데이터를 소화하고 통합하여 조직화해야 한다. 반면 데이터마트는 많은 부분이 일반적으로 요약된 데이터로 구성되며, 사용자들이 사용하기에 아주 편한 형태를 위한다.

데이터마트는 기업이 가진 전체 데이터를 분리하여, 이를 필요로 하는 사용자들에게 더 가깝게 제공한다는 의미에서 커다란 매력을 가진다. 한편 이러한 데이터마트는 잠재적인 결함을 가진다. 앞으로의 시스템은 여러 사업부서 사이의 연계적인 부문(cross funtion)의 통합에 대한 필요성을 많이 요구할 것이다.

이 시점에서 각 사업 부서들의 데이터마트들은 서로 잘 연계되지 않을 가능성이 있다. 그러나 한편 데이터마트 구축 경험은 웨어하우스 구축에 많은 도움이 될 것이며, 사용자들이 자신들이 원하는 답을 얻을 수 있다면, 그러한 답이 데이터마트로부터 나온 것인지, 데이터 웨어하우스로부터 나온 것인지는 전혀 문제가 되지 않는다.

데이터마트는 다차원 정보를 가지는 경우가 많은데 OLAP(OnLine Analytical Processing) 서버는 분석용 데이터마트로서 사용자에게 다차원 정보를 제공하는 데 초점을 맞춘다.

데이터마트와 관련된 개념으로서 메타데이터(Meta Data)가 있다. 메타데이터는 데이터에 관한 데이터 혹은 데이터에 관한 정보의 의미로서, 데이터베이스 관리 시스템에서의 데이터 사전 또는 데이터 카탈로그와 비슷한 개념이라고 할 수 있다.

구체적으로 데이터 사전은 논리적인 데이터 구조에 대한 정보, 파일과 주소들에 대한 정보, 인덱스에 관한 정보 등을 보관하여 데이터베이스에 관한 데이터를 포함하기도 한다. 데이터 사전과 유사하게 데이터 웨어하우스에 있는 데이터에 관한 데이터를 제공하지만, 데이터 사전 그 이상의 개념도 지원한다.

또한, 메타데이터는 데이터 중심이 아닌, 지식 관리의 기본 골격에 해당하는 지식 저장소와 같은 역할로 확대하여 해석하는 경우도 있다. 메타데이터는 기업에 의해 활용되는 모든 물리적 데이터, 기술적 업무적 처리 절차, 데이터 규칙과 제약, 데이터 구조 등에 관한 정보도 포함한다.

경우에 따라 메타데이터는 조직 내부와 외부로부터 소프트웨어와 기타 매체에 저장된 모든 물리적 데이터와 구성원 그리고 각종 매체에 저장된 지식으로 정의되기도 한다.

정보시스템과 데이터의 규모가 커지면서 중요하고 가치 있는 데이터와 쓸모없고 불확실한 데이터를 구분하는 것이 중요하게 되었다. 데이터가 누구에 의해, 어디에서, 어떻게 사용되는지 등을 관리해야 할 필요성도 증가하게 되어, 메타데이터는 그 중요성이 갈수록 부각되고 있다. 데이터는 수많은 소스 시스템으로부터 빠르게 유입되는 방대한 양의 데이터를 잘 관리하고, 데이터가 정확하게 유지될 수 있도록 하는 데이터 웨어하우스의 정보에 대한 소스 역할을 수행하게 된다.

다. 데이터마이닝

1) 데이터마이닝 정의

데이터 마이닝(data mining)은 여전히 새로운 영역이며, 진화를 거듭하고 있다. 1995년도에 지식발견 및 데이터 마이닝(KDD: Knowledge Discovery and Data Mining) 국제학술대회가 처음 개최된 이후, 현재 데이터 마이닝에 대한 정의는 다양하게 제시되고 있다.

데이터 마이닝을 한마디로 요약하면 "대량의 데이터 집합으로부터 유용한 정보를 추출하는 것"으로 정의된다(Hand et al., 2001). 이를 좀 더 상세히 정의하면, 다음과 같다.

"데이터 마이닝이란 의미 있는 패턴과 규칙을 발견하기 위해서 자동화되거나 반자동화된 도구를 이용하여 대량의 데이터를 탐색하고 분석하는 과정이다(Berry and Linoff, 1997, 2000)." 데이터 마이닝의 또 다른 정의로서 가트너 그룹은 "데이터 마이닝은 통계 및 수학적 기술뿐만 아니라 패턴인식 기술들을 이용하여 데이터 저장소에 저장된 대용량의 데이터를 조사함으로써 의미 있는 새로운 상관관계, 패턴, 추세 등을 발견하는 과정이다." 라고 정의하고 있다.

2) 데이터 마이닝의 용도

데이터 마이닝은 다양한 분야에서 활용되고 있다. 군사 분야에서는 미사일의 정확도에 영향을 주는 요인들이 어떠한 작용을 하는지를 알아내기 위해 데이터 마이닝을 활용하고 있으며, 국가정보기관은 엄청난 양으로 도청되는 통신들 가운데 특히 중요성이 높은 통신을 찾아내기 위해 데이터 마이닝을 활용하기도 한다.

한편 보안전문가들은 패킷별로 네트워크에 위협요인을 갖고 있는지를 판단하기 위해, 그리고 의학연구자들은 암의 재발가능성을 예측하기 위해 데이터 마이닝을 사용한다. 데이터 마이닝의 기법과 도구들은 일반적으로 여러 분야에 적용 가능하지만, 여기에서는 대부분의 예제들을 비즈니스 분야에 초점을 맞추었다. 특히 경영학 관점에서 데이터 마이닝 기법 적용 시 제기되는 몇 가지 공통된 의문점들을 정리해보면 다음과 같다.

첫째, 수많은 가망고객 목록 중 어느 고객이 반응할 가능성이 가장 높은가?

인구통계학 데이터 및 기타 데이터들을 이용하여 기존의 최고 우량 고객들과 가장 일치하는 개인들을 파악하기 위해서 다양한 분류기법들(로지스틱 회귀분석, 분류나무 또는 다른 기법들)을 사용할 수 있다. 또는 이와 유사하게 개별 가망고객들이 얼마나 많이 소비할 것인가를 미리 추정하는 예측모형을 사용할 수 있다.

둘째, 가장 부정거래를 할 가능성이 높거나 이미 부정거래를 하였을 것 같은 고객은 누구인가?

예를 들어 부정거래 가능성이 가장 높은 의료보상 청구신청을 식별하고, 이러한 청구신청에 대해 좀 더 세심한 주의를 기울이기 위해 분류기법을 사용할 수 있다.

셋째, 어떤 대출신청자가 파산할 것 같은가?

파산가능성이 높은 대출신청자를 식별하기 위해 분류기법을 사용할 수 있다. 즉, '파산확률' 값을 부여하기 위해 로지스틱 회귀분석이 사용 될 수 있다.

넷째, 전화, 잡지 등의 가입서비스를 포기할 것 같은 고객들은 누구인가?

이탈고객들을 식별하기 위해 '이탈확률' 값을 부여하는 로지스틱 *회귀분석[12) 등의 분류기법을 사용할 수 있다. 이 경우 이탈고객관리(churnmanagement)를 통해 할인 또는 다른 유인책들을 선별적으로 내놓을 수 있다.

3) 데이터 마이닝의 기원과 성장과정

데이터 마이닝은 통계학과 기계학습(machine learning: 인공지능으로도 알려짐)으로 알려진 두 학문 분야의 합류점에서 존재한다. 데이터를 탐색하고 모델을 구축하는 다양한 기법들은 통계학 분야에서 오랫동안 존재해 왔다.

예를 들어 여기에는 선형 회귀분석, 로지스틱 회귀분석, 판별분석, 주성분 분석 등이 포함된다.

그러나 충분한 데이터와 계산능력을 가진 데이터 마이닝의 응용분야에서는 이러한 고전적인 통계학의 핵심원리(계산이 어렵고 데이터가 희소하다는 것)가 적용되지 않는다. 이러한 이유로 해서 Daryl Pregibon은 데이터 마이닝을 "규모와 속도의 통계학(statistics at scale and speed)"으로 묘사하고 있다.

이를 좀 더 확장한 개념은 "규모, 속도 및 단순성의 통계학(statistics at scale, speed, and simplicity)"이다. 이 경우에 단순성이란 알고리즘의 단순성뿐만 아니라 추론논리의 단순성을 의미한다. 전통적인 통계환경 하에서는 데이터가 희소하기 때문에 추정치를 계산하고 추정치가 얼마나 신뢰할 만한가를 결정하는 데 동일한 표본이 사용된다. 그 결과, 추론을 위해 사용되는 신뢰구간과 가설검정에 대한 논리는 대부분의 경우에 이해하기가 쉽지 않으며, 또한, 이러한 한계점들은 잘 인식되지 못하고 있다. 이와는 반대로 하나의 표본으로 모델을 적합 시킨 후 다른 표본으로 모델의 성과를 평가하는 데이터 마이닝의 이론적 구조는 이해하기가 쉽다.

오늘날 컴퓨터 과학은 우리에게 의사결정나무(decision tree) 또는 신경망(neural networks)과 같은 기계 학습기법(machine learning techniques)을 제공한다. 기계학습기법은 강력한 계산능력에 의존하며 전통적인 통계모형보다는 덜 구조화되어 있다. 아울러 현재 성장하고

12) 회귀분석: 관찰된 연속형 변수들에 대해 두 변수 사이의 모형을 구한뒤 적합도를 측정해 내는 분석 방법

있는 데이터베이스 관리 분야 또한, 부분적으로 이 기법들의 영역에 속한다.

전통적인 통계학은 추론(하나의 패턴 또는 흥미로운 결과가 우연히 발생하였는지를 결정하는 것)에 초점을 두고 있지만 데이터 마이닝은 그렇지 않다. 통계학과 비교할 때, 데이터 마이닝은 다양한 방식으로 대량의 데이터 집합을 다루기 때문에 추론에서 요구하는 것처럼 엄격한 제약을 둘 필요가 없다.

그러나 이로 인해서 데이터 마이닝에 대한 접근은 일반적으로 과적합화(overfitting)의 위험성에 쉽게 노출된다. 즉, 하나의 모형이 모형개발에 사용된 표본 데이터에 너무 가깝게 적합화되면 이 모형은 데이터가 갖는 구조적 특성뿐만 아니라 우연적 특수성을 모두 반영하게 되어 과적합화 현상이 발생하게 된다.

데이터 마이닝의 성장을 가속화시킨 가장 중요한 계기는 데이터의 증가에 있다. 2003년 당시 대규모 유통 소매업체인 월마트는 10테라바이트(terabyte) 용량의 데이터베이스에 매일 2천만건의 거래데이터를 저장하였다(1테라바이트는 1백만 메가바이트에 해당함). 반면에 1950년 가장 큰 규모의 회사들은 전자문서 형태로 수십 메가바이트를 담을 수 있을 정도의 데이터만을 갖고 있었다. Lyman and Varian(2003)은 1999년에 생산된 정보의 두 배에 해당되는 5엑사바이트(exabytes)의 정보가 2002년에 생산되었고 이 중 40%의 정보는 미국에서 생산되었다고 추정하였다(1엑사바이트는 1백만 테라바이트에 해당함).

데이터가 증가한 이유는 단순히 경제와 지식베이스가 확장되어서만이 아니라 데이터를 자동적으로 얻는 데 소요되는 비용이 절감되고 이에 대한 가용성이 증가했기 때문이다. 보다 많은 사건들이 기록될 뿐만 아니라 각 사건당 보다 많은 정보들이 수집되고 있다. 예를 들어 바코드, POS(point-of-sale) 장치, 마우스 클릭 기록정보 및 위치추적위성(GPS: global positioning satellite) 데이터 등을 그 예로 들 수 있다.

인터넷이 발전함에 따라서 그 동안 정보창출을 위해 엄청나게 크고 새로운 활동무대가 만들어졌다. 예를 들어 오프라인 상에서 이루어지는 소매점 쇼핑, 도서검색, 또는 카탈로그 쇼핑 등과 같이 사람들의 수많은 반복행위들은 인터넷상에서의 행위들과 매우 유사하며, 이 모든 행위들은 매우 상세한 단위로 측정되고 있다. 이제는 마케팅의 초점이 제품과 서비스로부터 고객과 고객의 욕구(needs)로 이동함에 따라서 매우 상세한 고객데이터에 대한 신규 수요가 창출되었다.

일상적인 사업 활동을 지원하기 위해 개별 거래를 기록하는 데 사용되는 운영 데이터베이스는 단순 질의로 처리될 수 있지만, 보다 복잡하고 총체적인 분석을 위해서는 적합하지 않다. 따라서 운영 데이터베이스의 데이터는 추출 및 변환과정을 거쳐 기업의 의사결정지원 시스템을 공고히 해주는 대규모의 통합데이터 저장소인 데이터 웨어하우스(data warehouse)로 전송된다. 하나의 주제에 사용되는 좀 더 작은 데이터마트(data marts)는 또한, 이 시스템의 일부분이다.

데이터마트는 외부로부터 얻어진 데이터(예를 들어 신용등급 데이터)를 포함할 수 있다. 데이터 마이닝에서 사용되는 많은 탐색적, 분석적 기법들은 현재와 같은 연산 능력 없이는 불가능하다. 데이터 저장과 검색의 비용이 지속적으로 줄어듦에 따라 대용량의 데이터를 저장하고 생성하는 데 필요한 설비를 구축하는 것이 가능하게 되었다. 결론적으로 빠르고 지속적인 연산능력의 향상은 데이터 마이닝을 발전시키는 핵심원동력이라고 할 수 있다.

4) 데이터 마이닝의 주요 개념

가) 분류

분류(classification)는 데이터 분석의 가장 기본적인 형태이다. 예를 들면 상대방으로부터 판매 또는 구매제안을 받은 사람은 이에 반응하거나 반응하지 않는 사람으로 분류되며, 대출신청자는 제때 또는 늦게 돈을 갚거나 파산을 선언하는 사람으로 분류된다.

신용카드 거래의 경우에는 정상 또는 부정거래로 분류되고, 네트워크를 통한 패킷단위의 데이터 전송은 안전하거나 위험한 데이터 전송으로 분류될 수 있다. 그밖에 회사소속 버스 운행이 가능하거나 불가능한 것으로 구분할 수 있으며, 질병환자는 병이 완치되든지 아니면 여전히 아프거나 사망하는 환자로 분류된다.

데이터 마이닝의 일반적인 임무는 분류결과가 알려져 있지 않거나 미래에 발생할 경우에 어떤 분류결과가 나타나는지 또는 나타날 것인지를 예측할 목적으로 데이터를 조사하는 것이다. 즉, 분류결과가 알려진 유사 데이터를 사용하여 규칙들을 찾아낸 다음, 그 규칙들을 분류결과가 알려지지 않은 해당 데이터에 적용하는 것이다.

나) 예측

예측(prediction)은 집단(예를 들어 구매자 또는 비구매자)변수보다는 수치형(정량) 변수(예를 들어 구매량)의 값을 예측한다는 점을 제외하고는 분류문제와 유사하다. 물론 분류문제는 집단을 예측하는 것이 목적이지만, 이 책에서 사용되는 '예측'이라는 용어는 연속형 변수의 값을 예측하는 것을 가리킨다[일부 데이터 마이닝 관련 문헌에서는 추정(estimation)이라는 용어가 연속형 변수의 값을 예측한다는 의미로 사용되기도 하며, 또한, 예측은 연속형과 범주형 데이터 모두를 예측한다는 의미로 사용되기도 한다.

다) 연관성 규칙

대량의 고객거래 데이터베이스는 구매항목들 간의 연관성, 즉 어떤 항목이 어떤 항목과 관련되는지에 대한 분석에 알맞다. 이때 연관성규칙(association rules) 또는 친화성 분석(affinity analysis)은 다양한 방식으로 사용된다. 예를 들어 식료품점에서는 할인쿠폰을 발행하기 위해서 고객이 구매한 모든 물품을 조사한 후에 이 정보를 이용하여 고객의 구매결과들을 연관성규칙으로 표현함으로써 어떤 물품을 할인할지를 결정한다. 넷플릭스(Netflix.com) 또는 아마존(Amazon.com) 등의 온라인 상점들은 고객에게 새로운 구매를 추천해 주는 추천시스템의 핵심기법으로 이 기법들을 사용하고 있다.

라) 예측분석

분류, 예측, 그리고 때로는 친화성 분석이 예측분석(predictive analytics)을 수행하는 분석기법으로 분류된다.

마) 데이터 축소

분별력이 있는 데이터 분석이 되기 위해서는 일반적으로 복잡한 데이터를 단순한 데이터로 정제시켜야 한다. 예를 들어 데이터 분석가는 수천 개의 제품유형을 소그룹의 집단으로 묶는 시도를 한다. 데이터 축소(data reduction)는 이렇게 대량의 변수 또는 레코드들을 작은 변수군 또는 레코드 집합으로 병합하는 과정을 말한다.

바) 데이터 탐색

데이터분석 프로젝트가 미리 정해진 특정 문제를 해결하는 데 매우 세밀한 초점을 두고 있지 않다면(이런 경우는 데이터 마이닝 보다는 통계분석의 영역에 속함), 데이터 프로젝트의 본질적인 부분은 데이터가 어떤 메시지를 담고 있는지를 알아내기 위해서 탐정가의 범죄현장 조사처럼 충분히 이를 검토하고 조사하는 것이다.

이때 데이터를 완전하게 이해하기 위해서는 세부적인 데이터 특성을 유지하면서 데이터 전체의 특성을 파악할 수 있도록 데이터의 척도 또는 차원을 축소시킬 필요가 있다. 즉, 비슷한 정보를 내포하고 있는 서로 유사한 변수들은 이를 통합하여 하나의 단일 변수로 병합될 수 있다. 이와 비슷하게 레코드 관점에서는 서로 비슷한 레코드들을 하나의 레코드 그룹으로 통합시킬 수 있다.

사) 데이터 시각화

데이터가 어떤 정보를 갖고 있는지를 보기 위한 데이터 탐색의 또 다른 기법으로는 그래프

분석이 있다. 이 기법은 변수 간의 관계를 보는 것뿐만 아니라 각각의 변수를 개별적으로 조사한다. 수치형 변수에 대해서는 그 변수 값의 분포를 파악하고 극단치(outliers)를 찾아내며, 분석업무와 관련된 다른 정보를 발견하기 위해 히스토그램(histogram)과 상자그림(boxplot)을 이용한다. 이와 유사하게 범주형 변수에 대해서는 차트(charts)와 원형 차트(pie charts)를 이용한다. 또한, 변수 간의 가능한 관계들, 관계 유형, 그리고 극단치를 찾기 위해 한 쌍의 수치형 변수에 대한 *산점도(scatterplots)[13]를 조사할 수 있다.

5) 지도와 자율학습

데이터마이닝 기법에서 지도학습과 자율학습 간에는 서로 기본적인 차이가 있다. 지도학습 알고리즘(supervised learning algorithms)은 분류와 예측을 위해 사용되는 알고리즘이다. 이를 위해서는 이용 가능한 데이터가 있어야 하고, 주요 출력변수의 값(예를 들어 구매 또는 비구매)이 알려져 있어야 한다.

분류 또는 예측 알고리즘은 학습용 데이터(training data)를 이용하여 예측변수와 출력변수 간의 관계를 '학습', 또는 '훈련'한다. 일단 알고리즘이 학습용 데이터로부터 학습된 후에는 다른 파라미터 값을 갖는 모형과 비교하여 얼마나 좋은 성과를 나타내는지를 살펴보기 위해 출력변수를 가진 또 다른 데이터 표본(평가용 데이터)에 이 알고리즘을 적용한다.

한편, 여러 가지 다른 모형들을 적용해 본 후, 최종 모형이 얼마나 좋은 성과를 가질지를 예측하기 위해서는 최종 선택모형에 사용될 출력변수를 포함한 제3의 표본(검증용 데이터)을 준비해 둘 필요가 있다.

그 다음에는 출력 값이 알려지지 않은 새로운 사례에 대해서 모형을 이용하여 출력 값을 분류 또는 예측 한다. 단순 선형 회귀분석은 지도학습의 대표적인 예이다. 변수는 미리 알려진 출력변수이고 변수는 예측변수라고 할 때, 회귀선은 실제 값과 회귀선에 의해 예측된 값 사이의 편차제곱의 합이 최소화되도록 추정된다. 그리고 그 다음 단계에서 회귀선은 이제 값이 알려지지 않은 새로운 값에 대해 값을 예측하기 위해 사용된다.

자율학습 알고리즘(unsupervised learning algorithms)은 예측 또는 분류를 위해 필요한 출력변수가 없는 경우에 사용되는 알고리즘이다. 따라서 출력변수가 알려져 있는 사례들과 같은 학습과정은 존재하지 않는다. 자율학습기법의 예로는 연관성규칙, 데이터 축소, 군집분석 등이 있다.

13) 산점도: 두변수 간의 상호변동관계를 나타내는 도표

6) 데이터 마이닝의 수행단계

데이터 분석에서 가장 중대한 오류 중의 하나는 문제에 대한 잘못된 이해에 기인하는 경우가 많으며, 따라서 알고리즘을 상세하게 적용하기에 앞서 문제에 대한 이해력을 향상시켜야 한다. 일반적인 데이터 마이닝의 수행단계를 살펴보면 다음과 같다.

- **1단계: 데이터 마이닝 프로젝트의 목적을 확인한다.**

그 프로젝트가 연속적으로 수행되는 것이라면 데이터 마이닝 프로젝트의 적용가능성을 확인한다.

- **2단계: 분석에서 사용될 데이터를 획득한다.**

이 단계는 분석에 사용될 레코드를 파악하기 위해 대량의 데이터베이스에서 무작위로 표본을 추출하는 것을 말한다. 이는 또한, 상이한 데이터베이스에서 데이터를 합치는 것을 의미하기도 한다. 여기서 데이터베이스는 내부 데이터(예를 들어 고객의 과거구매 데이터)이거나 외부데이터(신용등급 데이터)일 수 있다. 데이터 마이닝은 매우 큰 데이터베이스를 다루며, 대개의 경우 수천, 수만 개의 레코드를 필요로 한다.

- **3단계: 데이터를 탐색, 정제, 그리고 전 처리한다.**

이 단계는 데이터가 다음과 같이 타당한 조건에 있는지를 검증하는 것이다. 측정치를 어떻게 처리해야 하는가? 각각의 변수에 대해 우리가 기대하는 값이 주어졌다고 할 때 데이터 값이 합리적인 범위 내에 있는가?

극단치가 명백히 존재하는가? 이러한 데이터에 대해서는 그래프를 이용하여 검토한다. 예를 들어 각 변수들과 다른 모든 변수들 간의 관계를 보여주는 산점도의 행렬 표와 같은 그래프를 이용한다. 또한, 변수에 대한 정의, 측정단위, 측정기간 등에 대해 일관성을 확인할 필요가 있다.

- **4단계: 필요한 경우 데이터를 축소하고 지도학습의 경우 데이터를 학습용, 평가용, 검증용 데이터 집합으로 분할한다.**

이 단계는 불필요한 변수를 제거하고, 변수를 변환하며(예를 들어 지출비용을 100달러를 초과하는 비용과 100달러 이하인 비용으로 변환하기), 새로운 변수를 생성시키는(예를 들어 여러 제품 중 최소한 한 개 이상의 제품을 구입했는지를 알려주는 변수) 등의 작업을 포함한다. 각 변수가 무엇을 의미하는지와 모형에서 변수를 포함하는 것이 타당한지 여부를 확인해야 한다.

- 5단계: 데이터 마이닝의 업무(분류, 예측, 군집 등)를 결정한다.

이 단계는 제1단계에서의 일반적인 질문을 좀 더 구체적인 통계적 질문으로 변환하는 것을 의미한다. 즉, 데이터 마이닝 프로젝트의 목적에 맞는 분석유형을 선택하는 단계이다.

- 6단계: 사용할 데이터 마이닝 기법들(회귀분석, 신경망모형, 계층적 군집분석 등)을 선택한다.

- 7단계: 알고리즘을 적용하여 데이터 마이닝 작업을 수행한다.

이 단계는 일반적으로 반복적인 과정으로서, 하나의 알고리즘 내에서 설명 변수 또는 알고리즘의 세부 선택조건 등을 달리하여 적용하는 등 다양한 변인들을 적용해 본다. 이러한 조건들이 적절한 경우 평가용 데이터를 이용한 알고리즘의 성과로부터 피드백을 받아서 적합하게 개선되는 변인들을 사용하도록 한다.

- 8단계: 알고리즘의 결과를 해석한다.

이 단계는 적용하기에 가장 좋은 알고리즘을 선택하고, 가능한 경우 모형이 얼마나 좋은 성과를 갖는지에 대한 아이디어를 얻기 위해 검증용 데이터를 이용하여 최종 선택한 알고리즘을 평가하는 과정을 포함한다.

- 9단계: 모형을 활용한다.

이 단계는 모형을 운영시스템과 통합시키고 이를 의사결정하고 실행하는데 실제 레코드를 적용하여 운영하는 것을 말한다. 예를 들어 모형은 발생 가능한 고객의 구매목록에 적용하여 예측된 구매 액이 10달러보다 큰 경우 우편발송 대상고객에 포함시키는 행위를 실행할 수 있다.

위에서 언급한 데이터 마이닝의 수행단계들은 데이터 마이닝 및 비즈니스 인텔리전스 전문 업체인 SAS가 개발한 방법론인 SEMMA의 각 단계와 유사하다.

- 표본추출(sample): 데이터 집합에서 표본을 추출하고, 표본을 학습용, 평가용, 검증용 데이터 집합으로 분할한다.
- 탐색(explore): 데이터 집합을 통계 및 그래프를 활용하여 조사한다.
- 수정(modify): 변수를 변환하고 결측치를 대체한다.
- 모형화(model): 예측모형을 적합시킨다.(예를 들어, 회귀나무, 협업 필터링)
- 평가(assess): 평가용 데이터 집합을 이용하여 모형들을 비교한다.

SAS와 같은 데이터마이닝 업체인 SPSS의 Clementine은 이와 유사한 방법론인 CRISP-DM (CRoss-Industry Standard Process for Data Mining)을 갖고 있다.

라. OLAP

1) OLAP의 개념

온라인분석처리 (OLAP: On-line Analytical Processing)는 사용자가 다양한 각도에서 직접 대화 식으로 정보를 분석하는 과정을 말한다. OLAP 시스템은 단독으로 존재하는 정보 시스템이 아니며, 데이터 웨어하우스나 데이터마트와 같은 시스템과 상호 연관된다.

데이터 웨어하우스가 데이터를 저장하고 관리한다면, OLAP은 데이터 웨어하우스의 데이터를 전략적인 정보로 변환시키는 역할을 한다. OLAP은 기본적인 접근과 조회 · 계산 · 시계열 · 복잡한 모델링까지도 가능하다.

OLAP은 최근의 정보 시스템과 같이 중간매개체 없이 이용자들이 직접 컴퓨터를 이용하여 데이터에 접근하는 데 있어 필수적인 시스템이라 할 수 있다. OLAP은 비즈니스 분석을 극적으로 개선하는 기술로써, 점차 인기를 얻어가고 있지만, OLAP 도구가 비싸고, 구현이 어려우며, 설치가 어렵다는 특징이 있다.

OLAP는 데이터 웨어하우징 처리의 핵심이 되는 요소로서, DSS는 회사의 보고서 작성에서부터 향상된 의사결정 지원에 이르기까지 다양한 범위의 응용 프로그램에 대해 기본적인 기능을 제공해 준다.

OLAP는 〈그림 4-9〉에서 보여주는 바와 같이 다차원 데이터 모델로 구성되어 있다.

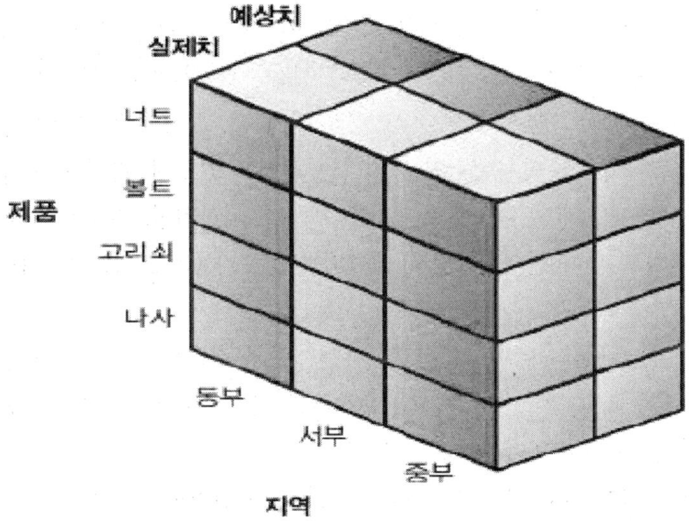

[그림 4-9] 제품 대비 지역에 관한 다차원 모델

〈그림 4—9〉에서 보여주고 있는 관점은 제품 대 지역에 대한 것이다. 만일 이 입방체를 90도 회전시키면, 제품 대비 실적 및 예상 판매액에 대한 관점이 나나날 것이다. 그리고 또다시 90도 회전시키면, 지역대비실제 및 예상 판매액을 볼 수 있다. 다른 관점들도 가능하다.

이러한 OLAP 기능을 SQL 서버에 포함시킴으로써 다차원적 분석을 보다 적절히 처리할 수 있으며, OLAP의 장점을 다양한 사용자들에게 제공할 수 있게 되었다. 여기에는 작은 조직뿐만 아니라 기존 제품의 비용과 복잡성 때문에 OLAP 산업에서 배제되어 왔던 대기업들의 그룹 및 개인들도 포함된다.

역사적으로 기업의 컴퓨팅에 대한 투자의 대부분은 회계, 주문 처리, 제조 및 고객 정보 시스템과 같이 데이터를 생성하고 처리하는 시스템에 대해서 이루어져 왔었다. 조직은 이렇게 수집된 데이터로부터 부가적인 가치를 얻어낼 수 있는 응용 프로그램과 기술에 대해서 점차 투자해 나가고 있다.

데이터 웨어하우징은 다양한 운영 시스템으로부터 얻어진 데이터를 수집 및 정리하고 걸러내는 작업을 의미하며, 그 결과로 얻어진 정보를 다양한 비즈니즈 사용자들이 분석과 보고를 위해서 사용할 수 있도록 한다. 데이터 웨어하우스와 데이터 마트는 이렇게 수집되고 요약된 정보를 사용자들이 검색할 수 있도록 저장하여 놓은 곳을 가리키는 용어이다.

사용자가 쓸 수 있도록 데이터를 준비하는 데이터 웨어하우징 처리에서 불구하고, 관계형 데이터 웨어하우스 내에 있는 대부분의 정보는 쉽게 검색되지 않는다. 종종 데이터 구조가 비즈니스 사용자가 이해하기에 어렵기도 하며, ("지난해에 월별로 각 지역에서 누가 최고의 판매를 기록한 사람인가?"와 같은) 비즈니스상의 질문들을 SQL이라는 관계형 질의 언어를 통해서 표현하면 매우 복잡하기 때문이다.

이런 문제점들은 데이터베이스의 복잡정도를 사용자로부터 가려줄 수 있는 고급 질의 도구를 사용함으로써 일부분 해결할 수도 있다. 그러나 사용자가 다차원적인 데이터를 들여다봐야 하는 대부분의 응용 프로그램에서는 OLAP 기술이 바로 최적의 해결책이다.

어떤 비즈니스 조직이라도 다차원적인 데이터는 가지고 있으며, 복잡도가 회사 크기에 좌우되는 것만도 아니다. 아주 작은 회사라 할지라도 제품별, 외판원별, 지역별, 고객별 혹은 시간대별 판매량을 추적하고 싶어 한다. 이렇게 묘사되는 범주가 OLAP 모델에서는 각각 차원으로 나타나게 된다.

조직에서는 이런 다차원적 데이터를 쉽고 자연스럽게 접근해서, 검색 및 분석하는 도구를 오랫동안 기다려왔다. OLAP이 새로운 개념은 아니지만, "O LAP"이라는 이름은 최근 인기가 증가함으로 인해서 얻어진 것이다.

1993년에 저명한 데이터베이스 학자이자 관계형 데이터베이스 모델의 창시자인 E.F.Codd 박사가 한 백서에서 이 용어를 창안했으며, 거기에서 그는 OLAP 응용 프로그램의 특징을 정의하는 12가지 규칙을 제시하였다.

OLAP 리포트의 Nigel Pendse와 Richard Creeth는 그 후 FASMI 라는 이름의 테스트를 통해서, OLAP응용 프로그램은 공유되는 다차원적 정보를 빨리 분석하여 전달해야 한다고 그의 정의를 상세히 재정의하였다.

- 신속성

  정보를 사용자에게 상당히 일정한 속도로 전달할 수 있어야 하며, 대부분의 질의가 5초 이내에 사용자에게 전달되어야 한다.
- 분석

  응용 프로그램 개발자가 사전에 정의하거나 혹은 사용자가 특별히 정의한 데이터에 대해 기초적인 수리 혹은 통계적 분석이 수행될 수 있어야만 한다.
- 공유

  여러 사용자 그룹간에 장차 신중을 요하는 데이터를 공유할 수 있도록 보안 요구 사항을 구현해야 한다.
- 다차원적

  이것은 OLAP의 핵심적인 특성이다.
- 정보

  응용 프로그램이 필요로 하거나 관련 있는 모든 데이터 및 정보를 이것이 어디에 놓여 있든지 간에 그 용량에 제약됨이 없이 접근할 수 있어야 한다.

2) OLAP의 가치

OLAP는 비즈니스 데이터를 최대의 유연성과 성능을 가지면서 접근, 검색 및 분석할 수 있는 수단을 조직에게 제공한다.

첫째, 무엇보다도 OLAP는 자연스럽고도 직관적인 데이터 모델을 통해서 사용자에게 데이터를 제시한다. 이렇게 쉬운 검색 스타일을 통해, 비즈니스 사용자들은 보다 효과적으로 자신들의 데이터 웨어하우스 내에 있는 정보를 보고 이해할 수 있다. 결과적으로 조직은 자신들이 가지고 있는 데이터의 가치를 보다 잘 인식할 수 있게 된다.

둘째, OLAP는 데이터를 실행 중에 계산하기 보다는 미리 계산하여 둠으로써, 데이터 내에 있는 다차원적 구조의 정보 전달을 촉진시켜준다. 쉬운 검색과 빠른 성능을 조합하여, 단지 관계형 데이터베이스 기술 하나만을 이용해서 가능했던 것보다도 훨씬 빠르고 효율적으로 사용자가 자신의 데이터를 보고 분석할 수 있게 해준다. 데이터는 더 많은 시간을 들여 분석하면서도 데이터베이스에 대해서는 더 적은 분석시간만이 소요되는 결과를 얻게 된다.

3) OLAP의 데이터 모델

OLAP 데이터 모델에서, 정보는 개념적으로 큐브처럼 여겨지는데, 이 육각형의 큐브는 묘사적인 범주(차원)와 정량적인 값(척도)으로 구성된다. 사용자는 다차원적 데이터 모델을 이용하여 복잡한 질의를 작성하고, 보고서에 데이터를 정리하며, 요약에서부터 세부 데이터까지 변경하며, 데이터를 의미 있는 집합으로 여과하거나 분할하는 등의 작업을 쉽게 할 수 있다.

예를 들어, 판매 정보를 포함하는 큐브에서 대표적인 차원은 시간, 위치, 제품, 경로, 조직 및 (예산상의 혹은 실제의) 시나리오 등일 것이다. 전형적인 척도로는 매출액, 판매 단위 수, 재고량, 인원수, 수입 및 비용 등일 것이다.

OLAP 데이터 모델의 각 차원 내에서, 데이터의 상세도를 반영하는 계층적 구조로 데이터를 구성할 수 있다. 예를 들어, 시간 차원 내에서 사용자는 년, 월, 일을 계층 구조로 사용할 수 있으며, 마찬가지로, 지리적 차원 내에서 사용자는 국가, 지역, 주/지방 및 도시 등의 계층 구조를 사용할 수도 있을 것이다. OLAP 모델이 실제 구현될 때에는 계층 구조의 각 수준에 따라 구체적인 값들이 들어가게 된다. OLAP 데이터를 검색하는 사용자는 보다 상세한 데이터를 보거나 요약된 정보를 보기 위해 각 단계들을 상·하향으로 옮겨 다니게 될 것이다.

큐브, 차원, 계층적 구조 및 척도 등이 OLAP의 다차원적 검색의 핵심이다. 데이터를 이와 같은 형태로 기술하고 표시함으로써, 사용자는 쉽고도 직관적으로 복잡한 데이터 집합을 검색해 갈 수 있게 된다. 그러나 단지 데이터 모델을 더욱 직관적으로 기술한다고 해서 정보를 사용자에게 빨리 전달하는데 도움이 되는 것은 아니다. 여기서 일관성 있는 반응 시간을 제공해야 한다는 점이다. 데이터가 대개는 세부적인 수준에서만 수집되기 때문에, 요약 정보는 보통 미리 계산된다. 이렇게 미리 계산된 값들을 총합(aggregation)이라고 하는데, OLAP 성능 증가의 근거가 된다.

OLAP 기술의 초창기에는, 대부분의 공급자들이 OLAP 응용 프로그램에서 유일한 해결책은 오직 특화된 비관계형의 저장 모델을 사용하는 것뿐이라고 생각했다. 이후에, 다른 공급자들은 데이터베이스 구조(별 모양과 눈송이 모양의 스키마), 인덱스 및 총합의 저장을 통해서 관계형 데이터베이스 관리 시스템을 OLAP에 사용할 수 있음을 발견했다.

이 공급자들은 자신의 기술을 관계형 OLAP(ROLAP)라고 불렀다. 그러자 이전의 OLAP공급자들은 MOLAP(다차원 OLAP)라는 용어를 사용하였다. 지난 몇 년 동안, MOLAP과 ROLAP간의 논쟁이 뜨겁게 달아올랐다.

MOLAP 구현은 대개 관계형 기술을 능가하지만 규모 확장성에 문제가 있었다. 반면에 ROLAP 구현은 규모 확장성이 더 우수하며, 기존의 관계형 데이터베이스 기술에 대한 투자를 지속하여 이용하고자 하는 고객들의 관심을 받았다.

최근의 개발에서는 종종 HOLAP로 불리는 혼성 OLAP 솔루션이 있는데, 이것은 ROLAP과

MOLAP 구조를 결합하여 사용함으로써 두 가지의 장점 즉 뛰어난 성능과 상당한 규모 확장성을 얻어내고자 하는 것이다. HOLAP에 대한 접근법에는 관계형 데이터베이스 내에 (막대한 분량의)세부적 레코드들을 유지하면서, 총합은 개별적인 MOLAP 저장소에 유지하는 방법도 있다.

4. BI의 활용

어떤 기업에서든 비즈니스, 시장, 고객과 경쟁사를 제대로 아는 것이 중요하다. 전 세계적으로 복잡성과 불확실성이 증가하는 가운데 각 기업과 정부는 변화를 이해하고 예측하는 능력을 배양해야 한다. 과거에는 IT 부서가 정보를 수집, 분석하고 최고 경영자 및 의사 결정권자에게 전달하기 위한 목적으로 BI(비즈니스 인텔리전스) 솔루션에 집중 투자하였다.

최근의 상황과 경험으로 미루어 보건대 진정한 성공의 동인은 각기 다른 많은 사용자들에게 정보와 통찰을 제공하는 것이다. 각기 다른 많은 비즈니스 사용자들이 완전하고 일관성 있으며 믿을 만한 정보에 액세스할 수 있는 기업은 소기의 비즈니스 성과를 달성할 가능성이 높다.

비즈니스 사용자 대부분은 IT 직원의 도움 없이도 분석할 중요한 보고서 또는 데이터를 제공할 수 있는 셀프 서비스 액세스를 선호한다. 무엇보다 비즈니스 사용자는 데스크톱에서 엔터프라이즈 레벨로 별도의 노력 없이 원활히 전환할 수 있어야 한다.

다음은 비즈니스 사용자별로 BI의 활용 용도를 살펴본다.

가. 경영진

경영진은 고도로 요약되었고 핵심 사업과 직접적인 관련이 있는 정보를 필요로 한다. 사소한 세부 사항까지 신경 쓸 겨를이 없기 때문에 거시적 관점에서 신속하고 명확하게 파악한 다음 조치를 취하는데 활용한다. 경영진은 하루 업무를 시작할 때 운영 및 재무 실적을 한눈에 볼 수 있도록 브라우저 기반의 워크플레이스 환경에서 미리 조합된 대화형 콘텐츠를 제공할 필요가 있다.

협업 도구, 소셜 네트워킹 기능과 통합형 워크플로 역시 경영진에게 중요한 기능이다. 그러므로 이 사용자 그룹을 위한 BI 솔루션은 그러한 기능을 갖추고 다음과 같은 활동을 지원하는데 활용한다.

- 다른 임원 또는 관리자와 연결하여 고급 지식을 공유하고 더 폭넓은 관점과 의견을 수집
- 계획 및 정보를 확인하고 주석을 추가하여 다른 사용자가 그 의견 및 제안에 따라 수정할 수 있게 함
- 프로젝트 및 활동 상황을 추적하고 전체 작업 목록을 즉시 확인
- 필요하다면 수신된 정보의 이력, 작성자 및 경로를 손쉽게 추적하는 기능으로 데이터 소스 또는 리포트를 찾아 냄

경영진은 새로운 인터페이스나 복잡한 소프트웨어를 익힐 시간적 여유가 없다. 적절한 BI 솔루션을 통해 경영진은 자신에게 친숙한 Microsoft Office 인터페이스를 사용할 수 있으며, 또한, 경영진은 이동 중인 경우가 많으므로 사무실 밖에서도 스마트 폰, 태블릿, 모바일 컴퓨터 및 기타 모바일 디바이스를 통해 정보에 액세스할 수 있어야 한다.

기업의 기존 정책을 고수하거나 전혀 새로운 방향으로 나아가는 의사 결정에 대한 최종적인 책임은 바로 경영진에게 있다. 따라서 상황을 평가하고 어떤 방침의 결과를 예측할 필요가 있으며, 경영진이 필요할 때 바로 사용할 수 있는 모든 정보를 바탕으로 확신을 가지고 조직을 위한 최적의 의사결정을 내릴 수 있도록 분석을 위한 최신 정보를 제공하는 BI 솔루션이 경영진에게 요구된다.

나. 비즈니스 관리자

주요 사업의 성공 및 수익성을 책임지는 비즈니스 관리자는 상위 레벨의 비즈니스 뷰 뿐만 아니라 운영 세부 사항을 분석하는 기능도 필요하다. 관련 정보에 대한 빠른 액세스 및 제공을 통해 더 나은 비즈니스 의사결정을 내리고 셀프 서비스 BI를 통해 독립적으로 업무를 처리하되 자신의 통찰력을 다른 이해 관계자들과 공유할 수 있어야 한다. 모든 비즈니스 사용자와 마찬가지로 비즈니스 관리자는 정보를 수집하고 체계화할 수 있는 직관적인 워크스페이스가 필요하다.

비즈니스 관리자는 언제든지 모든 데이터 조합을 탐색하여 부서, 사업부, LOB, 지역 등의 성과를 파악할 수 있는 고유하고 개인화된 보기를 생성할 수 있어야 한다. 따라서 이들 작업 공간은 계획 데이터, 외부 데이터 [그림 4—10]과 같은 스코어카드 및 지표를 보고서, 대시보드, 계획서 등에 끌어서 놓을 수 있는 기능을 포함해야 한다. 이러한 작업 공간은 비즈니스 관리자가 필요로 하는 위치에서 사용한다. 즉, 독자적 분석 및 통찰력을 위해 데스크톱에서 사용하거나, 통합 및 협업 BI를 위해 웹에서 사용하며, 필요한 시점에 스마트 폰 또는 태블릿을 사용해서 활용을 하며, 심지어 일상적인 애플리케이션에서도 마찬가지로 BI를 활용한다.

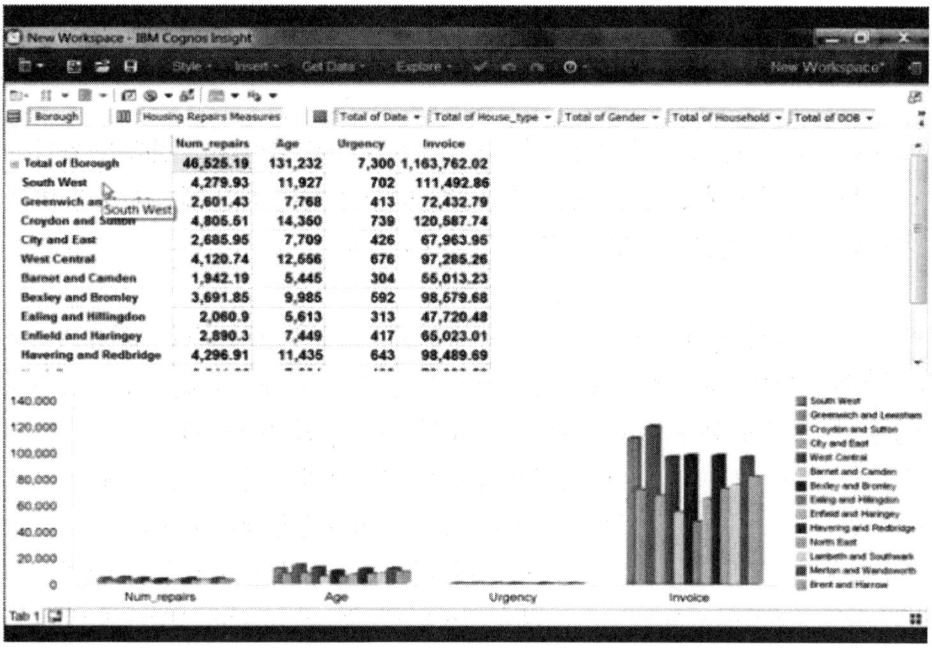

[그림 4-10] 통찰력을 바탕으로 기회를 포착할 수 있는 BI 화면

스코어카드는 비즈니스 관리자에게 없어서는 안 될 기능이다. 지표, 프로세스 다이어그램 및 스코어카드를 한 번만 생성하고 이를 전사적 범위에서 전략 관리 목적으로 활용할 수 있다면 하향식 목표 공유가 가능해질 뿐 아니라 모든 관계자가 동일한 정의와 목표를 가지고 일할 수 있게 된다.

비즈니스 관리자에게 적합한 BI 솔루션은 다음 기능도 갖춰야 한다.

- 비즈니스 및 업무 현황을 포괄적으로, 일관성 있게 모니터링 할 수 있는 리포팅 기능
- 데스크톱이나 웹 브라우저 또는 둘 모두를 사용하여 보기와 상호작용할 수 있는 기능
- 트랜잭션 및 계획 데이터를 조정하여 기업의 공식 비즈니스 정보 뷰를 생성할 수 있는 다차원 데이터 관리 기능
- 의미를 설명하는 엔터프라이즈 사전 기능
- 외부 또는 독립형 데이터를 기업 정보에 통합할 수 있는 기능

비즈니스 관리자는 Microsoft Office 인터페이스에 능숙한 경우가 많으며 이 친숙한 형식을 계속 사용하길 원할 것이다. 또한, 기타 여러 이유로 이들에게는 Microsoft Office를 사용하여 BI 컨텐츠를 다룰 수 있는 대화형 솔루션이 필요하다. 즉각적인 정보 액세스를 필요로 하는

이동 중인 관리자의 경우 모바일 기능을 통해 관리자는 장소 또는 자신이 휴대하고 있는 디바이스에 관계없이 필요한 시점에 필요한 정보에 쉽게 액세스할 수 있어야 한다.

비즈니스 관리자는 협업 및 네트워킹을 통해 다음 활동을 수행할 수 있어야 한다.

- 다른 관리자, 팀원 또는 외부 파트너나 공급업체와 함께 아이디어, 견해 및 생각을 공유
- 리포트의 셀 레벨에서 의견 또는 제안을 추가하거나 상위 레벨 계획을 조정 또는 승인
- 리포트의 이력(작성자, 설명, 모든 의견 등)을 조회

경영자처럼 관리자 역시 언제든지 작업을 시작하고 어떤 활동에 대한 책임을 누군가에게 배정하며 이니셔티브를 관리하고 프로젝트 및 활동을 추적하는 BI 워크플로우 기능을 유익하게 사용할 수 있어야 한다. 이러한 워크플로우는 어렵지 않아야 한다.

미리 조합된 활동 템플리트를 사용하여 반복적인 프로세스를 줄이고 모범 사례를 재활용하며 비즈니스 관리자가 현재 사용 중인 생산성 소프트웨어와 통합되어야 한다.

갈수록 빨라지는 비즈니스 변화 속도는 어려운 과제를 부여한다. 비즈니스 사용자는 데이터에 액세스하고 분석하며 이를 바탕으로 의사 결정을 내리는 데 더 많은 시간을 할애해야 한다. 다른 한편으로 누군가가 예정된 비즈니스 사례에 대한 복잡한 정량 분석에 참여해야 한다는 이유로 이 세상이 움직이는 속도가 늦춰지지는 않을 것이다.

그러므로 비즈니스 사용자에게는 깊이와 폭 그리고 속도가 필요하다. 과거 어느 때보다도 광범위한 영역에서 BI를 활용하며 비즈니스 사용자가 필요한 정보와 리포트를 다른 부서(예: IT)에 요청해야 하는 비효율적인 워크플로우를 해소해야 한다. 비즈니스 사용자는 쉽게 사용자 정의되는 강력한 인터페이스가 포함된 자동화된 임시 워크플로우 기능을 다음 용도로 활용할 수 있어야 한다.

- 대화식 활동 관리
- 작업 시작
- 개인과 활동 연결
- 프로젝트 관리 및 현황 모니터링

따라서 BI는 의사 결정부터 행동까지의 close loop를 완성시켜 문제를 예방할 뿐 아니라 정확하고 확실한 조치를 취할 수 있는데 활용 한다.

다. 비즈니스 분석가

비즈니스 분석가는 맹점을 규명하고 모든 정보 소스로부터 고급 지식을 수집하여 사실적인 컨텍스트를 구성하는 일을 한다. 비즈니스 분석가는 조회 및 리포팅 기능을 자주 사용하면서 수익과 손실, 제품과 수익성, 재무 실적과 시장 트렌드 등의 관계를 파악하는 데 필요한 정보를 수집한다.

따라서 다음과 같은 포괄적인 조회 및 리포팅 기능이 필요하다.

- (향후에 비교하고 설명할 다양한 관점이 아니라)포괄적이고 일관성 있는 관점에서 비즈니스 및 업무 현황을 파악
- 신빙성 있는 통계 증거, 트렌드, 패턴 및 예측을 손쉽게 확인 [그림 4-11].
- 가까운 곳에 있는 정보에 국한되지 않고 가시성 및 인텔리전스의 범위를 확대

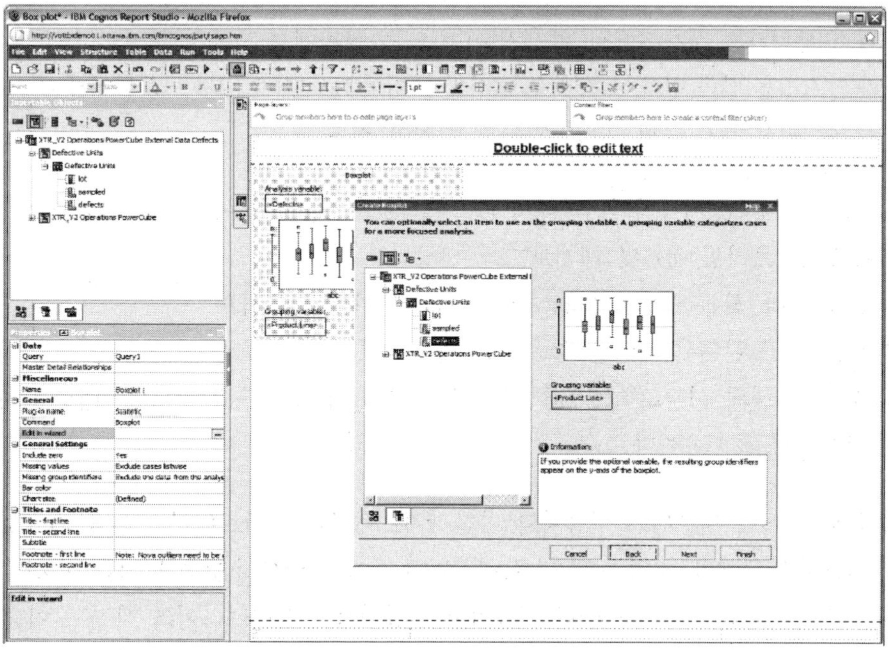

[그림 4-11] 통계 증거, 트렌드, 패턴 및 예측할 수 있는 BI 화면

비즈니스 분석가가 비즈니스 성과에 영향을 주는 여러 요인들의 상관성을 규명하기 위해서는 필요한 정보를 다음 형식으로 제공하는 BI 솔루션이 필요하다.

- 스코어카드
- 지표

- 보고서
- 통계

이 형식으로 데이터를 제시하면 더 광범위한 비즈니스 커뮤니티 및 핵심 이해 관계자들과 수월하게 결과를 분석하고 공유할 수 있다. 데스크 탑에 설치되었지만 기업에 통합되어 있는 작업 공간 또는 분석가용으로만 사용자 정의되고 일원화된 대화식 브라우저 기반 작업 공간은 비즈니스 분석가가 자신이 원하는 정보를 쉽게 탐색하고 공유할 수 있도록 지원해야 한다.

드래그 앤 드롭 기능(및 Microsoft Excel 인터페이스)으로 어떤 사건 또는 행동의 "근본 원인"을 신속하고 손쉽게 규명할 수 있어야 한다. 갈수록 세분화되는 정보를 심층 분석한다면 여러 차원(예: 지역 또는 제품별 매출)에서 데이터를 조회하면서 조직성과 트렌드를 분석하고 보고할 수 있어야 한다.

비즈니스 분석가는 사무실에서 멀리 떨어져 있는 상황에서도 즉시 분석이나 고급 지식을 제공하라는 요청을 받곤 한다. 그러므로 모바일 기기에 BI 컨텐츠, 분석 및 통계를 즉시 전달하는 솔루션이 필요하다. 또한, 다음 기능도 갖춰야 한다.

- Microsoft Office 애플리케이션에서 BI 컨텐츠를 사용하고 저장하거나 고급 데스크 탑 리포트(예: 브리핑 북) 및 대시보드를 생성
- 필요에 따라 최신 정보로 Microsoft Office 문서를 업데이트
- 안전한 BI 포털에서 파일을 공유하고 게시
- 더 다양한 대체 시나리오에 대한 분석을 포함하여 "what-if" 예측을 내놓을 수 있는 모델링 도구를 이용한다.

분석가 역시 다른 비즈니스 사용자와 마찬가지로 협업 및 네트워킹 기능을 필요로 한다. 그러면 비즈니스 관계자, 경영자 및 다른 분석가와 함께 지금까지 밝혀낸 고급 정보를 공유할 수 있다. 또한, 다차원 데이터 관리 및 (의미를 설명하는)엔터프라이즈 사전도 이용하면서 기업 공식 비즈니스 정보 뷰에 기여해야 한다. 이 사용자가 외부 마케팅 및 트렌드 데이터를 사내 정보에 추가할 수 있도록 데이터 보완 기능도 필요로 한다.

라. 고객 서비스 및 기타 비즈니스 이용자(비 기술직)

비즈니스 사용자란 관리자, 분석가 또는 IT 담당자가 아닌 직원을 의미한다. 이들은 주로 일선 업무 환경에서 일하므로 손쉬운 개인 설정 방식으로 정보에 액세스하면서 각자의 목표를 달성해야 한다. 이 사용자에게는 다음 기능이 필요하다.

- 정보를 이해하고 고급 지식을 얻으며 업무 수행 현황을 점검할 수 있는 출발점이 될 단일 공간
- 바로 실행으로 옮길 수 있는 통찰력을 얻는 데 필요한 데이터를 다룰 수 있는 브라우저 기반 대화형 리포팅 기능
- 역할별 프로젝트 및 활동에 대해 설정한 목표에 따라 지금까지의 실적을 시각화할 수 있는 자동 스코어카드 및 지표.

비즈니스 사용자는 필요하다면 곧바로 조회를 생성하거나 기존 리포트를 수정할 수 있어야 하므로, 리포팅 프로세스에 참여하고 직접 리포트를 생성할 수 있는 편리한 도구를 제공하는 것이 중요하다.

상당수의 비즈니스 사용자는 고객과 직접 접촉하므로 현장에 나와 있는 경우가 많다. 스마트폰 및 태블릿 PC 지원과 향상된 인터페이스를 통해 비즈니스 사용자는 즉석에서 정보를 이해하고 탐색할 수 있어야 한다.

비즈니스 사용자는 BI 인프라의 외부에서 일할 때가 많다. 이는 과거에 즉시 효과적인 결정을 내리거나 필요한 조치를 취하는 데 걸림돌로 작용하곤 했다. 이 문제를 해결하기 위해서는 완전한 BI 경험, 즉 찾아보기, 탐색 및 작성 기능이 독립적인 오프라인 환경에 포함되어 있어야 한다. 비즈니스 사용자는 온라인으로 연결되어 있지 않은 경우에도 영업 기회를 발견하고 트렌드를 분석할 수 있도록 어디서든 데이터를 이용할 수 있어야 한다.

끊임없이 변화하는 비즈니스 환경에서 각 기업은 경영자, 관리자 및 분석가가 이용하는 기능 중 상당수를 제공하는 솔루션이 비즈니스 사용자에게 필요하다는 사실을 깨닫고 있다. 그러나 비즈니스 사용자가 사용할 수 없거나 이해하지 못하는 데이터 속에 파묻혀서는 안된다. BI는 비즈니스 사용자에게 적합한 BI 솔루션이라면 이러한 기능과 함께 다음과 같은 이점도 활용할 수 있어야 한다.

- 다른 비즈니스 사용자와 협업한다.
- 자동화된 워크플로우에 따라 활동한다.
- 리포트에 의견과 참고 사항을 추가한다.

제 3 절 빅 데이터

1. 빅 데이터의 개념

최근 데이터 저장장치의 발달, 초연결성의 확대, 대용량 데이터 처리기술의 발달로 인해 빅 데이터 시대로 진입하고 있다. 이는 앨빈 토플러에 의해 제안된 정보화 시대(Information Age)는 인터넷을 통한 전 세계적 지식과 정보의 교류가 가능해지고 그러한 정보화 현상이 일상생활과 경제발전의 근간을 이루는 후기산업사회를 지칭하기도 한다. 그러나 IT분야의 최근 변화는 정보화 시대라는 용어로 표현되기보다는 빅 데이터라는 용어로 표현되는 경향이 있다.

협의의 빅 데이터란 대용량(Volume), 다양한 형태(Variety), 고속생성 및 고속처리(Velocity)의 특징을 비롯해 최근에는 가치(Value)까지 포함하여 네 가지 특징을 가진 데이터로 정의되는 것이 일반적이다.

광의의 빅 데이터는 데이터 자체를 지칭하는 것을 넘어서서 빅 데이터산업, 빅 데이터 기술 등을 통칭하는 것으로 정의되기도 하며 대용량 데이터의 수집, 저장, 처리, 분석, 활용, 관리 등의 모든 프로세스를 포괄하는 용어로 변화하였다.

빅 데이터에 대한 특징과 정의는 최근 IT분야의 급격한 발전에 민감하게 대응하는 민간부문에서 주로 규정되고 있다. 빅데이터 플랫폼 기술 개발에 가장 먼저 투자한 기업 중 하나인 IBM은 빅 데이터를 다음과 같이 설명하고 있다.

오늘날 인류는 매일 2.5 퀸틸리언 바이트(2.5 quintillion bytes = 2.5 × 1018 bytes)의 데이터를 생산하고 있으며, 이런 데이터는 기상정보를 수집하는 센서, 소셜 미디어 사이트의 웹문서, 디지털 사진과 동영상, 구매거래기록, 휴대전화의 GPS 신호 등 모든 곳으로부터 생성되는데, 이 모든 데이터가 빅 데이터를 만들고 있다.

그러나 빅 데이터는 단순히 크기와 관련된 문제가 아니고, 새로운 데이터처리 및 분석 방법을 통해 새로운 통찰력을 찾을 수 있는 기회를 의미한다. 빅 데이터는 volume(데이터 크기), velocity(데이터 전달 속도), variety(데이터의 다양성), veracity(정확성) 등 4V로 이루어진 4차원적 특징을 가진다.

IT 시장조사기관인 Gartner는 빅 데이터를 3V로 표현하고 있다. 2001년, 데이터 크기가 급증하고(volume), 데이터 전달 속도가 빠르며(velocity), 데이터 구조가 다양한(variety) 현상을 관찰하여 이를 3V로 표현하였고 이러한 현상으로 인해 새로운 도전과 기회가 등장할 것을 예상하였다.

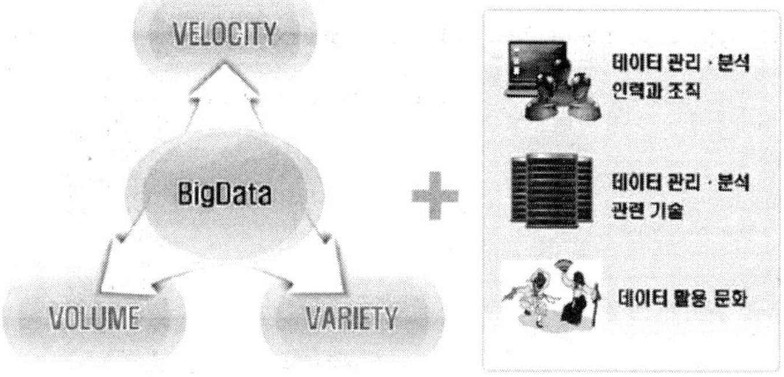

[그림 4-12] 빅 데이터의 정의

2012년, Gartner는 빅 데이터에 대한 정의로, '빅 데이터는 크기가 크고, 속도가 빠르며 다양한 정보자산을 가지고 있다고 하였다. 이는 새로운 데이터 처리 방법을 필요로 하는데, 이를 통해 새로운 통찰력의 발견이 가능해진다'라고 표현하였다.

한편 기업정보관리를 위한 오픈사이트인 MIKE2.0은 빅 데이터를 다음과 같이 설명하였다. 빅 데이터의 가장 중요한 요소는 데이터의 크기이지만, 보다 정확하게는 독립적 데이터 소스 사이의 상호작용 또는 연관관계의 크기를 의미한다. 빅 데이터의 두 번째 특징은 데이터 소스 사이의 연관관계가 복잡하여 데이터 정제와 유의미한 데이터만 추출해내는 것이 어렵다는 점이다. 따라서 빅 데이터의 '빅(big)'은 단순히 크기(big volume)가 아니라 복잡성(big complexity)에 대한 것으로 해석하는 것이 적절하다고 표현 하였다.

이런 특징에 따른다면, '크기는 작지만 복잡성이 큰' 빅 데이터는 존재하는 반면, '크기는 크지만 복잡성이 낮은' 데이터는 빅 데이터라고 보기 어렵다고 해석할 수 있다.

* *'Big Data can be very small and not all large datasets are big.'*

빅 데이터의 요소는 ① 데이터 셋에 내재된 복잡성의 정도, ② 혁신적 분석을 통해 추출할 수 있는 가치의 양, ③ 분석 시 데이터 소스 간 연관관계의 사용 등 세 가지로 설명할 수 있다.

McKinsey Global Institute는 빅 데이터가 혁신, 경쟁력, 생산성을 위한 새로운 프론티어가 될 것으로 예상하였다. 빅 데이터란 전형적인 데이터베이스 소프트웨어로는 다루기 힘든 크기의 데이터 셋을 의미한다. 그러나 빅 데이터라는 것은 특정 크기로 지칭될 수는 없는데, 그 이유는 ① 분야마다 데이터의 크기와 소프트웨어의 종류가 다르고, ② 기술이 발전함에 따라 다루기 힘든 데이터의 크기가 변화하기 때문이다.

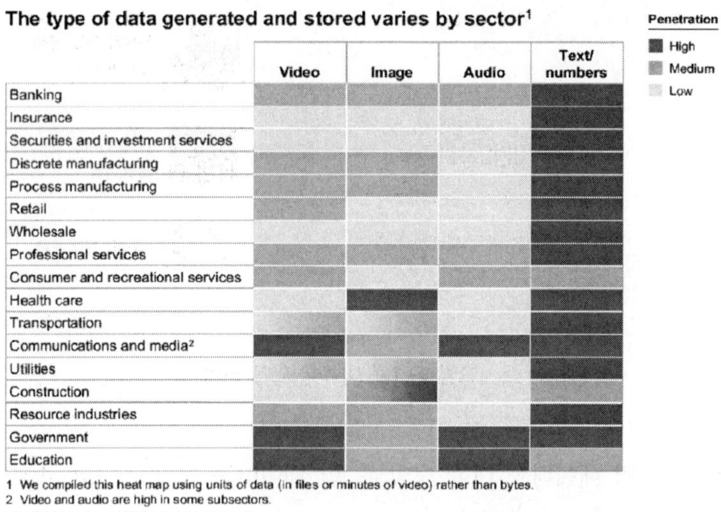

* 출처: McKinsey Global Institute(2011).

[그림 4-13] 분야별 데이터의 종류

[그림 4-13]에서 보는 바와 같이 분야마다 데이터의 종류를 살펴보면, 대부분의 분야에서 문자 데이터가 많지만, 동영상(Communications and media, Government, Education), 이미지(Health care) 등의 데이터 역시 많은 분야에서 제시되고 있다. 또한, [그림 4－14]에서 보는 바와 같이 분야마다 빅 데이터 사용에 따른 가치창출 예상치를 제시하고 있는데, 정보 분야(Information), 금융보험(Finance and insurance)과 함께 정부(Government) 분야에서 예상 가치창출이 높은 것으로 제시하고 있다.

그러나 최근 빅 데이터에 대한 논의를 살펴보면 기존의 데이터와 빅 데이터를 양분하는 경향이 나타나고 있다. 심지어 빅 데이터 성공사례를 다루는 장에서는 빅 데이터가 '맞느냐'와 '아니냐', '빅 데이터 방식으로 구현되었느냐'까지 논란의 대상이 되고 있다.

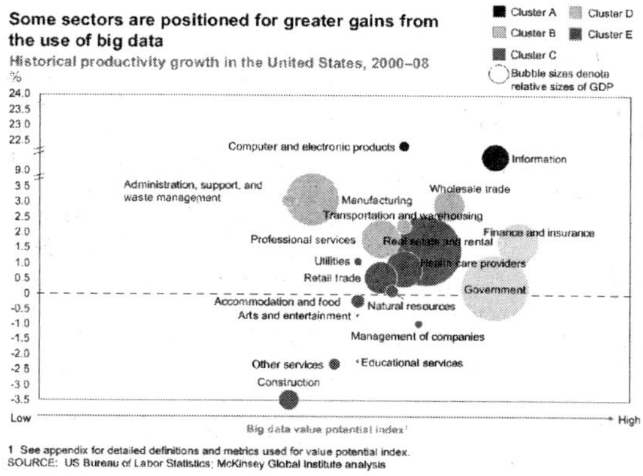

* 출처 : McKinsey Global Institute(2011).

[그림 4-14] 분야별 빅 데이터 이용 시 가치창출 예상치

하지만 데이터를 다루는 관점에서 보면 기존의 데이터와 빅 데이터는 크게 다르지 않다. 데이터를 나누는 기준은 데이터가 가진 가치에서 찾아야 할 것이다. 즉 금융데이터와 같이 하나의 레코드가 중요한 가치를 가진 데이터라면 아무리 비싸도 안전하게 처리해야 하고, 웹 서비스의 로그 데이터와 같이 몇 개의 레코드가 손실되어도 전체적인 관점에서 크게 문제없다면 싼 장비를 활용하여 처리하는 것이 바람직할 것이다.

2. 국내외 빅 데이터 시장 동향

빅 데이터 산업의 경쟁 상황을 살펴보면 서비스 영역에서는 구글, 아마존 등 글로벌 인터넷 기업들이 시장을 선도하고 있는 상황이다. 구글은 2011년 말 'Google BigQuery' 서비스를 통해 이용자가 분석을 원하는 데이터를 웹 서비스를 통해 업 로드하면 상호작용 방식으로 빅데이터를 분석해주는 서비스를 공개하였다.

이외에도 소프트웨어 영역에서는 Cloudera와 Hortonworks, MapR 등의 하둡 솔루션 기업들이 대표적이며, 기존의 글로벌 IT 솔루션 기업들인 IBM, Oracle, EMC, SAS, Teradata 등은 자신의 솔루션에 하둡을 통합하여 하둡 어플라이언스를 제공하고 있는 상황이다.

이와 더불어, 빅 데이터를 전문적인 사업 영역으로 삼고 있는 기업들로서 매출액 및 시장 점유율이 높은 기업들로는 Vertica, AsterData, Splunk 등을 들 수 있으며, 해당 기업들은 빅 데이터 관련 정보 관리 및 분석 기술면에서 새로운 시도로 주목받고 있는 업체로 거론되고 있다.

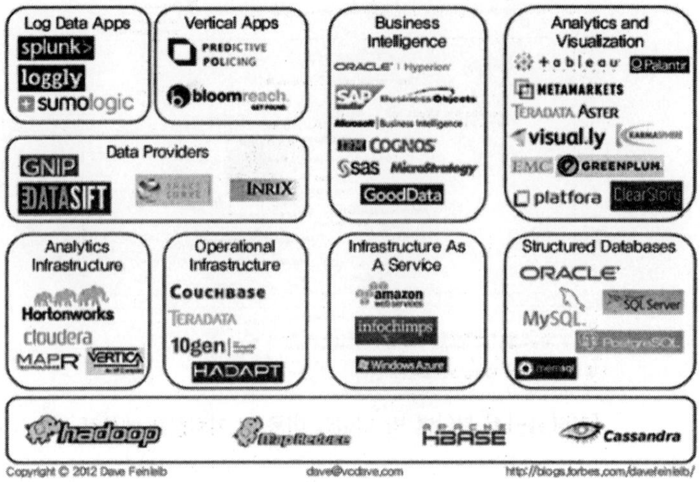

자료: www.forbes.com/sites/davefeinleib/2012/06/19/the-big-data-landscape

[그림 4-15] 세계 빅 데이터 관련 업계 지도

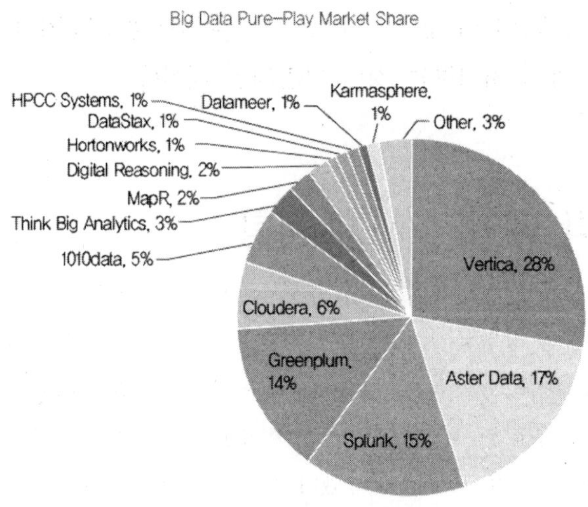

자료: Wikibon, 2012.

[그림 4-16] 빅 데이터 전문기업별 세계시장 점유율

이렇듯 주요 해외 기업들이 빅 데이터 시장을 주도하고 있는 환경에서 국내 기업들은 가격을 핵심 경쟁력으로 설정하고 2012년 하반기부터 2013년 상반기에 걸쳐 본격적으로 제품을 출시 다양한 솔루션들이 시장에 진출하고 있으며, 또한, 빅 데이터 관련 중소기업들이 연합하여 빅 데이터 솔루션 포럼(BIGSF)을 구성하여 빅 데이터 협업 생태계를 구현하기 위한 노력을 병행하고 있는 상황이다.

그리고 국내 ICT 시장 규모는 정보통신산업진흥원이 제공하는 (ITSTAT6) 서비스를 이용하여 빅 데이터 산업의 주요 세그먼트에 해당되는 영역을 대상으로 조사하였으며, 조사결과는 각 세그먼트별 국내 시장 규모에 해당된다. 해당 분야의 2013년 이후 시장 성장률은 최근 3년간(2010 ~ 2012년)의 평균 성장률을 적용하였다. 이를 적용하여 국내 빅 데이터 시장 규모를 산출한 결과, 단기적으로는 2015년 약 263백만 달러(한화 3천억 원)에 이를 것으로 예상되며 세계 빅 데이터 시장의 약 1.6%의 비중을 점유할 것으로 전망되었다. 보다 중장기적으로는 국내 빅 데이터 시장 규모가 2020년에는 약 900백만 달러(한화 1조 원)에 이를 것으로 예상되었다.

〈표 4-10〉 빅 데이터 분야별 주요기업

구 분	인프라 SW 제품	분석 SW 제품	어플라이언스	서비스 플랫폼
주요 내용	데이터 수집, 저장, 관리, 표현 등 빅데이터 처리 분석 플랫폼을 위한 인프라가 되는 단일 소프트웨어 제품	통계, 데이터마이닝, 기계학습, 패턴인식 등을 통한 분석을 제공하는 실시간 분석 소프트웨어	여러 가지 빅데이터 처리 소프트웨어가 최적화 되어 설치된 통합 제품	빅데이터 분석을 위한 인프라와 서비스 동시 제공
주요 제품 /기술	Hadoop, HBase, Cassandra, NoSQL, MapReduce	EMC, Greenplum, Data Warehouse, Oracle Big data Application, Teradata Aster Data, 솔트룩스 트루스토리, 사이람 NetMetrica, 넥스알 NDAP, 그루터 BAAS	EMC, Greenplum, IBMMPP, Data Warehouse, Oracle Big data Application, Teradata Aster Data	Google BigQuery, Amazon AWS, MS Azure
해외 기업	Cloudera, Horlonworks, MapR	IBM, Oracle, EMC, SAS, Teradata	IBM, Oracle, EMC, SAS, Teradata	Google, Amazon, MS
국내 기업		그루터, 넥스알, 클루닉스		다음 소프트

* 자료: 2012 중소기업기술로드맵, 「빅 데이터 처리 분석 플랫폼」, KisTi.

이러한 추세로 국내 빅 데이터 시장이 성장할 경우에는 국내 ICT 관련 산업에서 빅 데이터 분야가 차지하는 비중은 2013년 0.6%에서 지속적으로 증가하여 2020년에는 약 2.6%에 이를 것으로 전망된다.

국내 빅 데이터 시장도 지속적으로 성장하여 국내 ICT 시장에서 차지하는 비중이 커질 것이라는 점에서 빅 데이터 산업을 육성할 수 있는 정책적 환경 조성이 필요한 시점이다.

〈표 4-11〉 국내 빅 데이터 기업의 사업 추진현황

국내 기업명	빅데이터 사업추진현황
센솔로지	· 텍스트 의미 이해 전문기업 · 소셜분석 솔루션(오피니언 버디), 여론분석 서비스(평닷컴) 제공
아크원소프트	· 하둡 기반의 솔루션 개발 및 공급 전문기업 · 빅데이터 솔루션(Easy-Up) 및 SI 구축과 아웃소싱 서비스 제공
알테어	· 엔지니어링 컨설팅, 클라우드, BA 시뮬레이션 전문기업 · BA 솔루션(HQube)과 클라우드 환경개선 제품(PBS works) 기반의 다양한 패키지 솔루션 구축
야인소프트	· 인메모리 기술기반의 데이터분석/처리 전문기업 · BI 솔루션(OctagonTM EnterpriseBI Server) 구축
에스엠투 네트웍스	· BI분야 중심의 SW 개발 및 시스템 통합 전문기업 · 클라우드 플랫폼 서비스(Radian6)를 통한 다양한 소셜분석 지원
에스케이 텔레콤	· 소셜 모니터링/분석 솔루션 "스마트 인사이트" 제공 · 독자적 NLP 기반의 텍스트 마이닝, 네트워크 분석 지원
엔에프랩	· 콘텐츠 딜리버리, 클라우드 분야의 빅데이터 솔루션 전문기업 · BI/BA 빅데이터 통합 플랫폼(PelotonTM) 제공
위세아이텍	· BI/데이터 관리/데이터 품질관리/CRM 분야 솔루션 전문기업 · 마케팅 솔루션(CampaignTM), 빅데이터 저장/분석 플랫폼(Cloud BITM), 데이터 공유/활용 오픈 플랫폼(Smart BITM), 고객 프로파일링 솔루션(Social AnalyticsTM) 제공
이씨마이너	· 빅데이터 분석 솔루션 및 컨설팅, 시스템 구축 전문기업 · 분석 솔루션(ECMinerTM), 모니터일 솔루션(IMSTM), 룰/연관 분석 솔루션*RuleTM), 이미지 마이닝 솔루션(SISTM) 기반의 패키지 서비스 제공
이투온	· 빅데이터 분석 솔루션 및 플랫폼 전문기업 · 분석 솔루션/서비스(SNSpiderTM), 빅데이터 분석 플랫폼(UNINANTM) 제공
카디날 정보통신	· 컨설팅, 스토리지, 데이터분석, 시스템 운영관리 전문기업 · 스토리지분야(Monad Storage), 분석분야(Monad Integration), 시스템 운영 · 관리 분야(Monad Management)의 솔루션 제공
코난 테크놀로지	· 검색 소프트웨어 개발 및 제공 전문기업 · 데이터 수집, 검색, 분석 기술기반의 소셜 모니터링/분석 서비스(pulse-K) 제공
클루닉스	· 클라우드/슈퍼 컴퓨팅 솔루션 개발/제공 전문기업 · 하둡 시스템 및 작업관리(Gridcenter Hadoop), 저장 및 처리(Teragon-Hadiip), 분석 클라우드 구축(RNTier) 솔루션 제공
투이컨설팅	· 컨설팅 서비스 제공 전문기업, 데이터 사이언티스트 교육 훈련 지원 · 빅데이터 환경의 전략 수립 및 프로셋, 최적화 컨설팅 서비스(데이터사이언스 컨설팅 서비스) 제공

더불어 산업 육성적 관점에서의 지원 이외에도 다양한 사회문제의 해결과 과학기술 분야에도 적용될 수 있는 가능성이 큰 만큼 공공 정책적 관점에서의 지원도 병행되어야 할 것이다. 무엇보다도 빅 데이터 시장에 대한 기대를 검증할 수 있는 다양한 성공 사례들이 제시됨으로써 기대를 현실화하기 위한 노력이 선행된다면 빅 데이터 시장 성장을 위한 새로운 모멘텀으로 작용할 수 있으리라 예상된다.

3. 빅 데이터 분석

가. 빅 데이터 가치를 결정하는 분석

빅 데이터 역시 근본적인 데이터에 대한 접근방법을 다시 생각하게 하는 포괄적인 개념이다. 빅 데이터와 가까운 개념으로 오래전부터 사용해 오던 것이 바로 BI와 데이터 마이닝이다. 하지만 빅 데이터는 규모와 속도 다양성의 세 가지 요소에서 기존의 데이터 마이닝과는 본질적으로 다른 특성을 가지게 된다. 빅 데이터란 용어에서 알 수 있듯이 가장 중요한 요소는 규모이다. 테라바이트가 아니라 *페타 바이트[14]급의 데이터이다. 불과 3년 전만 해도 페타 바이트급 데이터라면 상당히 큰 규모였지만 오늘날에는 기본적인 단위가 됐다.

속도 역시 기가 비트급 네트워크가 테라 비트급으로 올라간다. 초당 백만 건 이상의 입출력을 처리해야 하며 실시간 처리 및 장기적 접근이 중요해진다. 마지막으로 데이터의 다양성이다. 이제 정형 · 비정형의 구분이 없으며 스트리밍 데이터까지도 모두 포괄해야 하기 때문에 기존의 BI와 데이터 마이닝이 처리하던 데이터와는 본질적으로 달라지는 것이다.

이제 데이터를 처리한다고 할 때 먼저 그 데이터를 이해하는 것이 중요한 요소가 된 것이다. 하지만 빅 데이터는 구체적으로 실감되지 않는 개념이다. 빅 데이터를 좀 더 구체적으로 파악하기 위해서는 구체적인 애플리케이션으로 살펴보는 것이 효과적이다.

환경변화를 기반으로 데이터의 규모와 다양성 복잡성의 증가측면 그리고 이를 포괄하는 개념을 살펴보면, 가장 기본적인 단계의 데이터를 이용하는 애플리케이션으로는 ERP (Enterprise Resource Planning)가 대표적이다. 구매 내역이나 구매기록 · 지불기록 등의 단계의 데이터는 일반적인 관계형 데이터베이스에 저장하는 정형 데이터로, 저장하는 정보 역시

14) 페타 바이트: 1015를 의미하는 SI 접두어인 페타와 컴퓨터 데이터의 표시단위인 바이트가 합쳐진 자료량을 의미하는 단위

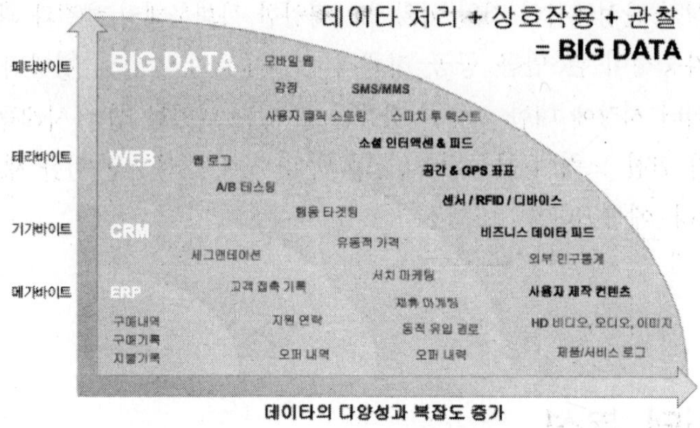

[그림 4-17] 빅 데이터 가치를 결정하는 분석

사용자 정보와 사용자의 행위정보 두 가지이다.

그다음 단계가 CRM(Customer Relationship Management)로 ERP의 데이터에 고객접촉기록 등이 추가되면서 이력관리가 가능해진다. 또한, 기업에서 해당 고객에게 제공한 서비스나 제품에 대한 정보도 저장된다.

다음 단계인 웹 2.0은 사실 불과 5년 전에 등장했다. 이제 오퍼 내력만 다루는 것이 아니라 그 다음 영업단계까지 가기위한 이력을 제공하는 것이 가능해진다. 이를 위해서는 한번 물건을 판매하고 끝나는 것이 아니라 A/B 테스팅 행동 타깃팅 다양한 마케팅 등 고객과의 지속적인 인터랙션을 통해 다양한 데이터를 축적하게 된다. 때문에 이 단계에서는 데이터의 규모 역시 테라바이트 급으로 증가한다.

웹 2.0을 넘어서는 빅 데이터 단계는 단순히 데이터 처리와 인터랙션을 넘어 분석이 필요한 단계로 진입한다. 이미 데이터는 종류와 채널 크기 등 모든 것에서 이전 세대와 다른 특성을 보여준다. 이제 비즈니스 데이터뿐만 아니라 소셜 미디어와 모바일 센서 등을 통해 정보의 유입경로가 무한 확대되고 HD비디오와 오디오 등 멀티미디어 데이터로 인해 데이터의 크기도 커진다.

결국 이런 데이터의 홍수 속에서 실용적 데이터를 찾기 위한 분석이 중요해진다. 고려해야 할 수십억의 데이터 관점을 통해 무수히 많은 데이터 속에서 의미 있는 정보를 찾아내야 하는 것이다.

특히 100가지 데이터를 100가지 관점에서 분석하면 1만 가지의 정보가 생겨나는 것처럼 사람의 성향 용도에 따라 똑같은 데이터에 대한 또 다른 분석이 가능해지고 이런 이유로 데이터의 복잡성은 더욱 높아진다.

이처럼 다양하고 광범위한 데이터와 이에 대한 분석을 통해 얻은 정보는 기업이 장기적인 전략을 수립하는데 기준점을 제공할 수 있다. 일반적으로 대기업이 빅 데이터에 관심을 갖는 이유를 생각해보면, 만약 빅 데이터가 없다면 마케팅 책임자는 그동안의 경험과 이론 그리고 부분적인 데이터를 기반으로 마케팅 전략을 수립할 수밖에 없고 이런 접근방법은 실패 가능성이 높을 수밖에 없을 것이다.

나. 공공부문의 빅 데이터 활용현황

미국 국립보건원은 '필 박스(Pillbox) 프로젝트'를 추진하고 있다. 필 박스(Pillbox) 프로젝트는 약 검색을 지원하는 검색통계 프로그램으로, 주요 질병의 분포, 연도별 증가 등을 분석하고, 약의 효능 확인이 가능하며, 빅 데이터 분석 활용효과는 연간 100만 건의 알약 문의가 필 박스로 대체되고, 연간 약 5,000만 달러의 비용 절감하였다.

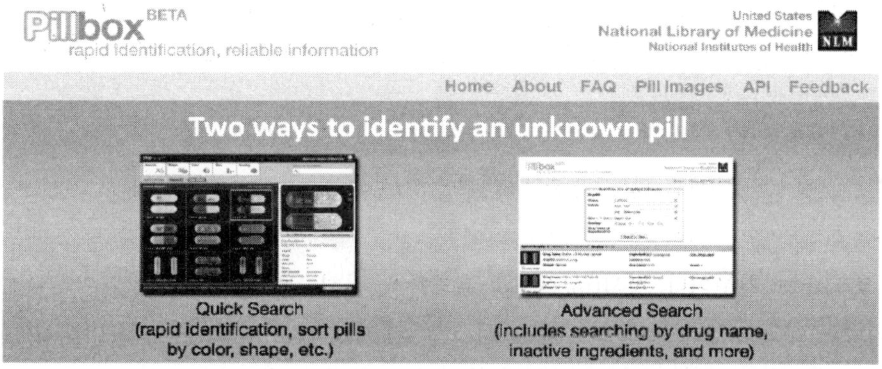

[그림 4-18] 미국 국립보건원, 필 박스(Pillbox)(http://pillbox.nlm.nih.gov/)

독일 연방 노동기구에서는 고용관련 빅 데이터를 분석 실업자 이력, 고용 중재, 구직기간, 고용주 등에 대한 방대한 정보를 분류, 분석하여 고용 중재에 활용하였으며, 이와 같은 분석결과를 맞춤형 고용에 적용하여 3년간 백억 유로의 비용 절감 효과가 발생하였다.

한편 싱가포르는 '04년부터 빅 데이터 분석을 활용하여 국가위험관리시스템을 구축·운영하고 있는데 이는 해상테러, 조류독감 등 국가 차원의 위험·기회요인에 선제적으로 대응하기 위한 위험 관리시스템이다.

다. 민간부문의 빅 데이터 활용현황

구글은 검색 쿼리 데이터 분석을 통해 독감을 예측하였다. 지역별 독감에 관련된 키워드의 검색 패턴을 실시간으로 분석하여 독감 확산 여부를 의료 당국 조사보다 빠르고 정확하게 파악하고 미국, 독일, 일본, 남아프리카공화국 등 국가별 연도별 독감 유행 자료를 구글 독감 트렌드(http://www.google.org/flutrends)를 통해 제공하고 있으며, 또한, 독감과 함께, 뎅기열 유행을 실시간 파악하여 구글 뎅기열 트렌드(http://www.google.org/denguetrends)를 통해 제공하고 있다.

[그림 4-19] 구글 독감 트렌드(http://www.google.org/flutrends)

그리고 SAS는 기분이나 정서(mood)를 분석하여 사회 변화 예측하였다. 이는 최근 2년 동안 미국과 아일랜드에서 인터넷 채팅, 블로그, 페이스북, 트위터 등 소셜 미디어 데이터의 기분이나 정서를 분석한 결과로, 미국에서 '우울하다', '열 받는다'와 같은 채팅이 늘어나면 4개월 뒤 실업률이 폭등함을 확인하였으며, 아일랜드에서는 실업률 증가 5개월 전 '불안하다'는 분위기가 퍼져나갔고, 2개월 전에는 '확신 한다'는 채팅이 크게 감소하였다.

라. 구글 검색엔진과 웹 데이터를 활용한 트렌드 변화와 급부상 이슈 발굴 방법 사례

본 사례는 양혜영의 한국과학기술평가원의 2012.04 ISSUE PAPER에 게재한 "빅 데이터를 활용한 기술기획 방법론"에서 발췌하여 여기에 옮긴다. 기술기획은 기술의 발전방향 뿐만 아니라 미래사회 전망이 함께 수행 되어야하고 이를 위해서는 트렌드 변화의 심층 분석과 새롭게 등장하는 이슈의 조기 발굴이 필요하다. 트렌드와 이슈는 인터넷 공간에도 나타날 것으로 기대되며 그것에 대한 탐색을 위해 검색엔진과 웹 데이터를 활용하는 방안을 시도하였다. 트렌드는 현재 사회가 나아가는 방향성이며 〈표 4-12〉와 같이 총 43개로 정리하였으며, 트렌드의 모습을 인터넷에서 검색하기 위하여, 트렌드를 설명할 수 있는 영문키워드 목록 마련하였고, 각 트렌드 별로 키워드를 1개 이상 6개 이하로 선정하였다.

〈표 4-12〉 트렌드와 키워드

트렌드	키워드
1. 세계 경제의 글로벌화	global economy, globalization
2. 지역 간 경제통합 가속화	ASEAN, FTA, FTAA, NAFTA
3. BRICs 국가의 부상	Brazil, BRICs, China, emerging market, India, Russia
4. 지식기반경제 강화	knowledge based economy, knowledge management, open innovation
5. 표준 및 지식재산권의 중요성 급증	digital rights management, intellectual property, standards
6. 경제 · 사회적 양극화 심화	economic polarization, social conflict, Social polarization
7. 국부 펀드의 영향력 증대	capital flows, financial market, Sovereign Wealth fund
8. 국제 질서의 재편	Africa, America, Asia, EU, international order
9. 동북아 체제 문제	Northeast Asia, Taiwan
10. 정부의 역할 및 기능 변화	deregulation, digital divide, role of government, smart mob
11. 자원 및 에너지 확보 경쟁 심화	energy, fossil fuel, natural resources
12. 신재생 · 친환경 기술 개발 박차	eco friendly, renewable energy, sustainable development
13. 재활용 및 폐기물 처리기술의 중요성	recycling, waste disposal
14. 환경오염의 심화	pollution
15. 기후변화의 지속	climate change, greenhouse gas, renewable energy
16. 환경변화 · 국제화에 따른 건강 위해요인 출현	epidemic, globalization, infectious disease
17. 환경의식 제고와 환경분석 · 모니터링의 중요성	environmental monitoring, food safety, GMO, health awareness, wellness
18. 기술 융 · 복합에 따른 신산업 · 신기술의 등장	biotechnology, life science, nanotechnology, technology convergence
19. 산업 융합화 및 지식 서비스 강화	corporate service, individual service, knowledge service, Service business

트렌드	키워드
20. 개방형 협업 체계 확산 digital	convergence, digital integration, open innovation
21. 세계 인구지도의 변화	ageing, birth rate, world population
22. 개도국의 청년화	developed country, developing country
23. 늙어가는 선진국	healthcare, international mobility, lifelong learning, unemployment
24. 노동의 세계적 분업	networked business, outsourcing
25. 부족한 인재	global migration
26. 고령 인구의 증가	global division of labour, working population
27. 개인 서비스의 증가	individual service, leisure time, security service, service robot
28. 메가시티로의 인구집중	european integration, global city, megacity
29. 달라지는 가족 개념	family
30. 범세계적 핵 확산 우려 증대	nuclear weapons
31. 남북한 교류	inter Korean relations
32. 테러 위험과 조직범죄의 세계화	organized crime, terrorism
33. 기타 안보 · 보안 이슈의 부각	inequality, natural disaster
34. 국제안보협력 강화	international cooperation, national security
35. 개인주의화 증대	individualism
36. 여성의 역할 변화	women's role
37. 교육문제의 변화	e learning, education system
38. 종교 · 문명의 충돌	cultural conflict, religious conflict
39. 문화산업의 성장	cultural industry
40. 정보통신의 발달	information and communication technology
41. 모바일 커뮤니케이션의 증가	mobile communication, social network
42. 가치관의 변화	value system
43. 정치체제의 변화	political system, supranationalism

트렌드 간 관계와 변화를 관측하기 위하여 키워드 간 연관도를 계산하고 그로부터 네트워크 분석을 수행하였으며, 〈표 4—12〉에 제시된 키워드 목록에 대하여, 임의의 두 키워드가 동시에 등장하는 웹문서의 개수가 많을수록 키워드 연관도가 높은 것으로 정의하였다. 키워드 연관도 계산 방법은, 구글 검색창에 [그림 15]와 같이 임의의 두 키워드를 동시에 입력하여 검색하고, 검색결과 나타난 뉴스와 블로그의 웹문서 수를 두 키워드의 연도별 연관도로 추출하였다.

키워드의 개수가 총 109개이고, 키워드 쌍은 모두 109C2 = 5,886개가 되므로, 총 5,886번의 구글 검색을 수행한 것이다. 이때 5,886번의 검색을 수작업으로 수행한다는 것은 불가능에 가까우므로, 본 연구진은 구글 검색을 수행하는 간단한 프로그램을 만들어 사용하였다.

2004 ~ 2006년과 2007 ~ 2009년에 대한 키워드 네트워크를 작성한 결과, 키워드는 에너지 · 환경 · 기술, 가족 · 건강 · 문화, 국제관계 · 국제정세 등 크게 세 개의 그룹으로 분리되는 것을 확인하였고, 2004 ~ 2006년, 2007 ~ 2009년 구간을 비교하면, 세 개의 그룹에 큰 변화는 없지만, 국제관계 · 국제정세 그룹의 세부그룹에 변화가 일부 나타났다.

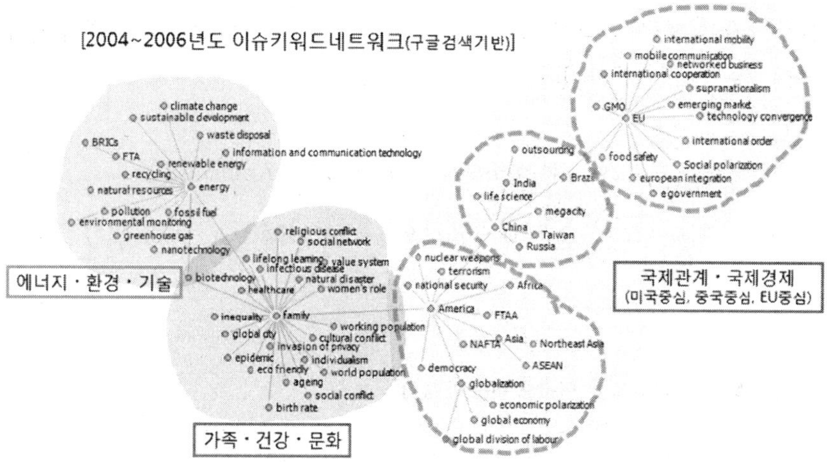

[그림 4-20] 이슈 키워드 네트워크

이는 중국 중심 세부그룹의 변화로, 크기가 커지고, 미국중심 그룹과 EU 중심 그룹 사이에 위치하였으나, 중국 중심 그룹이 비교적 중심영역으로 이동하였다는 것을 의미한다. 이와 같은 변화는 최근 중국의 위상이 점점 부상하고 있는 것과 관련성이 있는 것으로 해석되며, 시계열적 키워드 네트워크 분석은 트렌드의 변화를 관측하는 데 도움이 되는 것으로 판단된다.

이슈는 향후 가져올 속성과 파급효과가 아직 불분명한 새로운 현상을 의미하며 트렌드에 영향을 주고 변화시킬 가능성이 있는 문제이다. 급부상 이슈를 탐색하기 위하여 키워드 쌍 연관도 비중의 시계열적 변화를 분석하였다. 즉 임의의 키워드 쌍의 중요성이 어떻게 변화하는지를 분석하고 이로부터 급부상하고 있는 신규 이슈를 발굴하였고, 키워드 쌍 연관도 비중은,

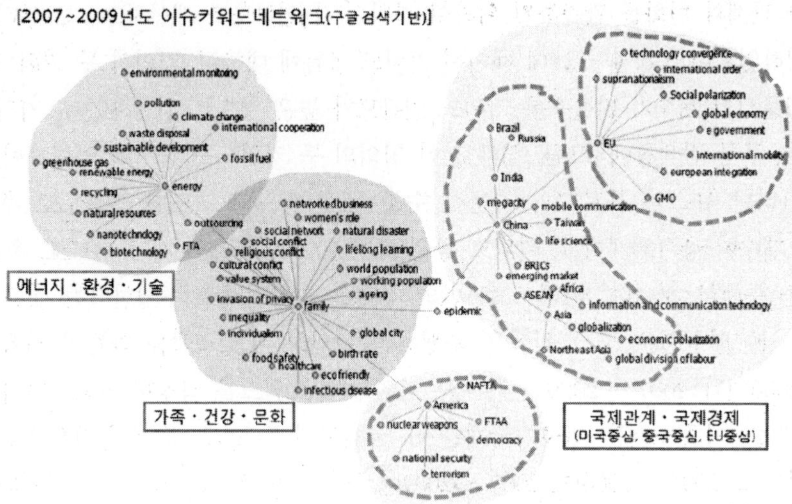

[그림 4-21] 이슈 키워드 네트워크

임의의 키워드 쌍의 구글 검색결과가 모든 키워드 쌍의 구글 검색결과 합계에서 차지하는 비중으로 다음과 같이 계산하였다.

$$R = \frac{Weight(Keyword_i \, AND \, Keyword_j)}{\sum_{n=1}^{N} \sum_{m=n}^{N} (Weight(Keyword_n \, AND \, Keyword_m))}$$

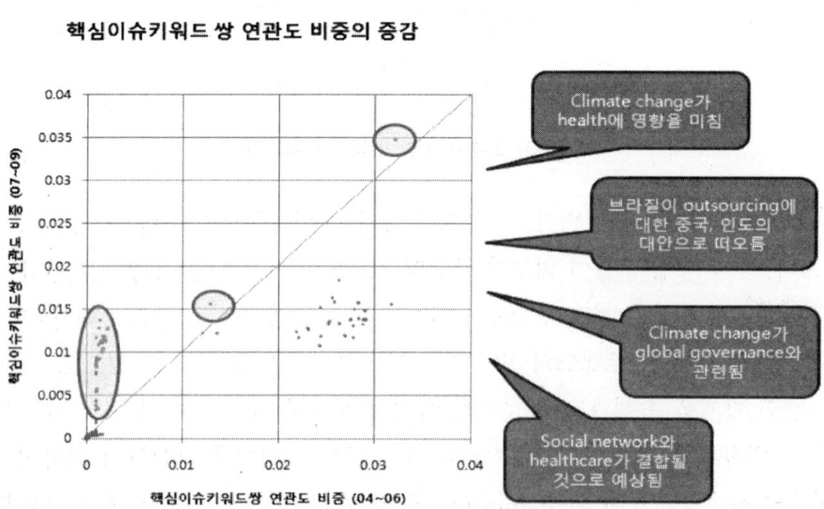

[그림 4-22] 키워드 쌍 연관도 비중의 증감

키워드 쌍 연관도 비중의 증감은 2004 ~ 2006년 구간과 2007 ~ 2009년 구간에 대한 비교를 통해 확인하였다. 과거구간(2004 ~ 2006년)에 비하여 최근구간(2007 ~ 2009년)에 연관도 비중이 증가한 키워드 쌍에 대하여 해석한 바, 기후변화(climate change)와 건강(health) 사이의 연관도 비중이 증가하였는데, 과거 기후변화는 에너지나 환경문제로만 취급되었으나, 최근 기후변화로 인하여 새로운 질병이 등장하는 등 건강관리에 있어서 기후변화가 중요한 변수로 등장하였음을 확인하였다.

중국과 인도는 국제적 아웃소싱(outsourcing) 국가로 널리 알려져 있는데, 그 뒤를 이어 최근 브라질(Brazil)이 아메리카대륙의 아웃소싱에 대한 강력한 대안으로 등장하고 있다. 건강관리(healthcare)에 최근 급격하게 확산되고 있는 소셜 네트워크(social network)가 결합되어, 향후 스마트기기를 통한 실시간 신체 신호 측정과 원격진료가 가능해질 것으로 예상된다.

4. 빅 데이터의 도입 방법론

빅 데이터를 기업에서 도입하려는 목적은 아주 다양할 것이다. 그 목적이 어디에 있든지 빅 데이터를 도입하고 활용하는 절차와 방법은 대부분 〈그림 4—23〉과 같다.

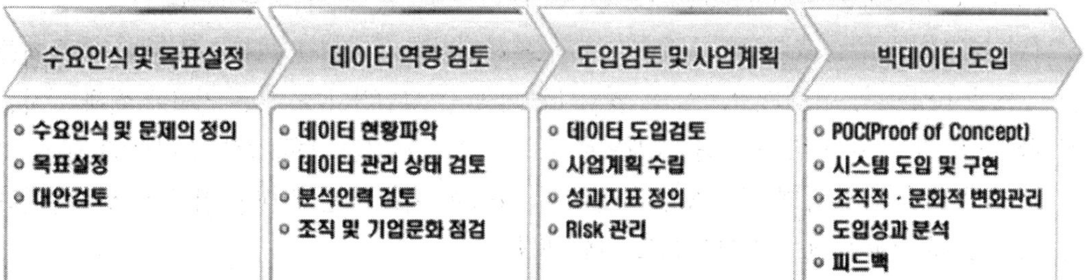

[그림 4-23] 빅 데이터 도입 절차

빅 데이터를 도입하는 절차는 기존의 데이터를 활용하는 것과 크게 차이가 없다. 다만 빅 데이터는 기존의 데이터를 바라보는 것보다는 좀 더 포괄적이고 크게 바라봐야 한다는 것이다. 빅 데이터에서 활용되는 새로운 기술들은 기존의 데이터를 처리하는 시스템보다 훨씬 저렴하게 대량의 데이터를 처리할 수 있어 기존에 상상하지 못했던 다양한 데이터를 활용할 수 있기 때문이다.

가. 도입 1단계: 수요인식 및 목표 설정

빅 데이터를 도입하는 출발점은 빅 데이터에 대한 수요인식이다. 빅 데이터에 대한 수요인식은 기존의 시스템으로 해결하지 못하는 다른 영역에서의 해결방법이 필요한 경우이다. 그러나 일부 기업에서는 빅 데이터를 웹 2.0, 클라우드 컴퓨팅 등 그 동안 IT 전 분야를 휩쓸었던 유행어의 하나쯤으로 치부하거나, 막연히 도입해야 한다고 느끼는 경우가 많은 것으로 보인다. 언론에서 대단한 가치를 가진 것으로 지속적으로 언급이 되기 때문이다.

빅 데이터는 조직 내에서 보유하고 있는 데이터 간의 숨어있는 의미를 찾아내고, 외부 데이터와 결합하여 더욱 명확한 의미를 부여하는 행위가 반드시 필요하다. 이러한 데이터에 대한 통찰력을 가지기 위해서는 다양한 분야의 전문가들이 모였을 때 더 큰 효과를 보는 것으로 나타났다. 따라서 회사 내 다양한 부서의 인력이 모여서 아이디어를 모으는 것이 바람직하다.

이때 해당 분야의 데이터에 대해 잘 알고 있는 외부의 도움을 받는 것도 좋을 것이다. 아래 언급한 사례는 하나의 조직에서 해결할 수 없는 업무를 사내에 전파하여 여러 부서에서 아이디어를 모아서 해결한 예이다.

포털들이 해결하고 싶은 주제 중의 하나가 빅 데이터에 대한 남용(abuse)이다. 포털의 카페나 블로그 등에 상품에 대한 기사를 올리고 그 기사에 칭찬 일색의 댓글을 다는 것을 말하는데, 일부 소규모 기업들이 약간의 수고료를 받고 조직적으로 이런 행위를 한다. 이런 빅 데이터 남용은 상품에 대한 소비자들의 시각을 왜곡시킬 수 있어 반드시 차단해야 한다. 그래서 포털들은 이런 행위를 하는 ID(Identification)를 찾아서 차단하는 작업을 수행한다.

그러나 기사의 ID를 일일이 기록하고 추적을 하더라도 그 ID가 어뷰즈를 했다는 증거를 찾기는 쉽지 않았다. 이런 어뷰즈 ID를 찾아내는 방법을 고심하다가, 모든 기사에 대해 기사를 작성하는 ID와 댓글을 다는 ID를 그래프로 표현하고 관계있는 ID를 클러스터링(clustering) 기법으로 분석을 하여 넓게 퍼져 있는 특정 ID 그룹들이 서로 상품에 대한 기사를 쓰고 칭찬하는 관계를 찾아내어 이를 효과적으로 차단하였다.

이러한 사례처럼 하나의 조직의 힘만으로는 해결할 수 없는 업무들이 기업 내에 많이 존재할 것이다. 이렇게 기업 혹은 조직에서 반드시 해결하고 싶은 문제나 서비스를 만들고 싶은 것을 찾아서 나열하고 여러 부서에서 아이디어를 모으고 해결 방법을 찾아서 해결한 예이다.

이 사례는 다행히 내부에 다양한 기술을 가진 개발 조직과 내부 업무에 대한 이해도가 축적이 되어 대체로 쉽게 해결한 경우이다. 개발 조직을 보유하지 못한 기업은 데이터에 대한 깊은 이해를 가진 컨설팅 업체와 협력 체계를 갖고 해결 방법을 찾는 것이 바람직하다.

나. 도입 2단계: 데이터 역량 검토

빅 데이터를 도입하는 데 어려운 작업 중의 하나가 데이터의 확보다. 데이터 도입의 출발점은 설정된 목표에 따라 자사의 데이터 현황을 우선 검토하는 것이다. 자사의 데이터를 기본으로 해결 방법을 찾고, 기상 데이터, 교통 데이터 등 공공 데이터 혹은 SNS 데이터 등을 결합하면 다양한 서비스 창출을 할 수 있을 것이다.

대부분의 경우 "우리 회사에는 데이터가 없다"는 것인데, 높은 이직률에 시달리던 어느 금융회사에서는 인사 데이터만 가지고서는 이 문제를 해결할 수 없었다. 적극적으로 데이터 분석가에 의뢰하여 분석한 결과 의외의 곳에서 데이터를 발견할 수 있었다.

여러 직원들과 잘 어울리는 직원들이 이직률이 낮다는 결과를 도출하였고, 이 데이터는 회사의 출입통제 시스템에서 발견할 수 있었다. 이 경우와 같이 데이터에 대한 통찰력을 갖고 문제 해결에 노력한다면 좋은 결과를 낼 수 있을 것이다.

데이터 도입 시 고려해야 할 중요한 포인트는 데이터의 건강성이다. 즉, 데이터가 지속적으로 생산이 되는 것인지, 믿을 만한 소스에서 생산되는 것인지 등을 검토해야 한다. 또한, 데이터를 관리하는 조직을 반드시 갖춰야 한다. 데이터의 건강성을 확보하는 방법은 '데이터 *거버넌스[15]'영역에서 다룬다.

빅 데이터 도입 시 가장 어려운 부분이 분석인력을 확보하는 것이다. 데이터 분석가는 주어진 환경에서 '데이터를 수집, 분석하고 분석된 결과를 읽고 이를 해석하여 가치를 창출할 수 있는 능력을 가진 사람'이라고 정의할 수 있으며, 가능한 내부 인력으로 데이터 분석가를 보유하여야 한다.

그러나 능력 있는 데이터 분석가를 확보하기는 지극히 어렵다. 분석인력을 확보하기 어렵다면, 목표 시스템에 대한 기능을 명확히 해서 시스템 구현 시에 원하는 분석 결과를 얻을 수 있도록 한다. 또한, 시스템에 대한 성과 분석을 주기적으로 시행하고 그 결과를 시스템에 반영할 수 있도록 하여 항상 새로운 분석 결과를 구현 업체로부터 얻을 수 있도록 하고 내부 데이터 분석가 양성에 꾸준히 힘써야 한다.

시스템을 도입하고 그 시스템을 유지하는 것은 회사의 조직 문화와 밀접한 관계가 있다. 시스템 구축 후, 시스템에서 제시하는 데이터가 사업에 도움이 되는지 파악하고 도움이 된다면 그 동안 직관에 의해 결정되어온 사업을 시스템이 제시하는 데이터를 참조하여 사업에 반영할 수 있는 체제를 마련해야 한다. 또 지속적인 관심과 관리를 하여 빅 데이터 시스템이 진정한 효과를 낼 수 있도록 관련 조직을 정비해야 한다.

이 조직의 업무는 '데이터 건강성 확보', '빅 데이터 시스템 운영', '시스템운영결과 피드백

15) 거버넌스: 국가경영 , 공공경영

(feedback)', '추가 요구 사항 및 데이터 발굴', '기업 내 빅 데이터 활용 마인드 확산' 등이 될 것이다.

다. 도입 3단계: 빅 데이터 도입 검토 및 사업계획

빅 데이터의 탄생 배경에는 공개소프트웨어(OSS: Open Source Software)가 있다. 공개 소프트웨어와 범용 하드웨어로 시스템을 구성할 수 있기 때문에 기존의 시스템과는 달리 도입 비용이 많이 절약될 수 있다. 하지만 빅 데이터 시스템을 구성하는 공개소프트웨어 중에 많은 수가 우리나라에서는 유지보수가 되지 않기 때문에 설계와 도입에 신중해야 한다.

가능한 국내에서 유지 보수가 되는 공개 소프트웨어로 시스템을 설계하고 유지보수가 되지 않는 공개소프트웨어는 시스템 구축 업체를 통해 차선의 방법으로 해결해야 한다. 또 최근에는 IBM, 오라클, 테라데이타 등의 다국적 기업들과 국내 대기업을 중심으로 공개소프트웨어와 이를 관리하는 소프트웨어를 하나로 묶어 상용화한 *어플라이언스(Appliance)[16] 제품을 공급하고 있다. 이 제품들은 공개소프트웨어보다 안정성이 높고 시스템의 구현이 쉬우며, 랙 단위의 확장이 용이하고 유지보수를 체계적으로 받을 수 있다는 장점이 있다.

그러나 공개소프트웨어로 구성하는 것보다 비용이 상대적으로 높기 때문에 전체 시스템 구축 예산과 유지보수 예산, 그리고 ROI 측면에서 세밀한 검토가 필요하다. 사업계획 수립 시 빼놓기 쉬운 부분이 데이터 확보 예산이다. 자사의 데이터를 구해서 다루기 쉽게 정제하는 부분, 외부의 데이터를 도입하는 데도 많은 예산이 수반된다. 공공 데이터를 수집하는 부분은 무료로 확보할 수 있는 데이터가 있지만 상업적으로 활용하려면 비용을 지불해야 한다.

특히 SNS 데이터를 매일 수집하고자 한다면 이 부분에도 상당한 노력과 예산이 소요된다. 다행히 국내에는 몇 군데의 SNS 분석기업에서 SNS 데이터를 매일 수집하고 있으므로 원천 데이터를 구매하거나 적절히 가공된 데이터를 도입하는 것이 비용과 노력을 줄이는 방법이다.

라. 도입 4단계: 빅 데이터 도입

빅 데이터 시스템은 대용량의 데이터를 다루기 때문에 적게는 수십에서 수백 대의 시스템으로 구성된다. 시스템 도입 초기 단계부터 수십 페타 바이트(PB) 단위의 시스템을 구축하는 것보다는 적은 데이터로 시스템을 구성하여 구축된 시스템이 정상적으로 동작하는지, 결과를

16) 어플라이언스: 전원을 접속하면 곧 사용할 수 있는 정보 기기

얻을 때까지 적절한 시간 내처리되는지 확인한 후 대규모의 시스템으로 확장(Scale-out)하는 방법을 추천한다.

시스템 설계 시 서비스 시스템과 개발용 시스템의 분리를 고려해야 한다. 개발용 시스템을 따로 분리하는 이유는 서비스용 데이터의 안전성을 보장하고, 개발 시 과부하나 오류가 서비스에 영향을 미치지 않도록 하기 위함이다.

국내에서 다양한 인터넷 서비스를 하는 기업 중 한 곳은 약 100대 정도씩 서비스 시스템과 개발용 시스템을 따로 보유하고 있으며, 야후는 25,000여대의 서버를 4개의 클러스터로 분리하여 다양한 용도로 사용하고 있다(2009년 기준).

빅 데이터 시스템을 도입한 후에는 빅 데이터 도입에 따른 성과를 주기적으로 분석하고, 부족한 부분을 보완하고, 새로운 아이디어를 지속적으로 추가하여 꾸준히 성장하는 시스템으로 관리하여야 한다. 빅 데이터 시스템은 도입으로 끝나는 것이 아니라 데이터의 가치를 서비스로 연결하여 도입에 대한 성과를 얻을 수 있어야 완성되는 것이다.

빅 데이터 도입 시 가장 논란의 중심이 되는 주제는 개인정보보호 문제이다. 빅 데이터의 활용 영역 중에서 중요한 서비스가 개인화 서비스이다. 이 서비스의 구축을 위해서는 대부분의 경우 개인정보의 활용을 하게 되고, 어디서부터 어디까지가 허용되고 안되는 지가 명확하지 않기 때문에 데이터 수집에 혼란을 겪고 있다.

개인 입장에서는 자신도 모르게 개인의 정보가 수집되고 활용된다는 측면에서 *빅 브라더[17]의 이미지가 생각이 되기 때문에 거부감이 드는 것도 사실이다. 특히 우리나라는 개인정보보호 측면에서 세계에서 가장 보수적인 자세를 취하고 있기 때문에 조심스러운 접근이 필요하다.

5. 빅 데이터의 도입 효과

빅 데이터를 분석하는 가장 큰 목적은 현재의 상태를 가능한 정확하게 파악하고자 하는 것이다. 기존에는 처리할 방법이 없거나, 비용이 너무 많이 들어 버려지던 데이터를 새로운 방법으로 처리해 가치를 얻고자 하는 방법론이다. 빅 데이터 분석으로 얻을 수 있는 효용은 다음과 같다.

첫째, 현실 세계에 대한 통찰력을 가질 수 있다. 빅 데이터 분석은 자기의 데이터뿐만 아니라 현실 세계에서 다룰 수 있는 대부분의 데이터를 수집하여 전체를 분석하는 것을 목표로 하고 있다. 따라서 현 상황에 대한 큰 그림을 가질 수 있고, 통찰 확보는 물론 사회 현상에 대한

17) 빅 브라더: 선의 목적으로 사회를 돌보는 보호적 감시, 부정적 의미로는 음모론에 입각한 권력자들의 사회통제의 수단

이해가 가능하다.

둘째, 변화에 대한 대응력을 가질 수 있다. 다양한 데이터를 분석하면 이상 징후에 대한 추세를 읽을 수 있다. 이를 바탕으로 특정 사건에 대한 사전 인지와 실시간 의사 결정이 가능하다.

셋째, 경쟁력을 가질 수 있다. 평판, 트렌드 분석을 통해 자신의 문제점을 발견하여 개선할 수 있고, 상대방의 문제점을 발견할 수 있다. 특히 IT 시스템과 빅 데이터의 결합으로 더욱 풍부한 데이터를 바탕으로 기업을 경영할 수 있을 것이다. 예를 들어 제조업에서 SNS 분석과 기존의 CRM을 결합한 데이터를 활용할 수 있다면 기업은 고객들의 제품에 대한 생각을 반영하여 신제품 개발이나 기존 제품의 개선에 활용할 수 있고, 이를 바탕으로 CRM 정보를 활용하여 고객에게 효과적으로 마케팅을 전개할 수 있을 것이다.

넷째, 새로운 창조력을 가질 수 있다. 이질적 지식의 융합과 분석을 통해 새로운 가치를 창조할 수 있다. 서로 다른 제품의 상관관계를 분석하고 응용하여 시행착오를 최소화하고 컨버전스를 통하여 융합 제품의 생산이 가능하다.

이들 4가지 효용을 바탕으로 다양한 분야에서 응용이 가능할 것이다. IDC에서는 〈그림 4-24〉와 같이 다양한 분야에서의 활용도를 제시하고 있다.

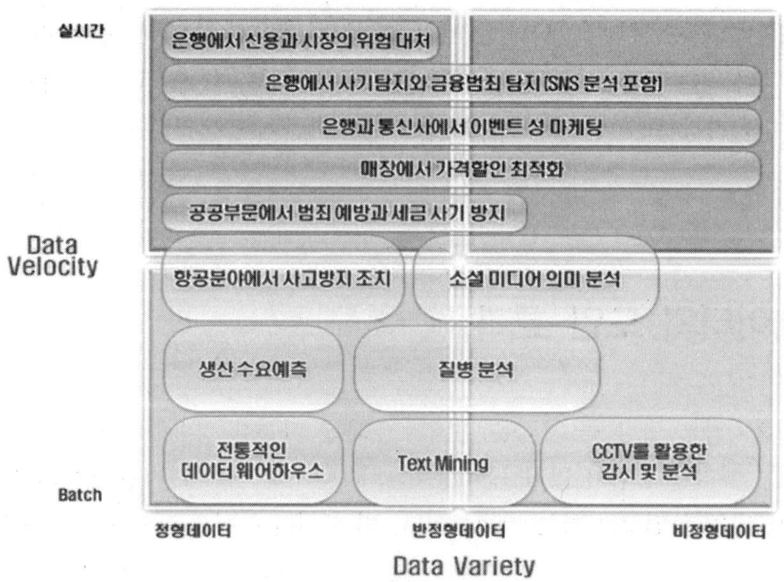

[그림 4-24] 빅 데이터 분석 사례

Excellent leadership

start from supporting

followership

훌륭한 리더십은 잘 따르는 덕목에서

시작된다.

제 4 절 전자화폐와 가상화폐

1. 전자화폐와 가상화폐의 개요

인간이 언제부터 화폐를 이용하였는지는 정확히 알려져 있지 않다. 기원전 25세기경에 바빌로니아에서 화폐를 이용하였다는 설을 고려하면 화폐의 역사는 상당히 오래되었다고 볼 수 있다. 초기 화폐는 직물, 곡물, 농기구와 같이 내재가치(intrinsic value)가 있는 물품화폐(commodity money)로 부피가 커서 이동성이 낮고 부패되거나 파손 될 위험이 있었다.

그 후 이와 같은 물품화폐의 단점을 보완한 금, 은, 동과 같은 금속 화폐가 등장하였다. 금속화폐는 희소성에 기반 한 내재가치를 가지고 있다. 18세기 부터 화폐 주조권을 가진 국가가 지폐, 어음, 수표와 같은 신용화폐(fiat money)를 발행하였다. 신용화폐는 일반적으로 내재가치가 액면가치보다 낮기 때문에 국가가 화폐의 가치를 보증할 것이라는 신뢰에 기반하여 발행되고 국가가 도산하지 않는 한 그 가치는 유지된다.

현재 국제무대에서 가장 많이 통용되는 화폐는 주로 선진국 화폐이다. 예를 들면 달러화를 시작으로 엔화, 위안화 등이 있다. 화폐는 그 나라의 국력을 상징한다. 금융을 통제함으로써 국가 간의 균형을 유지하고 제재하기도 한다. 이것은 러시아가 크림반도 사태 이후로 미국과 서방 국가들의 통제로 자국의 금융자본은 많이 있지만 효율적으로 흘러가지 못함으로써 어려움을 겪고 있는 것을 보면 알 수 있다. 엔화의 가치변동에 따라서 한국은 수출에 이롭게 되기도 하고 어렵게 되기도 한다. 마찬가지로 위안화의 가치 변동에 대해 미국은 매우 민감하게 반응하고 있는 것을 보더라도 알 수 있다.

기준통화로써의 달러화는 일련의 미국내외 금융사태를 겪으면서 그 지위가 흔들리기 시작했다.

첫 번째는 2001년에 있었던 엘론사의 회계부전사태로 인해 발생되었다. 이 사건으로 미 주식시장에서는 780억 달러(약 87조 6,000억 원)가 사라지는 일이 발생되었다. 또한, 1913년에 설립된 유래 깊은 다국적 컨설팅 전문회사 아더 엔더슨은 2002년 발효된 샤베인 옥슬리 법에 의해 71억 8,500백만 달러라는 역사상 최고의 합의금을 몰며 몰락하였으며 엔론의 전 사장 제프 스킬링은 징역 24년형을 선고받았다.

두 번째로 큰 금융 사기로는 뉴욕의 개인 투자자이자 희대의 사기꾼 버너드 매 도프의 650억 달러 규모 "폰지 사기"가 해당된다. 폰지 사기는 신규 투자자의 돈으로 기존 투자자에게 이자나 배당금을 지급하는 방식의 다단계 금융 사기를 일컫는다. 매 도프는 1960년 자신의 이름을 딴 증권사나 버나드 매도나프 LLC를 설립하고 수십 년간 사기 행각을 벌였으나 2008년에야 꼬리가 잡혔다. 그는 현재 150년 징역형을 받고 수감 중이다.

그 뒤를 이어서 2008년 9월 15일 미국 투자은행 리먼 브라더스 파산에서 시작된 글로벌 금융위기이다. 리먼 브라더스 파산은 미국 역사상 최대 규모의 기업 파산으로, 파산 보호를 신청할 당시 자산 규모가 6,390억 달러였다. 리먼브라더스 파산은 서브 프라임 모기지(비우량주택 담보대출)의 후유증으로, 우려만 무성했던 미국 발 금융 위기가 현실화된 상징적 사건이다. 리먼 사태는 악성 부실 자산과 부동산 가격 하락으로 가치가 떨어지고 있는 금융상품에 과도하게 차입하여 발생하였다. 리먼 사태의 영향은 전 세계로 급속히 확산됐다.

위에 언급한 일련의 사태들을 겪으면서 기관도 기업도 일반 투자자들도 금융에 대한 투자와 신뢰에 의문을 제기하기 시작했다. 이로써 새로운 투자처를 찾게 되는 반면 금융거래에서 개인 간 거래의 필요성을 인식하기 시작하였다.

한편 인터넷이 대중화되면서 전통적인 화폐의 형태와는 다른 온라인에서 이용할 수 있는 화폐가 필요하게 되었는데 전자화폐(electronic money)는 이를 충족시키기 위한 수단으로 만들어졌다. 전자화폐는 게임 아이템, 영화, 음악과 같은 소액의 디지털 콘텐츠를 구매하는데 주로 이용되고 있고, 우리나라에서는 1999년부터 전자화폐를 발급하였지만 정부의 신용카드 활성화 정책 등으로 인하여 서비스가 성공하지 못한 상황이다. 최근에는 전자화폐와 같이 디지털 비트이지만 법적 기반이 충분히 갖추어지지 않은 *Bitcoin[18]과 같은 가상화폐(virtual currency)가 등장하였다.

유럽중앙은행에 따르면 가상화폐는 온라인 커뮤니티와 같은 가상세계에서 이용되며 가상화폐 발행기관이 관리하는 디지털 화폐를 말한다. 유럽 중앙은행(European Central Bank)의 분류에 따르면 가상화폐와 전자화폐 모두 디지털 비트로 저장되지만 전자화폐는 엄격한 법적 규제를 받는 반면 가상화폐에 대한 법적 규제는 거의 없다. 최근 가상화폐가 자금 세탁, 마약 거래, 법정통화의 가치하락에 대비하기 위한 수단 등으로 이용되면서 가상화폐에 대한 관심이 높아지고 있다.

또한, 가상화폐는 법정화폐와 가상화폐간의 환전가능 여부 따라 폐쇄형, 단방향, 양방향

18) Bitcoin: 손으로 만질 수 있는 동전이나 지폐와는 달리 디지털 신호로 컴퓨터에 저장되어 있는 화폐

화폐로 구분된다. 가상화폐는 전자화폐에 비하여 법적 기반이 충분히 갖추어져 있지 않아 발행과 유통이 자유로우며 화폐가치를 별도의 단위로 표시한다. 그리고 전자화폐가 운영 리스크에만 주로 노출되는데 반해 가상화폐는 법률 · 신용 · 운영 리스크 등 다양한 리스크에 직면할 수 있다.

현재 가장 활성화된 가상화폐로 Bitcoin과 Linden Dollar가 있다. Bitcoin은 2009년 일본인으로 알려진 나카모토 사토시(Nakamoto Satoshi)가 개발한 공개키 기반의 암호화방식으로 발행되는 화폐이다. Bitcoin은 발행기관이 없는 탈 집중화된 화폐로 16개국 법정화폐와 상호간에 환전이 가능하며 P2P 네트워크를 이용한다.

Linden Dollar는 2003년 린든 랩이 세컨드 라이프라는 가상세계에서 이용할 수 있도록 발행한 화폐이다. 세컨드 라이프에서 이용자는 Linden Dollar를 이용하여 현실세계에서와 같이 사회 · 문화 · 경제활동 등을 할 수 있다.

가상화폐는 실험적인 성격의 통화에서 출발하여 실제 물품과 서비스의 지급수단으로까지 성장하였다. 최근 가상화폐가 자금 세탁, 마약 거래, 투기 수단으로 악용 되면서 가상화폐에 대한 관심이 높아지고 있다. 가상화폐의 문제점을 해결하고 가상화폐의 건전성과 지속성을 강화하기 위하여 가상화폐와 관련된 법적 기반을 마련할 필요성이 있으며, 가상화폐 가치의 안정성을 높이기 위한 제도적 보완장치도 마련되어야 한다. 그리고 가상화폐의 악용 방지대책을 강구하고, 각국 금융당국은 감시 · 감독 체계를 마련하여 가상화폐가 지급수단으로서 적절히 기능할 수 있도록 하여야 한다.

이런 일련의 과정을 통하여 가상화폐는 사이버공간에 적합한 대체 지급수단으로서 안정적이고 원활하게 이용됨으로써 우리 사회에 새로운 가치를 창출할 수 있을 것이다.

2. 가상화폐와 전자화폐의 차이

보통 가상화폐를 전자화폐와 동일한 것으로 혼동하는 경우가 있는데, 본질적으로 이 둘의 개념은 다르다. 보통 우리가 생각하는 화폐는 국가의 중앙은행에 의해 독점 발행되고 적절한 통화정책을 통해 관리가 되는데, 전자적 거래를 통해 이루어지는 전자화폐 역시 이처럼 국가와 은행의 통제를 받는 법정화폐이지만 가상화폐는 다르다.

가상화폐는 사이버 상으로 거래가 되지만, 전자화폐와 달리 누구나 만들 수 있는 화폐라는 사실! 처음 고안한 사람이 정한 규칙에 따라 가치가 매겨지고 실제 화폐와 교환될 수 있다는 것을 전제로 유통된다. 달러, 엔, 위안화 등은 특정 국가를 대표하고 해당 국가에서 최종적으로 발행하고 보증하는 것을 뜻하지만, 가상화폐는 화폐를 발행하는 주체가 없기에 관리하는 주체도 없다. 가상화폐는 전자화폐와 〈표 4-17〉과 같은 차이가 있다.

첫째, 가상화폐는 발행, 유통, 가치보장 등에 관한 법적 기반이 충분히 갖추어져 있지 않는 반면 전자화폐는 관련 법규에 따라 정부의 엄격한 감시와 감독을 받는다. 가상화폐는 사전 허가 없이 단지 등록만으로 발행할 수 있지만 전자화폐는 법에서 정한 기준을 충족하고 정부의 허가를 받아야 발행할 수 있다. 앞에서 기술한 바와 같이 전자화폐는 가맹점수, 자본규모 등 엄격한 기준을 충족시켜야 한다. 그 결과 전자화폐는 가치가 안정되고, 발행 기관에 대한 신뢰가 상당히 높지만 가상화폐는 그렇지 못하다.

둘째, 가상화폐는 화폐가치를 법정화폐가 아닌 가상화폐의 단위로 표시하는 반면 전자화폐는 화폐가치를 법정화폐로 표시한다. 예를 들어 가상화폐인 Bitcoin과 Linden Dollar(이하 'L$')는 화폐가치를 BTC와 L$로 표시하지만 전자화폐는 화폐가치를 이용되는 국가의 법정통화로 표시한다. 예를 들어 우리나라의 전자화폐인 K-Cash는 법정통화인 원화를 이용하여 화폐가치를 나타낸다. 따라서 전자화폐의 가치는 쉽게 파악할 수 있지만 가상화폐의 가치는 가상화폐와 법정화폐간 환율로 환산하여야 알 수 있다.

셋째, 가상화폐는 법률 · 신용 · 운영 등과 관련된 다양한 리스크에 직면하지만 전자 화폐는 주로 운영리스크에 노출되어 있다. 가상화폐는 법적 기반이 갖추어지지 않아 법률 리스크가 상당히 크다.

〈표 4-17〉 전자화폐와 가상화폐의 차이점

구 분	전자화폐	가상화폐
적용 법규	○	×
감시 · 감독	○	×
발행허가	필요	불필요
화폐공급	안정적	불안정적
자금보호	○	×
계산단위	법정화폐	가상화폐
리 스 크	운영리스크	법률 · 신용 · 운영리스크 등

* 자료: ECB(2012)

일반적으로 이용자는 가상화폐 발행기관의 낮은 신뢰도로 인한 신용리스크와 시스템 장애 등으로 서비스가 중단될 수 있는 운영 리스크에 직면하고 있다. 이에 반해 전자화폐는 공고한 법적 기반을 갖추고 있고 발행기관의 신뢰도도 높아 법률 · 신용리스크가 상당히 낮다. 그러나 사이버 테러나 시스템 장애 등으로 인하여 서비스가 중단 또는 지연되는 운영 리스크에 직면할 수 있다.

3. 전자화폐

전자화폐는 화폐의 아날로그적 가치를 디지털화한 것으로 넓은 개념으로 보자면 소비자가 현금처럼 사용하는 디지털 화된 모든 것을 뜻하게 된다. 대중교통을 이용할 때 사용하는 교통카드, 공중전화카드에서부터 최근 블루투스(Bluetooth)기술로 상용화 단계에 접어든 모바일형 화폐에 이르기까지, 소비자들은 마그네틱 선이나 스마트카드 안에 디지털가치를 저장해 놓고 이를 현금처럼 사용할 수 있다.

다시 말하자면 현재 모든 소비자들은 광의(廣義)의 전자화폐 생활범주 안에 속해있다고 보아도 과언이 아닐 것이다. 협의(狹義)의 전자화폐는 기업 간, 기업과 소비자 간, 혹은 소비자와 소비자 간에 발생하는 거래를 전자적인 프로세스에 의해 매개시키는 시스템으로 볼 수 있다.

이러한 전자 지불 시스템의 기본적인 역할은 구매자와 판매자의 은행구좌를 연결해 자금의 이체를 매개하는 것이며, 통상적으로 신용카드 회사를 거치게 된다.

전자금융거래법 제2조 제15호에서는 전자화폐를 이전 가능한 금전적 가치가 전자적 방법으로 저장되어 발행된 증표 또는 그 증표에 관한 정보로서 아래와 같은 5가지 요건을 갖추어야 한다고 규정하고 있다.

첫째, 대통령령이 정하는 기준 이상의 지역과 가맹점에서 이용할 수 있어야 한다. 둘째, 발행인(대통령령이 정하는 특수 관계인)을 포함 외의 제3자로부터 물품과 서비스를 구매하고 그 대가를 지급하는데 이용되어야 한다. 셋째, 구매할 수 있는 물품과 서비스의 범위가 5개 이상으로 대통령령이 정하는 업종 수도 5개 이상이어야 한다. 넷째, 현금 또는 예금과 동일한 가치로 교환되어 발행되어야 한다. 마지막으로 발행자에 의하여 현금 또는 예금으로 교환이 보장되어야 한다.

우리나라에서 전자화폐와 선불카드(prepaid card)는 이전 가능한 금전적 가치를 저장하고 발행인 외의 제3자로부터 물품과 서비스를 구매하기 위한 지급수단으로 이용 된다는 점에서 동일하다. 그러나 전자화폐는 2개 이상의 광역자치단체 및 500개 이상 가맹점에서 이용할 수 있어야 하며, 5개 이상 업종의 물품과 서비스 구매에 이용될 수 있어야 한다는 점에서 선불카드보다 더 높은 범용성을 가져야 한다. 또한, 전자화폐는 현금 또는 예금과 등가로 교환되어야 하며 잔액에 대하여 100% 환급을 보장하여야 한다는 점에서 선불카드보다 높은 환금성을 가져야 한다.

〈표 4-13〉 우리나라 전자화폐와 선불카드의 비교

구 분	전자화폐	선불카드
법적요건	· 금융위원회 허가	· 금융위원회 등록
범용성	· 2개 이상의 광역자치단체 및 500개 이상의 가맹점 · 한국표준 산업분류표상 중분류 5개 이상 업종	· 한국표준 산업분류표상 중분류 2개 업종
환금성	· 현금 또는 예금과 동일한 가치로 교환되며, 현금 또는 예금으로 교환이 보장	· 선불카드에 기록된 잔액이 일정 비율(20/100) 이하인 경우, 잔액의 전부를 지급
발행한도	· 200만원(단, 실질 명의 또는 예금계좌를 연결하여 관리하지 않을 경우 5만원)	· 50만원(단, 실질 명의로 발행한 경우 200만원)
자본금	· 자본금 50억원 이상의 주식회사	· 자본금 · 출자 총액이 20억원(이상의 합명회사, 합자회사, 유한회사, 주식회사)

* 자료: 전자금융거래법

우리나라는 〈표 4—13〉에서 보는 바와 같이 전자화폐와 선불카드를 구분하고 있으며, 전자화폐에 대하여 법정화폐와 동일시하여 더 엄격하게 규제하고 있다. 이에 반해 다른 국가들에서는 전자화폐를 선불카드의 한 유형으로 분류하고 전자화폐와 선불카드를 구분하지 않고 있다.

전자화폐는 저장매체의 종류에 따라 〈표 4—14〉에서 보는 바와 같이 IC 카드형과 네트워크형으로 구분할 수 있다. IC 카드형 전자화폐는 IC가 내장된 카드의 내부 메모리에 화폐가치가 저장되며, 이 IC 카드형의 전자 화폐를 슈퍼마켓, 음식점, 자동판매기 등에 부착된 단말기에 접촉해 결제하게 된다. IC 카드형 전자화폐는 2000년 6월 K-cash와 Mondex cash가 시범서비스를 시작하면서 우리나라에 처음으로 도입되었다.

〈표 4-14〉 저장매체에 따른 전자화폐의 분류

구 분	설 명
IC 카드형	화폐가치를 IC가 내장된 카드에 저장하여 이용
네트워크형	화폐가치를 네트워크 내부의 서버에 저장하여 이용

* 자료: 황선형

네트워크형 전자화폐는 [그림 4—25]에서 보는 바와 같이 인터넷상에서 네트워크를 통해 물품이나 콘텐츠의 대금을 지불한다. 5천원, 1만원 등 일정액이 담긴 카드를 구입한 다음, 카드 뒷면의 번호를 콘텐츠 업체의 지불란에 입력하는 선불 카드형이 보편적인 방식이다.

네트워크형 전자화폐는 IC카드와 같은 물리적인 매체가 아닌 네트워크 내부의 서버에 화폐가치를 저장하고 네트워크를 통하여 화폐가치와 관련된 정보를 주고받아 결제가 이루어진다. 네트워크형 전자화폐는 IC카드와 같은 물리적인 매체가 없기 때문에 온라인 가맹점에서 주로 이용된다.

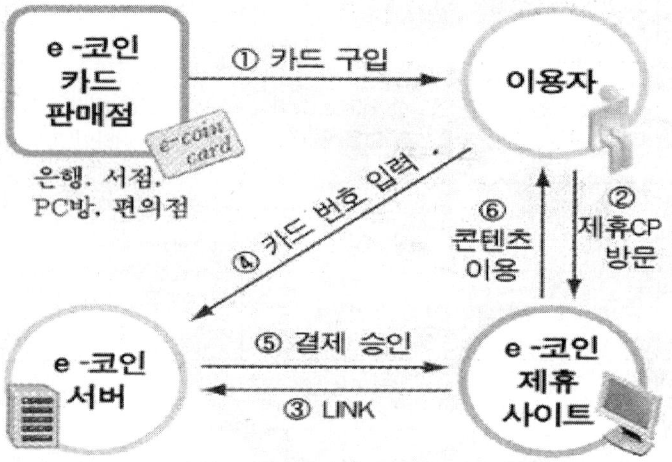

[그림 4-25] 네트워크형 전자화폐 서비스 흐름도

네트워크형 전자화폐는 1999년 1월 I-cash가 서비스를 시작하면서 우리나라에 처음으로 도입되었다. 전자화폐가 2000년에 처음 도입되었을 때에는 법정화폐를 대체할 것이라는 전망이 지배적이었다.

전자화폐에 대한 관심도 매우 높아 전자화폐와 관련된 많은 분석 보고서가 발간되었다. 그러나 기대와 달리 전자화폐는 다른 지급수단과 차별화된 서비스를 제공하지 못하여 서비스 활성화에 실패하였다.

2012년 전자화폐 이용건수는 〈표 4—15〉에서 보는 바와 같이 2,502만 건으로 신용카드(75억건)의 0.3%, 직불형 카드(25억건)의 1.0% 수준이며 이용금액은 302억 원으로 신용 카드(562조원)의 0.005%, 직불형 카드(83조원)의 0.036%에 불과한 상황이다. 이는 전자화폐와 많은 측면에서 비슷하지만 상대적으로 규제가 적은 선불카드가 있었고 2000년대 정부가 추진한 신용카드 활성화 정책으로 인하여 전자화폐 시장이 모두 잠식되었기 때문이다.

〈표 4-15〉 지급수단별 이용현황

(단위: 백만건, 십억원, %)

구 분		2009	2010	2011	2012	증감율
신용카드	건수	4,880	5,815	6,593	7,480	13.4
	금액	466,358	493,736	540,794	561,858	3.9
직불형카드	건수	1,050	1,418	1,899	2,492	31.2
	금액	36,507	51,820	69,492	83,134	19.6
전자화폐	건수	105	94	59	25	-57.4
	금액	91	88	61	30	-50.3

* 자료: 전년대비 2012년 증감율, 한국은행

4. 가상화폐

가. 가상화폐의 개요와 특성

가상화폐의 개념은 아직까지 명확하게 정립되지 않았다. *ECB[19]에 따르면 가상화폐는 온라인 커뮤니티와 같은 가상세계에서 이용되고 가상화폐 발행기관이 관리하는 디지털 화폐의 한 유형으로 법적 규제가 거의 없는 화폐이다. 가상화폐는 크게 두 가지 방법으로 얻을 수 있다. 우선, 법정화폐와 가상화폐간의 환율(exchange rate)에 따라 법정화폐를 가상화폐로 환전하여 얻을 수 있다. 다음으로 광고를 보거나 온라인 설문조사에 참여하는 것과 같이 가상화폐 발행기관이 원하는 활동을 수행하고 가상화폐를 얻을 수 있다.

가상화폐는 법정화폐와 가상화폐간의 환전가능 여부에 따라 폐쇄형 가상화폐, 단방향 가상화폐, 양방향 가상화폐의 세 가지로 분류할 수 있다.

첫째, 폐쇄형 가상화폐는 법정화폐와 가상화폐 간에 전혀 환전을 할 수 없는 화폐이다. 폐쇄형 가상화폐는 가상 물품과 서비스를 구매할 때 이용되며 실제 물품과 서비스를 구매하는

19) ECB: 유럽 중앙은행(European Central Bank) 유럽 연합의 중앙은행이며 통화 정책에 관한 일을 수행한다. 1998년에 창설되었으며 본부는 독일 헤센 주 프랑크푸르트암마인에 위치

데 이용되지는 않는다. 폐쇄형 가상화폐 이용자는 정액요금제에 가입하거나 가상화폐 발행기관이 원하는 활동을 수행하고 그에 대한 보상으로 가상화폐를 받는다. 가상화폐를 법정화폐로 환전할 수 없기 때문에 가상화폐와 법정화폐 사이의 환율은 존재하지 않는다. 폐쇄형 가상화폐의 대표적인 예로 각종 온라인 게임머니가 있다.

예를 들어 World of Warcraft(이하 'WoW') Gold는 게임에 필요한 무기와 같은 아이템을 구매하기 위해 필요한 가상화폐이다. 게임 이용자는 정액요금제를 선택하여 결제하거나 특정한 활동을 수행하고 WoW Gold를 받는다. 게임 개발사인 블리자드 엔터테인먼트는 WoW Gold를 법정화폐로 환전하는 것을 엄격하게 금지하고 있어 가상화폐를 법정화폐로 환전할 수 없다.

둘째, 단방향 가상화폐는 법정화폐를 가상화폐로 환전할 수는 있지만 가상화폐를 법정화폐로 환전할 수 없는 화폐이다. 가상화폐 발행기관은 환율을 정하고 이용자는 그에 따라 법정화폐로 가상화폐를 환전할 수 있다. 단방향 가상화폐는 가상 물품이나 서비스뿐만 아니라 실제 물품과 서비스를 구매할 때도 이용된다.

단방향 가상화폐의 예로 Amazon Coins(이하 'Coins')가 있다. 2013년 5월 서비스를 시작한 Coins는 Amazon 앱 스토어나 웹 사이트에서 앱, 게임 등 각종 디지털 콘텐츠를 구매할 때 이용 된다. Amazon 이용자는 법정화폐나 신용카드를 이용하여 Coins로 환전할 수 있으나 Coins를 법정화폐로 환전할 수는 없다.

현재 Coin당 1 cent의 가치를 가지며 이용자는 500 Coins 단위로 환전하여야 한다. Amazon은 〈표 4-16〉의 고정 환율에 의하여 법정화폐로 Coins를 환전하도록 하고 있다. 이용자는 환전하는 Coins가 많을수록 더 높은 할인율을 적용받기 때문에 한번에 많은 Coins를 환전하는 것이 유리하다.

〈표 4-16〉 Coins 환전액 별 할인율

(단위: coins, %)

구 분	500	1,000	2,500	5,000	10,000
할인율	4	5	8	10	10

* 자료: Amazon

셋째, 양방향 가상화폐는 가상화폐와 법정화폐간에 자유로운 환전이 가능한 화폐이다. 양방향 가상화폐는 가상 물품과 서비스뿐만 아니라 실제 물품과 서비스를 구매할 때도 이용된다.

발행기관은 가상화폐와 법정화폐 사이의 환율을 고정시킬 수도 있고 수요와 공급에 따라 변동시킬 수도 있는데 대부분의 양방향 가상화폐는 변동환율을 이용하여 거래되고 있다. 즉, 가상화폐에 대한 수요가 많아지면 가상화폐의 가치가 높아져 일정한 법정화폐로 환전할 수 있는 가상화폐의 수는 줄어들고 가상화폐의 공급이 많아지면 환전할 수 있는 가상화폐의 수는 많아지게 된다.

양방향 가상화폐의 예로 리버티 리저브(Liberty Reserve, 이하 'LR')를 들 수 있다. LR은 2002년 코스타리카에서 아서 부도프스키(Arthur Budovsky)가 설립한 법인이다. 이용자는 LR 계좌를 개설하고 법정화폐를 송금한 후 가상화폐인 LR달러나 LR유로를 환전할 수 있고 LR계좌에 있는 LR달러는 달러나 금으로, LR유로는 유로나 금으로 환전할 수 있다.

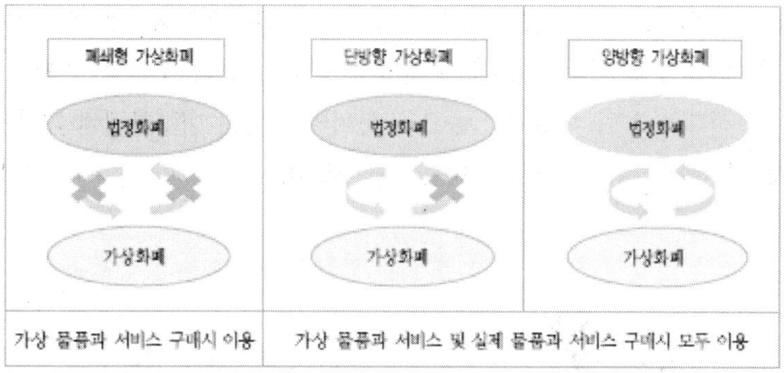

[그림 4-26] 가상화폐의 분류

나. 가상화폐 Bitcoin

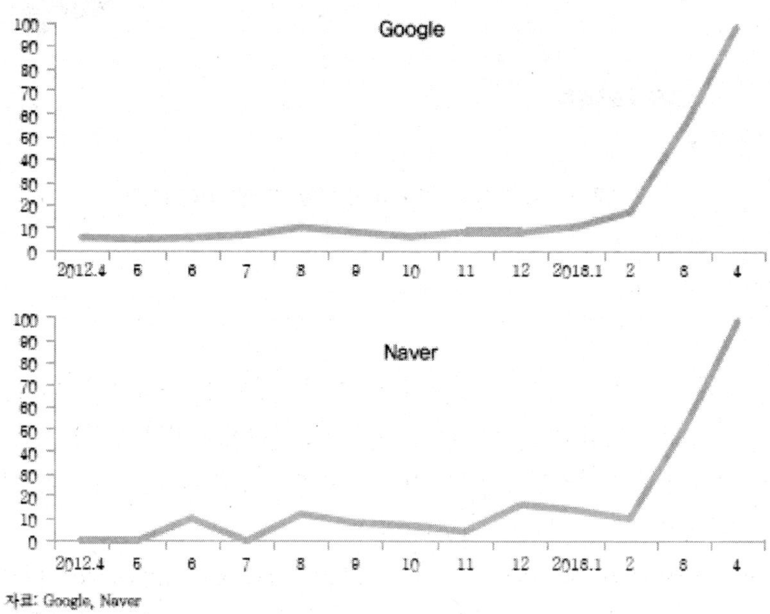

[그림 4-27] Bitcoin에 대한 검색 트랜드

Bitcoin은 현재 가장 주목받고 있는 가상화폐이다. 많은 언론매체가 연일 Bitcoin과 관련된 내용을 보도하고 있다. Bitcoin은 [그림 4—27]에서 보는 바와 같이 2013년 4월에 구글 트렌드와 네이버 트렌드 모두에서 가장 높은 검색 수준인 100을 기록하기도 하였다. 구글 트렌드가 전 세계의 검색 트렌드 정보를 반영하고 네이버 트렌드가 우리나라의 검색 수준을 나타낸다는 점에서 Bitcoin에 대한 전 세계의 검색 수준은 높은 상황이다.

구글의 Bitcoin 지역별 검색 트렌드에 따르면 Bitcoin은 [그림 4—28]에서 버는 바와 같이 2013년 6월에 북미와 유럽 지역에서 다른 지역보다 높은 검색 수준을 유지하고 있다. 이는 미국 서브 프라임 사태와 유럽 재정위기 등으로 북미와 유럽의 법정화폐에 대한 신뢰가 약해지면서 Bitcoin에 대한 관심이 높아졌기 때문으로 보인다.

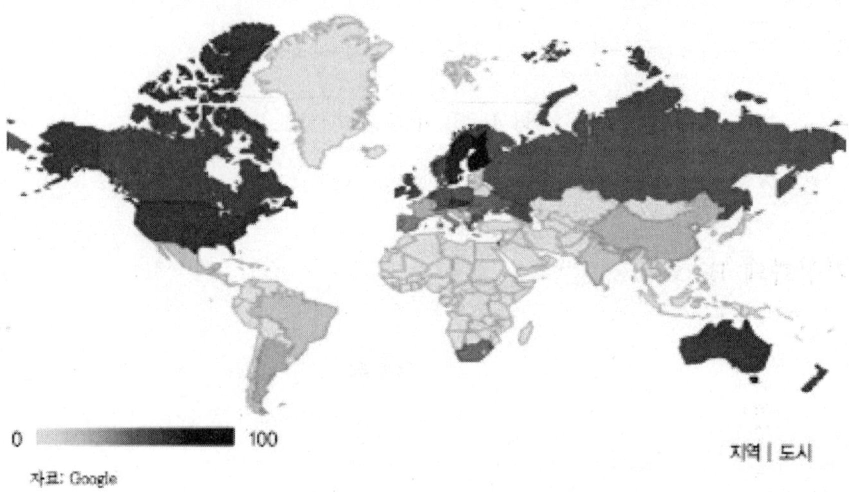

[그림 4-28] 2013년 Bitcoin에 대한 지역별 검색 트랜드

1) 일반현황

Bitcoin은 2009년 1월 일본의 소프트웨어 엔지니어이자 수학자인 나카모토 사토시(Nakamoto Satoshi)가 개발하였다. Bitcoin의 개발자로 알려진 나카모토 사토시는 실명이 아닌 가명으로 누구인지 정확히 알려져 있지는 않다. 일부 언론매체에서는 나카모토 사토시가 개인이 아닌 특정 단체라고 보도하기도 하였다.

나카모토 사토시는 2009년에 'Bitcoin: A Peer-to-Peer electronic cash system'이라는 보고서를 통하여 금융기관 개입 없이 개인 간에 직접 자금을 주고받을 수 있는 가상화폐 개념을 제안하였다. 이는 1998년 암호 학자인 웨이다이(weidai)가 구상하였던 암호 통화(cryptocurrency)인

b-money의 개념에 기반을 둔 것이다. Bitcoin은 발행기관이 없는 탈 집중화된 통화로 암호시스템을 통하여 화폐를 발행하며, 네트워크를 통하여 개인 간(Peer-to-Peer, 이하 'P2P')에 화폐를 환전할 수 있어 금융기관과 같은 중계기관이 없다. 또한, Bitcoin은 오픈소스로 운영되고 있다.

Bitcoin은 2009년 1월부터 발행되기 시작하여 2013년 5월 현재 다양한 온라인 사이트에서 지급수단으로 이용되고 있으며, 북미와 유럽에 위치한 일부 오프라인 상점에 서는 실제 물품이나 서비스를 구매할 때도 이용되고 있다. 2013년 3월에는 캐나다에서 자신의 주택을 Bitcoin을 받고 판매한다는 부동산 매물 광고가 인터넷 부동산 사이트 게시판에 올라오기도 하였다. Bitcoin 이용처는 계속 늘어나고 있으며 앞으로 각 국 정부의 규제만 없다면 이용처가 빠르게 확대될 것으로 보인다.

"다른 온라인 결제 시스템처럼 비트코인 등도 장기적으로 유망하며 더 빠르고, 안전하면서 효율적인 결제 시스템을 촉진할 수 있을 것이다" 세계 경제 대통령이라는 별칭을 가진 미국 연방준비제도(FRB)의 버냉키 의장의 한 마디에 비트코인(Bitcoin)이 세계적인 핫이슈로 급부상했다.

1비트코인의 가격이 1,200달러(약 127만원)까지 치솟았는데, 지난해 말 가격인 13.27달러(약 1만 4,000원)에 비하면 90배 폭등한 것이다. 국내외 언론들도 앞 다투어 비트코인 관련 기사들을 쏟아냈다. 이날 버냉키의 발언은 원론적인 언급처럼 보이지만 비트코인의 가장 큰 약점으로 지적되던 정부 당국의 제재 가능성을 상당 부분 없앴다는 점에서 비트코인의 향후 행보에 매우 큰 의미가 있다. 극심한 환율 변동성과 해킹 공격, 제한된 사용처 등 현실적인 한계에도 불구하고 장기적으로 더 발전할 가능성이 공신력 있는 발언으로 확인된 것이다.

물론 비트코인은 여전히 불안정하다. 1코인에 1,200달러라는 천문학적인 환율에 무작정 환상을 가져서는 안 되는 이유다. 실제로 대부분 사람들은 비트코인이 정확히 무엇이고 어떤 원리로 작동하는지 이해하지 못하고 있다. 비트코인은 그 어떤 개별 국가의 경제와도 연계되어 있지 않다. 교환하기도 쉽고 거래에 드는 비용도 사실상 없다. 하지만 앞서 언급한 불안정성을 고려하면 비트코인 시장에 돈을 투자하기 전에 몇 가지 중요한 점들은 알아둘 필요가 있다.

비트코인은 가상화폐의 하나로, 지난 2009년 '나카모토 사토시'(Satoshi Nakamoto)라는 가명의 개발자가 기존에 나왔던 암호 통화(cryptocurrency) 개념을 P2P 형태의 복제 불가능한 알고리즘으로 구현한 것으로 암호 통화는 이미 지난 1998년 웨이따이 등이 개념을 선보인 바 있으며, 월릿(Wallet) 형태의 파일을 통해 저장, 거래되고 이 월릿의 고유 주소를 기반으로 거래가 이루어진다.

기술적으로 말하면, 비트코인은 복잡한 알고리즘으로 만들어진 수학적 산출물이며, 가치를 수량화하기 위해 고안된 측정 단위다. 그런 의미에서 일종의 '돈의 단위'라고 할 수 있다. 반면 비트코인의 가장 큰 특징은 통화를 발행하고 관리하는 중앙기관이나 장치가 존재하지 않는다는 것이다. 은행이나 중앙정부 대신 P2P 기반 분산 데이터베이스를 통해 비트코인 사용자들에 의해 만들어지고, 거래되고, 통제된다. 완전한 디지털 화폐여서 [그림 4-29] 같은 물리적 복제품을 구매하지 않는 한 물리적으로 비트코인을 만질 수가 없다. 이러한 물리적 비트코인은 표면의 홀로그램에 금액에 해당하는 비트코인 주소로 링크된 개인 암호화 키가 들어 있다.

[그림 4-29] 비트코인의 물리적 복제품

비트코인은 또한, 설계 당시부터 공급 수량이 한정되어 있다. 비트코인 네트워크를 뒷받침하는 알고리즘은 2,100만 비트코인을 생성하도록 설계되어 있고, 시스템이 비트코인의 공급량을 끊김 없이 유지하도록 자동 조절된다. 현재 % 정도가 채굴된 상태이며 이런 속도라면 2140년에 2,100만 비트코인에 도달할 것으로 보인다. 또한, 비트코인 네트워크가 모든 비트코인 거래를 추적하고 기록하기 때문에, 실제로 얼마나 많은 비트코인이 어느 시점에 생성되었는지를 블록체인 웹 사이트(http://blockchain.info)에서 확인할 수 있다.

이 웹 사이트는 비트코인 네트워크를 모니터하고 비트코인 월릿과 사용자들이 자신들의 비트코인을 저장하는 데 사용하는 컨테이너를 호스팅 한다. 비트코인이 큰 화제지만, 이러한 인기가 오래갈지에 대해서는 의견이 갈리고 있다.

다른 누군가가 가치를 지급할 의사가 있기 전까지 비트코인은 실제로 가치가 없으므로, 마치 주식시장처럼 비트코인 가격은 급변한다. 실제로 올해 1월 중순만 해도 1비트 코인은 15달러 정도에 거래됐는데, 최근에 이를 수백 달러에 판매하는 데 성공한 투자자들도 있다. 하버드 경영 대학원의 교수 매그너스 토르 토파손은 "비트코인은 아주 변덕스러운 자산이고, 최근의 비트코인 가격 상승은 일종의 경제적 거품 현상과 흡사하다"고 지적한다.

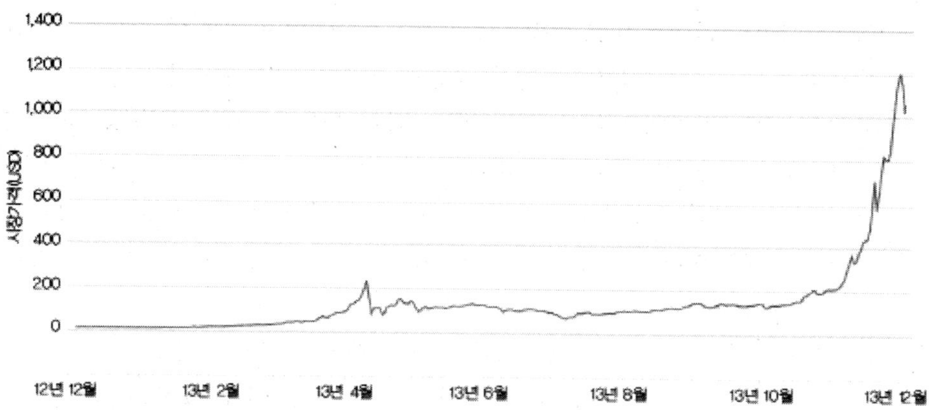

출처 : 블록체인

[그림 4-30] 비트코인의 가격변화 추이

토파손 교수는 비트코인의 미래에 대해 (조심스럽지만) 긍정적으로 보고 있지만, 보통의 PC 사용자들에게 추천하기는 힘든 화폐라고 이야기한다. 그는 "비트코인이 현재 가치보다 점진적으로 10배까지 상승한다고 가정하더라도, 다음 날 10분의 1로 가치가 추락하지 않으리라는 보장이 없다"며 "이런 화폐의 가치를 산정하는 것은 현실적으로 매우 어려워 비트코인에 대한 투자는 상당한 고위험 군으로 생각해야 한다."고 말했다.

비트코인 시장에 뛰어들기 위해 따로 돈을 투입할 필요는 없다. 언제라도 개인 PC로 비트코인 네트워크상에서 코드를 해독하는 작업을 수행해 비트코인을 '채굴'할 수 있다. 운이 좋다면 25비트코인을 챙길 수도 있다. 채굴 방식은 이렇다. PC에 비트코인 클라이언트를 설치하면 일련의 비트코인 발굴 작업을 준다.

클라이언트는 CPU와 GPU 연산력을 사용해 아주 복잡한 수학 문제를 풀고, 그 해답을 전체 네트워크와 공유한다. 이 문제들은 아주 풀기 어렵지만, 정답 확인은 간단하고 비트코인 네트워크에서 거래 로그를 통합해 확인할 수 있다. 그 결과 채굴자들은 작업 결과인 비트코인을 추적, 확인할 수 있다.

주어진 작업 블록을 처음으로 푼 클라이언트에게는 네트워크상 다른 클라이언트에 의해 그 작업이 확인되기만 하면 정확히 25비트코인(초창기에는 50비트코인을 줬지만, 지금은 줄어들었다)이 주어진다. 주어지는 비트코인 정량은 4시간마다 반으로 감소하고, 이는 비트코인이 더 생성될 수 없을 때까지 계속 반으로 차감된다. 비트코인이 생산되는 이 알고리즘은 암호 전문가들 이외에는 이해하기 쉽지 않아, 대부분 사람들은 이 과정을 간단히 '비트코인 채굴'이라고 부른다.

이 과정은 황금을 찾아 힘들게 땅을 파는 것과 흡사하다. 실제로 황금처럼 딱 정해진 수량의 비트코인만 존재한다. 하지만 황금과 달리 비트코인은 거의 보이지 않는 속도로 채굴되도록 설계됐다. 비트코인 알고리즘은 비트코인이 얼마나 자주 채굴자들에게 나뉘느냐에 따라 암호 난이도를 계속 바꾸는데, 이 때문에 일정한 양만큼 지속적으로 채굴된다.

그래서 채굴이 급감하면 반대로 비트코인 채굴이 쉬워지고 지금처럼 채굴 경쟁이 과열되면 채굴은 점점 더 어려워진다(최고급 PC와 서버 팜을 투자한 채굴자 들까지 등장했다). 비트코인 매거진(Bitcoin Magazine)의 편집장 비탈리크 부터린은 "현재 시점에서 비트코인 채굴에 뛰어드는 것은 어리석은 생각"이라며 "채굴로는 거의 캐기 힘들고 거래소에서 구매하는 것이 제일 나은 방법"이라고 말했다.

직접 알아본 결과 부터린의 말이 맞았다. 요즘은 프로세서 자원을 모아 협동을 통해 해답을 빠르게 얻어내 비트코인 채굴률을 높이는 이용자 그룹인 '채굴 연합'(mining pool)에 속하지 않고는 채굴로 비트코인을 얻기가 힘든 상황이다. 수많은 채굴 연합들은 그 나름대로 비트코인 수익을 배분하는 규칙과방식이 있다. 채굴에 참여하는 데 관심이 있다면, 몇몇 대형 비트코인 채굴 연합 목록(https://en.bitcoin.it/wiki/Comparison_of_mining_pools)을 참고해 연락을 취해보면 된다.

비트코인에 뛰어들어 마운트 곡스(Mt. Gox)같은 거래소에서 비트코인을 구매하기로 했다면, 이 구매한 비트코인을 쓸 곳이 있어야 할 것이다. 비트코인은 아직 도입단계지만, 최근 인기를 얻으면서 비트코인을 받는 상점들이 빠르게 증가하고 있다. 아직은 레딧(Reddit), 워드프레스(WordPress), 메가(Mega), 위키리크스(Wikileaks) 등 대부분 온라인 업체들이다. 하지만 소매업체 중에서도 비트코인과 연관이 있는 사업주의 술집이나 상점들도 점점 비트코인 결제를 허용하고 있다. 비트코인 위키 웹 사이트(https://en.bitcoin.it/wiki/Trade)에서 비트코인을 이용할 수 있는 사이트 목록을 확인할 수 있다.

비트코인 거래는 비가역적이다. 비트코인 거래가 네트워크에 한번 등록되면 취소할 수 없다. 그러므로 비트코인 월릿을 저장한 PC에 접속한 해커가 전체 비트코인을 다른 월릿으로 보내버린다 해도 다시 되돌릴 길이 없다. 전적으로 매수자의 부담이다. 물론 비트코인 월릿을 저장한 PC가 도난 보험이 가입되어 있다면 해킹으로 잃어버린 비트코인의 전체나 일부를 돌려받을 수는 있다. 예를 들어 최근 해킹된 비트코인 월릿 호스팅 서비스 업체인 인스타월렛(Instawallet)은 50비트코인 이하를 잃어버린 사용자들에게 환급해줬다.

비트코인의 창시자는 코더이자 암호작성 전문가로 알려졌다. '사토시 나카모토'라는 이름으로 암호화된 메일링 목록에서 통신한다. 나카모토는 이 네트워크를 설계했고 2009년 6월 비트코인을 출범시켜 현재 '창세기 블록'(Genesis Block)이라고 불리는 첫 50비트코인을 채굴했다. 나카모토는 그 이후로 완전히 잠적했다. 많은 기자가 나카모토의 정체를 밝히고자 노력했지만, 여전히 미스터리로 남아 있다.

단 한 가지 흥미로운 사실이 지난해 아디 샤미르와 론 도리트가 내놓은 비트코인 거래 백서(http://eprint.iacr.org/2012/584.pdf)에 실려 있다. 두 사람은 모든 비트코인 활동을 추적해 막대한 금액의 비트코인이 아직 출금 거래를 실행하지 않은 채 여러 계정에 분산되어 있다는 사실을 밝혀냈다. 비트코인 ATM 개발사인 라마수(Lamassu)의 공동 창업자 자크 하비는 "이론적으로 이런 계정은 비트코인의 개발자 소유"라며 "거래로 인해 사토시 나카모토의 정체가 노출될 수 있기 때문에 사용되지 않고 있는 것으로 보인다."고 설명했다.

비트코인을 둘러싼 또 다른 논란거리는 법률문제다. 비트코인 기부를 일찌감치 도입한 미국 EFF(Electronic Frontier Foundation)는 지난 2011년 6월 돌연 '통화 시스템과 관련된 복잡한 법률문제'를 이유로 비트코인 기부를 받지 않는다고 밝혔다. 이후 2년에 걸친 연구 끝에 다시 기부를 재개했다. 어떤 점에서 이러한 번복은 긍정적인 신호일 수 있다. 하지만 뒤집어 말하면 기술과 법률분야 전문가 집단인 EFF조차 비트코인 수용 여부를 결정하는데 2년이나 걸렸다.

EFF는 비트코인이 충분한 기간을 거쳐 규제의 대상이 되지 않을 것이라는 확신이 들 때까지 비트코인을 수용하지 않았던 것이다. 개인 역시 마찬가지다. 비트코인의 법적 문제가 걱정된다면 상당량의 자료를 직접 찾아봐야 한다. 앞서 언급한 버냉키의 발언이 갖는 의미도 바로 이 지점이다. 그의 언급은 매우 원론적이지만 정부 규제라는 치명적인 위험이 다소 완화됐다는 점만으로도 비트코인 가치를 사상 최대치로 끌어올렸다.

비트코인의 또 다른 위험 요소는 바로 비축(혹은 저축)이다. 일부에서는 아직은 불안한 비트코인 시장 상황을 고려해 차라리 저축이 낫다고 조언하지만 월스트리트 칼럼리스트인 커트 아이젠워드는 정반대의 의견을 제시한다. 그는 전체 비트코인의 78%가 통용되지 않는다는 점을 지적하며 비트코인 사용자들이 비축해 놓은 비트코인을 꺼내 달러로 교환하기 시작하면 가치가 곤두박질칠 가능성이 있다고 지적한다. 아이젠워드는 비트코인 시장이 기본적으로 상상 속에 존재한다고 말한다.

그는 "비축자들이 매입을 멈추면 더 이상의 거래가 없어져 가격이 내려갈 것"이라며 "그러면 오래지 않아 많은 사람이 빠져나가고 그 시점에서 비트코인 시장의 한계가 분명하게 드러날 것"이라고 말했다.

비트코인 세계의 리더들도 이런 한계와 이상 과열에 대해 우려를 표명한다. 2011년 마운트곡스의 데이터 유출로 비트코인의 가치가 크게 훼손된 후에 비트코인 프로젝트의 책임 개발자인 가빈 앤더슨은 비트코인에 관심을 가진 사용자들에게 엄중한 경고의 메시지를 던졌다. 그는 "예전부터 말했던 것을 다시 한 번 강조하는데 비트코인은 실험적이어서 마치 인터넷 신생기업처럼 생각해야 한다"며 "세계를 바꿀 수도 있지만, 새로운 아이디어에 투자한 자신의 돈과 시간이 항상 위험에 처해있다는 사실을 기억해야 한다."고 말했다. 이 메시지의 핵심내용은 비트코인 역시 다른 가상화폐들처럼 언제든지 무너질 수 있다는 것이다.

비트코인은 우리가 지금까지 본 가장 성공적인 가상화폐지만, 첫 가상화폐는 아니다. 이-골드(e-gold)부터 빈즈(Beenz), 페이스북 크레딧(Facebook Credits)까지 지난 10여 년 사이 다양한 가상 화폐 시스템이 나왔고 실패했다. 이유는 다양하다. 몇몇은 돈세탁 혐의로 정부에 의해 폐쇄됐고, 창시자의 교묘한 사기 행각으로 문을 닫거나 사람들의 구매가 줄어들면서 점점 시들해진 경우도 있다. 하지만 비트코인은 분산적이어서 그 누구에 의해서도 폐쇄될 수 없다. 물론 개별적인 비트코인 교환은 금융 당국의 규제 대상이 될 수 있겠지만, 어느 사람도 비트코인을 운영하지 않기 때문에 오직 사용자들이 흥미를 잃어야만 시들해질 것이다.

이론상으로는 비트코인 네트워크를 파괴할 수도 있을 것이다. 하지만 시작 된지 4년 동안, 비트코인 코드는 여전히 뚫리지 않고 있다. 개별 사용자 간의 교환 과정이 해킹될 수는 있지만, 비트코인 그 자체는 아직도 *난공불락[20]이다. 이는 아마도 비트코인을 따라 한 여러 화폐가 시장 진입을 노리는 이유일 것이다.

테라코인(TerraCoin)부터, 리플(Ripple), PP코인(PPCoin)에 이르기까지 오픈소스 비트코인 코드를 이용한 여러 가상 화폐가 우후죽순 생겨나고 있다. 현시점에서 대부분 소비자들은 가상 화폐에 손을 대지 않는 게 아마도 현명할 것이다. 비트코인은 너무나도 흥미로운 아이템이지만 화폐가치가 등락을 반복해서 하루는 당신을 백만장자로, 바로 다음날에는 거지로 만들어 버릴 수 있기 때문이다.

4) 관련 이슈

Bitcoin에 대한 투기적 수요, 사이버 테러 등으로 관심이 집중되면서 Bitcoin과 관련된 다양한 이슈가 제기되고 있다.

첫째, Bitcoin이 디플레이션을 유발하여 실물경제에 악영향을 줄 수 있다는 것이다. Bitcoin에 대한 수요가 증가하고 Bitcoin 이용처가 많아지면 Bitcoin의 가치는 높아질 것이다. Bitcoin은 채굴을 통해서만 발행되고 매년 발행되는 양도 감소하고 있어 Bitcoin 소지자는 향후 가치상승에 대비하여 Bitcoin 이용을 줄일 수 있다.

이와 같은 이용의 감소는 경기불황으로 이어져 실물경제가 위축되는 디플레이션을 유발할 수 있다. 케인즈 학파에 따르면 디플레이션은 소비와 투자를 위축시켜 경기에 악영향을 미치기 때문에 Bitcoin에 반대하는 사람들은 Bitcoin에 대한 적절한 규제가 필요하다고 주장한다.

그러나 Bitcoin이 디플레이션을 유발하여 실물경제에 타격을 줄 가능성은 크지 않은 것으로 보인다. 우선 2013년 4월 현재 거래량은 일평균 BTC 5만에 불과하고 2013년까지의 발행량은 BTC 1,050만으로 제한되어 있어서 Bitcoin이 실물경제에 줄 수 있는 파급력은 한정적이다. 또한, 실물경제에서 발생하는 대부분의 거래는 법정화폐나 지급카드를 매개로 이루어지므로 반드시 Bitcoin을 이용하지 않아도 된다.

그리고 Bitcoin을 이용할 수 있는 모든 이용처에서는 법정화폐나 지급카드를 이용하여 결제

---

20) 난공불락: 공격하기가 어려울 뿐 아니라 결과 함락되지 않음

할 수도 있다. 따라서 금융당국은 다양한 통화정책을 통하여 법정화폐의 유통량을 조정하여 Bitcoin이 유발할 수 있는 디플레이션을 예방할 수 있다.

둘째, Bitcoin은 이용자의 익명성을 보장하므로 자금 세탁이나 마약 거래 등에 악용될 수 있다. 2013년 5월에는 가상화폐인 LR이 자금 세탁에 이용되어 미국 정부가 LR 거래시스템을 폐쇄하고 LR 관계자를 체포하였다. Bitcoin은 발행기관이 존재하지 않고 발행량에 한도가 있는 등 여러 가지 측면에서 LR과 다르지만, Bitcoin은 LR과 동일하게 이용자의 익명성을 보장하고 있어 악용될 가능성이 있다.

셋째, Bitcoin은 해킹 등 사이버 테러에 취약하다. 2011년 6월 20일에 해커가 Mt Gox의 데이터베이스에 침입하여 BTC40만이 들어있는 전자지갑을 해킹하였다. 해커는 BTC40만을 한 번에 매도하여 Mt Gox의 Bitcoin 환율은 단 몇 분만에 17.5달러에서 0.01달러로 폭락하였다.

해커는 Bitcoin 외에도 Mt Gox의 데이터베이스에 있는 Bitcoin 이용자의 이메일, 패스워드 등도 탈취하였다. 당시 Mt Gox는 거래를 일시 정지시키고 해커의 매도 거래를 취소하였다.

Mt Gox는 법정화폐의 일일 출금한도를 1,000 달러로 제한하고 있었기 때문에 손해액은 1,000달러로 제한되었다. Mt Gox는 2013년 4월 11일에도 해커에 의해 시스템이 공격을 받았고 Mt Gox는 Bitcoin 거래를 하루 동안 중단시켰다.

시스템 중단은 해킹과 같은 사이버 테러에 대한 궁극적인 해결책이 될 수 없기 때문에 Bitcoin 거래소는 이에 대한 대책을 마련할 필요가 있다. Bitcoin 소지자가 해킹 등 사이버 테러로 Bitcoin을 분실하면, 익명성 때문에 분실한 Bitcoin을 전산적으로 복구하여 되찾는 것은 거의 불가능하다.

넷째, Bitcoin은 다단계 거래의 성격을 띠고 있다. Bitcoin은 금이나 은과 같이 내재 가치가 없으며, 수요와 공급에 의해 가치가 결정된다. [그림 4—32]에서와 같이 2013년 이전까지 Bitcoin당 가치는 20달러 미만이었으나 Bitcoin에 대한 관심이 높아지면서 2013년 4월에 장중

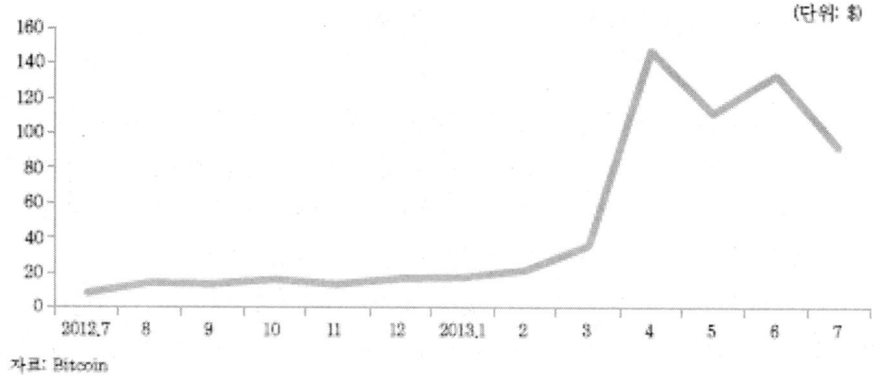

[그림 4-31] Bitcoin 환율 추이

한때 BTC당 265달러에 거래되기도 하였다. 2013년 7월 1일 Bitcoin 환율은 BTC당 90달러 정도에서 유지되고 있다.

Bitcoin 그 자체는 아무런 가치가 없기 때문에 Bitcoin에 대한 수요가 없다면 Bitcoin 가치는 폭락할 가능성이 매우 높다. 2013 년 7월 현재 Bitcoin의 전체 가치는 10억 달러에 달하고 있어 Bitcoin의 가치가 폭락하거나 거래시스템이 폐쇄된다면 실물경제에 미치는 피해는 적지 않을 것으로 보인다.

5) 국내 Bitcoin 도입현황

2016년 11월 4일 매일경제 보도에 따르면 신한은행을 비롯해 KEB 하나 · 우리은행 등 다른 시중은행도 잇달아 비트코인에 대한 규제가 풀리는 2017년 초에 맞춰 사업을 준비하고 있다.

신한은행은 핀테크 기업 스트리미와 손잡고 이르면 12월 국내 금융권 최초로 비트코인을 활용한 한국 · 중국 간 해외송금 서비스를 시작한다고 한다. 신한은행이 개발한 비트코인 해외송금 서비스는 비트코인 송금 · 거래가 법적으로 허용된 홍콩을 경유해 최종 목적지인 중국에 돈을 보내는 방식이다.

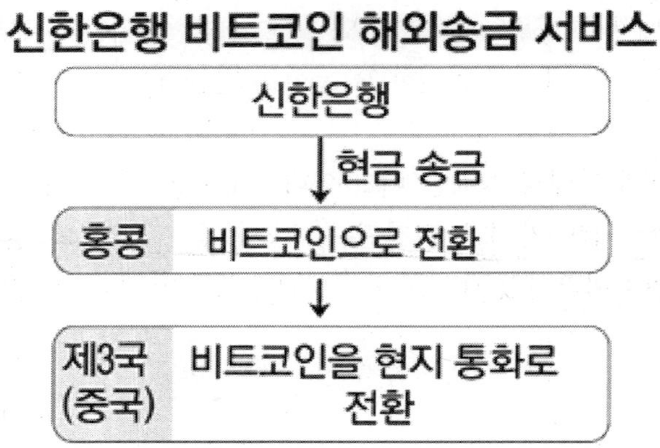

먼저 한국에서 송금할 돈을 홍콩으로 보낸 다음 현지 비트코인 거래소에서 돈을 비트코인으로 바꿔 중국으로 보낸 뒤 다시 비트코인을 현지 통화로 바꿔주는 방식으로 해외송금 거래가 일어난다. 이처럼 돈을 보내는 절차가 다소 복잡한 것은 아직 국내에서 법적 정의가 내려지지 않은 비트코인이 정식 지급 수단으로 인정받지 못하기 때문이다.

금융당국 계획대로 비트코인과 관련된 법적 정의가 내년 초 내려지면 신한은행은 홍콩을 경유하지 않고 직접 중국 미국 등 다양한 국가로 돈을 보낼 수 있는 비트코인 송금 서비스를 시작할 방침이다. 가상화폐는 지폐나 동전과 달리 물리적인 형태가 없는 온라인 화폐다.

또한, 임종룡 경제부총리 후보자가 "미국이나 일본 등의 국제적 활용 흐름에 발맞춰 비트코인 등 디지털 통화 제도화를 추진할 것"이라고 말하면서 이러한 흐름에 더욱 탄력이 붙었다. 국내 시중은행들의 비트코인 서비스는 단계적으로 진행될 것으로 보이는데 사업 초기에는 해외 송금 서비스에 초점이 맞춰질 것으로 예상된다.

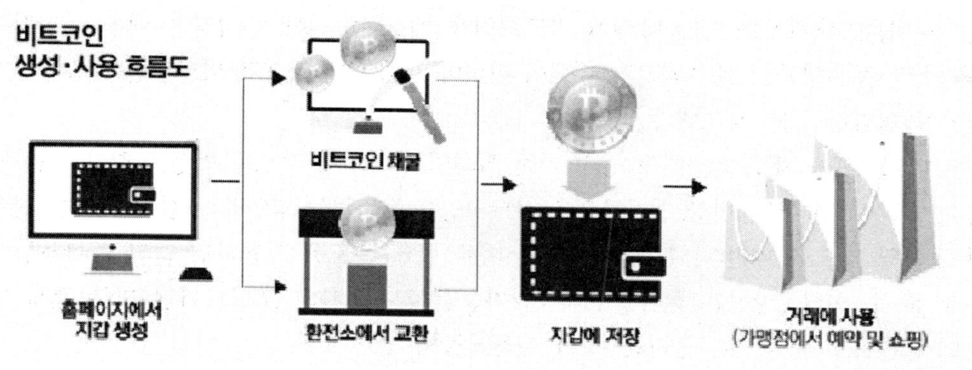

하나은행 관계자는 "비트코인의 법적 · 제도적 기반이 명확히 정의되지 않지만 내년 초 법률적 이슈가 해소되면 해외송금 분야를 중심으로 본격적인 서비스를 출시할 계획"이라고 말했다.

비트코인은 온라인에서 가장 많이 이용되는 대표적인 가상화폐로 전 세계 가상화폐의 80%가량을 차지한다. 인터넷만 연결돼 있으면 누구나 계좌를 개설할 수 있고, 별도의 중앙관리기관 없이 개인과 개인이 돈을 주고받을 수 있는 P2P 방식으로 모든 거래가 이뤄진다.

국내 시중은행들이 도입을 추진하는 외환송금의 경우 비트코인을 활용하면 고객들의 환전시간이 짧아지고 송금 수수료가 낮아지는 장점이 있다.

비트코인은 해외송금 외에도 온라인 쇼핑몰 등에서도 결제 수단으로 이용될 수 있다. 비트코인은 중간 서버나 관리자가 없는 블록체인 네트워크를 활용하기 때문에 결제 때 공인인증서가 필요 없다.

글로벌 비트코인 업계는 "가상 화폐는 상품 매매나 송금, 대출 등 일반화폐가 할 수 있는 역할을 대부분 할 수 있다."며 "신속하고 안전하며 국경을 뛰어 넘을 수 있다는 장점 때문에 기존 통화를 빠른 속도로 대체해 나갈 것"으로 보고 있다.

실제적으로 전 세계적으로 2016년 기준으로 지난 2년간 비트코인 이용자가 3배 늘어났고 전 세계 1,300만 명이 시용하고 있다.

우리나라 금융당국이 법적기반을 구축해 비트코인 제도화를 추진하는 것도 이러한 글로벌 추세를 더 이상 방관할 수 어렵다는 판단이 작용했기 때문이다. 국내에서도 2014년 3월 휴대전화 애플리케이션과 현금 자동인출기(ATM)로 비트코인을 거래할 수 있는 시스템이 마련된 바 있다.

비트코인 거래가 가능한 ATM은 지하철역, 편의점 등에 약 7,000대가 설치되어 있는데 제도적 기반이 미미하고 보안성 문제가 해결되지 않았기 때문에 이를 이용하는 고객은 극소수에 불과하다.

핀테크 업계에서는 비트코인 산업이 발전하려면 금융당국의 정책 의지뿐 아니라 기존 금융회사들의 적극적인 도입 의지도 필요하다고 주문했다.

핀테크 업계 관계자는 "금융당국이 비트코인을 제도화하려는 움직임을 매우 긍정적으로 본다."며 "시중은행들이 보수적인 자세에서 벗어나 보다 적극적으로 비트코인을 활용하려는 움직임이 필요하다"고 강조했다.

물론 비트코인을 제도화 한다고 당장 기존 화폐인 원화처럼 새로운 법정 통화가 되는 것은 아니다. 따라서 전자금융법상 전자화폐로 비트코인을 등록하는 방안을 포함해 다양한 활용방안이 논의될 것으로 보인다. 핀테크 기술의 빠른 발전 속도를 감안하면 그만큼 활용범위도 넓다고 볼 수 있다. 당장은 현금으로 환전 가능한 금융회사의 포인트처럼 지급 결제 대체 수단으로 활용될 가능성이 높다는 것이 전문가들의 진단이다.

6) 해외 Bitcoin 도입 사례

2016년 11월 4일 매일경제 보도에 따르면 일본 금융권은 블록체인의 꽃으로 불리는 비트코인 등 가상화폐 주도권을 쥐기 위해 발 빠르게 움직이고 있다. 가장 앞서가는 곳은 일본 최대 은행인 미쓰비시 도쿄 UFJ 은행. 미쓰비시 은행은 블록체인 기술을 확보하기 위해 세계 최대 비트코인 거래소인 미국 코인베이스와에 1,50만 달러를 출자하기로 결정했다. 뉴욕 증권거래소와 스페인 메가 뱅크 BBVA가 출자한 코인베이스는 세계 32개국에 이용자 400만 명을 보유하고 있다.

미쓰비시 은행은 코인베이스 출자를 계기로 비트코인을 활용한 해외 송금 서비스를 준비하고 있다. 비트코인으로 해외 송금을 하면 현행 송금방식보다 수수료가 저렴한 데다 환전시간도 한층 편리하다.

미쓰비시 은행은 한 걸음 더 나아가 블록체인을 이용한 독자적인 가상화폐 "MUFC 코인"까지 개발하고 있다. 미쓰비시 은행은 2017년 가을부터 스마트폰을 통해 "MUFG 코인"을 거래에 사용할 수 있도록 할 계획이다.

미쓰이스미모토 은행, 미즈호 은행 등 다른 뱅크도 블록체인 기술도입에 박차를 가하고 있다. 일본 메가뱅크가 발 빠르게 움직이고 있는 것은 비트코인이 일본 사회 곳곳에서 화폐처럼 널리 통용되며 퍼져나가고 있기 때문이다.

비트코인 거래소 "코인체크"를 운영하는 레주프레스에 따르면 지난 9월말 현재 일본에서 비트 코인으로 결제가 가능한 식당이나 쇼핑점 등은 2,500 곳으로 1년 전에 비해 4배 급증했다.

레주프레스는 비자(VISA) 선불카드에 비트코인을 엔으로 환전 · 입금해 사용할 수 있는 서비스를 시작한다. 비트코인으로 전기료 등 공공요금을 내는 서비스도 연내 시작된다. 일본 정부는 비트코인에 적용되던 소비세율 8%를 2007년 봄부터 없애는 방안도 검토하고 있다. 중국에서도 비트코인에 대한 관심이 높아지고 있다. 중국 금융망은 "10월 들어 비트코인 가격이 10% 넘게 급등했는데 전체 거래의 90%가 중국인 투자자에 의해 이뤄졌다"고 보도했다.

다. 가상화폐 Linden Dollar

1) 일반현황

L$는 세컨드 라이프(second life)라는 가상세계에서 이용되는 가상 화폐이다. 세컨드 라이프는 미국 샌프란시스코에서 Philip Rosedale이 1999년 설립한 린든 랩(Linden Lab)에서 2003년 6월 출시한 온라인 롤 플레잉 게임(online role-playing game)이다. 세컨드 라이프는 사이버펑크의 대표작인 Neal Stephenson의 Snow Crash에 나오는 메타버스(metaverse)의 영향을 받아 만들어졌다. 메타버스는 모든 사람이 아바 타(avatar)를 이용하여 가상세계에서 사회, 경제, 문화적 활동을 하는 것을 의미한다. L$는 세컨드 라이프에서 이러한 활동들이 원활하게 이루어지도록 하는 거래수단으로 이용되고 있다.

2013년 6월 20일 서비스 개시 10주년을 맞이한 세컨드 라이프의 전체 이용자는 3,600만 명에 달한다. 전 세계에서 매달 100만 명이상의 이용자가 세컨드 라이프에 로그인하여 서비스를 이용하고 있으며 지난 10년간 매달 평균 40만 명이 신규 회원으로 가입하였다.

이처럼 많은 사람들이 L$를 이용하여 2013년 6월 20일까지 거래된 L$는 32억 달러에 달한다. 세컨드 라이프가 전 세계적으로 상당한 성공을 거두면서 가상화폐인 L$에 대한 관심이 높아졌다. 그러나 우리나라에서는 세컨드 라이프가 2007년 10월부 터 서비스를 시작하였지만 시장 활성화에 실패하여 2009년 11월에 서비스를 중단하고 철수하였다. 이에 우리나라에서 L$는 별다른 주목을 받지 못 하였다.

세컨드 라이프가 큰 성공을 거두고 L$가 많은 주목을 받은 이유는 세컨드 라이프 이용자가 현실세계에서 만족하지 못하는 모든 것을 가상세계인 세컨드 라이프에서 바꿀 수 있기 때문이다. 예를 들어 키가 작은 사람은 키가 큰 아바타로 가상세계에서 자신의 모습을 바꿀 수 있고 파티를 열거나 친구를 사귈 수도 있으며 집이나 멋진 스포츠카를 구매하는 등 다양한 활동을 할 수 있다.

2) 운영 및 관리

인터넷 이용자가 세컨드 라이프와 L$를 이용하려면 계정을 만들고 접속 소프트웨어 인 세컨드 라이프 뷰어를 다운받아야 한다. 세컨드 라이프에서 아바타를 멋지게 꾸미거나 가상의 주택이나 토지 등을 구매하려면 L$가 필요하다. 이용자는 세 가지 프리미엄 멤버십 서비스(1개월 9.95달러, 3개월 22.50달러, 12개월 72.00달러) 가운데 하나에 가입하면 매주 L$300이 이용자의 계정으로 입금된다. 이용자는 이를 이용하여 다양한 활동을 수행할 수 있다.

L$가 이용되는 세컨드 라이프의 경제는 세 가지 측면에서 실물경제와 다르다. 첫째, 세컨드 라이프는 자급자족 경제이다. 세컨드 라이프 이외에 다른 가상세계와는 무역을 하지 않으며 세컨드 라이프 내부에서 만들어진 가상 물품과 서비스만 거래된다. 둘째, L$로 가상 물품과 서비스만 구매할 수 있다. 앞에서 살펴본 Bitcoin은 실제 물품과 서비스 구매에 이용할 수 있었지만 L$는 그렇지 않다. 셋째, 세컨드 라이프에서의 모든 거래는 린든 랩이 만들어 놓은 가상 플랫폼에서만 이루어진다.

위에서 언급한 세 가지를 제외하면 세컨드 라이프는 많은 측면에서 실물경제와 상당히 유사하다. 우선 세컨드 라이프에는 2005년부터 발행되고 있는 L$라는 자체 통화가 있다.

린든 랩은 L$의 발행량과 환율을 결정하고 있어 린든 랩은 세컨드 라이프의 중앙은행이라고 할 수 있다. 양방향 가상화폐인 L$는 이용자가 세컨드 라이프 내의 가상 환전소인 LindeX Exchange에서 신용카드, PayPal 및 달러로 환전할 수도 있다. [그림 4—33]에 서와 같이 L$의 환율은 서비스 개시 초기에는 변동 폭이 크고 거래량이 적었지만 시간이 지남에 따라 환율과

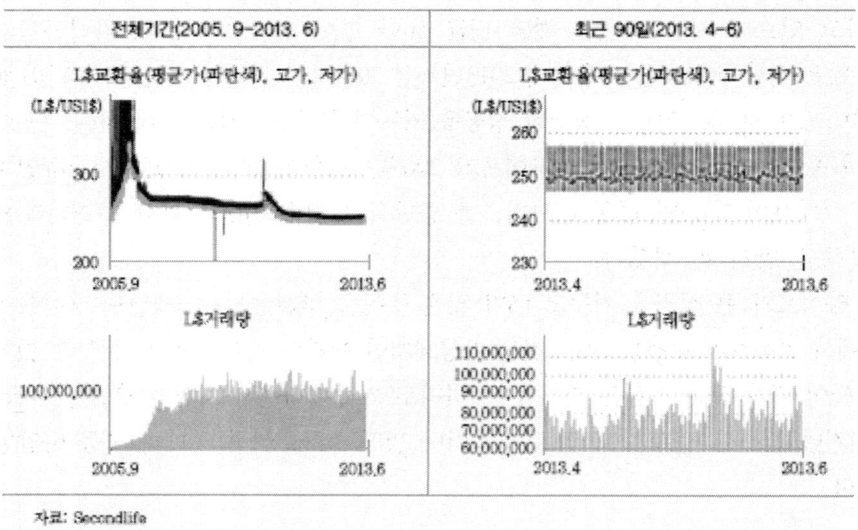

자료: Secondlife

[그림 4-32] L$의 환율 및 거래량

거래량 모두 안정화되고 있다.

2011년부터 2013년 6월 현재까지 환율은 달러 당 L$250정도이며 거래량은 일평균 L$8,000만 수준을 유지하고 있다.

다음으로 세컨드 라이프 이용자는 L$를 이용하여 자신이 구매하고 싶은 가상 물품이나 서비스를 살 수 있다. 이때 가상 물품이나 서비스의 가격은 세컨드 라이프 내의 수요와 공급에 의해 결정된다. 세컨드 라이프에서 거래되는 가상 물품과 서비스는 보석, 애완동물, 예술작품에 이르기까지 매우 다양하다.

세컨드 라이프에서는 현실세계와 동일하게 L$로 투자하여 다양한 사업을 하고 수익을 얻을 수 있다. 예를 들어 L$로 토지를 구매하여 각종 건축물을 건설하여 임대를 주거나 판매할 수도 있고 신규 이용자가 세컨드 라이프에 잘 적응하도록 도움을 주는 자선사업도 할 수 있다. 세컨드 라이프의 이용자가 지갑을 열만큼 충분히 매력적인 가상 물품이나 서비스에 대한 아이디어가 있다면 이를 이용하여 사업을 할 수 있다.

2006년에는 프랑크푸르트에 사는 아일린 그라프(Ailin Graef)는 세컨드 라이프에서 리조트 사업을 통하여 2년 6개월 만에 9.95달러의 초기 투자비용으로 100만 달러가 넘는 수익을 얻기도 하였다.

이처럼 세컨드 라이프와 L$에 대한 관심이 높아지면서 많은 기업, 교육기관이 세컨드 라이프에 참가하고 있다. 유수의 기업들은 현실세계에서와 같이 세컨드 라이프에서 자사의 실제 물품이나 서비스와 비슷한 가상 물품이나 서비스를 판매하거나 홍보하여 브랜드 이미지 구축 수단으로 세컨드 라이프를 활용하기도 한다.

린든 랩은 [그림 4—33]에서 버는 바와 같이 세컨드 라이프를 통하여 기업이 실제 상품과 서비스를 쉽게 홍보할 수 있는 플랫폼을 제공하고 일정한 비용을 받는다. 미국과 영국의 교육기관들은 L$를 지급하고 세컨드 라이프를 교육목적으로 활용하고 있으며, 그 효과가 상당하여

Adidas	Dell Computer
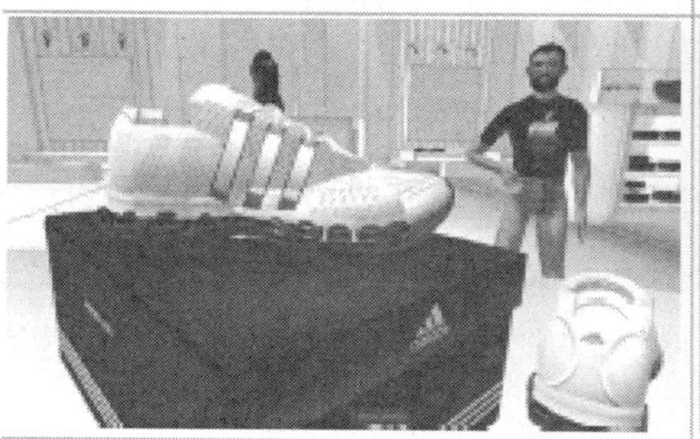	

자료: Secondlife

[그림 4-33] 세컨드 라이프의 기업 상점과 홍보관

현재까지 많은 교육 기관이 이용하고 있다. 이처럼 세컨드 라이프는 현실세계와 비슷한 제2의 삶의 공간이 됨에 따라 L$ 역시 제2의 화폐가 되고 있다.

3) 관련 이슈

세컨드 라이프가 큰 성공을 거두고 L$의 발행 규모가 커지면서 L$와 관련된 다양한 이슈가 나오고 있다.

첫째, 린든 랩이 세컨드 라이프에서 너무나 많은 권한을 가지고 있다는 것이다. 우선 린든 랩은 L$를 포함한 세컨드 라이프의 모든 정보를 독점하고 있다. 린든 랩은 2011년 3/4분기까지 세컨드 라이프 경제 요약 보고서(economic summary)를 발간하여 정보를 공개하였으나 동 보고서가 이용자에게 큰 도움이 되지 않는다고 결정하고 2011년 4/4분기부터 발행하지 않고 있다.

이 과정에서 린든 랩은 이용자의 의견수렴 없이 독단적으로 발행 중단을 결정하였다. 또한, 린든 랩은 자신들의 판단에 따라 세컨드 라이프에서 특정 사업을 못하게 할 수도 있다. 물론 2007년 7월 세컨드 라이프에서 온라인 도박 사업을 금지하는 것과 같이 올바르게 권한을 이용한다면 큰 문제가 없을 것이다. 그러나 린든 랩이 권한을 남용한다면 세컨드 라이프는 큰 타격을 받을 것이고 이는 가상화폐인 L$ 소지자에게 많은 피해를 줄 수 있다.

둘째, 린든 랩은 L$의 가치를 보장하지 않는다는 것이다. 린든 랩은 세컨드 라이프에서 토지, 건물 등을 임대하거나 판매하여 수익을 얻고 있으며, 프리미엄 요금을 내는 이용자에게 매주 일정한 L$를 지급하고 있다. 만약 수익보다 비용이 많아 적자가 발생하면 린든 랩은 L$를 발행하여 적자를 보전하여야 한다. 린든 랩이 지속적으로 적자를 기록한다면 L$의 공급이 늘어나 인플레이션이 발생하여 L$의 가치는 크게 떨어질 수 있으나 린든 랩이 지속적으로 흑자를 기록한다면 L$의 공급이 줄어들어 디플레이션이 발생할 우려도 있다.

린든 랩은 서비스 약관에서 L$의 환전 및 발행은 린든 랩의 신중한 판단 아래 이루어지며 린든 랩은 L$를 달러로 환전하지 않을 수도 있다고 규정하고 있다. 만약 린든 랩이 파산한다면 L$는 아무 가치가 없는 디지털 비트가 되고 그 피해는 고스란히 세컨드 라이프 이용자에게 전가될 것이다. 현재 이와 같은 문제에 대한 대비책은 전혀 없는 상황이다.

셋째, 세컨드 라이프를 관리하는 법적 기반이 없다는 것이다. 2007년 3월 세컨드 라이프에 Ginko Financial이라는 은행이 설립되었다. Ginko Financial은 최대 연 69.7%의 이율을 보장하였기 때문에 세컨드 라이프 내의 많은 이용자들이 법정화폐를 L$로 환전 하여 이 은행에 저축하였다.

그러나 2007년 8월 Ginko Financial이 파산하면서 75만 달러의 피해가 발생하였다. 물론 피해액이 작아 실물경제에 미친 영향은 크지 않았지만 린든 랩이 마지막으로 공개한 2010년의 자료에 따르면 세컨드 라이프 환전소에서 1억 1,900만 달러가 환전된 점을 감안하면 세컨드 라이프가 안정적으로 운영될 수 있도록 법적 기반을 확충하여 앞으로 발생할 수 있는 문제에 대비하여야 할 것으로 보인다.

5. 기타 가상화폐

Bitcoin과 L$ 외에 많이 이용되는 가상화폐로 Web Money, Perfect Money 등이 있다. 우선, WebMoney는 러시아 금융 시스템이 붕괴된 1998년에 Web Money Transfer사가 모스크바에서 서비스를 시작한 가상화폐이다.

처음에 WebMoney는 러시아 국민을 주요 고객으로 하여 서비스를 시작한 후 서비스가 전 세계로 확장되면서 2013년 현재 86개국에서 1,100만 명 이상이 이용하고 있는 것으로 추산된다. 이용자는 은행계좌 나 신용카드가 없어도 WebMoney 계좌를 개설할 수 있으며, 온라인 쇼핑몰, 병원, 교육기관 등 12,000여개의 이용처에서 지급수단으로 이용할 수 있다.

WebMoney는 5개국의 통화, 금, Bitcoin을 이용하여 환전할 수 있다. 이 중 Bitcoin을 이용한 거래는 2013년 5월부터 서비스를 시작하였다. 2013년 7월 초 달러를 이용한 환전건수는 일평균 10만건, 러시아 루블는 일평균 25만 건에 이르고 있다. 인터넷에 기반한 WebMoney는 Units 시스템과 Keeper 소프트웨어를 이용하여 실시간으로 법정화폐와 환전되고 있다.

WebMoney는 Bitcoin과 동일하게 P2P 네트워크를 통하여 환전되는데 이때 환율은 수요와 공급에 의하여 결정된다. WebMoney 발행기관은 런던에 있으며 기술 지원센터는 모스크바에 있다.

Perfect Money는 Perfect Finance사가 파나마에서 2007년에 서비스를 시작한 가상화폐이다. Perfect Money는 스위스 취리히에도 사무소를 개설하였으며, 파나마에서는 금융기관 면허증을 보유하고 있다. 이용자는 Perfect Money 웹 사이트에서 이름, 주소, 이메일을 입력하여 계좌를 개설할 수 있다. Perfect Money는 전 세계에 서비스를 제공하고 있으며, 지급수단으로 이용되고 있다. 현재 달러, 유로, 금으로 Perfect Money를 환전할 수 있다. 미국 정부가 LR을 폐쇄하고 관련자를 구속하면서 Perfect Money는 2013년 5월부터 미국 국민이나 기업에 대한 서비스를 중단한 상황이다.

Perfect Money는 계좌를 일반(normal), 프리미엄(premium), 파트너(partner)의 세 가지 등급으로 구분한다. 일반등급은 시스템에 등록된 모든 계좌에 기본적으로 부여되는 등급이다. 프리미엄등급은 등록 후 1년이 경과하고 일정한 금액 이상의 환전이 이루 어진 계좌 중 신청계좌에 한하여 주어지는 등급이다. 프리미엄등급을 획득하면 모든 거래에서 우대 수수료 율을 적용받게 된다. 파트너등급은 Perfect Money를 지급수단으로 수용한 이용 처에게 주어지는 등급이다.

Web Money, Perfect Money 외에도 다양한 가상화폐가 존재하고 있지만, 여기서는 이용이 많은 가상화폐만을 소개하였다. 향후 정보기술의 발전에 따라 독특한 특성을 가진 신규 가상화폐가 지속적으로 등장할 것으로 보인다.

6. 가상화폐를 활용한 지급결제 서비스

정보통신기술이 발전하면서 모바일 지갑, 코드 스캐닝 결제, 서버형 결제 등과 같은 새로운 서비스가 등장하여 지급 결제 분야에 혁신을 가져왔다.

가상화폐도 정보통신기술 발전의 산물로 지급 결제 분야에 새로운 변화의 바람을 일으키고 있다. Bitcoin은 2011년 5월부터 Bitbill이라는 실물 선불카드를 발급하고 있다. Bitbill 이용자는 컴퓨터나 스마트폰에 저장된 Bitcoin을 Bitbill에 저장할 수 있다. Bitbill은 저장할 수 있는 Bitcoin의 수에 따라 BTC1, BTC5, BTC10, BTC20의 4종류가 있다.

Bitbill은 위변조 방지를 위하여 신용카드와 유사하게 QR코드가 저장된 홀로그램이 부착되어 있다. QR코드에는 Bitbill에 저장된 Bitcoin의 암호화된 일회용 개인키가 저장 되어 있다. Bitbill은 오프라인 이용처에서 물품이나 서비스를 구매하거나 해킹으로부터 Bitcoin을 안전하게 보관하기 위해 사용된다.

Bitcoin을 신용카드로 바꾸어 이용할 수 있는 서비스인 Bitcoin2 CreditCard라는 서비스도 등장하였다. Bitcoin 소지자는 자신의 Bitcoin을 온라인 전용 신용카드로 환전하고 카드번호, 유효기간 등 결제에 필요한 정보를 수신하여 결제에 이용할 수 있다. 현재 미국과 캐나다에서 동 서비 스가 제공되고 있고 온라인 결제에만 이용되고 있다. Bitcoin2 CreditCard와 유사한 Withdraw2Card 서비스는 Bitcoin을 쿠폰으로 교환하고 신용카드나 직불형 카드 등 지급카드에 쿠폰을 저장하여 이용하는 것이다.

2013년 5월에는 벤처기업 Lamassu가 Lamassu Bitcoin Machine V1(이하 'Bitcoin ATM')을 소개하고 2013년 7월부터 시판하고 있다. 서비스 이용자는 그림13과 같이 Bitcoin ATM에서 법정통화를 Bitcoin으로 환전하여 자신의 Bitcoin 전용지갑에 저장하여 이용할 수 있다. Bitcoin ATM에서는 2028)개국 통화로 Bitcoin을 판매하고 있으며 Bitcoin을 법정통화로 환전할 수는 없다.

가상화폐는 기존 지급결제서비스와 결합하거나 새로운 방식으로 신규 지급결제서비스를 창출하고 있다. 위에서 소개한 서비스와 같이 가상화폐를 지급카드나 선불카드로 전환하여 이용할 수도 있으며 오프라인에서 가상화폐 ATM을 이용하여 환전할 수도 있다. 최근 케냐에서 M-Pesa는 해외에서 일하는 케냐국민이 Bitcoin으로 송금할 수 있는 서비스를 시작하였다. Bitcoin을 이용한 송금수수료는 건당 최대 0.04달러로 매우 낮은 수준이다. 이런 일련의 과정을 통하여 가상화폐는 우리 사회에 부가가치를 창출하여 사람들의 생활을 좀 더 편리하게 해줄 수 있을 것으로 보인다.

제5절 핀테크

1. 핀테크의 개념

가. 핀테크의 부상 배경

금융과 IT를 결합시킨 새로운 융합기술 *핀테크(Fintech)[21]가 뜨거운 바람을 불어 일으키면서 새로운 성장 동력으로 떠오르고 있으며, 이와 함께 간편 결제 서비스가 유행처럼 번지면서 일대 혁신을 일으키고 있다. 또한, 실시간 · 온라인 전자거래가 발달한 우리나라에서 액티브 X 방식의 금융보안 모듈과 공인인증서 사용 의무화가 폐지되면서 '간편성'에 초점을 맞춘 새로운 결제 서비스가 돌풍을 일으키고 있다.

그간 20세기 이후 금융 산업은 안정성과 신뢰를 기반으로 하고 있었다. 그러나 2007년부터 불거진 미국 부동산 가격하락으로 인한 서브 프라임 모기지(비우량 주택담보대출) 부실사태로 150년 역사를 가진 월가의 대표적 투자은행인 리먼 브러더스(Lehman Brothers)가 2008년 9월 15일 미연방법원에 파산을 신청하였다.

그로 인해 전 세계금융권이 동반부실이라는 도미노 현상을 몰고 와서, 2009년 글로벌 경제위기가 초래되었다. 당시 리먼 브러더스의 부채규모는 6,130억불에 달했으며, 이 규모는 세계 17위 경제국가인 터키의 한해 GDP에 해당하는 수준이었다. 이에 세계 각국의 증시는 폭락하였고, 3,000만 명의 실직자를 만들었으며, 미국의 부채는 6조 달러가 증가한 14조 달러가 되었다. 이 금융위기는 부실한 감시체계의 정부와 이익에 집착한 금융사들 간의 뿌리 깊은 정경유착으

21) 핀테크: Financial Technology의 줄임말. 금융과 기술의 합성어로 모바일 결제, 모바일 송금, 온라인 개인 자산관리, 클라우드 펀딩 등 전반적인 금융 서비스를 모바일 인터넷 환경으로 옮기는 것을 말하며, 페이팔의 경우 빅 데이터 기술을 접목하여 핀테크의 기술을 활용한 대표사례이다.

[그림 4-34] 2008년 리먼 브라더스 사태 여파로 인한 금융기관에 대한 불신

로 만들어진 대표적인 모럴해저드였기 때문에, 정부와 금융권이 지탄의 대상이 되었다.

이후 전 세계적으로 금융권에 대한 개혁의 필요성이 대두되었고, 이런 과정에서 자연스럽게 금융기술과 시스템에 대한 다양한 변화와 시도들이 나타나면서 현재 핀테크 열풍의 계기가 되었다. 금융위기 이후 소비자 입장에서 달라진 점은, 더 이상 금융권을 안정성과 신뢰의 대상으로 보지 않고 있다는 것이다. 금융소비자들은 과거에 비해 상대적으로 금융에 대한지식이 높아졌고, 실리를 추구하는 경향이 강해졌다. 그들은 최소한의 안정이 보장된다면, 보다 편리한 거래방식과 더 많은 이자를 제공하는 제2 금융권으로 이동하는 것을 두려워하지 않는다.

이런 과정에서 핀테크는 전통적인 금융권 기업들이 IT기술을 도입하여 서비스를 제공하는 방식에서, 높은 수준의 IT기술을 보유한 비 금융권 기업들이 금융 서비스를 제공하는 형태로 바뀌고 있다. 현재 핀테크는 기존 금융권 기업들이 아니라, 애플 · 구글 · 아마존 · 알리바바와 같은 IT 서비스 회사나 커머스 기업들이 주도하고 있다. 뿐만 아니라 페이팔(Paypal), 스트라이프(Stripe), 스퀘어(Square), 온덱(Ondeck), 랜딩 클럽(Lending Club)과 같은 새로운 유형의 핀테크 스타트업 기업들이 스타로 떠오르게 되었다.

비대면 금융거래는 과거 온라인에서 모바일로 급격하게 전환되고 있다. 특히 온라인 인프라가 낙후된 개발도상국들의 경우 PC 보급률보다 스마트폰 보급률이 높아 모바일 거래가 주류가 되고 있다. 중국의 경우 전체 인터넷 사용자의 80%가 모바일을 이용하고 있으며 신용카드를 발급받을 수 있는 사용자가 부족하여 전자지갑을 통한 거래가 높은 것처럼, 비대면 금융거래는 각국의 환경에 따라서 사용패턴이 달라지기 때문에 획일적인 서비스 전략이나 성공사례에 대한 단순한 모방은 매우 위험하다.

반대로 신용거래가 활성화되어 있는 국가의 소비자들은 이미 여러 형태의 금융기관과 다양한 금융 서비스를 제공받고 있어서, 오히려 비대면 금융거래의 활성화보다는 기존 금융거래 통합의 욕구가 높다. 이러한 통합 과정은 기존 금융거래내역분석에 기반한 자산관리 서비스로 발전하고 있다.

글로벌 금융위기 이후 소비자의 니즈는 금융권의 안정성과 신뢰보다는 신속한 업무처리와 낮은 수수료, 높은 이자를 제공하는 금융 서비스로 이동하고 있는 추세다. 이런 분위기 때문에 기존 금융권 기업들의 코어뱅킹(송금, 대출) 개념이 약화되고 있으며, 금융권을 벗어난 금융거래가 보편화되어 자연스럽게 핀테크의 주체가 금융권에서 비 금융권으로 전환되고 있다.

중국동포가 환전소에서 송금하는 이유는 **쉽고 빨라서다.** 은행에서 중국으로 돈을 보내면 이틀 정도 시간이 걸리지만 환전소를 통하면 30분 내에 송금이 끝난다. **수수료도 은행의 3분의 1 수준**이다. 소액 환전만으로 점포 운영이 어려워진 환전소들도 추가 수수료 수입을 올릴 수 있는 환치기 영업에 매력을 느낀다.

애초에 핀테크를 금융권에서 주도하기는 어려웠을 것이다. 왜냐하면 전통적으로 보수성이 강한 금융권이 개방과 혁신의 상징인 IT 기술을 도입할 명분이 상대적으로 부족하였기 때문이다. 금융권이 핀테크를 도입할 경우 어떤 이득이 생길지를 생각해 본다면, 오히려 기존사업에 방해가 될 수도 있을 것이다. 예를 들어 규제의 상징처럼 되어버린 인터넷 전문은행이 도입될 경우, 은행권은 수수료 경쟁력을 갖추기 위해서 오프라인 지점을 축소하고 구조조정을 감행해야 할 수도 있다.

핀테크는 편리하고 신속한 금융업무처리를 목표로 하고 있다. 편리한 금융업무처리를 위해서는 기존 시스템의 구조변경과 같은 시스템에 대한 투자뿐만 아니라 책임의 소지가 소비자에

돈 한 번 빌리는데 … 서명만 34번

은행 "책임 소재 가릴 때 필요"
고객 "지나치게 형식적" 불만
당국 "유사 항목 통폐합 검토"

정용운(44)씨는 최근 한 시중은행에서 3년 만기 전세대출을 받다가 짜증 나는 경험을 했다. 해도 해도 끝이 없는 자필 서명 탓이었다. 은행 직원이 "사인해 달라"며 대출거래약정서·대출신청서·국민주택기금대출상품설명서·개인정보조회동의서 등 끝도 없이 서류를 내밀었다. 그때마다 서명을 받는 이유에 대한 설명이 이어졌지만 정씨는 제대로 알아들을 수 없었다. 나중에는 무슨 서류에 대한 설명을 들은 것인지 헷갈리기까지 했다. 그가 한 사인 횟수는 모두 22번에 달했다. 30여 분간 쉴 틈 없이 서명을 한 뒤 은행 직원은 "3년 뒤에 기간 연장을 하게 되면 열 번 정도 더 사인을 해야 한다"고 말했다.

대출자들이 '사인 고역(苦役)'에 시달리고 있다. 금융사고가 연이어 터지며 자필 서명을 해야 할 서류와 항목들이 눈덩이처럼 불어나면서다. 1일 금융 당국과 금융권 등에 따르면 대출자들은 은행에서 주택담보대출이나 전세대출을 받을 때 최소 9차례, 최대 34차례나 서명을 해야 한다. 국민은행은 한국주택금융공사 재원을 활용한 주택담보대출을 해줄 때 고객으로부터 총 34차례의 사인을 받고 있다. 이 중 필수적으로 서명을 해야 하는 항목만 23개에 이른다. 나머지 11개는 선택사항이다. 이 은행은 은행 자체 자금을 이용한 전세자금대출을 해줄 때도 총 28회의 사인을 받는다. 다른 은행의 사정도 별반 다르지 않다. 신규 대출의 경우 하나은행이 9~26회, 신한은행이 10~23회, 기업은행이 9~18회의 서명을 고객에게 요구하고 있다. 고객이 기간 연장을 하게 되면 최대 15회의 사인을 추가로 해야 한다.

사인이 필요한 필수 서류들로는 대출거래약정서·대출신청서·국민주택기금대출상품설명서·개인(신용)정보조회동의서·개인(신용)정보수집이용제공동의서·신용보증신청서·신용보증약정서·대출상품안내서 등이 있다. 이처럼 서명 항목이 늘어난 것은 글로벌 금융위기 이후부터다. 금융소비자 보호가 중요 이슈로 떠오르면서 금융 당국은 고객에 대한 상품 설명 의무를 강화했다.

금융 당국 관계자는 "대형 금융사고가 터질 때마다 서명을 받아야 하는 항목들을 하나둘 추가하다 보니 과도해진 측면이 있다"고 인정했다. 한 시중은행 관계자는 "사인을 많이 받으면 그만큼 고객 응대 시간이 길어져 업무 효율성이 떨어진다"며 "우리도 좋아서 받는 건 아니지만 법적 근거가 있는 데다 책임 소재를 가릴 때 반드시 필요하기 때문에 사인을 받지 않을 수 없다"고 말했다.

그러나 정작 보호를 받는다는 고객들은 불만이다. 불편함은 말할 것도 없고 실효성도 의문이라는 지적이 나온다. 정씨는 "서명 항목이 너무 많다 보니 내가 무슨 서류에 어떤 이유로 서명을 했는지 기억도 나지 않는다"며 "지나치게 형식적인 '공급자 마인드'가 아니냐"고 말했다. 금융 당국도 과도한 서명이 고객 편의성과 은행 업무 효율성 측면에서 문제가 있다고 보고 최근 사인 횟수를 줄이는 방안에 대한 검토에 착수했다. 금융감독원 관계자는 "지나치게 세분화돼 있거나 여러 서류에 산재돼 있는 유사 항목을 하나의 서류로 통폐합해 사인 횟수를 최소화하는 방안 등을 검토 중"이라고 말했다.

박진석 기자
kailas@joongang.co.kr

[그림 4-26] 2015년 2월 2일 중앙일보 기사

서 제공자로 바뀌어야 한다. 그러나 이런 변화는 기존 금융권 기업에 부담만 가중시킬 뿐 수익 증대에는 도움이 되지 않는다.

오히려 비대면 금융이 활성화될수록 기존 금융권에서는 연관 상품 판매 등의 기회마저 줄어들게 된다. 그래서 태생적으로 금융권이 핀테크를 주도하기에는 명분이 부족하다. 그럼에도 불구하고 많은 전문가들은 금융권의 변화를 요구하고 있는 것이 현실이다.

이상 종합하면 핀테크의 부생 배경을 다음과 같이 정리할 수 있다.

- 2008년의 리먼 브라더스 사태 여파로 인한 금융기관에 대한 불신
- 금융위기로 인한 은행여신 감소
- 2007년 아이폰 등장 이후 스마트폰 혁명 시작
- 글로벌한 스타트업 붐과 결합
- 금융계 인재들이 핀테크 스타트업으로 이동
- 다른 산업이 모두 디지털화된 것처럼 금융업도 변화의 물결을 맞이하게 된 것으로 해석

나. 핀테크의 정의

핀테크(Fintech)란 금융(Finance)과 기술(Technology)의 합성어로 IT기술에 기반한 새로운 형태의 금융서비스를 지칭하며, 이러한 핀테크에 기반한 서비스를 제공하는 기업을 핀테크 기업이라고 정의한다.

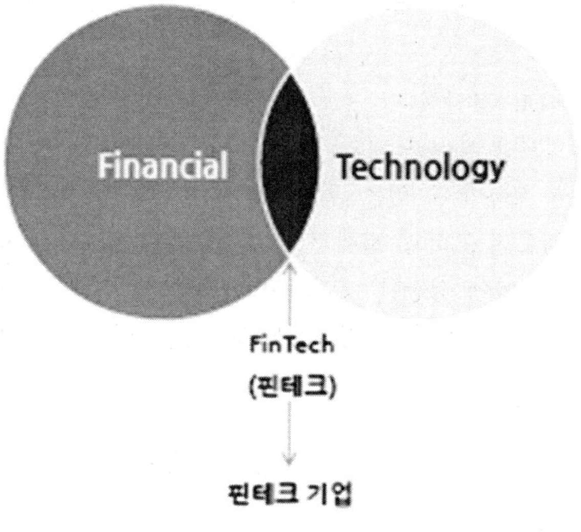

[그림 4-27] 핀테크의 개념

핀테크는 서비스의 성격과 유형 등에 따라 Traditional 핀테크와 Emergent 핀테크로 구분한다. Traditional Fintech는 금융회사의 업무를 지원하는 IT서비스, 정보기술솔루션, 금융소프트웨어 등을 의미하고, Emergent Fintech는 *크라우드 펀딩[22], 인터넷전문은행, 송금서비스 등 기존의 서비스를 대체하는 새로운 금융서비스를 말한다.

지난 30여 년 동안 금융 산업은 IT 기술을 적용해 엄청난 발전을 거듭해 온 결과, 현재에 이르러 은행과 증권 업종은 IT 없이는 채 1분을 운영하지 못하며, 시스템 운영 기술 이 바로 경쟁력이 됐다. 금융 산업에서 IT는 금융 기술을 빠르고, 정확하게, 쉽게 처리할 수 있도록 도와주는 역할을 담당해왔다.

금융 산업은 다른 어떤 산업보다 오프라인에서 온라인으로의 전환이 빨랐다. 이를 통해 상당히 빠른 비즈니스 혁신을 이뤘으며, 금융에 있어 자산은 단지 숫자에 불과하며, 이는 모든 것이 데이터로 환산된다. 이 데이터의 흐름이 금융 거래인 셈이다. 모바일 시대를 맞이해서도 금융 산업은 제일 빠르게 패러다임의 변화를 받아들이고 있다.

하지만 금융 기술이라는 단어와는 달리 핀테크는 '금융과 모바일이 만나는 것'이라고 이해하는 것이 적절한 해석이다. 한 마디로 금융과 스마트폰의 융합이라고 할 수 있다. 물론 스마트폰 자체가 IT의 총아이기 때문에 IT라고 대변할 수도 있지만, 이미 IT는 금융 산업을 위시한 각 산업 군에 상당한 역할을 하고 있기 때문에 사실 핀테크는 현재 일어나고 있는 혁신의 패러다임에 적합한 단어가 아니다. 또한, 단순히 금융 서비스에 모바일 기술이 융합되는 것만을 의미하지도 않는다.

핀테크가 가장 먼저 적용된 곳이 지불결제 서비스 분야고, 이 시장이 성공적인 성장을 거두고 있기 때문에 핀테크를 단순히 모바일 결제 수단으로 파악할 수도 있다. 그러나 모바일 결제는 핀테크의 일부일 뿐이다. 금융위원회는 핀테크를 IT 기반 금융 서비스(모바일 결제, 모바일 송 금, 온라인 재정 관리 등) 또는 혁신적 비 금융기업이 신기술을 활용해 금융 서비스를 직접 제공하는 현상이라고 정의했다.

핀테크는 모바일 결제뿐만 아니라 해외 송금, 온라인 개인자산 관리, 크라우드 펀딩, 대출 등도 포함되며, 핀테크를 활용할 수 있는 금융 서비스는 금융 전 영역에 달할 정도로 광범위하다. 가트너에 따르면, 글로벌 모바일 결제 시장은 2013년 2,354억 달러에서 2017년 7,210억 달러로 4년 동안 약 3배 이상 성장할 것이라고 예측했다. 핀테크 사업 영역은 지급 결제, 금융데이터 분석, 금융 소프트웨어, 개인 금융 플랫폼 영역 등으로 나눌 수 있다.

---

22) 크라우드 펀딩: '대중으로부터 자금을 모은다.'는 뜻으로 소셜미디어나 인터넷 등의 매체를 활용해 자금을 모으는 투자 방식.

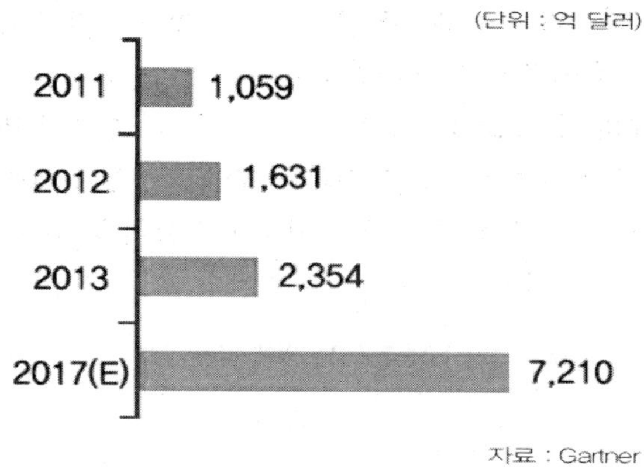

[그림 4-28] 글로벌 모바일 결제 시장 규모 추이

핀테크의 큰 그림을 보기 위해서는 금융 생태계 내 다양한 부분들을 구별하고 정의해야 한다. 각 부문은 다음과 같이 크게 네 가지 카테고리로 분류할 수 있다.

- 지불결제, 뱅킹, 빌링(billing): 온라인, 모바일, 전통적 지불방식과 코어뱅킹
- 신용: 스코어링, 결정분석, 대안융자, 채권추심, 부채상환요구
- 자본시장: 환전, 중개 수수료, 거래, 접속매매 관리, 위기관리, 매수부문 솔루션 및 데이터 서비스
- 금융 및 비즈니스 서비스: 컨슈머 포털(consumer portals), 제품 유통, 시장조사, 중개서비스, 사업 프로세스 아웃소싱 및 기업 금융 소프트웨어

금융을 도와주는 기존 IT 기술과는 달리, 핀테크가 금융 시장 자체를 바꾸는 파괴적(Disruption)인 기술이 된 것은 바로 스마트폰 때문이다.

스마트폰의 위력은 정보의 입출력이 집 책상, 사무실 등에 한정되어 있던 데크스톱 PC에서 벗어나 개인의 손으로 확장한 것에 있다. 물론 노트북이 책상에서 벗어나긴 했지만 데스크톱에서 연장선상에 불과했으며, 사용자 확산 또한, 데스크톱 이상으로 확산되지 못했다. 하지만 이동통신기기와 PC와의 결합체인 스마트폰은 1인당 한 대꼴로 확산되고 있으며, 이는 모바일 시대로의 시대 전환을 의미한다.

전 국민이 들고 있는 스마트폰은 가구당 한대에 불과했던 데스크톱 PC와 비교했을 때, 진정한 PC(Personal Computer)인 셈이다. 본격적인 모바일 시대의 도래는 가파르게 증가하는 모바일 트래픽이 증명하고 있으며, 이는 핀테크 성장의 주요 동력이다. 시스코의 최근 보고서에 따르면, 전 세계 모바일 트래픽량이 2014년 30EB(Exabyte)에서 2019년 292EB로, 10배 가까이

증가할 것으로 전망했다. 한국의 경우 2014년 1.4EB에 달했던 모바일 트래픽이 2019년에는 6배가량 증가해 8EB를 기록할 것으로 예측했다.

이렇게 모바일 사용자 수의 증가, 모바일 접속 빈도 및 기기의 증가, 모바일 네트워크 속도의 증가 등에 의한 급속도로 증가하는 모바일 트래픽은 개인과 기업의 신용평가와 금융 거래에 대한 새로운 분석이 가능한 기초 데이터를 제공해 대출이나 보험 등 금융 서비스 방식에 있어 커다란 변화를 촉발하고 있다.

〈표 4-13〉 핀테크 사업영역에 따른 구분

구 분		내 용	주요기업
금융업무	지급결제	ICT 기술을 활용한 다양한 결제방식으로 이용이 간편하고 수수료가 저렴한 지급결제서비스 제공	이베이, 스트라이프
	송금	송금의뢰자와 수탁자를 인터넷 플랫폼을 통해 직접 연결시켜 송금 수수료를 낮추고 송금시간도 단축	구글, 아지모
	자산관리	온라인으로 투자 절차를 수행해 자금운용 수수료를 낮추고, 각종 분석시스템을 통해 고객에 최적화된 투자 포트폴리오를 구성	알리바바, 텐센트
	대출중계	P2P 방식으로 인터넷에서 자금의 수요자(차입자)와 공급자(대출자)를 직접 중개하고, 빅데이터 활용을 통해 자체적으로 신용평가 수행	렌딩클럽, 프로스퍼
기술	금융데이터 수집 및 분석	개인 또는 기업 고객과 관련된 다양한 데이터를 수집하고 분석해 새로운 부가가치를 창출	어펌(Alfirm)
	금융 소프트웨어	보다 진화된 스마트기술을 활용해 효율적이고 혁신적인 금융 업무 및 서비스 관련 소프트웨어 제공	빌가드
	플랫폼	업과 고객들이 금융기관의 개입없이 자유롭게 금융거래를 할 수 있는 다양한 거래기반을 제공	온텍

* 자료: 영국무역투자청

다. 핀테크의 오해

이 내용은 2015년 1월 21일, IBK투자증권 핀테크 세미나 내용을 정리한 것으로, 발표자는 카카오페이 개발에 참여했던 LG CNS 정운호 부장이다. 핀테크를 둘러싸고 상당한 오해가 중첩되어 왔는데, 이를 하나씩 풀어가도록 하는데 도움이 될 것이다.

• 오해 1. 핀테크는 간편결제를 의미한다

핀테크(FinTech)는 금융과 기술의 합성어다. 하지만 금융기술이라고 한다면 핀테크가 아니라 스마트 금융에 불과하다. 일부에서 핀테크를 간편 결제라고 생각하는 경우가 있지만, 국내에서 간편 결제 중심의 시장이 형성되고 있기 때문에 생긴 오해일 뿐이다.

핀테크를 간편 결제로 알고 있는 것 자체가 '그동안 결제가 얼마나 간편하지 않았는지'를 보여준다. 해외에서는 간편 결제뿐만 아니라, 자산관리/송금/대출 등 다양한 분야로 이미 확산되어 있다.

SNS, 제조, 통신, 유통업체 등 비 금융 업체들이 IT를 이용해 금융으로 가는 것이야말로 진정한 의미의 핀테크다. 이를 통해서만 창의적이고 다양한 상품이 나올 수 있기 때문이다.

핀테크의 가능성은 '타 분야로의 확산'에 있다는 점이다. 어쨌든 그 시작은 '결제'부터다. 핀테크 관련 업체 가운데 결제 업체들이 주목받는 이유는 이미 성공적인 시장을 형성한데다가 사업 확장력이나 시장 성장 가능성이 무엇보다 높기 때문이다.

〈표 4-14〉 핀테크의 주요사업

주요 사업	내 용
지급결재	· 신용카드나 은행계좌를 사용하는 온/오프라인 및 모바일 결제 대체 * ex: 페이팔, 알리페이, 스타벅스, 카카오월렛 등
해외 송금	· 송금은행 ≫ 중계은행 ≫ 수취인 은행을 통해 제공되는 업무를 IT업체가 대체 * ex: 트랜스퍼와이즈, 아지모, 커런트 페어 등
자산관리	· 소액투자에 적합한 온라인 기반의 투자 서비스 제공 * ex: 위어바오, 너트메지, 알플랜, 블루 스피크 파이낸셜 등
대 출	· 대출자와 차입자를 직접 연결하는 중계 역할 수행 * ex: 조파, 알리바바

• 오해 2. 핀테크는 당장 대박이다

오해다. 앞으로 성장 가능성은 매우 높지만, 지금 당장 국내에서는 그리 쉽지 않다. 핀테크의 진정한 성장 가능성은 타 분야와의 창의적 결합을 통한 시너지에 있다. 예를 들어, 알리페이를 통해 헬스장 결제를 한 사람에게 건강보험을 가입하도록 마케팅 하는 것이다. 즉, 빅 데이터의 가치를 비즈니스 모델로 연결시킬 수 있어야 한다.

또 하나의 예는 알리바바에서 대출을 해주는 것이다. 대출 고객은 B2B 거래를 충분히 하면서 '본인 확인'이 완료된 사람이다. 이를 빅 데이터 분석을 통해 찾아내는 것이다. 이것이 경쟁력이다. 어떻게 보면, 기존 은행에서 하고 있던 개인/기업에 대한 신용 분석보다 유용할 수 있지만, 앞으로 몇 년간 이 분석 기술에 대한 검증이 필요할 것으로 보인다.

하지만 우리나라의 경우, 빅 데이터 분석은 고사하고, 데이터도 축적이 안 된 상황이다. 따라서 근거도 없이 '핀테크 관련'이라는 말만 붙은 업체들은 주의할 필요가 있다.

- 오해 3. 천송이 코트로 유명해진 핀테크 규제, 완화만이 능사인가?

핀테크 세미나마다 나오는 천송이 코트이야기는 금융 규제의 대명사다. 지2014년 초, 대통령이 '중국 사람들이 드라마인 별 그대 보고, 천송이 코트를 사고 싶은데 못산다'는 이야기를 듣고, 직접 규제 완화를 지시한 것이다.

분명한 것은 이후 금감원 등 금융당국의 태도가 변했다는 점이다. 과거에는 잘못하는 것이 없는 지 감시하던 입장에서 이제는 필요한 것이 없는지 물어보는 입장으로 바뀌었다. 하지만 생각해볼 것은 규제 완화만이 능사가 아니라는 것이다. 해외의 경우 사기(Fraud)에 대한 관점 자체가 다르다. 국내는 보안성 위주인데 비해 해외는 편의성 위주다.

비유하자면, 우리는 아이가 다칠까봐 밖에 못나가게 하는 것이고, 해외는 좀 다치더라도 밖에 나가서 뛰어놀라고 하는 것이다. 문제는 밖에 나가서 뛰어 놀다가 다치는 비용이 생각보다 크다는 점이다. 북미지역 온라인 결제 사기로 인한 손실액은 연간 3.5조 원에 이른다. 이는 매출액 대비 평균 사기 비율이 0.9%에 이른 수준이다. 이에 비해 우리나라는 현 재 0.05%정도다.

또 하나 유의할 점은 국내업체가 준비되지 않은 상황에서의 규제 완화는 자칫 해외업체에게만 이득이 되는 상황을 초래할 수 있다는 점이다.

- 오해 4. 온라인이 대세, 오프라인은 무시해도 되나?

그렇지 않다. 올해 하반기부터 오프라인 결제에 대한 관심이 커질 전망이다. 온라인 결제시장의 성장세가 빠르기 때문 에 관심이 큰 것은 당연하다. 그러나 실제로 온라인 결제시장(50조 원)에 비해 오프라인 결제시장(500조 원)은 10배 이상 큰 규모다. 뿐만 아니라, 앞서 언급한 빅 데이터로 활용할 수 있는 가치라는 측면에서도 오프라인이 온라인을 압도한다. 즉, 오프라인에서 사용자가 어디서 무엇을 사고 다니는지에 대한 정보가 마케팅으로 활용할 수 있는 가치가 높다는 것이다.

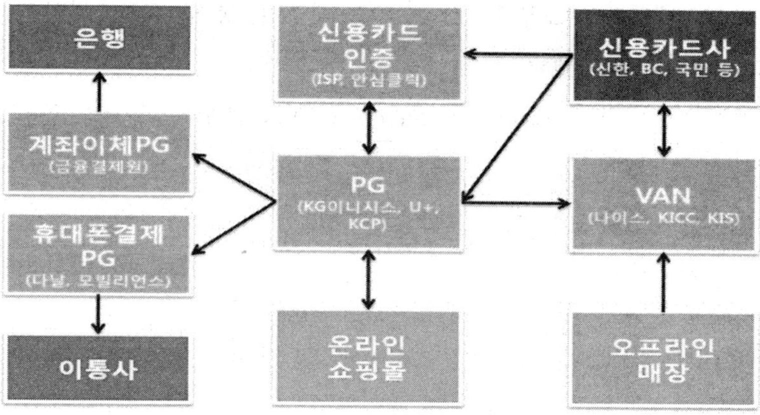

[그림 4-29] 결제 비즈니스의 에코 시스템

- 오해 5. 알리바바, 저렇게 잘나가다 말겠지

알리바바의 성장성은 놀랍고도 무서운 수준이다. 실제로 위어바오는 왜곡된 금융시장 구조(은행에 가입해서 받을 수 있는 예금이자보다 은행 간 단기금리(Shibor)가 더 높음)를 이용해 수익모델을 창출한 대표적인 기업으로 알려져 있다. 위어바오는 1년 만에 가입자 1억 명, 자산총액 94조 원으로 급성장했다.

위어바오의 성공은 중국 금융시장이 왜곡되어 있었기 때문에 가능했다며 평가절하할 수도 있지만, 그 전에 알리바바가 가입자를 충분히 모집해오지 않았더라면 불가능했던 일이다.

알리바바의 성장이 무서운 또 한 가지 사실은 전 세계를 누비고 다니는 중국인 관광객이다. 지난해 우리나라를 방문한 중국인 관광객은 600만 명을 넘었다. 이들이 명동과 면세점을 돌아다니면서 알리페이로 결제할 수 있게 해달라는 요청이 쇄도하는데, 이는 우리나라에만 있는 현상이 아니다.

그래서 우리나라에서 살아남을 핀테크 업체는 어디일까? 이에 대한 해답을 찾기 위해서는 모바일 결제 플랫폼의 에코 시스템을 알아야 한다.

[그림 4-30] 결제 비즈니스의 에코 시스템

국내 핀테크 시장에서의 주도권은 은행, SNS, 제조업, 통신, 유통, 해외 업체 등이 서로 경쟁하고 있다. 분야별로 업체를 정리하면 다음과 같다.

〈표 4-15〉 분야별 주요 핀테크 업체

분 야	업 체 명
SNS	네이버, 다음카카오
제조업	삼성전자
통신	SKT(MS 50%), KT, LGU+(PG사와 통신사를 동시에 보유)
유통	롯데/신세계/SPC
해외	페이팔, 알리페이, 애플페이, 아마존 등

결제수단은 카드/계좌이체/통신 과금 등이 있으며, 이는 금융업체를 의미한다. 가맹점은 대부분 중소상인들. 개인, 그 가운데 중요한 것은 '본인 인증이 완료된 개인'이다. 결제 시장은 가맹점이 많아야 시장을 지배할 수 있는데, 가맹점 입장에서 생각해보면, 얼마나 많은 고객 즉 개인을 확보 하고 있는지가 중요하다. 따라서 '본인인증'이 된 개인을 얼마나 확보했느냐가 가장 중요한 사항인데, 현재 모바일 플랫폼을 갖고 있는 SNS 업체가 유리한 고지를 차지하고 있다.

2. 국내 핀테크 발전의 저해 요소

국내 핀테크 발전을 저해하는 요소로 크게 금산 분리법과 전자 금융법을 들 수 있다. *금산 분리법[23]은 금융자본과 산업자본을 의미한다. 비금융기업 즉, 산업 자본이 은행·보험·증권 등의 금융자본을 소유하지 못하도록 법적으로 막아 놓은 제도를 말한다. 반대로 금융자본은 비금융기업 즉, 산업 자본을 자회사나 손자회사로 소유를 금하고 있다.

이는 과거 재벌 기업들이 은행을 소유하게 될 경우, 은행이 총수의 개인 금고화 되는 것을 막기 위한 규제인데, 최근에는 인터넷전문은행 설립 등의 이슈와 연관되어 금산분리 완화가 필요하다는 목소리가 높아지고 있다.

국내의 경우 산업자본이 은행 지분을 4% 이상 보유할 수 없도록 되어 있는데, 핀테크가 활성화되어 있는 미국의 경우 최대 25%까지 지분을 보유할 수 있으며, 일본의 경우도 20%까지

23) 금산 분리법: 산업자본(기업)이 은행·보험·증권 등 금융자본을 소유하지 못하도록 법적으로 막아놓은 제도다.

보유가 가능하다. 반대로 금융기업의 경우도 다양한 IT 기술을 도입하기 위해서는 산업자본이 필요하기 때문에 비 금융 자회사를 소유해야 될 이유도 존재한다.

전자금융거래법은 컴퓨터, ATM, 전화기 등 전자적 장치로 이루어지는 금융거래를 규율하는 거래법이면서 동시에 전자금융업의 영위와 감독에 대한 사업법을 말한다. 현재 전자금융거래법 시행령 제17조(자본금요건)에 의하면 전자자금이체 허가 취득을 위해 최소 30억 원의 자본금을 요구하며, 전자지급 결제 대행업 허가 취득을 위해서도 최소 5억 원이 필요하다.

여기에 새로운 전자금융기술은 금융 감독원의 보안성 심사를 통과해야 출시할 수 있다. 보안성 심사도 금융회사만이 할 수 있어 제휴할 금융회사를 잡지 못한 핀테크 기업은 신청 기회조차 없다. 전자금융거래뿐만 아니라 여신전문금융업법, 외환거래법, 자본시장법 등 다양한 금융 관련 법들이 새로운 핀테크 기업들의 진출을 제약하고 있는 것이 현실이다.

최근 대부분의 금융 관련법들의 규제 완화는 음성화되어 있던 대부업을 양성화시키는데 기여했을 뿐, 새로운 IT 기술의 변화에 따른 대처에서는 거의 도움이 되지 않고 있다.

또한, 많은 사람들이 우리나라 금융거래의 장애물로 공인인증서 및 액티브 X를 지적하고 있다. 해외의 경우 실제로 거래액 대비 비교적 높은 보안 사고 손실이 발생하고 있으며, 사고 관리 비용도 높은 편이다. 우리나라보다 훨씬 높은 수준의 보안 기술을 보유하고 있는 해외 기업들이 공인인증서와 같은 사용자 단계에서의 보안을 강화하지 않는지 생각해 봐야 한다. 이런 환경에서 아마존이나 이베이와 같은 해외 커머스의 경우 어떻게 사용자 보안의 안전성을 보장하는지 살펴봐야 한다.

해외 금융거래는 보안 사고가 발생하더라도 그 책임이 사용자에 있지 않다. 즉, 보안에 대한 근본적인 이슈는 보안 기술의 문제라기보다는 제공자와 사용자의 책임 소지의 문제이다. 보안에 대한 많은 책임이 금융권에 있기 때문에 사후 보안을 강화하는 것이 중요한 정책이 되었다.

그래서 해외 금융거래 보안 시스템은 사용자 보안의 강화와 규제에 의존하는 방식보다는 사고 감시 모니터링에 많은 투자가 이루어지고, 사후 보안 체계를 강화하는 쪽으로 발전하게 되었다.

사후 보안의 대표적인 시스템으로 FDS(Fraud Detection System: 이상거래탐지시스템)가 대부분 해외 금융권에 적용되어 있다. 하지만 국내 보안 시스템은 거래시점에 집중되어 있다 보니, 거래 단계에서 사용자에게 많은 보안 프로그램 설치를 강제하고 있으며, 보안상 발생하는 문제의 책임도 대부분 사용자에게 주어지고, 문제 발생 시 입증도 사용자에게 요구하는 형태로 운영되고 있다.

FDS(Fraud Detection System)는 은행, 카드. 증권사들의 시스템이 연계되어 사용자 신원과 소비자 이용 패턴을 가지고 이상 거래시스템을 말한다. 국내의 경우 신용카드사에서는 FDS 도입이 많이 이루어졌지만, 일반 은행이나 증권사들은 이제 도입 검토 중이다.

FDS만 가지고도 대포 통장 등 비정상 금융거래의 상당 부분을 탐지할 수 있다. 평균거래량, 주요 거래처, 거래 위치, 거래시점, 해외결제 유무 등 평소와 다른 거래 기록을 분석해서 부정거래를 유추할 수 있으며, 사용자에게 즉시 사실을 확인하도록 하여 부정사용을 방어할 수 있게 된다.

문제는 FDS를 도입할 경우 금융권 연계시스템 구축 및 24시간 모니터링 요원과 분석 솔루션을 활용해야 되기 때문에 구축비용이 많이 든다는 사실이다. 하지만 국내 은행권에서 FDS 도입이 중요하지 않은 이유는 구축비용의 부담 때문이 아니라, 금융권의 책임을 회피할 수 있는 사용자 거래시점 보안 강화가 더 효과적인 방법이라고 생각하기 때문이다. FDS는 해외의 경우 일반 금융권 뿐 만 아니라 커머스 기업들도 활발하게 도입하고 있는 추세이다. 페이팔과 알리페이의 경우 이미 10년 전부터 FDS를 도입해서 사용 중에 있다고 한다.

국내에서만 사용 중인 액티브X 기반 공인인증의 가장 큰 목적은 부인 방지인데, 이것은 소비자가 직접 인증했고 문제가 생기더라도 본인이 사용했다는 것을 부인하지 못하도록 하는 방식이다. 사용자가 책임져야 하는 구조이기 때문에 서비스 제공자 측에서는 클라이언트 보안에 더 많은 신경을 써야 하고, 그런 과정에서 다양한 보안 솔루션을 설치할 수밖에 없는 구조로 발전하게 되는 것이다. 그래서 간편 결제 같은 서비스조차도 기존 시스템을 재구성해야 하기 때문에 핀테크 도입경쟁에서 시간적으로 뒤쳐질 수밖에 없는 상황이다.

3. 핀테크를 구성하는 기술

핀테크는 NFC 통신 기술을 기반으로 한다. 초기 핀테크가 핀테크로 불리기 전까지 지불결제 서비스는 NFC 서비스 가운데 하나였다. 핀테크는 모바일 결제 시장의 발전과 금융 서비스에서의 활용 범위가 확산되면서 적용 기술 또한, 많아졌다. 핀테크 기술로 받아들인 기술에는 위치 기반 기술에서부터 빅 데이터 처리 기술, 머신러닝, 딥 러닝 등 수많은 IT 기술이 포함된다. 한 마디로 핀테크는 스마트폰과 금융과의 융합서비스가 수많은 IT 기술들을 통해 이뤄진다.

하지만 핀테크의 기본은 개인화를 기반으로 개인 행동패턴에 따른 위치 기반 O2O(online to offline) 금융 서비스를 제공하는 것이다. 그래서 핀테크 기술의 핵심은 통계, 머신러닝, 딥 러닝, 복잡계 등 다양한 알고리즘으로 분석하는 것으로, 실시간으로 온/오프라인 서비스를 제공할 수 있는 시스템 간의 연계가 필수적이다.

이를 위한 핵심 기술로 대두되는 것은 인프라가 되는 모바일 기술과 함께 빅데이터 처리 기술과 클라우드 인프라, 인증과 보안, 그리고 자동화이다.

가. 핀테크 서비스별 적용 IT 기술

사실 사용자 입장에서 핀테크는 원 클릭 결제 등으로, 아주 간편한 프로세스를 갖고 있어 편의성과 효용성이 아주 높다. 시청자가 TV 드라마를 볼 때, TV는 어떤 구조를 통해 드라마를 보여주는지, 이 드라마 영상이 어떻게 만들어지는지, TV와 연결된 전기가 어떻게 들어오는지 등을 알 필요가 없다. 사용자는 그저 TV 전원 플러그를 꼽고 리모콘으로 스위치를 누르기만 하면 드라마를 볼 수 있다. 이처럼 핀테크 서비스에서 사용자는 자신이 받고 있는 서비스가 어떤 기술을 갖고 있는지 알 필요가 없는 것이다.

그러나 공급자 입장에서는 핀테크 프로세스는 아주 복잡다난하다. 지불결제 시스템만 하더라도 데이터의 흐름은 지불결제업체에서부터 통신, 금융, 유통 업체에 이르기까지 복잡하게 얽혀있으며, 각 사업자 간 공조 협력이 필수적이다. 핀테크 기술은 특정 IT 기술을 지칭하는 것이 아니다. 스마트폰을 통해 금융 서비스를 하기 위해 필요한 여러 가지 문제들을 무선통신, 센서, 빅 데이터, 데이터 분석, 보안과 같은 여러 IT 기술들을 이용해 해결하는 것이다. 그래서 각 핀테크 서비스마다 활용하는 기술들은 각기 다르며, 같은 IT 기술이라도 서비스에 따라 다르게 활용할 수 있다.

나. 페이팔의 지불결제 시스템

이베이의 자회사인 페이팔은 전자결제 서비스 플랫폼으로 현재는 이베이 전체 수익의 40% 이상을 담당하고 있다. 페이팔의 주요 서비스 방식은 구매자와 판매자의 중간에서 중계해주는 지불결제 대행서비스로, 구매자가 페이팔에 돈을 지불하고 페이팔이 그 돈을 판매자에게 지불하는 형식을 취하고 있다.

페이팔 간편 결제는 계정을 만든 후 신용카드 번호나 계좌번호를 저장해 놓고 필요할 때마다 페이팔 로그인만으로 결제가 이뤄지는 방식이다. 해외에서 가장 기본적인 결제방식이지만 국내에서 이를 이용하려면 해외 사용이 가능한 비자, 마스터, 아멕스 등 카드를 등록해야 한다.

페이팔이 신용카드업체에서 제공하는 서비스와 다른 점은 구매자 간에 신용카드 번호나 계좌번호를 알려주지 않고도 안전하게 거래를 할 수 있다는 점이다. 또한, 신용카드와는 달리 페이팔 계좌끼리 송금, 수취, 청구할 수도 있다. 페이팔의 모회사인 이베이를 이용할 때는 더욱 간편하게 구성돼 있다.

이베이는 이 서비스를 미국에 한정시키지 않고 해외 사용자들도 적극적으로 이베이를 이용할 수 있는 창구로 페이팔을 활용했다. 이용자 간에 서로 다른 통화를 사용하더라도 페이팔을 이용하면 바로 환전할 수 있기 때문에, 서로 다른 국가의 판매자와 구매자들도 페이팔만 이용한다면 통화에 구애받지 않고 자유롭게 거래할 수 있다. 현재 페이팔로 이용할 수 있는 통화는 미국 달러와 유럽의 유로, 일본의 엔, 홍콩 달러, 영국의 파운드 등 총 14개로, 아직 한국의 원화는 지원하지 않고 있다. 페이팔은 2월 12일 한국어 서비스를 시작하고 4월 1일부터는 사업자를 위한 제품 페이지와 콜센터에도 지원할 계획을 밝힘에 따라 원화 또한, 지원할 것으로 보인다.

다. 알리페이의 선불결제 시스템

2003년에 출시된 알리페이는 사용자가 온라인 지갑에 미리 돈을 충전한 뒤 결제하는 선불 전자결제 시스템으로, 거래 과정에서 알리페이가 중개인 역할을 담당함에 따라 판매자와 구매자 모두가 안심할 수 있는 서비스가 이뤄졌다. 이를 통해 알리바바는 중국의 전자상거래 시장에서 가장 문제가 되었던 판매자와 구매자 간 불신 문제를 해결했다.

구매자는 알리페이의 가상 계좌에 돈을 송금한다. 알리페이는 판매자에게 송금 사실을 통보하고, 구매자가 물품을 받고 이상이 없음을 확인한 이후에 판매자에게 약속된 금액을 지급한다. 이 절차가 끝난 후에야 판매자는 자신의 알리바바 계좌에서 송금된 금액을 인출할 수 있다.

이 서비스를 통해 알리바바 그룹은 폭발적인 성장을 이뤘으며, 이제는 단순히 전자상거래 결제 서비스 분야 이상의 금융 사업을 확장해 나가고 있다. 알리페이는 돈을 송금할 수 있는 것은 물론 신용카드 대금 결제, 세금 납부, 교통비 결제 등 다양한 서비스를 제공하며 중국인들의 생활 전반을 아우르고 있다.

심지어 사용자들은 알리페이에 남아있는 잔돈을 금융 상품에 투자하고, 알리페이 계좌를 기반으로 소액 대출까지 받을 수 있다. 현재 중국에서 알리페이는 단순히 중개 서비스 이상인, 대출, 투자 등 금융 관련 업무까지 아우르는 금융업체로의 역할을 수행하고 있다.

최근 지불결제 대행시스템의 경우 이상거래탐지시스템(FDS)을 도입해 부정사용이 의심되는 거래를 실시간으로 분석하기 때문에 보안성도 한층 강화됐다.

라. 트랜스퍼와이즈의 P2P 기반의 송금 시스템

국내에서 해외에 있는 이에게 돈을 송금할 때나 해외 직구를 할 때 대부분 송금 수수료나 해외 결제 수수료가 발생하는데, 보통 사용자들은 환율에 대해서는 민감하지만 수수료에 대해서는 그리 관심을 보이지 않는, 으레 지불해야 하는 세금(?)으로 파악하는 경향이 있다. 이를 통해 은행이나 신용카드업체들은 해외 송금과 결제에서 쉽게 돈을 벌고 있다.

이에 해외 송금에 대해 P2P 방식을 도입함으로써 송금 수수료를 내려 소비자에게 실질적인 이익을 주는 핀테크 업체가 바로 트랜스퍼와이즈(transferwise)다. 트랜스퍼와이즈는 최대 0.5% 수수료와 이용자 관점에서 최적의 환율 선택을 제공한다. 송금 또는 해외 결제 금액이 커지면 커질수록 수수료가 높아지는 기존 관행도 적용되지 않는다. P2P 방식에 기초한 송금 서비스이기 때문에 단순하고 사용자 중심의 송금 서비스가 가능하다.

예를 들어, 미국에 거주하는 사용자 A는 일본에 살고 있는 사용자 B에게 1,000달러를 송금한다. 이때 트랜스퍼와이즈는 일본에 거주하고 있는 사용자 C가 독일에 있는 사용자 D에게 2,000달러 송금을 신청한 것과 독일에 거주하는 사용자 E가 미국에 사는 사용자 F 에게 1,000달러를 송금한 것을 파악하고 있었다. 트랜스퍼와이즈는 B에게 C의 1,000달러를 주고 E에게는 D의 1,000달러를 지불한다. 나머지 돈은 다른 누군가가 송금한 돈으로 지불하게 된다. 국경을 넘어 실제로 돈을 환전해서 보내는 대신 상대 국가에서 반대로 돈을 이쪽으로 보내려고 하는 고객을 찾아 매칭시켜 주는 것이다.

같은 지역에서 교환이 된 돈에는 해외 송금 수수료가 발생할 이유가 없으며, 가상으로 환전이 이뤄지기 때문에 사용자들은 수수료 없이 해외 송금을 할 수 있다. 이런 서비스가 제대로 운영되기 위해서는 일정한 규모의 임계점을 돌파해야 한다. 각 지역에서 송금을 원하는 사용자가 충분히 존재해야 한다는 것이다. 각 지역에서 임계점을 돌파하거나 사용자가 많으면 많을수록 사용자들은 실제 해외송금이 없이 해외송금 서비스를 받을 수 있다. P2P를 기반으로 한 핀테크 분야에는 대출 중개 서비스도 있다. 이는 대출자와 차입자를 직접 중개해 금융거래 비용을 절감하도록 하는 서비스다.

마. 애플 페이, NFC를 이용한 모바일 결제 서비스

2014년 9월, 애플은 아이폰 6를 출시하면서 애플 페이(Apple Pay)를 동시에 선보였다. 애플 페이는 다른 지불결제서비스와 달리 *NFC[24]를 이용한 모바일 결제 서비스다.

애플 페이를 이용하기 위해서는 기존의 모바일 결제 방식과 마찬가지로 아이폰의 기본 앱인 패스북에 신용카드나 직불카드의 정보를 추가해야 한다. 그러나 애플은 자사의 결제 방식이 “매우 안전하다”고 밝혔다. 카드번호가 스마트폰 기기 자체나 애플의 서버에 저장 되는 것이

---

24) NFC: 무선태그(RFID) 기술 중 하나로 13.56MHz의 주파수 대역을 사용하는 비접촉식 통신 기술이다. 통신거리가 짧기 때문에 상대적으로 보안이 우수하고 가격이 저렴해 주목받는 차세대 근거리 통신 기술이다.

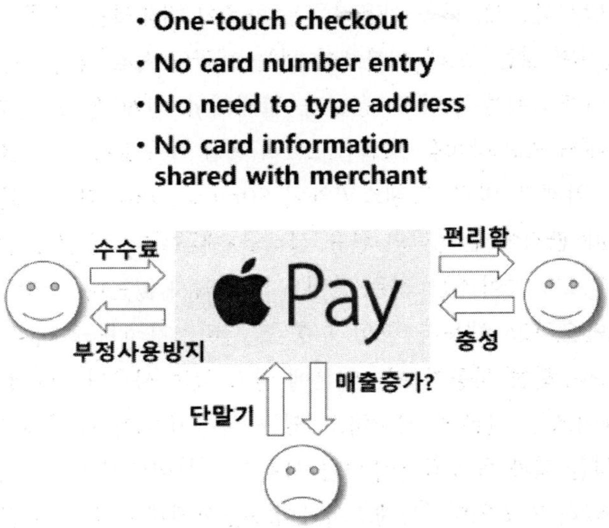

[그림 4-29] 애플 페이 운영 개념도

아니기 때문이다.

애플 페이는 사용자의 카드 번호를 등록하는 대신 각각의 카드에 암호화된 고유한 '기기 계정 번호'를 부과한 후 이를 사용자의 아이폰이나 애플 워치의 안전한 위치에 저장한다. 그리고 각각의 결제 요청에 대해서는 앞서 설명한 기기 계정 번호를 이용해 일회성의 인증 번호를 생성, 확인 절차를 거치는 것으로 결제 작업을 안전하게 처리한다.

특히 애플의 '만족스러운 사용자 경험'은 모바일 결제 시장에서도 여실히 드러났다. 갖다 대기만 하면 결제가 되는 것이 NFC의 기본 원리이자 취지다. 그러나 지금까지 업계에서는 기기 분실, 도난 이후 제 3자의 이용 가능성 등에 대비해 추가적인 신원 인증 절차를 도입했는데, 이는 NFC의 확산을 저해하는 주요 요인 가운데 하나였다.

수많은 신원 인증 가운데서도 애플은 지문 인식 시스템을 선택해 사용자들이 추가적인 인증 절차를 거치는 부담스러움을 손가락만 갖다 대면 가능하도록 만들었다. 이것이 아이 폰 5s에서부터 도입한 지문 인식 기술인 터치ID(TouchID)인데, 이번 애플 페이 시스템에 서의 신의 한수로 평가된다.

바. 온덱의 소상공인을 위한 온라인 소액 대출

소상공인을 위한 온라인 대부업체인 온덱(Ondeck.com)은 자영업자에게 500만 원에서 최대 2억 5,000만원까지의 소액 대출을 오직 온라인만을 통해 심사해 진행하는 서비스이다.

서비스 이용까지 보통 서류 제출 및 대출 결정은 10여분 이내, 대출금 입금은 24시 간 이내 해주는 것이 특징이다. 이때 대출 신청자의 신용도를 다양한 정보 분석 알고리즘을 통해 분석, 판별해주는 것이 이 서비스의 강점이다. 이에 쓰이는 기술이 바로 빅 데이터 분석 기술이다.

또한, 대출에서는 P2P(Peer to Peer) 방식을 통한 서비스가 부상하고 있다. 대출형 크라우드 펀딩으로 불리는 P2P 대출 서비스는 온라인과 모바일의 장점인 접근성에 기반해 대출을 원하는 기업이나 개인, 그리고 높은 이자와 낮은 거래비용을 원하는 개인과 기업을 동일 플랫폼 내에서 연결시켜주는 서비스이다.

특히 신용평가나 채권회수 등 리스크에 대한 우려를 빅 데이터 및 소셜데이터 분석 등을 통해 해소함으로써 빠르게 성장하고 있다.

사. 전통적인 신용평가를 무시한 퀴즈 신용평가

신용평가 전문업체인 비주얼DNA(VisualDNA)는 은행처럼 대출에 직접 관여하지 않지만 대출의 기초 데이터가 되는 신용평가 등급을 제공한다. 금융업체들은 이 업체의 등급결과를 받아 신용카드 발급이나 대출을 집행한다. 문제는 비주얼DNA의 개인 신용 평가 기법에 있다.

기존 거래 데이터를 기반으로 한 전통적인 신용평가 방식을 완전히 무시하고 대출을 받고자 하는 사용자에게 질문이나 퀴즈를 풀게 해 이를 분석함으로써 신용평가가 이뤄진다. 성격을 평가하는 심리 테스트인 이 질문과 퀴즈는 모든 절차가 온라인으로 이뤄지면 5분이 넘지 않도록 한다.

비주얼DNA의 퀴즈에는 심리기술이 담겨있는데, 행동경제학, 결정이론 등 고도의 이론적, 통계적 노하우가 있다. 이에 더해 5가지 성격 특성 요소라는 심리학의 성격이론과 빅 데이터 분석이 결합한다. 한 마디로 심리기술로 성격 특성을 파악한 뒤 대출 요청자의 상환의지를 측정하게 된다.

마스터카드 최근 자문보고서에 따르면, 전 세계적으로 약 50%의 성인이 금융거래 이력이 없다. 기존 신용평가 방식대로라면 이들은 대출과 같은 금융 서비스를 받는데 어려움을 겪을 수밖에 없다. 이 기술의 장점은 금융거래 이력이 없는 사용자에게도 대출과 같은 금융 혜택을 제공할 수 있다.

이 보고서는 신용등급 측정에 심리분석을 사용하는 것은 이미 다수의 국가에서 사용해 오고 있다고 전했다. 비주얼 DNA의 평가 등급으로 대출을 집행했을 때 불량률(default rate)은 23%가 감소한 것으로 나타났으며, 금융 정보 부족 고객에 대한 대출 집행도 50%나 증가했다.

아. 알리파이낸스, 빅데이터 분석을 통해 대출자의 신용도 평가

이처럼 기존 신용 평가보다 좋은 실적을 거둔 빅데이터 분석 기술은 소셜 데이터 등과 함께 대출 및 투자 관련 업무에서도 기존 리스크 산정 및 예측 방식보다 높은 정확성을 확보할 수 있다.

예를 들어 알리바바는 2011년 알리파이낸스를 통해 자사의 쇼핑몰에 입점하기 원하는 사업자들을 대상으로 입점에 필요한 비용과 사업비용을 대출해주고 있다. 알리 파이낸스는 B2B 전자상거래 서비스인 알리바바와 B2C 온라인 쇼핑몰인 티몰을 통해 축적된 거래량, 재구매율, 만족도 등 정형 데이터와 판매자와 구매자 간 대화 이력, 구매 후기 등의 비정형 데이터, 그리고 SNS 등 외부 소셜 데이터를 바탕으로 대출 심사 대상자의 신용도를 자체적으로 평가하고 있는데, 이를 통해 발생된 대출의 불량채권 비율은 0.9%로, 시중은행의 2%보다 낮았다.

한편 크라우드 펀딩은 전통 금융업의 핵심인 대출과 증권 시장을 잠식하기 시작했다. 크라우드 펀딩은 단순히 온라인 플랫폼에서 정보를 모아 투자자들에게 전달하는 것이 아니라 빅데이터 분석 기술을 이용해 소비자와 벤처기업의 신용도를 분석함으로써 투자 위험을 최소화하고 성장력 있는 기업이 대출과 투자를 쉽게 유치할 수 있도록 만드는 것이다. 현재 우리나라에서는 금지되고 있는 대출형 크라우드 펀딩과 지분형 크라우드 펀딩은 대출과 증권투자 시장을 빠르게 잠식할 것으로 보인다.

자. 자산 상황을 알려주는 실시간 가계부 민트닷컴

핀테크는 사용자의 자산관리에도 훌륭하게 사용될 수 있다. 자산관리 앱 가운데 대표적인 것이 바로 민트닷컴(Mint.com)이다. 민트닷컴은 한마디로 일종의 가계부 역할을 하는데, 사용자가 갖고 있는 모든 금융 계좌와 신용카드 정보 등을 종합해 자산 상황을 종합 적으로 알려준다. 심지어 주택과 증권가격 등도 수집해 순 자산의 가치를 실시간으로 산정해준다.

이와 함께 핀테크 서비스는 투자자문 시장에도 진출했다. 지금까지 개인들이 투자를 결정하기 위해서는 개별 금융업체의 지점이나 웹을 통해 자문을 구했지만, 투자자문 앱은 실시간으로 금융시장의 정보를 종합적으로 제공하고 투자자문을 제공한다. 굳이 오프라인 지점에 가지 않아도 앱을 통해 서비스를 받을 수 있는 것이다.

차. 성공한 핀테크, 현 문제점을 해결하는 서비스

무엇보다 핀테크 시장에서 IT 기술이 중요한 것은 사용자에게 어떤 개인화된 서비스를 제공할 수 있는지 분석할 수 있는 도구이기 때문이다. 지금까지 성공한 전 세계에서 성공한 핀테크 서비스는 각국마다 갖고 있는 현실의 문제점을 극복하고 각국 사용자의 금융 성향과 특성, 제도에 맞는 서비스를 제시한 것이었다.

이제 핀테크에 있어 NFC, 비콘, 빅 데이터 처리 및 분석 기술, 사용자 위치기반 등 기술적인 요소는 기본적인 사항이 됐다. 핀테크 성공에서 중요한 것은 이런 기술을 활용해 사용자에게 어떤 차별화된 서비스를 제공하느냐이다. 물론 시장경쟁에서 승리를 결정짓는 것이 우수한 기술력 만은 아니다. 우리나라의 경우 신용카드 사용률과 모바일 사용률이 높고 초고속 인터넷을 통해 이미 금융거래가 활발하게 이뤄지고 있기 때문에 국내 상황에 맞는 핀테크 서비스를 찾아야 한다.

4. 국내외 핀테크 산업동향

가. 해외 핀테크 산업 동향

모바일 트래픽이 급증함과 동시에 모바일 채널을 통한 금융거래가 급격히 증대되어 관련 산업이 발전할 수 있는 여건이 형성되고 있다. 해외 글로벌 ICT(Information & Communication Technology) 기업들은 자사 사이트 결제 수요 또는 모바일 네트워크 기반으로 다양한 형태의 송금 · 결제 서비스를 제공하고 있다.

미국의 페이팔(Paypal)은 1998년 설립된 전자결제 전문 업체로 2002년 e-bay에 인수되었으며, 14년 말까지 약 1.57억 개의 유효 계좌를 보유하고 있으며, 약 200개국에 26개 화폐를 통한 결제 서비스를 제공하고 모바일 시장규모가 확대됨에 따라 꾸준한 상승세를 기록하고 있다.

중국의 인터넷 보급률 확대와 스마트 디바이스의 확산과 더불어 전자상거래 시장이 폭발적으로 성장함에 따라 알리바바의 성장세도 상당한 수준하다. 알리바바는 '알리페이'를 앞세워 송금 · 결제 서비스 시장에서 무서운 상승세를 보이고 있으며 '위어바오'란 상품을 통해 실질적으로 인터넷 은행의 수신 기능을 수행하면서 은행서비스 시장을 위협하고 있다.

〈표 4-16〉 해외 핀테크 기업현황

업체	서비스	설 명
애플	애플페이	애플계정에 연동된 신용카드 정보를 아이폰 6에서도 쓸 수 있게 한 것으로 지문인식 센서 "터치 II"와 근접 무선통신기술(NFC)를 활용한 기술로 신용카드 정보를 먼저 저장해 둔 후 "아이폰 6"나 "애플워치"로 결제하는 방식
텐센터	텐페이	중국 최대 모바일 메신저 서비스 "위챗"을 서비스 중인 텐센트는 위챗 내에 탐재한 자체 결제 플랫폼, 계좌이체, 전화요금 충전, 항공권 예매 등이 처리 가능하며, 최근 국내 업체인 다날과 제휴
이베이	페이팔	모바일 지갑 업체 페이던트(Paydiant)와 보안 스타트업인 사이액티브(CyActive)를 인수하였으며, 개인 금융 정보 등록 후 부여받는 아이디, 비밀번호를 통해 결제 서비스를 이용 가능
알리바바	알리페이	금융기관과 제휴를 통해 간단한 송금결재 뿐만 아니라 대출, 펀드 상품 가입까지 가능. 국내 400여 온라인 사이트와 제휴를 체결하였으며, KG 이니시스, 하나은행과 제휴하여 중국 내 소비자가 국내 쇼핑몰에 위안화로 결제할 수 있는 서비스를 진행 중
아마존	아마존 페이먼트	2014년 6월 자사 사이트 내 지급결제 서비스를 출시하여 제공하고 있으며, 국내 법인을 설립하여 국내시장 진출 준비 중
구글	안드로이드 페이	초기 미 주요통신 3사가 세운 NFC 기반 모바일 결제 기술 컨소시움 소프트카드를 인수하여 구글 월렛을 보강하고 이를 활용한 모바일 결제 시스템인 안드로이드 페이를 선보일 계획

* 자료: 핀테크의 가치창출 요건 및 시사점, 여신금융연구소, 2015. 1

〈표 4-17〉 혁신적인 해외 핀테크 기업 사례

기업명	사업 내용
스트라이프 (Stripe.com)	· 자사의 앱 프로그래밍 인터페이스를 앱에 삽입한 회원에게 글로벌 고객을 대상으로 한 지급결제와 7일 안에 대금을 지급해주는 서비스 제공 · 전 세계 139개국 통화와 비트코인, 알리페이 등으로도 결제 가능
어펌 (Affirm.com)	· 회원이 온라인쇼핑몰에서 물건을 구매할 때, 신용카드가 아닌 본인의 신용으로 할부 구매할 수 있도록 해주는 결제 서비스 제공 · 회원의 공개된 데이터를 분석해 단 몇 초 만에 신용도를 평가한 후, 회원의 적정 할부 수수료를 산정하여 부과
빌가드 (Billguard.com)	· 자사가 개발한 예측 알고리즘을 활용하여 신용카드 청구서 상 오청구 또는 수수료 과다 인출 등의 징후를 포착하여 회원에게 알려주는 서비스 제공 · 모바일앱으로 회원의 신용카드와 은행 계좌를 통합관리 가능
온덱 (OnDeck.com)	· 대출 신청자는 100% 온라인 기반으로 대출 신청서를 제출하고, 대출이 승인되면 신청 다음날에 지정 계좌로 대출금을 입금 · 자체 개발한 신용평가 알고리즘으로 대출 신청자의 금융기관 거래내용, 현금 흐름, SNS 상 평판 등을 고려해 몇 분 만에 신용평가 및 대출여부 심사

* 자료: 우리금융연구소, 2015.

알리바바는 이러한 엄청난 회원 규모라는 경쟁력을 가지고 세계 여러 나라의 쇼핑몰을 하나의 아이디로 이용할 수 있다는 장점을 내세워 국내 핀테크 시장 잠식이 우려되고 있다. 최근에는 혁신적인 아이디어와 기술력을 바탕으로 핀테크 스타드업 기업들이 차별화된 비즈니스모델을 통해 핀테크 산업으로 활발하게 진출하고 있다.

해외 핀테크 산업에 대한 투자는 2008년 9억 달러에서 꾸준한 성장을 보이고 있으며, 특히 금융데이터분석과 소프트웨어 부문의 투자비중이 증가하고 있다.

〈표 4-18〉 글로벌 핀테크 투자규모

단위: 억 달러

2008년	2009년	2010년	2011년	2012년	2013년
9.3	9.8	19.8	24.3	27.0	29.7

나. 국내 핀테크 산업 동향

급격한 성장세를 보이고 있는 해외 핀테크 산업과 달리 국내의 핀테크 산업은 답보수준에 머물러 있는 상태이다. 우리나라는 IT 인프라는 잘 갖추어져 있으나, 세계 100대 핀테크 기업 중 국내기업은 단 한 곳도 없는 상황이다. 최근 지급결제 분야에서 다음과 네이버 등의 대형 ICT 업체들이 송금 및 지급결제 시장에 진입하였으나 괄목할만한 성과를 내놓지 못하고 있는 실정이다.

〈표 4-19〉 국내 핀테크의 분야별 추진현황

분야	국내현황
지급결제	· 카드사 및 PG사 등의 간편결제 서비스 출현
송금	· 금융회사를 통하지 않고 비금융회사의 플랫폼을 활용한 온라인송금서비스 출현
예금·대출	· 인터넷 전문은행 도입 방안 마련 중
투자자금모집	· 투자형 크라우드 펀딩법안 국회 통과예정
자산관리	· 온라인 투자자문 등에 대한 제도적 제약은 없음 · 온라인 펀드슈퍼마켓 도입 완료
보험	· 개별 보험회사 홈페이지를 통한 온라인 보험 가입 · 온라인 보험 슈퍼마켓 도입 추진 중
기타	· (빅 데이터) 빅 데이터 가이드라인 마련 및 통합 신용정보 집중기관 설립 추진 중 · (보안 · 인증) 핀테크 보안업체 및 금융회사 간 제휴확대, 스마트 OTP 출시 준비, 금융보안원 설립 등

* 자료: 우리금융연구소, 2015.

이는 과도한 진입장벽과 규제로 국내의 핀테크 산업은 뒤쳐진 상태로 여신전문금융업법 등 금융관련 법률은 금융업 진입 조건을 엄격하게 규정하고, 금융위원회와 금융감독원 등 여신 감독기관의 심사를 통과해야 금융업 허가가 가능하기 때문이다.

대기업의 금융 진출에 따른 경제 불균형을 우려한 금산분리 원칙에 따른 금융 규제로 핀테크 등 금융과 타 산업의 융합이 정체되어 있다. 최근, 정부의 적극적인 핀테크 육성 의지에 따라 핀테크에 대한 금융회사들의 관심과 참여가 증대되고 있으며, 핀테크 산업 육성 전략 등 각종 지원책을 통해 핀테크 산업이 활성화될 것으로 기대되고 있다.

또한, 기존 PG업체(지불결제회사), 은행, ICT 업체들의 움직임도 빨라지고 있다. 기존 PG 업체 외에 대형 ICT 업체들이 모바일 간편 결제 시장에 뛰어 들면서 경쟁은 더욱 치열해지고 있다. 최근에는 국내 PG사를 중심으로 카드정보나 인증정보를 매번 입력할 필요 없이 미리 설정해둔 비밀번호만으로 간편하게 결제할 수 있는 "원클릭 간편결제" 서비스를 출시하고 있다. 액티브 엑스(ActiveX)나 공인인증서 없이 최초 1회만 결제 정보를 등록하면 이후부터 자체 간편 인증만으로 쉽게 결제할 수 있는 서비스이다.

〈표 4-20〉 국내 간편결제 서비스 보안정책

업체	서비스	설 명
다음 카카오	뱅크월렛 카카오	고객의 주요 금융 정보를 전 구간에서 암호화하여 서비스 운영자도 고객의 주요 정보를 전혀 알 수 없도록 하고 카카오톡으로 발송되는 뱅크머니 송금 메시지에 인증마크가 부착되어 스미싱을 예방
삼성전자	삼성페이	결제할 때 카드번호 대신 임시번호인 토큰 정보를 사용, 거래정보를 단말기에 저장하지 않아 안전. 특히 세계 최고의 모바일 결제 보안솔루션인 녹스(KNOX)를 적용할 예정
네이버	네이버 페이	네이버 페이에 입력한 카드번호를 저장하지 않고, 네이버 ID와 연결된 가상 카드번호로 결제하는 방식으로 실시간 모니터링을 실시하고 만에 하나 있을 제3자에 의한 도용 등 부정 이용으로 이용자가 손해를 볼 경우 "전액 선보상 정책" 검토

* 자료: "네이버 vs 다음카카오 간편결제-송금 핀테크 경쟁", 아이티데이, 2015. 3

PG사나 금융권 중심으로 간편 결제 분야로 집중되는 양상을 보이고 있으나, 송금이나 자산관리, 빅 데이터, 보안 등 사업으로까지는 아직 초기 단계이다. 그러나 대기업을 중심으로 2015년 본격 서비스 개시를 예고하고 있어 국내 핀테크 산업이 본격 경쟁을 통한 성장기를 맞게 될 것으로 보인다.

5. 국내 핀테크 산업의 향후 전망

국내 핀테크 산업은 정부의 핀테크 산업 육성 지원책이 계획에 따라 핀테크 지원체계의 운영을 내실화하고 관련 규제 개선 및 자금조달 지원의 활성화가 기대되고 있다. 다음은 2016년 금융 콘퍼런스에서 김연준 전자금융과장의 발표내용을 디지털타임스 2016년 9월 9일자 신문기사 내용이다.

"국내 핀테크 기업은 이제 시작 단계입니다. 세계 시장에서 통할 수 있는 경쟁력을 만들기 위한 생태계 조성과 추가 규제 철폐에 더 앞장서겠습니다."

금융위원회가 핀테크 산업 규제 완화에 대한 의지를 다시 한번 천명했다. 국내 핀테크 기업이 경쟁력을 쌓고, 해외로 나갈 수 있도록 혁신을 가로막는 규제를 더 걷어내겠다는 것이다.

8일 본지가 주최한 '스마트금융 스마트금융 콘퍼런스'에 참석한 김연준 금융위 전자금융과장은 '정부의 핀테크 육성 현황 및 향후 계획'을 주제로 한 발표를 통해 현재 정부의 핀테크 산업 육성 정책에 성과와 과제가 공존하고 있다고 평가했다.

김 과장은 우선 전자금융업 등록 자본금 완화·전자금융업 등록 절차 간소화·사전 보안성 심의제도 폐지 같은 과감한 규제 철폐로 핀테크 산업의 양적 규모(국내 핀테크 기업 370개, 산업 종사자 수 2만5600여명)은 확대일로에 있다고 설명했다.

또 인터넷 전문은행, 보험다모아, 원클릭 간편결제 확대 등 편리하고 쉬운 금융서비스가 대폭 출현해 편리한 금융서비스가 시장에 공급되고 있다고 자평했다.

반면 이 같은 노력에도 불구하고 여전히 국내 환경이 미국·영국 등 핀테크 선진국에 비해 갈 길이 멀다고 진단하고, '글로벌화'·'핀테크 생태계' 조성을 키워드로 정부의 정책적 지원을 더 강화할 것이라고 강조했다.

또 김 과장은 '글로벌 핀테크 강국으로의 도약'을 향후 핵심 정책으로 설정하고 △핀테크 인포허브 구축 △핀테크지원센터와 코트라·특허법인 등과의 협업 통한 원스톱 서비스 제공 △핀테크 기업 해외 데모데이 대폭 강화 등 각 국가별 맞춤형 해외진출 지원책을 구사해 나갈 것이라고 강조했다.

그는 "지난 8월 말 16개 은행 25개 증권사가 참여한 핀테크 오픈 플랫폼을 세계 최초로 오픈하는 등 다양한 혁신사례들이 속속 도출되고 있다"며 "국민들이 체감할 수 있는 핀테크 서비스 활성화 기반 마련과 해외 진출을 위해 정부도 힘을 쏟겠다"고 덧붙였다.

국내 핀테크 산업은 모바일 시장의 확대로 말미암아 모바일 금융시장의 주도권 다툼이 본격화될 것으로 예상되고 있는데, 이는 기존의 지급결제를 담당하는 금융회사 이외에 다양한 ICT 기업들이 속속 모바일 금융시장에 진입하고 있는 실정이나, 현재까지 선도적 위치를 차지한 기업은 없는 상황이기 때문이다.

핀테크가 혁신적인 기술과 아이디어로 소비자들을 전통적인 금융서비스를 끌어오기 위해서는 안전성 확보가 중요하다. 핀테크는 기본적으로 IT기술을 기반으로 하기 때문에 안정성에 문제가 발생할 경우에는 산업 자체에 큰 위협 요인으로 작용이 가능하다. 때문에 핀테크가 간편하고 편리한 서비스를 안정적으로 제공하기 위해서는 고도의 보안 유지가 필요하며, 전통적인 금융서비스가 정적·사전적 보안을 중시한 것에 비해 핀테크는 개별 플랫폼을 통한 거래이기 때문에 동적 · 사후적 보안의 비중이 높아질 것이다.

핀테크가 활성화되더라도 전통적인 금융회사들은 공존할 것이다. 금융회사들은 막강한 자본력과 높은 레버리지, 수십 년간 축적된 브랜드파워와 기업이미지, 다양한 거래고객, 우수한 인재 등을 바탕으로 금융업의 본질은 영원히 지속될 것으로 예상되지만, 다만, 전통적인 금융회사들은 ICT 기업과의 융 · 복합을 통해 핀테크 시장을 선점하거나 전통적인 금융업에 대한 역량 강화를 통해 시장 지배력을 공고히 하는 등의 전략적 선택이 필요하다.

Healthcare with knowledge is not only enriching myself but also eventually benefits my home members.

지식이 곁든 건강은
나뿐 아니라 우리 가족 모두에게 이익을 안겨준다.
– 조성갑 –

Management

Intelligence

Business

IT FIN TECH

Governance

BIG DATA

Information Governance

제 2 장

지속가능 경영과 IT 윤리

제 1 절 정보가치와 IT 윤리

1. IT 윤리개요

가. 정보사회에서의 윤리 문제

정보사회에서 윤리적 판단은 정보의 수집과 수집된 정보에 대한 판단을 통해 통합된다. 그리고 윤리적 논의의 대상도 개인에서 집단으로, 즉 개인 윤리에서 사회 윤리로 바뀌게 된다. 사실상 이것은 산업사회에 들어오면서 이미 시작된 것이다.

정보사회에서는 산업사회가 지니는 두 가지 특징을 모두 가지고 있을 뿐만 아니라, 아이러니컬하게도 개인이 무력해서가 아니라, 누구든지 정보에 접근해서 이 사회를 교란시키고 파괴할 수도 있다는 점에서 개인의 힘이 한층 강화되었기 때문에 구조적 윤리와 책임을 더욱 고려해야 하게 되었다.

다시 말해, 정보사회에서 윤리의 구조적 측면이 강조되는 이유는 조직과 구조를 변형하지 않으면 개인과 사회를 변화시키기 힘들다는 이유 때문만이 아니라, 사회 속에서 작용하는 비인격적인 측면을 인간의 결정 영역 안에 끌어들이는 전체적 전략이 중요해졌기 때문이다.

정보사회에서의 윤리 문제를 다루면서 가장 먼저 대면하게 되는 문제는 기술 결정론의 입장을 수용할 것인가 하는 문제이다. 기술 결정론은 기술의 변화가 사회제도와 문화를 변화시킨다고 보고, 그러한 기술변화가 미치는 영향의 긍정적 혹은 부정적 측면을 강조한다. 이러한 기술 결정론에 대한 비판적 대안은 기술의 사회 결정론 혹은 이데올로기적 결정론으로서 기술의 발전 방향과 혁신의 정도, 그리고 기술의 전반적인 형태가 사회적, 제도적, 경제적, 문화적 혹은 이데올로기적 요소에 의해서 형성된다는 입장이다.

비록 우리가 막스의 교설을 액면 그대로 받아들이기는 어렵다 할지라도 문화 양태나 의식구조, 즉 상부 구조가 문명의 방식이나 생산 양식, 즉 하부 구조에 어떤 식으로든 의존하다는 입장을 전적으로 부인하기는 어렵다. 물론 여기서 하부 구조에 대한 상부 구조의 의존 관계가 인과적 결정 관계라는 강한 의미로 받아들일 필요는 없으며, 상부 구조의 부분적 자립성이나 상 · 하부 구조 간의 상호 작용성을 배제할 필요도 없다.

상부 구조가 하부 구조에 의존해 있으면서도 하부 구조로 환원되는 것은 아니며, 부분적 자율성을 갖는다는 의미에서 상부 구조가 하부 구조에 수반한다고 하는 것이 보다 더 적절할 것이다.

가치관 혹은 윤리관 역시 문화의 한 형태, 즉 상부 구조의 일부라 할 경우, 그것들 역시 하부 구조에 수반하는 한 현상들이라 할 수 있다. 다시 말해, 농경 사회의 문명에 있어서는 농경 사회적 가치관이 성립하고, 산업사회의 생산 양식에 있어서는 산업 사회적 가치관이 기능하게 되며, 정보사회에 있어서도 동일한 논리가 추정적으로 가능하다. 이상과 같은 맥락에서 볼 때, 상 · 하부 구조 간의 관계가 우연적이거나 자의적인 어떤 것으로만 간주하기는 어려울 것이다.

따라서 산업 사회적 기반 위에 농경 사회적 윤리 체계를 세우려는 시도는 논리적 가능성을 완전히 배제하기는 어려우나 현실적으로 부자연스러울 수밖에 없다. 도덕의식이 그 바탕이 되는 물적 토대와 단순한 우연적 관련 이상으로 적합하고 적절한 관계에 있다 할 경우, 바람직한 도덕 생활을 위해서는 이질적인 상 · 하부 구조를 인위적으로 결합하려고 시도하기보다는 그에 걸맞는 문명의 틀로 전환시키고 하부 구조를 개혁하는 것이 보다 바람직할 것이다.

나. 인터넷과 미디어 윤리

근대 국가 이후 민주 국가는 법치주의를 기본 원리로 채택하고 있으나, 기실 가장 중요한 것은 법 그 자체보다 법을 뒷받침하고 있는 윤리 체계이다. 윤리라는 개념은 시대와 관점에 따라 다양하게 정의될 수 있지만, 그러나 대체로 사람이 생각하고 행동하는 데 있어서 옳고 그름의 판단을 내리는 데 필요한 철학적 기초를 가리킨다.

즉 인간의 삶에서 '도덕적 차원'의 신념을 지켜내기 위한 기준이라는 것이다. 이 도덕적 차원은 삶에 있어서 옳은 행위와 그른 행위가 있고, 이 양자 간에는 진정하고 중대한 차이가 있음을, 그리고 인간 존재가 어떤 행위가 옳고 또 어떤 행위가 그른지를 알 수 있는 능력을 갖고 있거나, 적어도 어느 것이 옳고 그른가에 대한 정당한 신념을 가질 능력이 있음을 전제한다. 또한, 무엇이 옳고 그른가에 대한 지식이 우리의 행위에 영향을 끼친다는 것을 전제로 한다.

사람들이 자신의 삶의 도덕적 영역이 갖는 성격과 정당성에 대해 고민하는 것은 때때로 자신의 기본적인 윤리적 신념의 일부나 그러한 신념이 전제하는 삶에 대해 도전해 오는 정보들로 인해 고민에 빠지게 되기 때문이다.

예컨대, 모든 사람이 동일한 가치관을 공유하고 있는 환경에서 성장한 사람이 그와는 전혀 다른 도덕관을 표현하는 사람들에게 노출되었을 때, 그는 옳고 그름 간에 차이가 실제로 존재하는지, 혹은 설사 그러한 차이가 존재한다 하더라도 우리가 과연 무엇이 옳고 그른지를 실재로 알 수 있는지 등에 대해 의심을 품게 된다.

이것은 사람들로 하여금 자기 삶의 도덕적 차원의 이론적 기초에 대해 고민하게 만들 수 있는 경험의 한 유형이다. 이러한 의미에서 새롭게 만들어지고 있는 멀티미디어 공간 속에서 우리들의 삶에 대한 자세를 비판적으로 성찰하고 문제점을 찾아보는 것이 절실하게 필요하다.

오늘날 인터넷이 만들어낸 사이버 공간은 사회적 실재감을 저하시켜 줌으로써 *나르시즘[25]적인 퇴행을 부추기는 속성을 가지고 있기에, 현실 공간보다 훨씬 강한 윤리 의식과 자기 통제력이 필요한 공간이다. 그러나 사이버 공간에서 행위자들은 현실 세계와는 달리 타자의 실질적이고 독립적인 존재를 인정함으로써 진입하게 되는 상호 의존과 책임의 관계를 거부하기에 일상의 도덕적인 가치 규제가 사실상 어려운 실정이다.

그러므로 타자의 실종, 탈 육체화 된 정체성, 익명성과 같은 사이버 공간의 특성에 부합되는 윤리 규범의 발견 및 실천이 절실하게 요청되고 있다. 신속하고 정확한 정보의 생성과 수용, 교환의 터전으로서의 인터넷의 장점이 십분 발휘되고 있지만, 디지털 미디어의 발전과 변화의 이면에는 예기치 않은 새로운 각종 문제들이 내재되어 있다.

사이버 공간의 혼란은 사회학 용어인 '*아노미[26] 현상'과 '문화 지체 현상' 등을 통해서 설명될 수 있다. 즉, 인터넷은 하루가 다르게 발전하고 있으나 그것을 다루는 사람들의 정신적 성숙이 인터넷의 발전을 따라가지 못하고 있다. 네티즌들은 기술적인 면은 쉽게 수용하지만, 규범이나 예절에 대해서는 수용 속도가 느려 기술적 발전과 이용 예절에 대한 간극의 차이는 점차 벌어지게 되며, 이러한 간극이 결국은 인터넷 아노미 현상을 초래하게 된다.

이러한 점에서 정보화 사회의 핵심이라 할 수 있는 인터넷 미디어 사용에 있어서의 적절한 윤리, 즉 미디어 윤리가 절실히 필요하다. 미디어 윤리는 미디어를 창출하고 이용하는 데 관련되는 모든 사람들이 그 역할을 수행함에 있어서 갖추어야 할 바람직한 행위양식의 철학적 기초라 할 수 있기 때문이다.

다른 국가들에서도 비슷한 양상을 띠긴 하지만, 특히 한국은 그동안 정보화를 마치 선진국

25) 나르시즘: 자기 자신에게 애착하는 일

26) 아노미(Anomie): 사회적 혼란으로 인해 규범이 사라지고 가치관이 붕괴되며 나타나는 사회적, 개인적 불안정 상태를 뜻하는 말. 아노미 상태에 빠지면 삶의 가치와 목적의식을 잃고, 심한 무력감과 자포자기에 빠지며 심하면 자살까지 하게 되는 현상이 발생한다.

진입과 같은 정치적 이데올로기처럼 내걸고 적절한 철학적 성찰 없이 하드웨어의 확대 위주로 내닫다보니 지금의 미디어 윤리는 최악의 위기를 맞고 있다. 사이버 공간에서는 누구나 자유롭게 미디어 정보에 접근하여 이용할 수 있고, 또한, 익명성의 보장으로 인하여 윤리적 일탈에 빠지기 쉽다.

즉, 다수의 동시 발신이 가능한 매스미디어 기능과 즉각 반응의 쌍방향 커뮤니케이션이 가능한 인터넷이라는 네트워크를 통해 특별한 시·공간의 제약 없이 난무하는 정보의 무한성은 그 익명성과 대중성에 따른 무책임성으로 인해 그 정확성과 공정성, 그리고 신뢰성을 현저하게 해치는 폐단을 가져오기도 한다.

인터넷상에서 언어의 파괴는 물론, 사회적 실재감 상실로 인한 인간성 상실을 비롯하여 각종 심리적 문제 등 여러 가지 사회 윤리적 문제가 나타나고 있다. 이러한 문제들 가운데 대부분은 개인적인 차원에서 해결될 수 있지만, 경우에 따라서는 커다란 사회적 문제로 대두되기도 한다.

정보사회에서의 미디어 역기능 가운데 대표적인 것들로는 사이버 명예 훼손, 저작권 침해와 불법 복제, 스팸 메일 발송, 개인 정보 침해 및 유출, 음란 및 불건전 정보의 유통, 인터넷 중독, 그리고 사이버 범죄 등 모두 다 인터넷의 오용과 남용으로부터 비롯되는 문제들이다.

최근 들어, 우리나라 대부분의 청소년들이 인터넷을 즐겨 사용하며, 이들 가운데 일부는 하루라도 인터넷을 통해 게임이나 통신을 하지 않으면 금단현상으로 말미암아 다른 일에 집중하지 못하는 인터넷 중독 상태를 경험하고 있다는 연구 결과가 많이 나오고 있다. 이러한 중독들 가운데 특히 음란물에 대한 중독은 그 폐해가 심각하여 적절한 대책이 시급히 마련되어야 한다고 목소리가 높다.

다. 정보사회와 정보통신 윤리

신기술의 개발은 언제나 이상적인 측면에서만 보자면, 인류의 삶을 더욱 편리하고 바람직한 방향으로 개선시켜 보겠다는 암묵적 희망을 전제하고 있다. 그러나 현실적으로 신기술의 등장이 반드시 인류의 삶을 긍정적 방향으로만 개선시켜 오지 않았다는 점을 우리는 지금까지의 역사적 경험을 통해 익히 알고 있다.

최근 급속도로 이루어지고 있는 정보통신기술의 발달 역시 인류의 삶에 많은 긍정적 측면들과 이에 못지않은 부정적 측면들을 동시에 안겨주고 있으며, 앞으로 초래될 정보사회에 대한 평가와 전망 역시 낙관론과 비관론으로 팽팽하게 대립되고 있다. 또한, 정보통신기술과 사회변동의 관계에 대하여서도 기술 결정론적 입장과 사회 구조론적 입장, 그리고 단절론과 연속론 등 상호 대립적인 이론적 관점들이 대두되고 있다.

정보화를 둘러싼 이러한 이론적 관점의 대립은 정보 통신 윤리와 관련된 이론적 논의에서도 그대로 반영된다. 특히 사회 변동의 단절론과 연속론 중 어느 입장을 취하느냐에 따라 정보사회의 윤리를 기존의 산업사회와는 획기적으로 다른 전혀 새로운 윤리체계로 보느냐 혹은 산업사회의 연장선에서 기존의 윤리체계가 심화 혹은 변형된 모습으로 보느냐 하는 두 가지 접근방식으로 갈라지게 된다.

사회학적 입장에서 다양한 규범적 체계를 제시하는 것이 가능할 것이며, 각각의 입장은 그 서술적 전망과 규정적 전망을 상이하게 가질 수도 있다. 그러나 마치 비관론자들이 정보사회가 개인의 자율성을 억압하는 *파놉티콘[27]적 통제사회가 된다는 전망을 하면서도 개인의 자율성을 확대하기 위한 모종의 전략을 제시하는 것처럼, 이러한 사회학적인 입장과 정보통신사회 윤리의 연관 가능성을 추적하기란 쉽지 않은 것이 사실이다.

사회학적 입장과 윤리학적 입장을 상호 교차적으로 결합시켜 고찰해 보기 위해서는 윤리학의 고전적인 문제의 하나인 문화적 상대주의와 윤리적 보편주의 사이의 논쟁을 살펴볼 필요가 있다. 현재의 정보화 과정을 자본주의적 산업사회의 연장선으로 파악하는 관점에서 보면, 이와 관련된 윤리적 쟁점 역시 전혀 새롭고 독특한 것이 아니며, 따라서 기존의 산업사회적인 윤리적 개념이나 가치를 원용하여 적용할 수 있다는 결론이 자연스럽게 따라 나온다.

즉 정보통신 기술이 기존의 기술들과 아무리 다르다고 하더라도, 그것이 지금까지와는 전혀 다른 원리로 사회를 구성하지는 않을 것이며, 따라서 농경 사회에서 산업사회로 넘어올 때 등장했던 자유, 평등, 평화, 박애 등과 같은 근대 산업사회의 지배적 이념과 가치가 여전히 유효한 시대적 보편성을 지니고 있다고 본다.

그러나 이런 입장에서도 산업사회가 현재의 정보사회에 그대로 적용된다고 보기는 어렵고, 다만 연속적 입장에서 산업사회의 윤리가 더욱 첨예화되는 것으로 본다. 만약 정보사회가 산업사회의 연장선상에 존재한다면, 정보사회의 윤리적 특성 역시 산업사회의 윤리가 극단화되는 형태를 띠는 것으로 보아야 할 것이다. 따라서 정보사회의 윤리적 특징은 이미 산업사회에서 태동한 최소 도덕화, 결과주의화, 외면적 책임 윤리화, 사회 윤리의 준법규화가 더욱 심화될 것이라고 보는 것이다.

다른 입장에서는 산업사회와 정보사회의 연속성과 불연속성 여부에 관계없이 보편적인 도덕체계를 주장하기도 한다. 컴퓨터 윤리의 선구자 중 한 사람인 Johnson의 경우도 컴퓨터의 사회학적 논의와 윤리학적 논의를 구분한다. 사회학적 논의는 정보통신 기술의 사회적 영향과 변화를 서술적 관점에서 탐구하고, 윤리학적 논의는 이러한 사회적 변화가 우리들의 통상적

27) 파놉티콘(Panopticon): 판옵티콘, 패놉티콘, 팬옵티콘 이라 불리우며, 영국의 철학자이자 법학자인 제러미 벤담이 제안한 일종의 감옥 건축양식을 말한다. 그리스어로 '모두'를 뜻하는 'pan' 과 '본다'를 뜻하는 'opticon'을 합성한 것으로 벤담이 소수의 감시자가 모든 수용자를 자신을 드러내지 않고 감시할 수 있는 형태의 감옥을 제안하면서 이 말을 창안했다.

도덕적 신념들과 인간관계에 미치는 영향을 규범적으로 탐구한다.

한편, 산업사회와 정보사회를 *단절론[28]적 관점에서 보는 사람들은 컴퓨터의 등장에 따른 새로운 정보 기술이 전통적인 윤리적 개념이나 이론을 적용하기에는 부적절한 독특한 성격을 지니고 있다고 주장한다.

즉 정보 기술과 관련된 윤리적 쟁점들은 새롭고 독특한 것이며, 따라서 새로운 윤리 체계가 만들어져야 한다는 것이다. 이는 산업화가 표준화, 동질성, 경쟁, 계층, 자연 정복, 물질적 만족, 능률성, 범주 내에서의 사고 등을 기본적 논리로 하는 반면에, 정보사회는 탈 표준화, 이질 혼합성, 공생과 상호 조화, 수평적 체제, 지속 가능한 성장, 문화적 만족, 윤리적 관심과 미학적 고양, 그리고 탈 범주적 사고를 기본적 논리로 한다는 것에 근거하고 있다.

이들은 대체로 Ogburn이 제시한 문화지체 이론(cultural lag theory)에 근거해서 윤리의 문제를 접근하는 것으로 분석된다. 문화 지체 이론에 따르면, 한 사회의 가치와 규범적 변화는 그 사회의 기술적 변화보다 지체된다. 그래서 정보사회의 급속한 기술 발전에 따른 도덕적 혹은 정책적 공백 상태가 존재한다. 이러한 도덕적, 정책적 공백 상태는 컴퓨터가 도입되던 초기 단계에서 소프트웨어의 소유권에 대한 정책의 부재로 말미암아 도덕적 혼란 상태를 야기한 것이 단적인 예가 된다.

이러한 상황에서는 기존의 윤리적 개념과 학설들을 적용하는 것이 불가능하다. 특히 기존의 윤리적 개념들과 학설들은 컴퓨터 도입으로 야기되는 개념적 혼란을 해결해 줄 수가 없다. 이러한 개념적 문제는 컴퓨터가 도입된 초기 단계가 아니라 현재까지도 논란의 대상이 되고 있다.

새로운 정보통신 윤리가 필요하다고 주장하는 사람들이 컴퓨터를 둘러싼 도덕적 정책적 공백상태를 확인해 내고, 기존의 윤리 학설들의 단순한 적용이 불가능하다는 것을 밝혀낸 것은 타당해 보인다. 그러나 새로운 정보통신 윤리가 필요하다는 것을 반대하는 사람들은 여전히 컴퓨터가 전반적인 도덕적 공백 상태에서 도입되어 사용되었다는 인상을 주는 것은 지나치게 오도된 것이라고 지적한다. 컴퓨터는 직장과 가정, 학교, 도서관, 정부기관에서 사용될 때 사람들은 이미 주어진 규칙과 관습, 그리고 사무기기 사용 방침과 정책을 가지고 있었다.

따라서 컴퓨터로 말미암은 공백 상태는 기존의 규칙과 관습들이 완전히 무관하다는 것을 의미하지는 않는다. 새로운 방침과 정책의 설정은 기존의 규칙과 가치들의 확장 또는 변형으로도 해결될 수 있다는 것이다. 즉, 개인의 존엄성과 자율성, 권리, 책임, 자유와 평등, 사회복지 등의 전통적 개념은 여전히 유효하다는 것이다. 이러한 점은 컴퓨터 도입에 따른 가장 괄목할만한 논쟁들이 이러한 전통적 개념들을 둘러싸고 이루어지고 있다는 사실에서도 명백히 드러난다.

28) 단절론: 정보사회를 자본주의적 산업사회와 구별되는 별 개의 사회라고 보는 이론적 자원

이러한 반론은 컴퓨터로 야기된 문제는 전혀 새롭고 독특한 것이 아니라 옛날 문제가 새로운 모습으로 혹은 변형되어 나타난 것에 불과하다는 것이다. 또한, 이러한 반론은 컴퓨터 사용은 도덕적 정책적 공백상태가 아니라 오히려 다양한 도덕적 정책적 가치와 신념으로 점철된 상황 속에서 사용되게 되었다는 점도 아울러 지적한다. 즉 정보통신 사회는 다양한 가치들의 갈등 상황 속에서 존재하고 있다는 것이다.

이러한 가치의 갈등은 정보의 자유 대 정보의 보호, 정보 접근의 평등 대 불평등, 정보 분산 대 집중, 정보의 공공성 대 경제성, 사회적 책임 대 지성적 실험 등을 예로 들 수 있다.

정보통신 윤리가 새롭고 독특한 것인가 아닌가를 증명해 내기에는 어려움이 있다. 더구나 새로운 정보통신 윤리의 필요성만을 강조한 채 아직까지 정보통신 사회에 적합한 새로운 규범 체계의 구체적인 모습을 제시하고 있지 못한 상태에서는 더욱 그러하다. 그러나 새로운 규범 체계의 구축이 어렵고 문화 지체적 딜레마에 빠질 수 있는 위험성이 있다고 해서 전통 윤리에 안주하거나 그 확대 적용이나 약간의 변용으로 충분하다는 자세로 일관할 수는 없다.

최근 Moore는 컴퓨터 혁명은 컴퓨터 자체가 가지는 논리적 변용성(logical malleability) 때문이라고 지적했다. 이러한 변용성 때문에 컴퓨터는 입력, 출력, 논리적 연산의 운용으로 이루어질 수 있는 어떠한 체계와 활동에도 사용될 수 있게 되었다는 것이다. 그는 이러한 능력을 가진 컴퓨터에 의해 야기되는 윤리적 문제들은 아주 독특하고 새로운 것이 된다고 주장하였다.

이러한 컴퓨터 윤리학의 독특성 문제는 Maner에 의해서 보다 엄밀한 이론적 기초를 갖게 되었다. 그는 컴퓨터 윤리학은 컴퓨터 기술이 아니었으면 결코 나타날 수 없는 윤리적 문제들을 다루는 분야라고 주장하고, 컴퓨터가 사용되는 상황과 컴퓨터가 사용되지 않는 상황 사이에 어떠한 유추도 불가능하다는 것을 8가지 독특한 사례, 즉 저장의 특이성, 다목적 변용성, 기술의 복잡성, 처리의 신속성, 간편성, 복제의 용이성, 디지털 체제의 불연속성과 예측불가능성, 코드화의 독특성 등을 통하여 입증하고자 하였다.

컴퓨터 윤리학의 독특성 주장과 함께 1990년대 중반에 태동한 제2세대 컴퓨터 윤리학은 기존에 구축된 개념적 기초를 더욱 공고히 하는 한편, 정보통신 사회의 각 분야에서의 의사결정 과정과 실제적 관행들을 포괄할 수 있는 준거 틀을 발전시킴으로써 정보통신 기술의 적용에 있어서 비예측적 가능성을 축소시키려는 많은 노력을 경주하였다.

이제는 텔레커뮤니케이션과 가상현실, 그리고 원격 교육과 진료, 심지어는 사이버 섹스까지 가능한 정보통신 사회가 도래한 마당에, 이러한 사회를 인도하고, 이러한 사회에서의 결정 과정에 참조가 되는 새롭고도 강력한 윤리 체계가 등장해야만 한다는 것이다.

정보사회에서도 기존의 산업사회의 윤리 체계를 원용하는 것이 가능하다고 보든지, 아니면 새로운 정보통신 윤리 체계의 구축이 필요하다고 보든지 간에, 그러한 논의에는 정보사회의 사회 문화적 배경에 대한 이해가 필요하다. 즉 새로운 정보사회의 윤리 체계를 구성하고 있는 주요 주제들, 예컨대 사생활 보호와 자유로운 정보의 유통 및 정보권의 보장, 정보 분배의 문제 등에 대한 다양한 사회학적, 윤리학적 입장에 대한 세밀한 검토와 논의가 필요하다.

2. 정보 사회의 문화와 도덕적 논의

정보사회에서는 새로운 정보문화가 존재한다. 이는 정보통신 기술 및 서비스의 발달과 새로운 정보통신 기기의 보급이 인간의 생활양식과 행동 전반에 영향을 미침에 따라 정보에 대한 중요성의 인식과 활용 의지를 나타내는 가치관과 규범 그리고 행동 등 제 요소가 작용하는 문화적 체계를 말한다.

새롭게 전개되는 정보사회에서의 도덕 교육은 이러한 정보통신 기술의 사회적, 문화적 파장과 그 영향을 고려할 필요가 있다. 정보통신 사회의 비관적 전망은 거대 문명사적인 것으로부터 아주 사소한 것에 이르기까지 광범위하게 걸쳐 있다. 그러나 그러한 비관적 전망도 새로운 환경 변화에 따른 적절한 규범적 윤리 체계의 구성에 의해 낙관적인 전망으로 탈바꿈될 수도 있다. 그리고 이러한 탐색과 논의는 현재 우리가 당면하고 있는 정보사회에서의 다양한 윤리적 문제들을 합리적으로 접근하고 해결하는 데 필수적이다.

여기서는 오늘날 비교적 큰 논란이 되고 있는 몇 가지 주제들에 대하여 그 도덕적 논의를 고찰하고자 한다. 이 내용들은 정보통신 사회의 역기능들 가운데 도덕적 논란의 여지가 적은 우발적 역기능보다는 개념적 혹은 도덕적 논란과 관련되어 있는 주제들이다.

가. 사생활 보호와 침해의 문제

프라이버시에 관한 논의는 오래 전부터 이루어져 왔으며, 프라이버시 침해에 다른 사회적 윤리적 우려도 꾸준히 제기되어 왔다. Rosenberg는 소비자 보호와 환경에 대한 관심이 20세기 산업사회의 핵심 문제였다면, 다음 세기의 정보 경제에 있어서 핵심 문제는 프라이버시 문제가 될 것이라고 주장한 바 있다.

정보통신 기술의 발달로 개인에게 관련된 여러 가지 정보들이 전자 기록으로 컴퓨터 속에 저장, 보관됨으로써 정보의 관리적 차원에서 볼 때는 매우 유용한 측면이 있는 반면에, 다른 개인이나 국가 기관 등에 의해서 그 정보가 대중에게 쉽게 노출될 우려가 있을 뿐만 아니라, 어떤 경우에는 노출된 정보가 악용되어 그 정보와 관련된 개인에게 심각한 피해를 끼치는 경우도 있다.

사실 프라이버시 침해 문제는 그동안 수용자의 기본권적 측면에서만 다루어져 왔기에, 보통 미디어를 통한 프라이버시 침해의 주요 대상을 공인이나 그 밖에 특정 제한된 사람들에게 해당되는 문제로만 보아, 일반인의 경우에는 관심도 적었을 뿐만 아니라 심각한 사회적 문제로 대두될 가능성까지는 인식하지 못한 경향이 있었다.

그러나 최근 컴퓨터를 비롯한 각종 통신 장치들의 발달로 인하여 정부를 비롯한 국가 및 사회 기관들에 의한 개인 정보의 수집과 활용이 크게 확대됨에 따라 일반인들에 대한 프라이버시의 침해 가능성이 증가하게 되었으며, 이전에는 개인이나 언론 등이 프라이버시 침해의 주요 주체이었던 것이 정보 사회에서는 공권력이 그 주체가 되어 가고 있다.

정보의 노출과 임의적 활용의 문제가 특히 국가나 사회 주요 기관, 혹은 기업에 의해서 이루어질 때, 이는 사생활에 대한 침해의 문제로 연결되어 심각한 윤리적 문제로 대두된다. 이는 정보통신 사회가 거대한 국가적 통제 사회가 될 것이라는 문명사적인 비판론의 단초를 이룬다. 사실상, 개인의 정보와 관련한 사생활 보호는 개인에 관한 정보를 그 개인 자신이 관리하고 통제할 수 있는 '자기 정보 통제권'을 보장하는 것이기에, 국가 기관과 사회적 사조직들이 개인들에 관해서 획득할 수 있는 정보의 양과 정보에의 접근은 최소화되어야 할 필요가 있다.

그러나 정보사회에서는 정보처리 기술의 발달과 정치적, 경제적 이유에서 개인의 정보 보호 못지않게 국가 및 사회 조직의 효율적인 관리와 운영을 위해서 국민 개개인에 대한 정보를 수집하고 활용할 필요성도 점점 커져가고 있다. 사생활 보호에 관한 문제는 자유주의의 전통적 구분인 사적 영역(the private sphere)과 공적 영역(the public sphere)에 대한 구분과 그 가능한 충돌에 대한 새로운 윤리적 문제를 제기하게 된다.

즉 사생활은 절대적인 가치를 갖는 것인가? 만약 절대적인 것이 아니라면, 그것은 어떤 가치들과 충돌되며 그 가치들이 상호 충돌할 때는 어떤 양상으로 조정될 수 있는가 하는 것이다. 사생활 보호와 다른 가치들과의 충돌 문제는 국가적 이익, 다시 말해 공적 이익을 위해서 어느 정도까지 개인적 영역이 침해될 수 있느냐의 문제이다. 공공적 이익에 중대한 영향을 끼치는 정보가 사생활 보호라는 명목 아래 접근될 수 없다면, 그것은 사생활 보호라는 측면을 넘어 한 국가 또는 사회를 보호하는 데 걸림돌이 되기에 양자 간에는 합리적이고 적절한 균형이 필요하다.

따라서 사생활과 공익 사이의 합리적인 해결책은 사생활의 "최적의 보호"(the optimal protection) 상태를 어떻게 규정하는가에 달려 있다. 공공적 이익과 사회 복지를 위해서 데이터베이스에 대한 효과적인 사용을 주장하는 사람들은 강력한 사생활 보호 정책이 무엇인가 숨길 것이 있는 사람들에게는 모종의 이익을 주지만, 거꾸로 아무 것도 숨길 것이 없고 *공지성(publicity)[29]을 두려워하지 않는 사람들에게는 손해를 줄 수도 있다고 주장한다.

개인 대 국가 기관, 그리고 개인 대 사회 조직 간의 대립에서 불리한 위치에 있는 것은 언제나 개인이기 때문에, 개인의 사생활은 권력적 핸디캡에 따른 각별한 고려가 필요하다고 볼 수 있다. 결국, 사생활은 소극적으로 볼 때, 타인으로부터 방해받지 않고 '홀로 있을 수 있는 권리'에서 출발하여 사생활을 함부로 공개당하지 않을 기본적 권리로 인정된다. 이러한 소극적 권리는 개인의 정신적 내적 자아와 신체적 상태에 대한 타인의 인식적 혹은 지각적 관찰력으로부터의 자유를 의미한다.

그러나 이제 사생활권은 타인과의 의미 있는 교류, 즉 사랑, 가족, 결사를 온전히 보존하기 위해서, 공공생활에서 편견 혹은 불리함을 극복하고 정치적 참여를 확대하기 위해서, 어떤 계획이나 연구를 방해받지 않고 자율적으로 은밀히 추구할 자유를 수호하기 위해서 정보통신 사회에서의 사생활 보호가 요구되고 있다.

이와 같이 사생활 보호는 소극적 권리의 의미에서 더욱 적극적인 의미로 확대하여 해석되고 있는 가운데, 정보사회에서 사생활 보호의 영역을 어디까지로 한정해야 할 것인가에 대한 새로운 윤리적 해석과 판단을 요구한다.

3. 소프트웨어 복제와 지적 재산권 문제

소프트웨어 복제와 소유권 문제는 전통적인 재산 개념에 대해서 많은 재고를 요청한다. 이러한 재고는 정보사회에서의 다른 어떤 문제들보다도 윤리와 법의 착종된 관련성을 보여준다. 서구의 사법적 전통은 발명자들에게 소유에 관한 모종의 권리를 부여함으로써 발명을 장려하는 지적 재산권(intellectual property)을 발전시켜 왔다.

지적 재산권은 우리가 소유할 수는 있으나 우리가 손으로 직접 만질 수는 없는 무형의 대상에 대해 주어지는 권리이다. 특히 지적 재산권이라는 개념은 '창의적인 노동에는 보상이 따른다'는 문화적 확신에 기반을 두고 있다. 지적 재산권은 저작권, 특허권, 기업 비밀 보호 등으로 이루어진다.

그러나 한편으로 이러한 지적 재산권은 과학과 기술의 기초 요소들의 소유권은 인정하지 않는다는 단서 조항을 가진다. 왜냐하면, 그것은 과학과 기술의 발전을 저해할 것이기 때문이다. 따라서 저작권의 경우에는 오직 아이디어의 표현만을 보호하지 그 아이디어 자체에 대해서는 법으로 보호하지 않는다. 특허의 경우에도 자연의 법칙들과 수학적 공식들에 대해서는 지적 재산권이 보호되지 않는다. 이러한 단서조항은 넓게 보아 인류문화의 발전을 장려하려는

---

29) 공지성: 홍보(Publicity)는 기업, 정부, 단체, 조합, 정당 등이 언론사로 하여금 자신에게 유리한 보도를 하게끔 보도자료 및 기타 편의를 제공하는 활동

의도라고 풀이된다.

따라서 소프트웨어 복제와 이에 따른 지적 재산권 문제는 지적 재산권의 부여 대상에 대한 검토가 필요하다. 즉 컴퓨터 소프트웨어에 소유권을 부여한다는 것은 무엇을 의미하는가? 소프트웨어는 하나의 서비스인가, 산출물인가? 컴퓨터 프로그램은 저작권법의 보호를 받는 아이디어의 표현인가, 아니면 컴퓨터 내부적 구조를 변경하는 하나의 수학적 과정인가? 이에 대해서는 많은 논란의 여지가 있으나, 아이디어 자체가 아니라 아이디어의 표현에 대한 사법적 권리로서 저작권을 부여하는 것이라고 보는 것이 정확하다.

그러나 정확히 소프트웨어의 어떤 측면에 소유권이 부여되는지에 대한 논란은 여전히 계속되고 있다. 특별히 그러한 논란은 소프트웨어 프로그램은 그 원시 코드(source code), 명령 구조(command structure), 그리고 명령 단계(command sequence) 뿐만 아니라 화면으로 디스플레이 될 때의 외양과 느낌(the look and feel)까지도 포함하는가를 둘러싸고 전개되었다. 엄밀하게 말한다면, 아마도 저작권법은 소프트웨어의 적절한 보호에 미흡한지도 모른다. 물론 소프트웨어에 특허권을 부여하는 것은 강력한 보호 장치가 될 수 있지만, 그것은 과학과 기술의 발전에 저해될 수도 있기 때문에 미국에서도 쉽사리 인정되지 않고 있다.

지적 재산권과 관련된 많은 논란 속에서도 컴퓨터 소프트웨어에 대한 지적 재산권은 인정되어 가고 있는 추세다. 이와 같이 컴퓨터 소프트웨어에 대한 저작권이 인정되면서 소프트웨어의 복제 문제가 정보통신 사회의 주요한 윤리적 문제로 대두된다. 이는 곧 소프트웨어의 소유권에 대한 철학적 근거를 둘러싼 논쟁으로 이끈다. 즉 소유되어야 할 것은 무엇이고, 그 소유에 대한 자격과 권리는 무엇인가? 결코 사적으로 소유되어서는 안 되는 것이 있는가? 있다면 그것은 무엇이며, 또 그 논거는 무엇인가? 등등이다.

소프트웨어의 복제 문제를 해결하기 위한 방식에는 몇 가지 방식들이 있을 수 있으나, 이는 크게 두 가지 방식으로 구분하여 볼 수 있다. 즉, 컴퓨터 소프트웨어도 엄연히 지적 소유권의 하나로서 그 불법 복제에 대해서는 소유한 사람에게 막대한 재정적 손해를 가져오므로 그에 대한 처벌을 강화해야 한다는 입장이 있으며, 또 한편으로는 소프트웨어의 불법 복제로 인하여 범법자가 양산되는 상태에서 아예 소프트웨어의 자유로운 복제가 가능하도록 하자는 주장이 있다.

기본적인 주장은 소프트웨어에 대한 특허와 저작권적 보호는 궁극적으로 실용 과학의 증진이라는 사회적 이익에 의해서 정당화된다는 것이다. 그러나 이러한 견해가 무조건적으로 자명한 것은 아니다. 왜냐하면, 모종의 법을 통해서 한 사회가 더 좋아지는지 나빠지는지의 여부에 관계없이 과학자의 발명품에 대한 자연권을 권리로서 보호하는 것은 아니라고 보기 때문이다.

비록 우리가 저작권법과 특허권이 과학적 발전을 증진시킨다는 통상적 신념을 받아들인다고 하더라도, 그러한 목적을 위해서 구체적으로 어떠한 사법적 규정을 세울 것인가는 그리 간단한 문제가 아니다. 다만 우리가 염두에 두어야 할 것은 저작권법은 단순히 저작권자의 권리만을 보호하는 것이 아니라, 그것은 동시에 저작물의 이용을 통한 문화의 향상 발전을 도모하고자 하는 이중 목적을 가지고 있다는 것이다.

최근 디지털 기술의 영향은 *복제권[30]에도 많은 영향을 주어, 컴퓨터 윤리학의 독특성을 주장하는 사람들이 우려하는 것처럼, 디지털 시대의 복제권은 점점 더 복잡한 양상을 띠어 가고 있다. 즉, 과거 아날로그 형태로 저장된 저작물이 디지털 형태로 저장되고, 어떤 저작물이 컴퓨터의 램에 일시적으로 저장되고, 또한, 램에 저장된 저작물이 컴퓨터 화면에 현시되는 것 등과 같은 사례들이 현행 저작권법상 복제의 범위에 포함되는지 아닌지가 논란의 여지가 될 수 있는 것이다.

이러한 일련의 논란 속에서 우리가 주목해야 할 것은 소유권 혹은 지적 재산권과 관련한 법의 문제가 아니라, 법의 제정 이전에 반드시 고려해야만 할 인간 윤리의 문제이다. 즉, 현대 사회의 문화적 토대에 관련된 윤리적 관점들에 대한 숙고를 통해 법의 문제는 자연스럽게 정리될 수 있을 것이다.

4. 해킹과 해킹의 윤리문제

정보 기술 시스템의 남용은 기술 그 자체와 직접적으로 관련된 윤리적 문제들을 낳는다. 그 대표적인 예가 해킹의 문제라고 할 수 있다. 해킹(hacking)이란 허락 없이 남의 컴퓨터 시스템에 침입하여 그곳의 시스템 운영을 정지시키거나 그곳의 파일을 절취 또는 파괴하는 행위를 말한다.

해킹이 심각한 사회 문제로 부각된 시기는 많은 사람들이 좋은 성능을 가진 컴퓨터를 직접 소유하고 일상생활에서 인터넷을 본격적으로 사용할 수 있게 된 1990년대부터라고 할 수 있다. Levy가 자신의 저서 『Hackers』(1984)에서 해커(hacker)를 거론했을 때, 그는 컴퓨터 혁명을 일으킬 지적이고 생산적인 프로그래머를 지칭하여 한 말이었다.

하지만 이 말은 점차 변색되어 오늘날에는 컴퓨터 산업에서 크래커 혹은 프래커(pracker) 등의 경멸적인 이름으로 불리게 되었으며, 이들은 새로운 컴퓨터 시스템을 만들기보다는 남 몰래 다른 개인이나 기관의 컴퓨터에 침입하여 데이터를 훔치거나 프로그램을 파괴하는 일을 전문적으로 하는 사람들이다. 이들 크래커와 프래커의 대부분이 단순히 개인적인 만족감으로 시스템에 침입하려고 하는 반면에 산업 스파이나 *사보타지[31]와 같은 것이 참여하는 크래커들

---

30) 복제권: 일시적 또는 영구적으로 유형물에 고정하거나 다시 제작하는 것

31) 사보타지: 생산 설비 및 수송 기계의 전복,장애,혼란과 파괴를 통해 원수 또는 고용주를 약화 시키는것

도 최근 급증하고 있다.

다른 사람이나 기관의 컴퓨터에 침입하여 상대방으로 하여금 치명적인 손실과 피해를 입히는 크래커와 달리, 해커는 컴퓨터 시스템을 좋아하여 컴퓨터와 컴퓨터 프로그램 그 자체를 탐구하는 것을 즐겨하는 자들로, 호기심과 자기과시욕은 가지고 있으나 범죄 목적이 없는 사람들을 일컫는다. 이들은 돈을 비롯한 직접적인 이익을 고려하지 않고, 단순히 컴퓨터 세계에서 나름대로 하나의 전설을 만들어 보고자 하는 심리에서 단순히 재미나 공명심 혹은 성취 욕구를 위해 뛰어난 컴퓨터 기술을 발휘한다.

과거에는 해커와 크래커를 구별하여 사용하였지만, 최근에는 양자를 구분하지 않고 해커로 통칭하여 사용하고 있는 추세이다. 현대사회의 상업주의가 해커들의 건전한 목적에도 변화를 가져와 기술발휘 차원에서 개인적 이익을 추구하게 된 현상이라고 볼 수 있다.

불행하게도 오늘날 컴퓨터 범죄는 매체의 발전에 의해 컴퓨터 범죄자들에게 더욱 더 매력적인 것이 되어 가고 있으며, 이러한 컴퓨터 범죄자들은 '별난 천재'로 묘사되기도 한다.

그러나 최근에는 이러한 해커들로 인하여 컴퓨터 이용자의 개인 정보가 노출되어 악용되거나 또는 컴퓨터 시스템이 파괴되어 커다란 금전적 손실을 입기도 하며, 때로는 세계적인 검색 사이트가 해커에 의해 여러 시간 동안 다운되는 경우도 있어 사회적 문제로 대두되고 있다. 물론 해커들은 소프트웨어는 자유롭게 사용되어야 한다는 나름대로의 주장을 가지고 있으며, 이를 흔히 해커 윤리(hacker ethics)라는 말로 표현되기도 한다.

일부 해커들은 해킹을 통해 어떤 개인이나 사회 조직 또는 국가에 그 어떤 손상이나 손실을 끼쳐서는 안 된다는 조건 아래 자신들을 컴퓨터 범죄를 일삼는 크래커들과 구분되어야 한다고 주장하기도 한다. 해커들 나름대로의 도덕적 기준 아래에는 기술적 탁월성은 언제나 도덕적 제약을 탈피하려고 한다는 그 엄청난 유혹이 도사리고 있다.

따라서 경우에 따라서는 해커들의 진정한 도덕적 문제는 기술적 탁월성을 통해서 자신들의 부도덕성이 보상받고 있는 셈이 된다. 그렇게 됨으로써 당분간은 비난과 정죄의 대상이 되지만 결과적으로 *소영웅주의[32]에 휩싸이게 될 것이며, 경우에 따라서는 대기업에 취업되거나 벤처 기업으로 성공하기도 한다.

불법적이고 비윤리적인 컴퓨터 범죄를 일삼는 크래커들은 가려내어 엄벌에 처해야 한다는 데에는 이견이 없지만, 전자의 주장과 같은 해커들을 우리는 어떻게 평가해야 할 것인가의 문제가 남아 있다. 예컨대 남에게 아무런 피해를 입히지 않고 순전히 과학적 호기심으로 남의 컴퓨터를 접속하는 것은 얼마만큼 용납할 수 있으며, 그 명확한 기준을 성립하는 것이 가능할 것인가 하는 것이다. 그리고 우리나라의 윤리의식으로 해커들이 주장하는 도덕적 기준에 공감할 수 있는지도 문제이다.

---

32) 소영웅주의: 자기가 무슨 큰 영웅이나 되는 것처럼 행동하고 생각하는 태도

5. 정보 불평등의 문제

사회 불평등 문제는 인류 역사의 시작과 더불어 주된 관심사가 되어 왔다. 사회 불평등을 해소하고 평등한 사회를 이룩하고자 하는 것은 철학자, 혁명가, 그리고 이상주의자들의 꿈이자 길을 안내하는 빛이었다고 할 수 있다. 반면에 사회 불평등에 대한 학문적 관심은 불평등 해소라는 실천적 문제보다는 '누가 무엇을 얼마만큼 어떻게 왜 차지하는가' 하는 문제에 쏠려 있다.

지금까지 인간 사회의 불평등은 크게 재산(poverty), 권력(power), 명예(prestige), 그리고 심리적 만족(psychological satisfaction)의 네 가지 요소를 중심으로 이해되어 왔다. 그러나 사회 불평등의 구체적 형태는 사회마다 다르게 나타나며, 그 주요 차원의 중요성도 시대에 따라 변하여 왔다.

예컨대, 봉건사회에서는 사회적 신분에 따라 누릴 수 있는 특권이 달랐고, 자본주의 체제에서는 경제적 계급이 부와 소득을 가늠하는 중요한 기준이었으며, 공산주의 국가에서는 정치적 당파성을 통해 사회적 자원의 배분 시 우월권을 향유하는 양상이 빚어졌다.

정보사회에서는 사회적 신분이나 경제적 계급, 또는 정치적 당파성이 더 이상 사회 불평등의 요소들로 기능하지 않는다. 다시 말해, 정보사회에서는 새로운 문화적 취향과 상징적 기호에 따른 일상적 생활양식과 생활 기회에서의 차이가 불평등 모습을 더 많이 부각시켜 준다.

새로운 기술과 통신 혁명이 정보의 접근과 이용에 관련된 새로운 유형의 불평등을 만들어 내고 있다. 즉 정보 기술의 발달로 지나치게 많은 정보들이 동시에 제공됨에 따라 많은 사람들이 정보 폭증에 시달리게 되면서, 정보에 대한 접근과 이용도 사람에 따라 심한 격차가 나타나게 된다.

이는 산업사회에서 나타난 경제적 불평등과 유사한 정보 불평등이 정보화 사회에서도 발생할 수 있음을 뜻한다. 이러한 정보 격차는 정보 획득의 수단이 뉴미디어 소유 여부, 개개인의 교육 수준, 경제적 능력 등에 의해 나타날 수 있으며, 이러한 정보 격차는 다시 경제적 불평등으로 이어지는 악순환으로 되풀이된다.

정보에 있어서의 부익부 빈익빈 현상에 대한 비판은 정보통신 사회가 자본주의 사회의 연장이라는 지속론적 관점과 마르크스적 관점에서 가장 적극적으로 전개되고 있다. 그렇지만 우리 사회가 정보통신 사회로의 진입을 타당한 것으로 본다면, 현실적으로 수용할 수 있는 대안적 관점은 정보복지 사회라는 개념을 사용할 수 있을 것이다.

정보복지사회의 구체적 모형이 현실화되지 않은 현재의 상황에서 정보의 분배적 정의에 관한 새로운 윤리학이 탄생한 것은 아니라 하더라도, 지금은 Rawls의 분배적 정의론을 원용하여 볼 수 있을 것이다. 정보사회에서 정보가 중요한 재화가 된다면, 그것은 당연히 Rawls의 정의론에서 분배의 대상이 되는 사회적 기본 가치목록에 포함되어야 할 것이다.

정보를 사회적 분배의 대상이 되는 사회적 기본 가치로 보는 것은 선의 기초론(the thin theory of goods)에 불과할지도 모르겠지만, 정보를 통해서 삶의 질이 향상된 바람직한 삶과 그 가치관을 정립하는 것은 선의 충분론(the full theory of goods)에 의해서 전개될 수 있다.

여기서 Rawls의 정보 복지적 정의론이 Aristoteles적 완전주의를 개인적 삶의 원칙으로 주장될 수도 있다. 그리고 Rawls 정의 원칙에 의해서 규제된 '질서정연한 사회'(the well-ordered society)를 다양한 소규모 '사회적 연합체들의 사회적 연합'으로 생각한다는 점에서, 그것은 토론문화와 동일한 관심으로 이루어진 결사체들과 공동체들이 각각의 '자존감의 기반'을 갖고 번성할 정보통신 사회의 모습으로 보아도 좋을 것이다.

물론 사이버스페이스에서의 가상공동체(visual community)는 Rawls식으로 질서정연하지 않을 수도 있으며, 좀 더 느슨하고 이질적인 공동체일 수 있다.

제 2 절 IT 거버넌스

1. IT 거버넌스 개요

가. IT 거버넌스 정의

IT(Information Technology) Governance의 정의에 대해서 IT Governance Institute에서는 IT Governance를 "이사회와 경영진의 책임 하에서 수행되는 Enterprise Governance의 일부로서 IT가 조직의 전략과 목표를 유지하고 확장할 수 있게 하는 리더십, 조직구조, 프로세스(기획-구축-운영-관리)로 구성된다."고 정의하고 있다.

Gartner와 같은 전문조사기관, Cisco Systems, Mercury Interactive Corporation 등의 기업들은 약간 다르게 IT Governance를 정의하고 있으며, Entrue Consulting Partners에서는 "조직의 전략과 목표에 부합하도록 IT와 관련된 Resource 및 Process를 통제/관리하는 체계"로 정의하고 있다.

그러나 각계의 다양한 정의에 대한 키워드는 조직의 전략과 목표에 부합, IT와 비즈니스 연계, 가치증대와 위험관리, IT 투자효과 극대화, 리더십, 조직구조, 프로세스 통제/관리로 요약할 수 있다. IT Governance에서 가장 중요하게 고려되어야 할 것은 이해관계자들(stakeholders) — 기업의 IT에 대한 책임자, 사용자, 수혜자 등 IT에 영향을 주거나 받는 사람들 — 이 기대하는 가치이다.

이들은 비즈니스를 안정적으로 유지하고 수익성을 높이며 새로운 비즈니스 모델을 찾아내어 성장하는 것을 기대하고 있다. 이들의 기대에 부응하기 위해 다른 Enterprise Governance 이슈들과 같은 차원에서 IT Governance가 다루어져야 한다. Enterprise Governance는 [그림

〈표 5-1〉 주요기관의 IT 거버넌스 정의

주요 기관	IT 거버넌스 정의
Gartner & MIT Sloan School	IT 자원을 적절하게 사용할 수 있도록 의사 결정 권한과 책임 구조를 명확히 정립하는 것
IT Governance Institute(ITGI)	이사회와 경영진의 책임 하에서 수행되는 Corporate Governance의 일부로서 IT가 조직의 전략과 목표를 유지하고 확장할 수 있게 하는 리더십 구조, 프로세스로 구성됨
Cisco System	IT 투자 효과를 극대화할 수 있는 Process와 Culture
Accenture	정확한 IT 의사결정을 지원하고, 추진할 수 있는 능력
Entrue Consulting Partners	조직의 전략과 목표에 부합하도록 IT와 관련된 Resource 및 Process를 통제/관리하는 체계
Mercury Interactive Corporation	IT에 대한 통제력을 높이고 IT가 기업의 비즈니스 Goal과 Align 되도록 하는 프로세스, 조직의 관리방법
LG CNS	전사 사업전략 및 경영 목표를 달성할 수 있도록 IT 자원의 효율적 활용을 위한 관리/통제 체계 및 활용

5-1]에서 보는 바와 같이 이해관계자들의 가치를 근간으로 전략을 수립하고, 그에 따라 프로세스에 실행지침을 내려주며, 프로세스에서 자원을 사용하여 업무를 수행하고, 그 결과를 측정하여 보고함으로써 개선활동을 진행하거나 전략을 수정하는 Framework로 이해 할 수 있다.

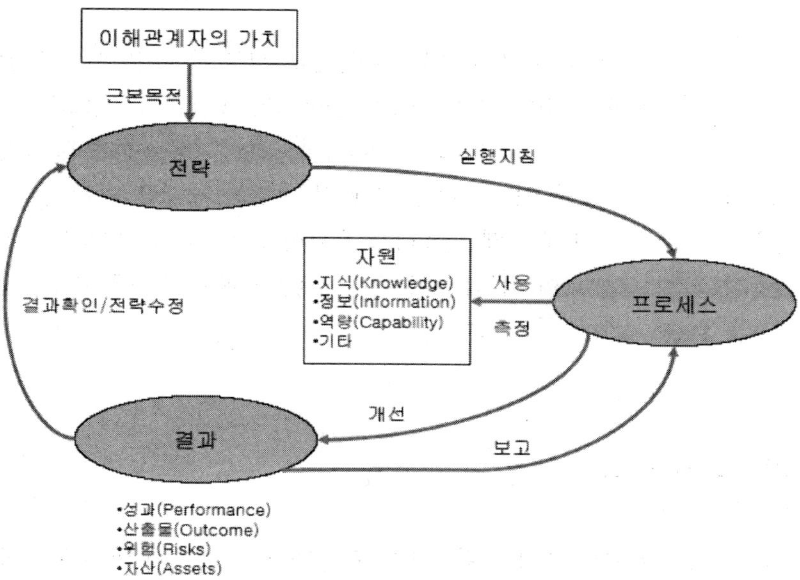

[그림 5-1] Enterprise Governance Framework

이와 유사하게 IT Governance Framework은 [그림 5—2]에서 보는 바와 같이 기업 이해관계자의 가치를 반영한 목표설정에서 출발하여 IT 활동에 대한 성과를 측정하고 목표와 비교하여 평가하고 방향성을 재수립하는 순환구조를 가지고 있다.

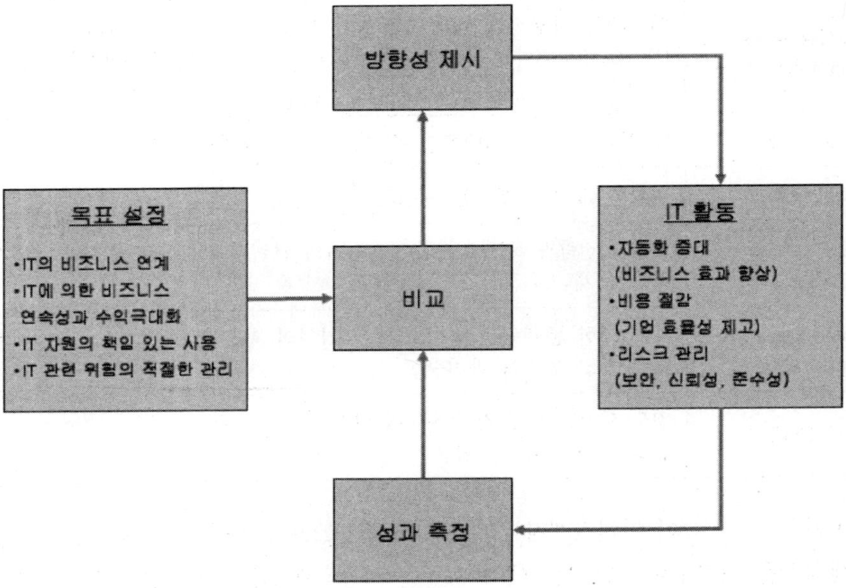

[그림 5-2] IT Governance Framework

목표설정은 기본적으로 이사회의 책임이고 성과측정은 경영진의 책임이라고 할 수 있지만 달성 가능한 목표를 설정하고 성과측정치가 목표를 올바르게 표현할 수 있도록 상호간에 협조해야 한다. 특히, 강조할 목표는 IT와 비즈니스의 연계, IT를 사용한 비즈니스 연속성 지원 및 이익 극대화, IT 자원의 책임 있는 사용, IT 관련 위험의 적절한 관리 등이라고 할 수 있다. 각 IT 활동은 자동화 증대에 의해 비즈니스 효과성을 제고하고, 비용절감에 의해 기업 전반의 효율성을 향상시키며, 보안, 신뢰성, 준수성에 대한 위험 요소를 관리하는데 초점을 두고 있다.

나. IT 거버넌스의 중요성

IT가 21세기의 경제적 부를 창출하는 원동력이 될 것이라는 예측에 대부분 동의하고 있다. IT는 이미 기업성공에 핵심적인 역할을 하고 경쟁우위를 얻을 수 있는 기회를 제공하며 생산성을 향상시킬 수 있는 수단을 제공하고 있으며, 앞으로는 더욱 그러할 것이다.

IT를 통해 성공적으로 기업을 전환하고 새로운 부가가치를 창출하는 능력은 보편화된 비즈니스 핵심역량이 되었다. 또한, IT는 기업의 자원을 관리하고, 공급자 및 고객과의 거래를 향상시키고, 글로벌화 및 무형화 된 거래를 원활하게 하는 기반이기도 하며, 비즈니스 지식의 축적과 공유/전파에 핵심적인 역할을 한다. 항공, 은행, 통신, 미디어와 같은 기업들은 IT 인프라가 거의 생존과 직결되고 있다.

SCM(Supply Chain Management)이나 CRM(Customer Relationship Management)과 같은 비즈니스 모델은 IT의 도움 없이는 제대로 구현할 수 없으며, IT에 의한 MES(Manufacturing Execution System), ERP(Enterprise Resource Planning) 구축 없이는 내부 프로세스의 수익구조를 개선하기 어렵다. 어떤 경우에는 IT없이 규제나 계약조건을 맞추기 어렵다.

IT가 기업의 업무를 지원하고, 비즈니스를 혁신하는 중요한 도구로서 장기적인 성장에 필수적임에 틀림없지만, 동시에 많은 투자와 위험을 내포한다. Gartner 조사에 따르면 선진기업의 업종별 매출액 대비 IT 투자비율이 적게는 1.2%(도매유통업)에서 많게는 10%(정보통신) 범위 내에서 다양하다.

IT에 상대적으로 적은 지출을 하고 있는 기업들에게는 IT Governance가 시급하고 중요한 문제로 생각되지 않을지 모르지만, 대부분의 글로벌 기업들은 그렇게 생각하지 않는다. 300억불의 매출과 22만 명의 직원을 보유한 독일의 Royal Philips Electronics의 경우 매출액의 4% 정도를 IT예산으로 지출한다.

이 기업이 전사차원의 강력한 IT Governance 실태평가와 개선 프로그램을 추진하였는데, 그 이유는 4%가 비율로는 작다고 할 수 있지만 이는 연구개발비의 2배이며, 순이익을 고려할 때 그 정도의 금액이 적은 규모가 아니기 때문이다.

IT 프로젝트들의 우선순위 설정, 프로젝트 초기의 개념설계, 아키텍처 또는 표준 수립 등에서의 잘못된 의사결정과 프로젝트 진행과정에서의 부적절한 관리 등은 프로젝트 종료 후에 돌이키기 어려운 결과와 엄청난 비용을 초래할 수 있으므로 이를 방지하기 위한 활동이 중요하다.

한편, 기업의 시장가치의 대부분(약 85%)이 유형자산이 아닌 무형자산에 의존한다고 하며 이러한 현상은 날로 두드러지고 있다. 무형자산에는 정보, 지식, 전문성, 평판, 신뢰, 특허 등이 있으며 이러한 대부분의 자산들은 IT의 사용과 밀접한 관련이 있다. 무형자산에 대한 기업의 의존도가 증가한다는 것은 그만큼 빨리 무너질 수도 있다는 것을 의미한다. 요즘에는 고객정보를 대부분 정보시스템으로 관리하고 있으며, 인터넷이 일반화되어 있는 환경에서 정보시스템의 보호가 미흡하여 중요한 고객정보를 해킹당하기도 한다.

이로 인해 기업은 사회적인 질타를 받고, 신용에 치명적인 상처를 입으며, 많은 고객이 이탈하게 된다. 고객정보뿐만 아니라 기업의 사내 비밀정보까지도 허술한 보안체계로 인해 손쉽게 경쟁사로 유출되어 사업에서의 패인이 될 수도 있다. 또한, 9.11과 같은 테러, 또는 지진이나 화재, 작게는 정전이 정보시스템의 핵심설비 건물에 일어난다면 어떻게 될 것인가? 여기에 대한 대책을 수립해 놓지 않은 기업은 수일 또는 수개월, 아니 영원히 정상적인 비즈니스 활동을 하지 못할 수도 있을 것이다.

결론적으로, IT에 점점 더 의존적이 되어 가는 비즈니스 환경에서 IT에 대한 투자가 비즈니스 가치를 제고하도록 하고, IT를 활용함에 따르는 위험을 최소화하도록 관리하는 일은 갈수록 중요해진다고 할 수 있다.

그럼에도 불구하고, 상당수의 기업들이 이사회 차원에서 신중하게 IT Governance를 논의하지 않고 있다. 최근 조사에 의하면 Fortune 500대 기업 중에서 60% 정도가 이사회에서 IT 전략을 승인받고, 이중 절반 정도만 IT 전략위원회(IT Strategy Committee)를 운영하고 있다.

이사회 차원에서 논의되지 않는 이유는 첫째, IT가 어떻게 기업 활동을 가능하게 하며 어떤 위험과 기회를 제공하고 있는지에 대한 기술적 통찰력이 부족하기 때문이고, 둘째, 비즈니스를 수행하는 데 있어서 IT를 별개 요소로만 인식하고 있기 때문이며, 셋째는 IT를 너무 어렵고 복잡하다고 이해하기 때문이다. 네트워크화된 경제구조에서 상호 연관된 기업 활동을 하는 상황에서는 더욱 그러하다.

IT Governance가 중요한 가장 큰 이유 중 하나는 기대치와 현실이 부합되지 않는 경우가 많기 때문이다.

이사회는 경영진에게

- 최적의 품질을 갖는 IT 솔루션을 예산 내에서 적시에 도입
- IT를 이용하여 비즈니스 가치 획득
- IT 위험관리와 동시에 효율성과 생산성 증가 등의 성과를 기대한다.

그러나 많은 경우

- 비즈니스 손실, 명성의 손상, 경쟁적 지위의 약화
- 납기의 미 준수, 예상비용 초과, 기대보다 낮은 품질
- 형편없는 IT품질로 인하여 기업 효율성과 핵심프로세스에 부정적인 영향 초래
- 혁신이나 이익을 가져오기 위해 추진한 IT 과제의 실패 등의 결과를 가져옴으로써 이사회로 하여금 IT에 대한 부정적인 경험을 갖도록 한다.

다. 이사회와 경영진의 역할

IT Governance는 대부분의 Governance 활동과 마찬가지로 이사회와 경영진의 상호 협조적인 자세가 필요하다. 그러나 IT의 복잡성과 전문성으로 인해 이사회나 경영진은 방향성과

통제수단을 설정하는 일을 수행하게 되며, 의사결정이나 평가활동에 필요한 정보는 중간관리자나 실무자가 제공하게 된다.

효과적인 IT Governance 추진을 위해서 중간관리자와 실무자는 이사회와 경영진에서 설정한 방향성과 목표를 기준으로 성과 측정을 수행해야 한다. 바람직한 IT Governance가 되기 위해서는 비즈니스 요구가 충족되도록 IT 부문과 비즈니스 부문이 상호 파트너십을 갖고 일을 해야 하며 다음과 같은 활동들이 도움이 된다.

- 이사회 구성원들은 IT 전략위원회(IT Strategy Committee)에 적극적으로 참여해야 한다.
- CEO는 IT 전략의 실행을 지원하기 위한 조직구조를 만들어 주어야 한다.
- CIO는 비즈니스 지향적이 되어야 하며, IT와 비즈니스간의 가교 역할을 해야 한다.
- 모든 경영진은 IT 추진위원회(IT Steering Committee)에 관여해야 한다.

많은 이사회들이 감사, 보상, 구매와 같은 중요한 영역들을 위원회라는 형태를 통하여 Governance 임무를 수행하고 있다. IT도 그 중요성을 고려해 볼 때 같은 차원에서 다루어져야 한다. 이사회 차원의 IT 전략위원회(이사회 멤버와 비멤버로 구성)와 같은 기구는 이러한 목표를 달성하기 위한 중요한 메커니즘이 될 수 있다.

이와 유사하게 경영진도 그들의 임무를 위원회에 위임하는 추세이다. 가장 보편적으로 알려진 것이 IT 추진위원회이며, 여기서는 IT 투자에 대한 심의, 우선순위 결정, 자원할당 등의 문제에 초점을 둔다. 최근에는 IT 아키텍처 및 기술 위원회를 구성하여 운영하기도 한다. 다음 내용에서는 IT Governance Institute에서 제시하는 이사회와 경영진의 Best Practices를 소개한다.

1) 이사회의 역할

- IT와 비즈니스의 연계를 위한 역할
- IT 전략이 기업 전략과 연계되도록 해야 한다.
- 명확한 목표 설정과 성과측정이 가능하게 해야 한다.
- 기업의 성장과 지원 간의 균형적인 투자, 자원의 선택과 집중을 고려한다.
- 기업의 전 부문 간 개방과 협업 문화를 정착시켜야 한다.

- 측정 가능한 IT 가치 제공을 위한 역할
- 적합한 품질을 가진 솔루션 및 서비스를 예산 내에서 적시에 제공하도록 한다.
- 기업의 평판, 제품 경쟁력 및 비용-효율성을 향상시킨다.
- 고객의 신뢰와 time-to-market 경쟁력을 제공한다.

● 기업의 위험 관리를 위한 역할
- 중요한 위험에 대한 투명성을 확보하게 한다.
- 위험관리의 최종책임이 이사회에 있음을 인식한다.
- 위험완화가 비용-효율성을 높일 수 있음을 인식한다.
- 사전 위험관리가 경쟁우위를 높일 수 있음을 고려한다.
- 위험관리가 기업운영에 포함되도록 한다.
- 정보보호를 위한 체계를 구현한다.

● 학습과 성장의 지원 및 자원관리를 위한 역할
- 새로운 IT 발전과 기회를 지속적으로 모니터링 한다.
- IT 자원이 현재와 미래의 요구사항들을 지원할 수 있도록 한다.
- IT 인프라가 효율적이고 효과적으로 사용되도록 한다.
- IT 인력의 교육/훈련에 적절히 투자되도록 한다.

● 성과측정을 위한 역할
- 목표 달성을 확인할 수 있는 측정치를 경영진과 함께 정의하고 모니터링한다.
- BSC와 같이 균형적인 비즈니스 관점의 성과측정치 관리체계를 구현한다.

2) 경영진의 역할

경영진은 일반적으로 정보, 지식, IT 인프라를 통해 비용-효율성을 높이고, 매출을 증대하고, 역량을 강화하는데 초점을 맞추며, 이를 달성하기 위해 다음을 고려해야 한다.

- 기업의 전략, 정책, 목표가 기업 내 전 부문에 단계적으로 공유되고 추진되도록 해야 하며, 특히 IT 조직과 연계되도록 해야 한다.
- 비즈니스 정보의 생성과 공유를 원활하게 하는 IT 인프라 구축과 IT 전략 추진이 가능한 조직 구조를 제공해야 한다. 이를 위해 CIO는 IT와 비즈니스간의 가교역할을 담당해야 하고, 비즈니스 부문은 IT 관련 의사결정에 보다 적극적으로 참여해야 하며, IT 부문과 비즈니스 부문 간에 공동책임을 강화해야 한다.
- 명확한 위험 관리 정책을 근간으로 IT 전반의 위험 관리/통제를 위한 분명한 책임소재 부여가 필요하다.
- IT 도입이 기업의 비즈니스 가치와 경쟁력 향상에 얼마나 기여했는가를 지속적으로 측정하는 것이 필요하다. 전략과 직접적이고 명백하게 연관되는 소수의 확실한 성과측정지표를

사용하는 것이 바람직하다.

- IT 지원은 기업의 비즈니스 핵심역량 강화, 예를 들어 고객가치 제고, 제품 및 서비스의 차별화, 부가가치 증대 등에 초점을 두어야 한다.
- 비즈니스 가치를 향상시키는 IT 프로세스, 예를 들어 변경관리, 애플리케이션관리, 장애관리 등에 초점을 두어야 한다.
- IT 추진위원회(IT Steering Committee)의 지원을 받아 IT 자산, 위험, 프로젝트, 고객, 벤더의 관리에 대한 계획 및 감독과 관련된 핵심역량에 초점을 두어야 한다.
- 정보와 지식을 근간으로 융통성 있고 적응력 있는 기업으로 변화시켜야 한다. 이러한 기업은 시장에서 무엇이 일어나고 있는지 감지하고, 지식자산을 사용하여 학습하고 지속적으로 혁신한다. 또한, 혁신을 달성하기 위해 신속하게 변화하고, 결과와 성과를 측정한다. 이러한 기업모델의 요체는 정보와 지식이며 IT는 이러한 정보와 지식을 수집, 축적, 공유하게 한다.
- 기술위원회 또는 아키텍처 검토위원회 등을 통하여 기술 표준을 관리하고, 전사에 적용해야 한다.
- 합리적인 IT 비용으로 적합한 가치를 얻을 수 있도록 IT 비용의 최적화에 초점을 맞춰야 한다.
- 정보의 안전한 관리 및 서비스 수준 관리를 위한 분명한 아웃소싱 전략을 가져야 한다.

2. IT 거버넌스의 주요 영역과 가이드라인

가. IT 거버넌스의 주요 영역

IT 거버넌스의 영역에 대한 구분은 관점에 따라 약간 다를 수 있다. 가트너에서는 수요(what)와 공급(how) 측면에서 분류하고 있으며, ITGI(IT Governance Institute)에서는 결과(outcomes)와 동인(drivers)의 관점에서 보다 구체적으로 IT 거버넌스 영역을 구분하고 있다. 본 글에서는 ITGI의 구분에 따라 IT 거버넌스 영역을 설명하고, 엔트루 컨설팅 파트너스(이하 엔트루)에서 제공하고 있는 IT 거버넌스 서비스 분류를 소개하고자 한다.

1) IT 거버넌스 영역의 분류(ITGI)

효과적인 IT 거버넌스는 비즈니스 향상을 위해 IT의 가치를 제공할 수 있어야 하고, IT 서비스에 내재된 위험을 완화할 수 있어야 한다. IT의 가치는 전사 비즈니스 전략과 IT 전략이 충실히 연계되어야만 제대로 전달될 수 있고, IT에 내재된 위험은 IT 사용에 대한 책임을 강화함으로써 감소시킬 수 있다.

이와 함께 적합한 IT 자원이 지원되어야 하며, 사용결과에 대한 지속적인 측정과 피드백이 있어야 한다. ITGI는 이러한 개념에 기초하여 IT 거버넌스를

- IT의 전략적 연계(Strategic Alignment)
- IT의 가치 전달(Value Delivery)
- 위험 관리(Risk Management)
- 자원관리(Resource Management)
- 성과측정(Performance Measurement) 등 5개 영역으로 구분하고 있으며, 각각은 연속적인 라이프사이클로 진행된다(그림 5—3 참조).

여기서 'IT의 가치전달'과 '위험관리'는 결과적인 것이며(outcomes), 'IT의 전략적 연계', '자원관리', '성과관리'는 동인적인 것이다(drivers).

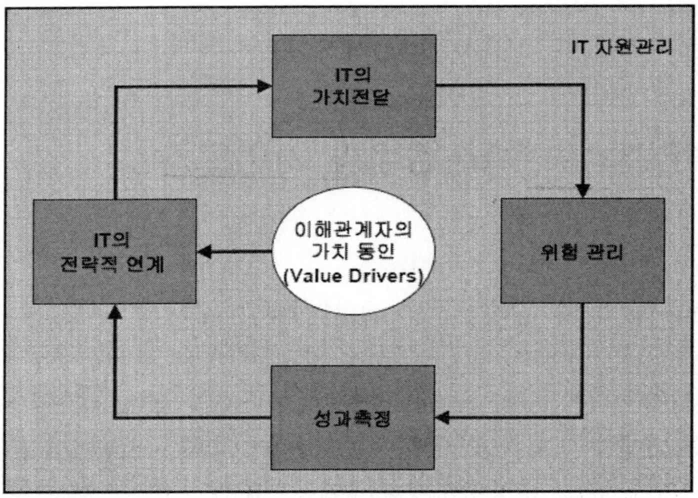

[그림 5-3] IT 거버넌스 영역

① IT의 전략적 연계(IT Strategic Alignment)

비즈니스와 IT 솔루션의 연계기업이 IT 투자를 할 때 가장 큰 관심사는 그것이 과연 기업전략과 목표 달성에 부합하여 비즈니스 가치를 제공할 수 있느냐는 것이다. 이를 위해서 기업전략은 IT 전략과 연계되어야 하고, 기업의 운영활동은 IT 운영활동과 연계되어야 한다(그림2 참조). 이것은 복잡하고 다양한 측면이 고려되어야 하며 때로는 경영환경이 빠르게 변하기 때문에 완벽하게 구현될 수 없다. 그럼에도 불구하고 IT 투자에 상응하는 가치를 얻기 위해서는 올바른 방향을 제시하는 활동이 지속적으로 이루어져야 한다.

전략적 측면에서 IT는 제품 및 서비스의 부가가치를 제공하고, 시장에서의 경쟁적인 포지셔닝을 지원할 수 있으며, 운영 관리의 효율성을 향상시키며, 경영의 효과성을 제고시킬 수 있어야 한다. 따라서 IT 전략을 수립할 때 비즈니스 목표와 기업의 경쟁 환경, 현재/미래의 필요 정보기술 정의 및 관련 비용/위험/효과, IT 조직과 정보기술 측면의 구현요소 및 투자범위, 현재 운영 중인 IT의 비용과 비즈니스 효과, 과거의 성공/실패로부터의 교훈 등이 고려되어야 한다.

IT의 전략적 연계를 성공적으로 수행하려면 먼저 최고 경영진이 IT의 전략적 중요성에 대하여 인식해야 하고, IT가 비즈니스에 어떤 역할을 하게 될 것인지를 명확하게 정의해야 하며, 비즈니스 원칙에 근거하여 IT의 개발/구축/운영에 관한 원칙을 수립해야 하며, IT의 영향과 효과에 대하여 지속적으로 모니터링하고 평가해야 한다.

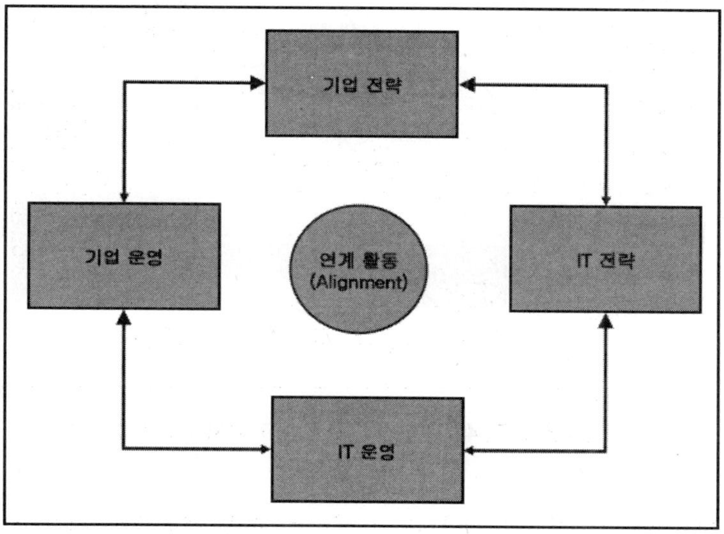

[그림 5-4] IT의 전략 연계

② IT의 가치 전달(Value Delivery) — 비용최적화와 IT의 가치 증명

IT의 가치 전달을 위한 기본적인 원칙은 약속한 품질의 IT서비스를 주어진 기간과 예산 내에서 제공하는 것이며, 투입되는 비용과 ROI를 관리해야 제대로 전달될 수 있다. IT 산출물은 비즈니스 요구사항 충족, 미래 요구사항에 대한 유연성, 처리 및 반응시간의 적합성, 사용의 용이성/복구성/보안성, 정보의 *무결성[33]/정확성/전달성 등이 요구된다. 또한, 비즈니스 부문은 IT 부문에 대하여 제품의 적시 제공, 비용과 시간의 관리, 성공적인 파트너십, IT 스탭의 능숙한 스킬을 기대한다.

이러한 요구와 기대를 충족시키기 위하여 비즈니스 부문과 IT 부문 간에는 사실에 기초한 공통의 용어 사용 및 상호 공감대 형성이 필요한데, 이는 경영진 및 사용자의 다양한 계층별로 IT의 가치에 대하여 서로 다르게 인식하기 때문이다(그림3 참조). 또한, 계층별로 성과측정의 난이도가 다르며, 가치창출 과정과 최종적인 성과 간에 괴리가 존재하기 때문에, 최종적인 성과측정(예: 재무적 가치)뿐만 아니라 가치창출 과정에서의 성과측정(예: 애플리케이션 구축 시간)도 중요하다. 이러한 특성을 고려하여 BSC와 같은 균형적인 관점의 성과측정이 필요하다.

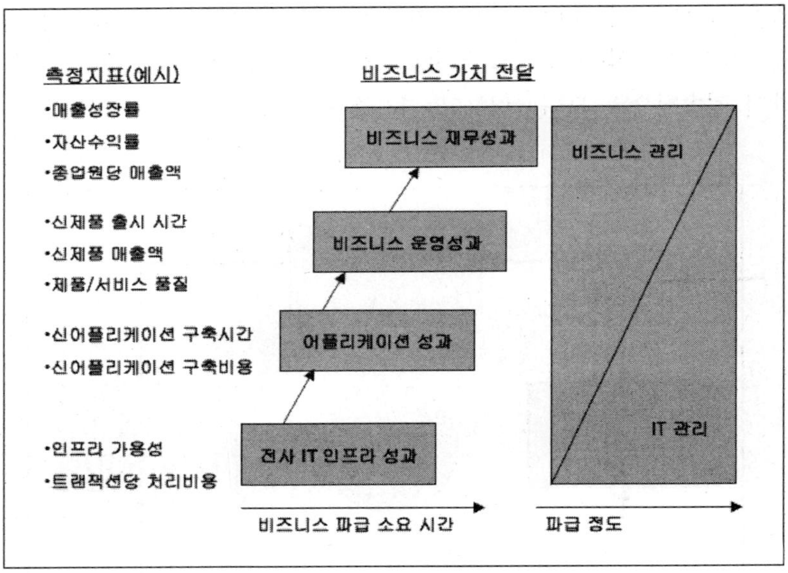

[그림 5-5] 4가지 계층적 관점의 IT 가치 창출과정

IT 가치가 비즈니스에 효과적으로 전달되기 위해서는 고객, 프로세스, 시장 등에 관한 신뢰할

33) 무결성: 적절한 권한을 가진 사용자에 의해 인가된 방법으로만 정보를 변경할 수 있도록 하는 것을 말함

수 있는 정보를 적시에 제공할 수 있어야 하고, 생산적이고 효과적인 내부 프로세스(예: 성과측정, 지식관리 등)가 구축되어야 하며, 정보기술의 통합 구현 능력이 갖추어져야 한다.

③ 위험 관리(Risk Management) — IT 자산의 보호와 재난복구 능력

기업의 위험은 다양한 측면에서 발견 될 수 있으며, 최근에는 기업들의 IT 의존도가 높아지고 정보기술의 취약성이 노출됨에 따라 IT 인프라 및 정보자산에 대한 위험 관리의 중요성도 높아지고 있다.

효과적인 위험 관리를 위해서는 위험과 취약성에 대한 전사차원의 분석이 선행되어야 하며 이를 바탕으로 사전에 인지된 위험과 취약성을 관리할 수 있는 방안이 마련되어야 한다. 위험 분석은 [그림 5—6] 와 같이 자산의 가치평가에서 시작하여, 취약성 및 위험 평가를 바탕으로 위험을 평가하게 되며, 대응책을 마련하여 통제 효과성을 평가하고 잔존 위험을 정의한 후 실행계획을 세우는 순환절차로 진행된다.

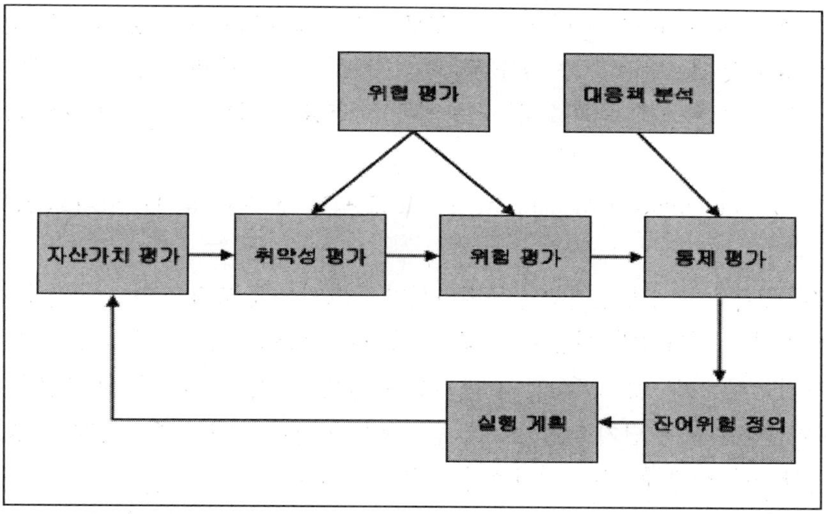

[그림 5-6] 위험관리 프레임워크

위험 관리는 일반적으로 ① 위험 완화(보안기술 등 내부통제시스템 구현) ② 위험 전이(파트너와 위험을 공유하거나 보험가입) ③ 위험 수용(위험의 존재를 인정하고 모니터링) 방안이 사용되고 있다.

④ 자원관리(Resource Management)—지식과 인프라의 최적화

IT자원(직원, 애플리케이션, 기술, 시설, 데이터 등)의 최적화된 투자, 사용, 할당은 IT성과 창출을 위한 중요한 성공요소이지만 대부분의 기업들은 IT 자원의 효율성을 극대화하고 비용을 최적화하는데 실패하고 있다. 최근에는 어느 분야를 어떤 방식으로 아웃소싱할 것이며, 원하는 서비스 수준을 얻기 위해 얼마의 가격을 지불해야 하며 어떻게 관리할 것인가 하는 문제가 기업들에게 큰 고민거리가 되고 있다.

일반적으로 IT 예산의 가장 큰 비중을 차지하고 있는 운영예산에 대한 비용기반의 효과적인 통제가 필요하며, 이를 위해 비즈니스를 지원하는 속성에 따라서 IT 서비스를 명확히 정의하고 우선순위를 평가하며 성과를 지속적으로 측정하여 반영하는 비즈니스 중심의 서비스수준계약(SLA)을 실시할 필요가 있다. IT 자원에 대한 효과적인 관리는 비용의 최적화뿐만 아니라 비즈니스 요구사항 및 기술의 끊임없는 변화에 대응하고 신뢰할 수 있는 서비스 품질을 보장하기 위해서도 매우 중요하다고 할 수 있다.

특히, 유지비용이 증가하고 있는 인적 자원에 대하여 요구되는 핵심역량을 정의하고, 이에 기초한 효과적인 채용, 유지, 훈련을 위한 프로그램이 실행되어야 IT를 통하여 얻고자 하는 목표를 보다 효과적으로 달성할 수 있을 것이다. 또한, IT 시스템이나 서비스에 대한 구매관리, 프로젝트 수행이나 시스템 관리를 위한 방법론과 스킬도 자원관리의 중요한 요소이다.

⑤ 성과 측정(Performance Measurement)—프로젝트 산출물 및 IT 서비스 모니터링

정보기반의 글로벌 경제에서 기업의 무형자산의 중요성이 강조되고 있으나 전통적인 재무적 방법으로는 이것을 평가하기 어렵다. BSC(Balanced Scorecard)는 전통적인 재무 관점에서 벗어나 정보기반의 자산 및 그들 간의 관계를 측정할 수 있는 성과측정 관점을 제공한다. BSC를 통하여 관리자들은 단기적인 재무적 성과측정 이외에 고객 만족도, 내부 프로세스 효율화, 조직의 학습과 성장에 대한 성과측정을 할 수 있다.

IT 성과측정에도 BSC를 개발하여 사용함으로써 IT의 가치를 이해관계자들에게 효과적으로 전달하고 커뮤니케이션을 할 수 있다. IT에 BSC를 적용하기 위해서는 BSC의 4가지 영역을 기업 공헌(Enterprise contribution), 사용자 지향(User Orientation), 운영 우수성(Operational Excellence), 미래 지향(Future Orientation)의 관점으로 재정의 할 필요가 있다(그림 5—7 참조).

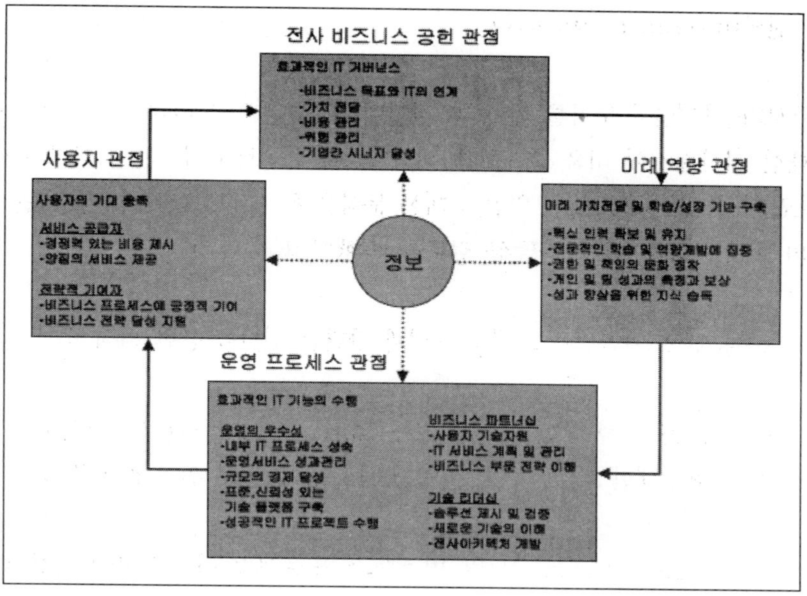

[그림 5-7] BSC 예시

2) 엔트루의 IT 거버넌스 컨설팅 서비스

엔트루에서는 [그림 5-8]에서 보는 바와 같이 관련 전문기관들의 견해와 내부의 서비스 역량을 고려하여 IT 투자전략(Investment Strategy), IT 진단(Audit), IT 성과측정(Performance Measurement), IT 관리(Management) 등 4개 분야로 IT 거버넌스 컨설팅 서비스를 정의하고 있다.

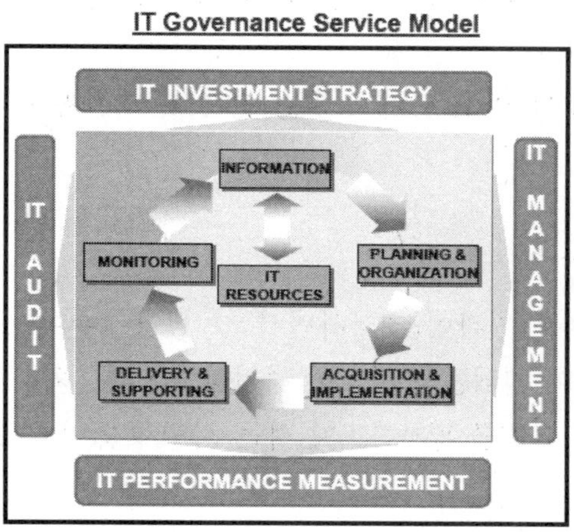

Service Offerings

Service Offerings	Description
IT INVESTMENT STRATEGY	▪고객의 Biz & IT Issues를 해결할 수 있는 Solution에 대하여 경영층 관점의 투자 의사결정을 지원
IT AUDIT	▪고객의 IT 개선방향을 제시하기 위한 수준 진단 및 Outsourcing 수행조직의 서비스 수준 진단
IT PERFORMANCE MEASUREMENT	▪전사적인 IT 투자효과 및 효율적인 관리를 위한 IT 성과측정 지표 개발 및 평가
IT MANAGEMENT	▪비즈니스 및 IT 전략에 부합할 수 있는 People, Process, Quality 관리 체계 수립

[그림 5-8] 엔트루의 IT 거버넌스 컨설팅 서비스

① IT 투자 전략(Investment Strategy)

IT 투자의 규모가 커지면서 투자를 해야 할 것인지 말 것인지, 어디에 우선적으로 투자해야 할 것인지에 대한 의사결정이 더욱 중요하게 되었다. 이에 엔트루에서는 고객사의 IT 투자에 대한 포트폴리오 분석 및 비용, 효과, 위험에 대한 분석을 통해 경영층의 의사결정을 지원하고 있으며, 최적의 아웃소싱을 위한 타당성 검토를 수행하고 있다.

- 포트폴리오 분석: IT 도메인별로 트렌드 분석과 간단한 진단을 통한 최적 솔루션 도입방향 제시
- 솔루션 비용/효과 분석: 솔루션 대안별 비용/효과 분석을 통한 도입 의사결정 지원
- 위험 평가: IT 투자에 대한 기술, 보안, 사업연속성, 규제 등의 위험에 대한 정성적/정량적 평가
- 아웃소싱 타당성 검토: IT아웃소싱 및 비즈니스 프로세스 아웃소싱에 대한 비용/효과 분석과 예상이슈 해결방안 제시

② IT 진단(Audit)

IT 진단은 대상 기업 또는 조직의 현재 IT 수준이 어느 정도인지, 개선해야 할 이슈들이 무엇인지를 중점적으로 진단하고 개선 권고안을 제시하는 컨설팅 서비스로서 IT를 활용하고 있는 기업측면과 IT 서비스를 제공하고 있는 조직측면을 대상으로 수행된다.

- 기업 IT 경쟁력 진단: 전사 차원의 IT 인력 및 조직, 기술, 비즈니스 프로세스 영역을 대상으로 IT 수준 진단 및 개선과제 제시
- IT 서비스 조직 진단: IT기획/SI/SM 조직의 IT 업무/서비스 수준 진단 및 개선과제 제시

③ IT 성과 측정(Performance Measurement)

IT 투자가 활성화 되고 어느 정도의 업무 적용 기간이 경과하면서 그 동안 투자한 IT에 대한 성과를 정량적이고 균형적으로 관리하는 데 기업들의 관심이 증가하고 있다. 최근에는 경영성과 평가에 적용하던 BSC개념을 토대로 IT BSC를 평가하고자 하는 시도가 있어 왔으며, 엔트루에서도 이를 체계화하고 있다.

- KGI(Key Goal Indicator) 개발 및 평가: 최종결과에 대한 측정(What)으로서 ROI와 같은

재무적측면과 고객만족도와 같은 고객측면의 KGI 평가
- KPI(Key Performance Indicator) 개발 및 평가: 수행과정상의 성과(How well)에 대한 측정으로서 *사이클타임[34]과 같은 내부 프로세스 측면과 임직원의 지식향상도와 같은 학습과 혁신측면의 KPI 평가
- IT BSC(Balanced Scorecard) 개발 및 평가: KGI와 KPI를 패키지화한 측정 도구

④ IT 관리(Management)

IT 관리 컨설팅은 전체 IT 수명주기에 걸쳐 관리의 효율성과 서비스 품질을 향상시킬 수 있는 체계를 정립해 주는 서비스이다. 최근에는 아웃소싱 서비스 제공업체와의 SLA(Service Level Agreement) 체결과 SLM(Service Level Management) 솔루션 구축이 주요 관심사로 부각되고 있다.

엔트루의 IT 관리 컨설팅 서비스는 크게 인력 및 조직, 프로세스, 품질 영역을 다루고 있다.

- 인력 및 조직: IT 조직의 체계 및 역할과 책임 정립, IT 인력의 요구스킬 정의 및 향상 방안 수립
- 프로세스: IT 관리 프로세스 정립 및 리엔지니어링, 복수 IT 관리 조직에 대한 프로세스 표준화
- 품질: IT 관리 방법론/도구 비교 분석을 통한 도입 지원(SLA/SLM 포함), IT 관리항목 결정, 상세 지침/절차 수립 및 산출물 정의를 통한 IT 관리 관련 인증 획득 지원

나. 성공적인 실행을 위한 가이드라인

1) 최고 경영진이 적극적으로 참여하라.

거버넌스는 IT 부문뿐만 아니라 비즈니스 부문도 포함한 전사적인 차원에서 수행되어야 하기 때문에 경영진의 적극적인 참여가 요구된다. IT 임원 또는 관리자는 IT 거버넌스가 경영성과 향상에 밀접한 관련이 있음을 알려서 경영진이 IT 거버넌스를 단지 'IT 활동'으로만 인식하고 지원을 소홀히 하는 일이 없도록 해야 한다.

경영진은 IT 거버넌스가 미흡한 부분이 어디인지 항상 모니터링하고 신속하게 개선하기

---

34) 사이클타임: 기억장치중의 동일기억장소에 대해서 읽기, 쓰기가 시작되고 나서 다시 읽고 쓸 수 있도록 되기까지의 최소시간 간격

위해 IT 이슈와 성과를 IT 전략위원회 또는 IT 추진위원회에 안건으로 상정될 수 있도록 해야 한다.

2) 목적과 원칙을 분명히 하라.

명확한 목적이 없으면 IT 거버넌스 프로세스에 참여하는 사람들은 그들의 참여에 대해 의문시하게 된다. 당위성을 발견하지 못한 채 참여하는 사람들은 단지 지원하는 흉내만 될 가능성이 크게 되어, IT 거버넌스가 경영 목적 달성을 위한 도구로서 활용되기 어렵다.

따라서 IT 거버넌스가 왜 중요하고 비즈니스 측면에서 어떤 목적과 연계가 되는지를 설명하고 공유하는 활동이 필요하다. IT 거버넌스의 목적은 조직 내에서의 IT 역할과 구현방향을 정의하는 IT 거버넌스 원칙으로 구체화 될 수 있다. 이 원칙은 솔루션 관점의 원칙(IT의 비전, 미션, 역할)과 기술적 관점의 원칙(상위개념의 IT 아키텍처 원칙)을 포함하며, 비즈니스 전략의 맥락에서 정의되어야 한다.

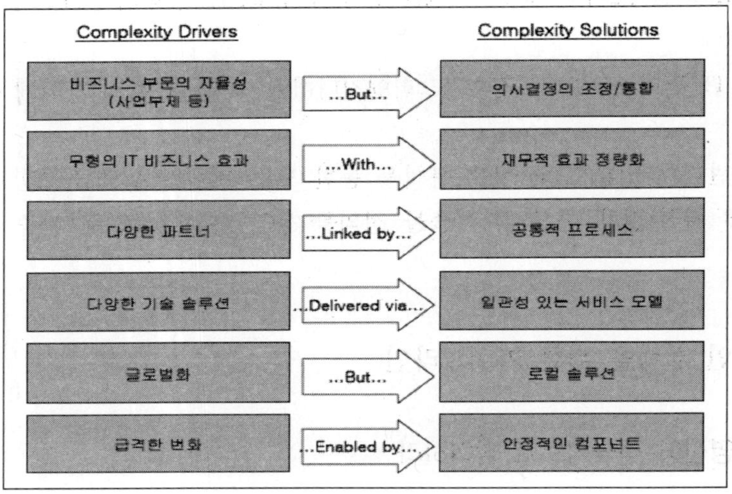

[그림 5-9] IT 환경의 복잡성

여러 개의 사업부로 구성된 기업이라면, 각 사업부의 비즈니스 전략을 IT가 어떻게 지원할 것인지, 전사차원에서는 공유서비스 기반으로 할 것인지 사업부별 서비스 기반으로 할 것인지를 가이드 하는 원칙을 수립할 필요도 있다.

또한, 프로젝트의 우선순위에 대한 원칙을 비롯하여 예외상황 통제, 예산확보, 업체 소싱 등에 대한 원칙이 필요하다. IT 거버넌스 원칙은 [그림 5—9]에서 보는 바와 같이 복잡성

(Complexity)이 증가하는 IT환경에 대응하기 위해서 특히 중요하다(Gartner, Symposium ITXPO 2003, 'IT Governance: Who's in charge here?' 복잡성이 증가한다는 것은 그만큼 고려해야 할 요소가 많아진다는 것이고 그에 따라 잘못된 의사결정을 할 가능성이 많아진다는 것이다.

가트너에서는 2005년에 IT 조직의 절반이상이 비즈니스 요구를 충족시키는 데 실패할 것이라고 예측하고 있다. 복잡성을 효과적으로 관리하기 위해서는 원칙중심의 문화가 중요하며, 이러한 문화는 원칙을 잘 이해하고 있는 인재의 육성과 원칙의 공유 및 실행을 통해 정착될 수 있다.

3) 대상 영역을 정의하고, 성과측정지표를 개발하라.

IT 거버넌스가 필요한 영역을 파악하기 위해 현재의 수준에 대한 진단이 필요하다. 수준 진단을 위해서 COBIT(Control Objectives for Information and Related Technololy)과 같은 프레임워크를 사용할 수 있다(ISACA, COBIT 3rd Edition).

COBIT 프레임워크는 IT 수명주기에 기초하여 [그림 5-10]에서 보는 바와 같이 계획 및 조직, 도입 및 구축, 운영 및 지원, 모니터링 등 4개의 도메인으로 구성되어 있고 [그림 5-11]에서 보는 바와 같이, 하위 프로세스별로 성숙도 모델을 제시하여 수준 평가가 가능하도록 하였으며, CSF(Critical Success Factor)와 KGI(Key Goal Indicator), KPI(Key Performance Indicator)를 정의하여 측정지표들을 관리할 수 있게 한다.

계획 및 조직 (Planning & Organization)

PO1 IT 전략계획 수립
PO2 정보아키텍처 정의
PO3 기술방향 정의
PO4 IT 조직 및 관계 정의
PO5 IT 투자관리
PO6 경영진의 관리목표 및 방침 전파
PO7 인적자원 관리
PO8 외부 요구사항의 준수
PO9 위험 평가
PO10 프로젝트 관리
PO11 품질 관리

도입 및 구축 (Acquisition & Implementation)

AI1 자동화 솔루션 도출
AI2 응용 소프트웨어 도입 및 유지보수
AI3 기술인프라 도입 및 유지보수
AI4 IT 절차개발 및 유지보수
AI5 시스템 설치 및 인가
AI6 변경 관리

운영 및 지원 (Delivery & Support)

DS1 서비스 수준 정의
DS2 외주업체 서비스 관리
DS3 성능 및 용량 관리
DS4 서비스의 지속성 확보
DS5 시스템의 보안성 확보
DS6 비용 산정 및 배분
DS7 사용자 교육 및 훈련
DS8 고객의 지원 및 자문
DS9 형상 관리
DS10 문제 및 사고 관리
DS11 데이터 관리
DS12 시설 관리
DS13 운영 관리

모니터링 (Monitoring)

M1 프로세스 모니터링
M2 내부통제의 적절성 평가
M3 독립적인 보증 획득
M4 독립적인 감사 시행

[그림 5-10] COBIT 프레임워크의 도메인과 프로세스

조만간 ISO 인증화를 추진하고 있는 ITIL(Information Technology Infrastructure Library) 프레임워크는 IT 서비스관리 영역(COBIT의 운영/유지에 주로 국한됨)에서 구체적인 베스트 프랙티스를 제공하고 있으므로 COBIT과 함께 활용하는 것이 도움이 될 수 있다.

가트너에서는 IT 거버넌스 성숙도를 [그림5—11]과 같이 5단계로 정의하고 있으나, COBIT과 같은 실용적인 도구 개발이 미흡하다.

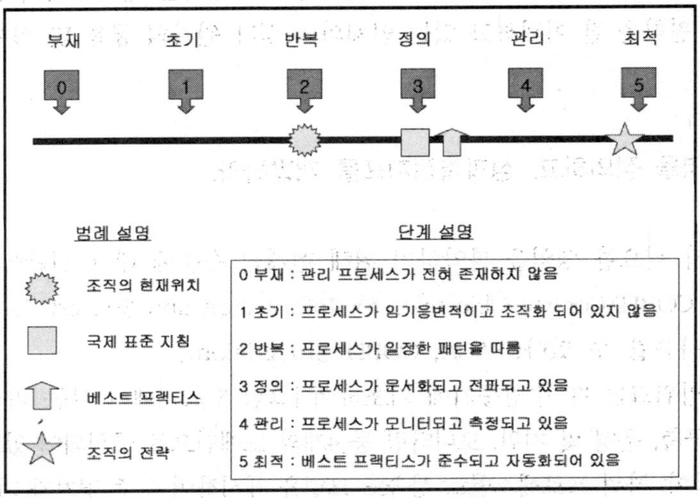

[그림 5—11] COBIT 프레임워크의 성숙도 모델

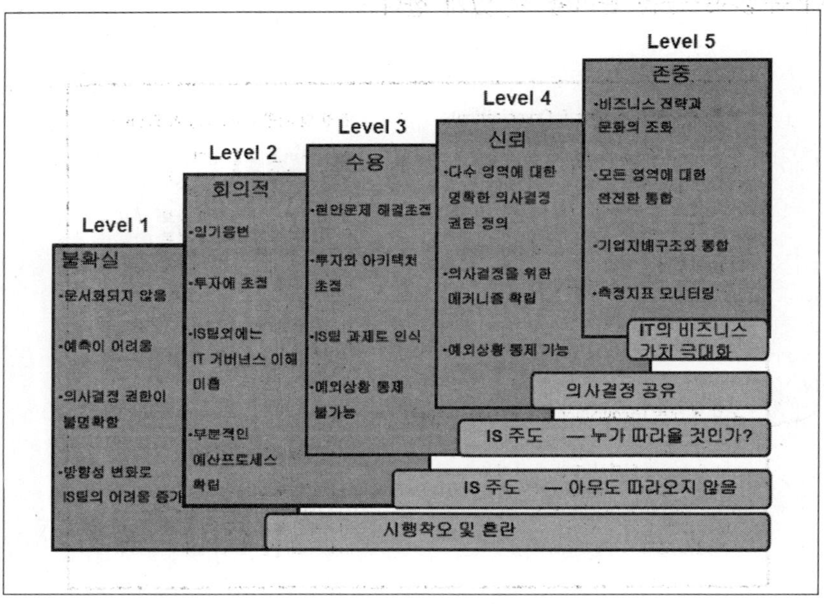

[그림 5—12] 가트너의 IT 거버넌스 성숙도 모델

4) 명확한 의사결정 프로세스를 정립하라.

IT 거버넌스의 목적을 달성하기 위해서는 실제적이고 분명하게 정의된 거버넌스 프로세스가 필수적이다. 프로세스에서는 조직의 문화 및 관습, 의사결정 스타일이 고려되어야 하며, 단계별 활동, 역할 및 책임, 중간 및 최종 산출물에 대해 규정되어야 한다.

프로세스 정립을 위해서 먼저 정해진 IT 거버넌스 이슈에 대한 목적을 정해야 한다. 예를 들면, 특정 프로젝트의 승인 여부와 우선순위를 효과적으로 결정하는 것, IT 인프라 또는 애플리케이션의 개발에 소요되는 펀딩을 어떻게 할지를 결정하는 것 등이 목적이 될 수 있다.

다음으로 기업문화에 맞게 의사결정에 필요한 투입요소, 산출물, 활동, 역할, 책임, 권한이 정의된 의사결정 단계와 방법을 정립해야 한다. 이는 구성원별 의사결정이 필요한 시기와 공유 시기, 의사결정을 위한 효과적인 협업 형태, 요구되는 정보형태, 필요한 자문기구, 관리자들과 스태프들의 활동과 책임, 원활한 프로세스를 위한 지원활동, 각 단계별로 넘겨주어야 할 산출물들에 대한 명확한 정의를 포함한다. [그림 5—13]은 새로운 IT 시스템 또는 서비스를 도입할 것인지에 대한 의사결정을 하기 위한 거버넌스 프로세스의 예시이다(Gartner Research, 2003, 'Creating an Effective IT Governance Process').

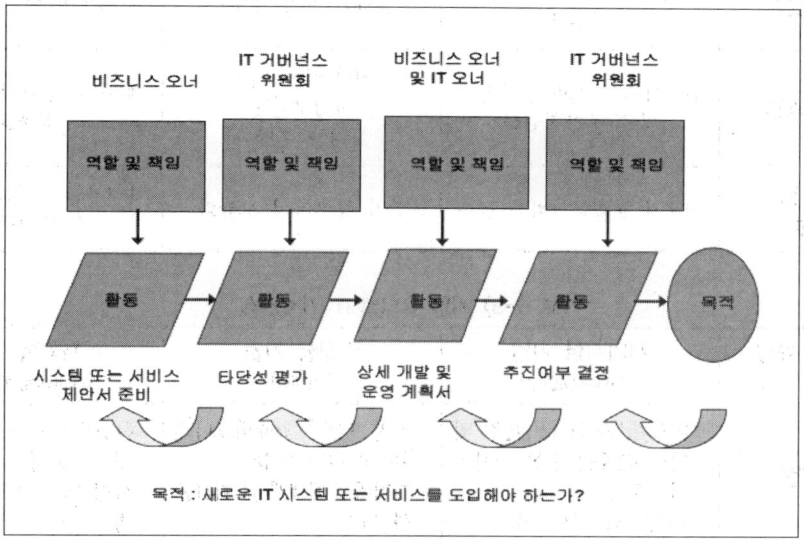

[그림 5-13] 목적과 연계된 의사결정 프로세스(예시)

5) 기업의 특성에 맞는 스타일을 찾으라.

최근 가트너의 연구 결과에 의하면, 기업유형, 즉 기업의 조직특성 및 관리방침에 부합하는 IT 거버넌스 체계를 가진 조직이 통계적으로 더 높은 성과를 보이고 있다. 비즈니스에 가치를 줄 수 있는 효과적인 IT 거버넌스를 위해서는 반드시 자사의 비즈니스 특성에 대해 먼저 파악하고 그에 적합한 IT 거버넌스를 적용해야 한다(Gartner Research, 2003, 'Tailoring IT Governance to Your Enterprise').

기업의 비즈니스 특성은 추구하는 목표에 따라 〈표 5—2〉와 같이 시너지형(synergistic) 기업, 민첩형(agile) 기업, 자율형(autonomous) 기업 등 3가지 형태로 나눌 수 있으며, 〈표 5—3〉에서 보는 바와 같이 각각의 형태에 따른 특성을 고려한 IT 거버넌스 메커니즘이 필요하다.

〈표 5-2〉 기업 유형별 특성

유형 / 특성	시너지형 기업 (Synergistic)	민첩형 기업 (Agile)	자율형 기업 (Autonomous)
비즈니스 프로세스	사업부간 표준화와 통합	모듈화, 적응성, 결합용이성	독립성, 고유성
조정 스킬	중복성 제거, 시너지 의무화	전사적 현장 대응력	사업부별 혁신과 경쟁력
조정 시스템	전사차원의 전략에 초점을 맞춘 중앙집권화	전사전략내에서 사업부환경 고려한 연방화	재무, 위험관리를 제외한 분권화
정보 및 정보 시스템	인프라 통합, 서비스 공유	중앙 통제하의 모듈화	사업부별 인프라(전사차원 최소화)

〈표 5-3〉 기업 유형별 IT 거버넌스

유형 / 특성	시너지형 기업 (Synergistic)	민첩형 기업 (Agile)	자율형 기업 (Autonomous)
의사결정	· 비즈니스와 IT 경영진간 밀접한 관계를 통한 전사적 의사결정 · 하향식의 의사결정	· 특정 목적을 위해비즈니스와 IT 리더 연합 · 조직내 조정체계 및 학습문화 강조	· 사업부 또는 비즈니스 오너별 IT 운영 · 사업부별 독립적인 의사결정
주요 메커니즘의 Focus	· 명확하고 체계적인 의사결정 프로세스 · 경영진/이사회 차원의 위원회 · 전사적인 프로세스/인프라의 통합화, 표준화	· IT 원칙의 폭넓은 적용 · IT 프로젝트의 비즈니스 오너십 · IT-비즈니스 교육프로그램 · 투명성 및 의사소통	· CIO가 사업부별로 협상 · 베스트 프랙티스 확산에 의한 표준화 · 사업부와의 SLA 운영

시너지형 기업의 IT 거버넌스는 전사적인 프로세스 및 인프라의 통합이 강조되므로 비즈니스 부문과 IT 부문 간의 긴밀한 협조 하에 경영진 차원의 위원회를 통한 의사결정이 필요하다. 특히,

- 최고 경영진 차원에서 비즈니스/IT가 참여하는 전사적인 의사결정 메커니즘에 초점을 둘 것
- 경영진이 참여하는 위원회를 운영할 것
- CIO가 비즈니스 임원들과 효과적으로 일할 수 있도록 충분한 지위를 보장할 것
- 시너지, 공유, 재사용을 위한 기회를 지속적으로 검토하고 보상체계를 강구할 것
- 공통의 프로세스, 컴포넌트, 아키텍처에 대한 교육을 수행할 것을 권고한다.

민첩형 기업은 비즈니스 환경의 변화에 유연하고 민첩하게 대응해야 하므로 IT에 대한 원칙과 비즈니스 부문의 오너십, 그리고 교육과 의사소통이 중요하다. 특히,

- 현업 대응에 중점을 둔 비즈니스와 IT 간의 공동 의사결정 메커니즘을 만들 것
- 상위 수준의 간단명료한 IT 원칙을 수립하여 비즈니스 활동을 가이드하고 의사소통하기 위한 기준으로 활용할 것
- 사업부에 IT 투자에 대한 권한을 위임할 것
- 내 외부 고객 요구사항 충족을 위해 IT 전문가를 현업부서에 배치할 것
- 새로운 요구에 신속히 대응할 수 있도록 재사용 모듈을 개발할 것을 권고한다.

자율형 기업은 권한과 책임이 사업부별로 분권화되어 있으므로 CIO는 사업부별 관계와 제공서비스 수준 및 비용관리에 관심을 가져야 한다. 특히,

- 사업부별로 핵심적인 이해관계자들과 협상할 것
- IT 부문이 철저한 고객서비스 윤리 의식를 갖도록 할 것
- 비용 배분을 위한 효과적인 *차지백(chargeback)[35] 메커니즘을 구축할 것
- 기대에 부응할 수 있는 SLA 체계를 운영할 것
- 벤치마킹을 수행하고 그 결과를 공유할 것을 권고한다.

이상으로 IT 거버넌스를 실행하기 위한 몇 가지 가이드라인을 제시해 보았다. 주의할 것은 IT 거버넌스는 일회성이 아니라 지속적인 프로젝트로 진행되어야 하고, 프로세스의 변화와 더불어 문화적 변화가 수반되어야 한다는 것이다. 따라서 실행에 옮기기 쉬운 영역부터 점진적인 성공체험을 하는 것이 IT 거버넌스의 성공을 위한 첫 걸음이 될 것이다.

---

35) 차지백: 입금취소

3. IT 거버넌스의 적용사례

가. IT 수준 진단 사례

A사는 자사의 IT 아웃소싱 서비스 영역별 수준파악 및 분석을 통하여 현 서비스의 문제점을 진단해 보고, 고객의 IT 기대수준을 고려한 서비스 영역별 개선과제와 고객만족도 향상 방안을 얻고자 하였다. 또한, 진단을 통해 전략적 IT 서비스 제공조직(Acc't)과 집중 지원이 필요한 Acc't군 등 전략적인 Acc't 포트폴리오를 구성하여 전사적인 차원에서 보다 효과적인 Acc't 지원 활동을 수행하고자 하는 목적이 있었다.

1) 진단 영역 및 대상

Entrue의 IT 서비스 수준 진단은 서비스를 제공받는 고객의 기대수준에 따라 어떤 영역의 서비스 품질을 우선적으로 강화해야 하는지에 대한 방안을 제시해 준다.

즉, 진단을 통해 IT 서비스 공급업체는 고객의 기대수준에 따라 강화해야 할 서비스의 우선순위를 결정할 수 있음으로써 고객에게 보다 실질적인 가치를 전달할 수 있다.

또한, 차별적 서비스 전략 수립을 통해 지속적 고객만족도 향상을 도모할 수 있다. 주목할 만한 점은 국내의 여타 단순 서비스 평가와는 달리, [그림 5-2]에서 보는 바와 같이 서비스 수준 진단 영역별 프로세스 기반의 IT 표준 관리체계를 제공함으로써, 보다 선진화된 IT 아웃소싱 서비스 실현 기반을 제공해 준다는 것이다.

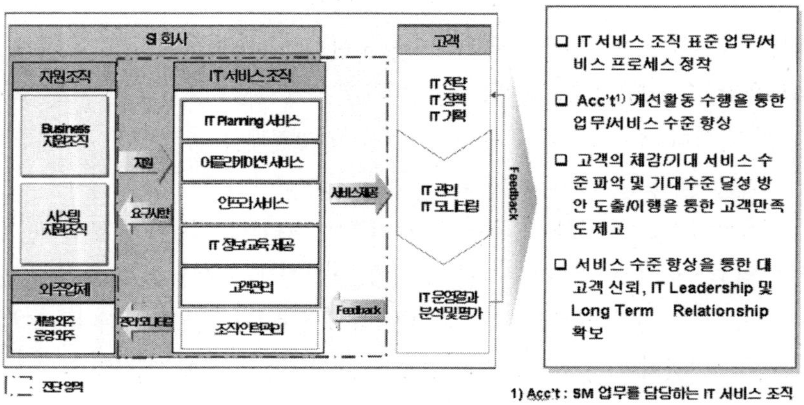

[그림 5-14] IT 서비스 수준 진단의 영역과 기대효과

A사는 국내 다양한 산업 내 총 42개의 IT 아웃소싱 서비스 제공 조직(Acc't)을 대상으로 진단활동을 수행하였다. 선발 기준은 조직의 규모, 주요 사업, 매출액으로 IT 운영 조직 인원이 20명 이상 되는 조직들을 조사 대상으로 하였다. 인터뷰와 설문의 대상은 조직의 IT 현황을 잘 이해하고 IT 운영의 부분적 결정권을 갖고 있는 중간관리자들을 대상으로 하였으며, 응답의 타당성을 높이기 위해 각 영역별로 문항수를 고려해 영역별 최소 4 ~ 5명을 대상으로 설문을 실시하였다.

2) 진단 프레임웍

Entrue의 IT 서비스 수준진단 프레임웍은 한국전산원의 정보시스템 감리 기준, ISACA의 COBIT 프레임웍, Cap Gemini E&Y의 IT 평가 방법론 등 국내외 스탠더드를 기초로 수립되었으며, 타당성 검증을 위해 다양한 산업분야의 IT 조직 전문가와 IT 평가 방법론 전문가 인터뷰를 통한 검토를 거쳐 완성하였다. 진단 프레임웍은 크게 Domain, Subject, Factor, Element의 4단계로 구성되어 있다.

IT 서비스 평가 영역은 [그림 5-15]에서 보는 바와 같이 3가지 주요영역(Domain)으로 구분하고, 다시 표준 프로세스 기준 6가지 세부영역(Subject)으로 분류해 총 94개의 업무요소(Element)로 구성되어 있다.

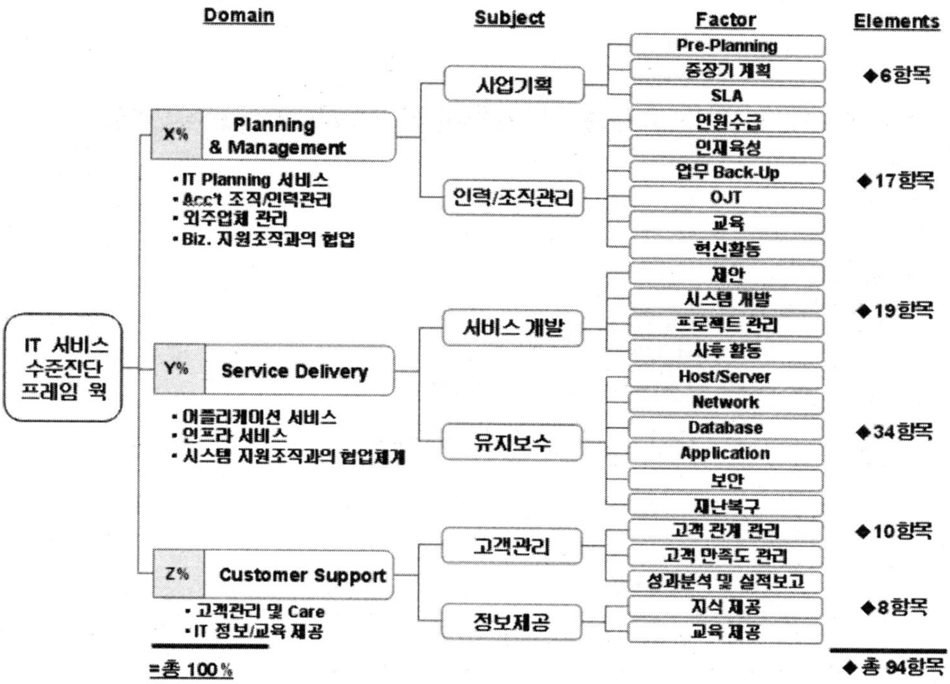

[그림 5-15] IT 서비스 진단 프레임웍

- IT계획 & 관리 서비스(Planning & Management)는 기업의 IT Planning 서비스와 아웃소싱 조직/인력관리, 외주업체 관리 서비스에 대한 영역이다. 이 영역은 기업의 IT 환경 분석을 바탕으로 미래의 전략 및 이행계획을 관리하는 IT 사업기획과, 인력수급 계획에서부터 채용, 육성, 활용 및 업무 성과에 대한 평가, 보상을 수행하는 인력/조직관리로 구성된다.
- 시스템 서비스(System Service)는 애플리케이션, 인프라, 시스템의 지원 조직 서비스에 대한 영역이다. 이 영역은 고객의 비즈니스 가치를 증진시킬 수 있는 신규 시스템을 개발하여 제공하는 시스템개발과, 고객에게 제공된 시스템에 대한 CSR(Customer Service Requirement) 접수에서부터 처리 및 시스템 운영을 수행하는 시스템 유지보수로 구성된다.
- 고객지원 서비스(Customer Support Service)는 고객을 관리하고 고객의 IT정보와 교육을 제공하는 영역이다. 이 영역은 고객의 부가적 요구사항을 처리/관리하고 고객만족도 조사를 통해 업무성과를 평가하여 서비스 수준을 지속적으로 개선하는 고객관리와, 대고객 정보 제공 및 교육을 수행하는 교육/정보제공으로 구성된다.

3) 진단 수행단계

진단의 수행은 크게 • 조직현황 조사 및 사전자료 준비 • 인터뷰 및 설문조사 • 진단실사 • 평가/분석 및 피드백의 4가지 단계로 진행된다.

Acc't IT 서비스 수준 진단 설문

Domain : Planning & Management

소속 :

성명 : **직위 :**

연락처 : **일자 :**

모든 질문에 답변하는 것이 중요합니다. 각 질문에 대한 답변을 확신할 수 없는 경우, 현 상황을 가장 잘 반영하는 척도에 응답하여 주십시오.

Subject : 사업기획

Factor : Pre-Planning

세부항목		응답							
1.1.1.1.1	Pre-Planning의 지침이 명확히 수립되어 있으며, 지침에 따른 Pre-Planning이 실행되고 있습니까?	N/A	1	2	3	4	5	6	7
1.1.1.1.2	Pre-Planning에서 도출된 사업항목 중 당해년도의 고객 사업계획에 반영된 항목의 비율은 얼마입니까?	N/A	1	2	3	4	5	6	7
1.1.1.1.3	고객사 정보화 방향 제시를 위하여 선진사례(국내/해외)의 Benchmarking을 실시하고, 분석자료를 작성하여 고객에게 제시	N/A	1	2	3	4	5	6	7

Factor : 중장기계획

세부항목		응답							
1.1.1.2.1	전사 또는 사업본부의 Vision을 참조하여 팀내 Vision을 수립/공유하고 있습니까?	N/A	1	2	3	4	5	6	7

Factor : SLA 체계

세부항목		응답							
1.1.1.3.1	SLA 항목을 관리하고 있습니까?	N/A	1	2	3	4	5	6	7
1.1.1.3.2	SLA 체결을 위하여 Acc't의 구체적인 활동이 이루어지고 있습니까?	N/A	1	2	3	4	5	6	7

[그림 5-16] 영역별 사전 설문 양식 예시

우선, Acc't의 현황조사 및 관련 자료를 수집하고 서비스 품질 체크 리스트와 설문을 통해 IT 서비스 품질수준을 사전에 조사한다. 동시에 고객에 대해서도 현재 서비스 제공 수준과 서비스 만족도 및 향 후 기대수준에 대한 설문 및 인터뷰를 실시한다. 즉, IT 서비스 공급자의 서비스 품질 수준과 이에 대한 고객만족도 및 기대수준을 동시에 파악하고 그 Gap을 해소함으로써 궁극적으로 고객에게 가치 있는 서비스를 전달하고자 하는 것이다.

다음으로 진단 수행자는 제시된 진단 프레임웍을 기반으로

- 업무/서비스 수준
- IT관련 대고객 환경
- 고객사 IT팀장이나 CIO 대상 고객만족/기대수준의 3가지 관점에 따른 진단 실사 활동을 수행한다.

특히 진단 프레임웍 내 Element 94개별 각각의 Audit Guide가 있어, 진단 수행자의 체계적이고 일관성 있는 진단실사 및 결과 평가/분석을 가능하게 해 준다.

Audit Guide Example

Domain : Planning & Management	Subject : 인력/조직관리	Factor : 인력 수급

Element	필요 기술 정의서
Question (1.1.2.1.3)	서비스 제공에 필수적인 필요 기술이 정의되어 있습니까?
Audit Point	▪팀 업무에 필요한 필요 기술 정의 여부 ▪서비스 영역별 세부 필요 기술 정의 여부 ▪핵심 기술의 별도 정의 여부 ▪향후 필요 기술 정의 여부

해당 여부 : □ Yes □ No	
No일 경우 사유	

대상자	방법	증빙자료명
▪Team Leader ■ ▪중간관리자 □ ▪실무자 □	▪설문지 ■ ▪Interview/실사 ■	▪필요기술 정의서(협력업체 인력의 필요 기술 정의서 포함) ▪팀별/프로젝트별 Skill 정의서 ▪고객 정보화 추진계획 관련 자료

Key Fact & 개선안

응답 척도	
□1	필요 기술 정의가 수립되어 있지 않음
□2	
□3	필요 기술 정의를 수립하고 있으나, 각 서비스 영역별 세부 필요기술은 정의되어 있지 않음
□4	
□5	서비스 영역별 필요기술이 정의되어 있으며, 핵심기술도 별도로 정의되어 있음
□6	
□7	향후의 고객 정보화 추진계획을 반영한 필요기술이 별도로 정의되어 있음

[그림 5-17] 진단 Toolkit 구성 및 Audit Guide 예시

평가/분석 및 피드백(Feedback) 단계에서는 진단 영역별 가중치를 부여한 Score Card를 통해 진단결과에 대해 정량화한다. 그리고 이에 대한 피드백과 조치사항에 대한 공지를 통해 IT 서비스 제공조직의 향후 개선 방향성을 제시해 준다. 또한, 전사적인 관점에서의 공통

개선과제들을 도출하여 최고 경영자에게 보고하여 향 후 지속적인 혁신활동의 기반을 제공해 준다. 일반적인 서비스 평가 활동과는 달리, 설문형태의 진단 만족도 조사도 수행하여 향 후 보다 객관적이고 공정한 실사가 이루어질 수 있도록 한다.

4) 진단 수행결과

A사는 진단 프레임웍 별로 IT 서비스 수준을 측정하고, 이에 대한 고객 인지수준 및 고객 기대수준까지 분석함으로써 개선 필요 항목의 우선순위를 확립할 수 있었다. 특히 A사의 수준 진단 Domain 영역별 주요 결과를 살펴보면 다음과 같다.

- Planning & Management 영역: IT 사업기획, 조직/인력관리

고객의 사업계획에 종속된 사업기획, SM 서비스의 가치 산정이 어려운 현상은 적극적인 Pre-Planning과 서비스 수준체계 정의로 개선해 나가야 한다. 또한, 필요기술 정의, 업무 백업 계획(back-up plan) 수립 등의 조직/인력관리 영역의 수준 강화가 필요하다.

무엇보다도 고객이 원하는 원가절감 등의 실질적 효과를 창출하기 위한 적극적 혁신 활동의 부재는 개선/혁신 활동에 대한 구성원의 마인드가 부족하기 때문이다. 업무 백업이 안 되는 근본적인 이유는 조직 내 Key Person들의 지식경영에 대한 관성(Inertia)이 주요인이다. 정보의 독점과 부분적 공유를 통해 개인적인 경쟁력을 느끼는 것이다.

- System Service 영역: 시스템 개발, 운영/유지보수

제안관리, 구성관리, 중복장애예방활동, 중복 CSR 예방 활동, 관리적/물리적 보안 영역의 수준강화가 필요하다. 특히, 제안활동 및 결과관리가 체계적으로 수행되지 않은 이유는 대부분의 품질 개선 활동이 인증 획득 및 유지를 위한 활동 위주로 이루어지기 때문이다.

각 조직들 간에 역할과 책임이 정립되어 있지 않아 장애 발생 또는 고객 응대 시 혼선이 발생하는 것은 서비스 및 장애 관련 대고객 창구의 다원화로 대고객 커뮤니케이션에 혼선이 있기 때문이다. 따라서 단일화된 대고객 창구(Single Point of Contact)와 CSR 또는 장애 발생 원인분석을 통한 사전예방 활동이 중요하다. 보안점검 활동 및 재난 복구에 대한 대책 수립을 위한 교육과 홍보도 지속적으로 이루어져야 한다.

• Customer Support 영역: 고객관리, 정보제공

고객 접점(key person) 관리, 서비스 만족도 개선 활동, 지식/교육 제공 관련 항목의 수준 강화가 필요하다. 고객 산업 관련 IT 동향, 신기술 및 고객 경쟁사 정보 등의 고객 필요 정보를 파악하여 제공할 수 있는 전문가의 확보와 육성이 시급하다는 것이다.

인터뷰 결과, 실제로 고객들은 선투자 개념으로 고객의 산업별 IT 동향/선진 사례 분석 보고서를 제공해 주기 바라고 있었다. 실제로, 고객은 벤치마킹 프로그램을 통해 정보 및 노하우 공유의 장이 마련될 수 있도록 아웃소싱 조직이 노력해 주기를 바라고 있다.

따라서 종합적으로 고객만족도 향상을 위한 정기적 현업 방문, 서비스 만족도 개선 활동, 고객 필요정보 파악, 제공 등의 활동을 적극적으로 수행해야 할 필요성이 크다.

IT 아웃소싱 서비스는 이제 시스템 개발이나 설비관리만이 아니라 정보시스템의 계획부터 개발, 운용 및 유지보수에 이르기까지를 일괄적으로 위탁하는 시스템 관리로 그 범위가 확대되고 있다. 이러한 추세를 볼 때 System Service 영역에 속하는 SI와 SM 서비스는 아웃소싱 서비스 제공의 기본 영역이다. 따라서 이제는 정기적인 고객 서비스 만족수준 파악을 통한 고객지향 마인드 강화 측면에서 Planning&Management와 Customer Support 서비스 영역을 강화시켜 나가야 한다. 이러한 고객 지향적인 노력은 IT 서비스를 제공하는 조직이 스스로 서비스 지향적인 조직으로의 변화 노력을 의미하는 것이며, 이러한 노력이 곧 서비스 품질 향상으로 나타나는 것이다.

A사의 46개 Acc't 수준진단을 통해 크게 3가지의 합의점을 얻을 수 있었다.

첫째, IT 서비스 품질이 Business Maintenance의 가장 중요한 결정 요인이며, 고품질 서비스의 제공을 위해서는 표준화된 업무/서비스 프로세스 정착 및 지속적인 개선 활동이 필요하다. 서비스 프로세스가 표준화될수록 그 일치성에 의해 운영비용이 낮아지며 제공 업체들의 규모의 경제는 증가하게 되기 때문이다.

둘째, IT 서비스 제공업체들은 고객의 향후 IT기대수준에 따라 적절한 수준의 서비스를 차별적으로 제공해야 한다. 특히, 향후에는 사업기획이나 고객관계관리 등과 같은 프리미엄 서비스(Premium Service) 영역의 수준 향상에 초점을 맞추어야 한다.

셋째, IT 서비스 업무의 정량적 평가가 가능하도록 업무 KPI 설정과 관리를 반드시 하여야 한다. 즉, IT 서비스 제공업체는 객관적인 측정 지표에 근거한 정확한 서비스 품질의 측정으로 서비스 비용 산출의 근거를 고객에게 제시할 수 있어야 한다. 이러한 정량적인 업무평가를 위한 노력을 통해 궁극적으로 IT 서비스 제공업체는 서비스 수준에 대한 고객의 인지수준을 올바르게 개선시켜 나가야 한다.

나. IT 관리체제 구축 사례

A사는 IT 서비스 수준진단을 통해 자사의 수준을 정확히 파악하는 동시에, 표준화된 프로세스와 지침, 문서, 정량화된 관리 KPI를 통해 IT 업무/서비스가 이루어질 수 있도록 IT 관리체계를 정립하였다. 즉, 표준화 프로세스 기반의 업무/서비스 가이드북을 개발하여 현장에 정착시키고, 이를 기반으로 현장 중심의 업무혁신을 유도하고자 했다. 표준업무/서비스 가이드북이라는 IT Governance 프레임웍을 통해 지속적인 프로세스 개선과 지식경영의 조화를 이루고자 한 것이다.

1) IT 관리체계(Management) 수립의 목적

일반적으로 IT 서비스를 제공하고 있는 SM(System Management)조직은 대부분 유사한 업무를 수행하고 있음에도 불구하고, 체계적인 표준화 프로세스를 가지기가 힘들다. 서비스를 제공하는 산업유형이 매우 다양하고 고객의 업무 프로세스가 천차만별이기 때문이다. 그러나 표준화된 프로세스를 기반으로 하지 않는 다양화는 지속적인 혁신의 기반이나 체계적이고 안정화된 업무의 연속성을 보장해 줄 수 없다.

따라서 A사는 ITSM의 표준 프로세스 및 업무별 KPI, 표준화된 지침 및 Template으로 구성된 업무/서비스 가이드북을 우선 개발하고, 이를 기반으로 고객의 입맛에 맞도록 커스터마이징(Customizing) 및 내재화(Embedding), 교육(Education)을 통한 다양화를 추진하는 방안을 택했다. A사 IT 관리체계 구축의 궁극적인 목적은 첫째, IT 아웃소싱 업무/서비스의 표준화, 정량화를 통한 운영 효율성의 제고이다.

둘째, 명확한 R&R(Role&Responsibility) 설정 및 표준관리 체계에 대한 지속적인 실무자 교육 및 의사소통 활성화를 통해 구성원들의 혁신마인드를 향상시키는 것이다. 셋째, 고객에게 체계적인 *ITSM[36] 체계를 제공함으로써, 대고객 IT Leadership 및 상호 신뢰(Mutual trust)를 통한 Long Term Partnership을 구축하는 것이다.

장기적인 IT 아웃소싱 서비스를 제공하는 업체라면 주먹구구식의 업무방식을 지양하고, 표준화된 프로세스와 지침에 따른 체계적인 IT 관리체계 구축을 통해 운영 효율성과 시너지 극대화를 위한 노력에 경주해야 한다.

---

36) ITSM(IT Service Management): IT 서비스 관리. 시스템이나 애플리케이션 그리고 네트워크 보안등과 같은 특정 영역으로 이루어졌던 IT 관리 방식에서 벗어나 전체 프로세스를 표준화하고, 서비스 관점에서 보다 체계적인 인프라를 관리하는 것이 목적

2) 표준 IT 관리 프로세스 및 가이드북 개발

A사는 먼저 IT 서비스 제공 조직의 표준 업무기능 모델(Function/Process Model)을 정립하고, 주요 업무흐름을 파악할 수 있는 Cross-Functional 분석을 통하여 7가지의 핵심 프로세스를 도출한다.

도출된 핵심 프로세스별로 각 Acc't의 현업 및 중간관리자 인터뷰를 통하여 파악된 현황 및 개선기회를 반영하여 실무와 조화될 수 있는 표준 프로세스를 최종 매핑한다. 다음으로 현업의 의견이 반영된 핵심 프로세스별 주요 액티비티(Key Activity)를 선정하고 주요 액티비티별 표준/지침/절차와 KPI, Operational Know-how를 한눈에 파악할 수 있는 Index 형태의 Dictionary를 작성한다.

마지막으로 이러한 프로세스 중심의 IT 관리체계를 현업이 한눈에 파악하고 업무에 활용할 수 있도록 Web화를 통해 표준 업무/서비스 가이드북을 완성한다.

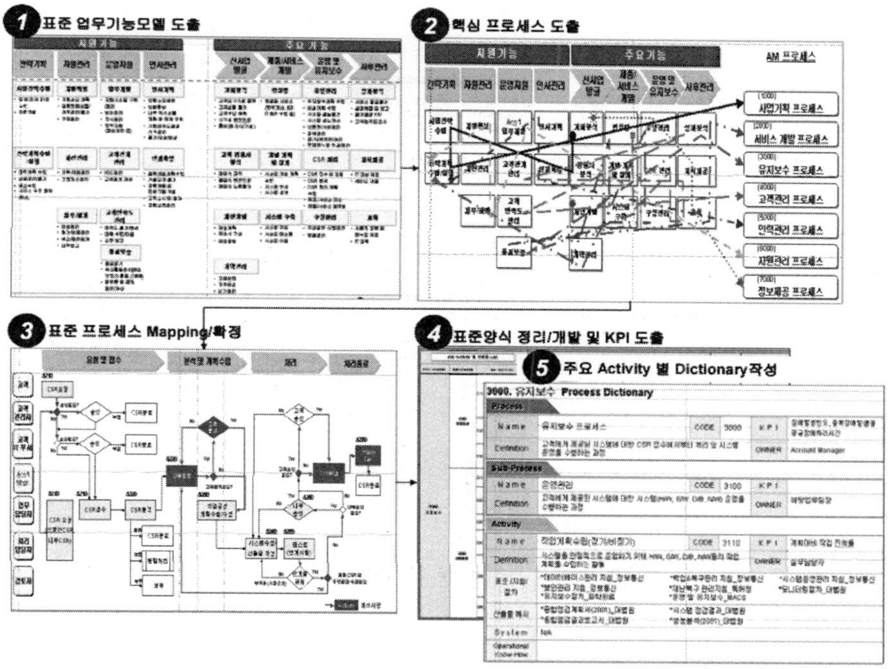

[그림 5-18] 가이드 북 개발 절차

A사의 표준 업무/서비스 가이드북은 [그림 5-6]에서 보는 바와 같이 Web 상에서 전체 IT 관리체계의 프레임웍과 KPI List, 핵심 프로세스별 화면으로 링크된다. 프로세스 화면에서 서브 프로세스 화면으로, 서브 프로세스 화면에서 주요 액티비티별 Dictionary 화면으로 연결되

며, 현업 관리자와 실무자 들은 Dictionary 상에서 각종 표준/지침/절차와 운영 노하우를 접하고 필요 시 다운로드할 수 있도록 구성된다.

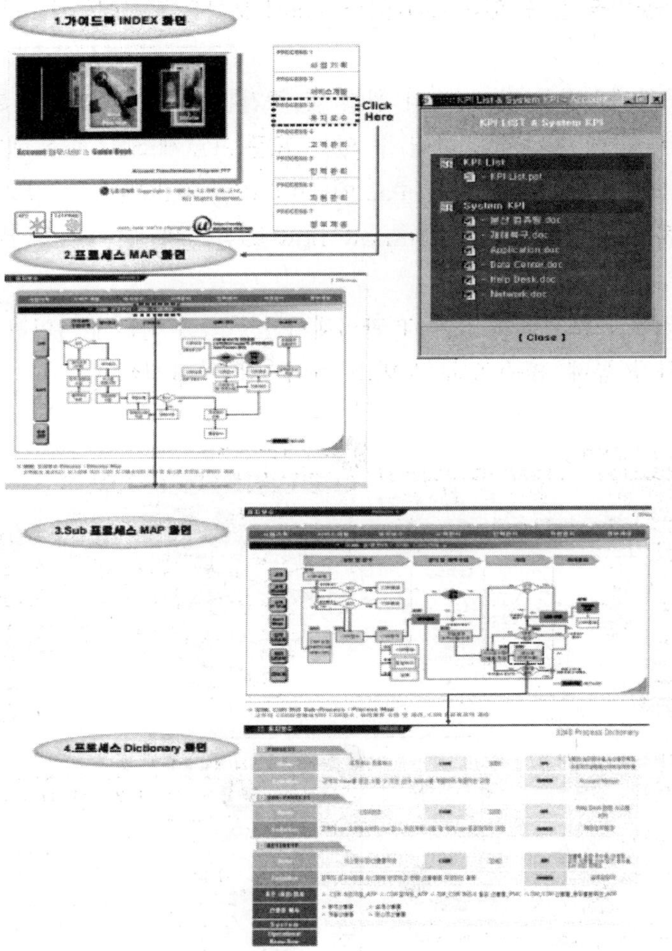

[그림 5-19] 가이드 북 Output Image

3) 가이드북 구성 체계

A사의 표준 업무/서비스 가이드북은 [그림 5—20]과 같이 한마디로 IT 서비스 제공을 위한 표준 프로세스에 내재화된 주요 노하우가 체계적으로 제공되는 ITSM Repository이다. 이것은 ITSM 영역별 7개의 핵심 프로세스와 14개의 서브 프로세스, 주요 액티비티(Key Activity)별 75개의 Dictionary와 61개의 관리 KPI로 구성되어 있다.

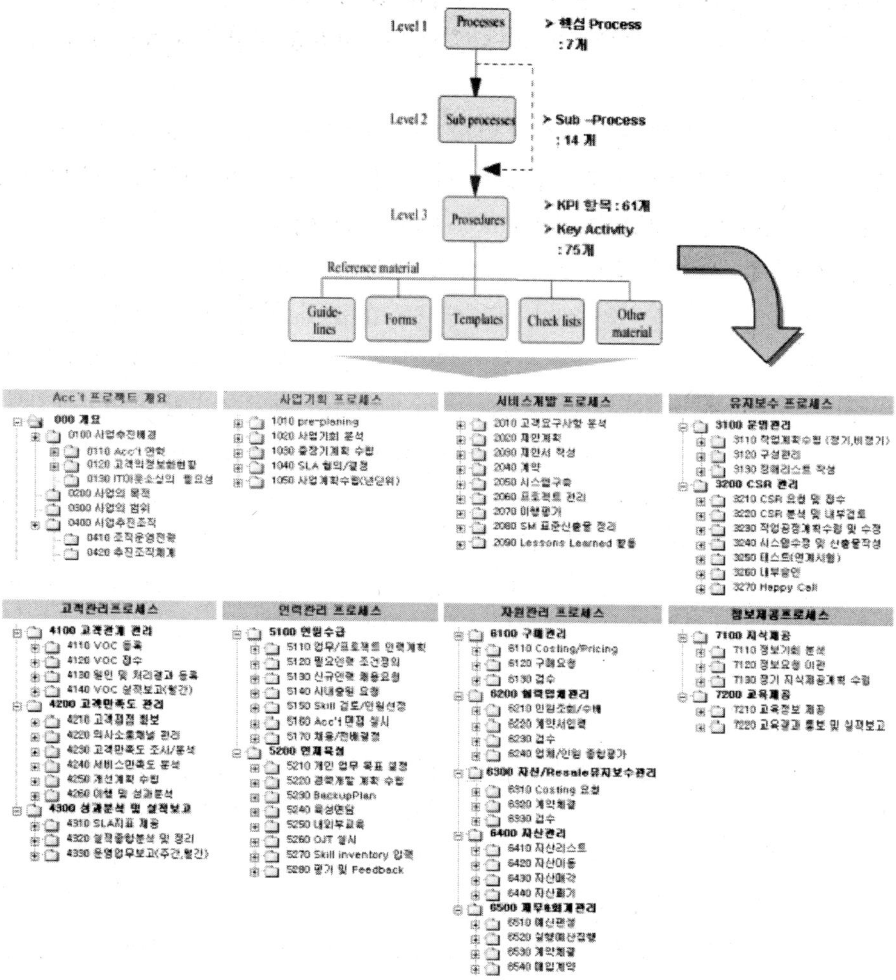

[그림 5-20] 표준 업무/서비스 가이드 북 구성체계

4) 가이드북 내재화 및 교육/변화관리

A사는 다양한 산업의 60여개 이상의 IT 서비스 제공 조직을 가지고 있었으며, 이에 시범(Pilot) 및 확산 내재화라는 단계별 접근을 통하여 가이드북 내재화 활동을 진행하였다. 내재화 활동은 크게 • 현황분석 • GAP분석 • 가이드북 커스터마이징(Customizing) 및 내재화 실행계획수립 • 변화관리 방안수립 및 성과분석의 크게 4가지 단계로 진행되며, 자체적인 혁신을 유도하기 위한 가이드북의 학습과 실업무 적용에 초점을 맞추었다.

먼저 조직별 특성에 맞는 내재화 작업 수행을 위해 내재화 Toolkit에 의한 전반적 환경

분석을 수행한다. 다음으로 실무자 대상의 인터뷰 및 GAP 분석가이드를 활용한 업무분석을 통해 프로세스별 Gap분석을 실시하고, 기 도출된 조직현황을 종합하여 효과적인 내재화 방향 및 목표치를 설정한다.

다음으로 가이드북의 표준 프로세스를 바탕으로 커스터마이징된 조직별 핵심 프로세스를 정립하고, 프로세스/주요 액티비티 별 표준/지침/절차/산출물 양식체계를 정리한다.

정량적인 업무평가 및 서비스 가치(Value) 산정을 위하여 프로세스/주요 액티비티별 관리 KPI 및 담당자를 명확히 선정하여 업무 R&R를 강화해야 한다. 마지막으로 완성된 조직별 업무/서비스 가이드북의 지속적인 관리(Version-Up)를 위한 변화관리 방안을 세우고, 일정기간이 경과한 후, IT 서비스 수준 진단 활동과 연계하여 조직별 내재화 성과분석을 실시한다.

특히, 마지막 단계에서 유의해야 할 것은 반드시 일방향이 아닌 쌍방향의 변화관리를 가져가야 한다는 것이다. 일반적으로 변화관리 유형은 Snowball effect로 대변되는 상향식(Bottom-up)과 조직장의 높은 Commitment가 특징인 하향식(Top-down)의 두 가지로 생각해 볼 수 있다. 효과적인 IT 관리체계를 가져가고 통제하기 위해서는 이 두 가지 변화유형을 통합 적용하여야 할 것이며, 이런 조직일수록 지속적인 혁신을 통한 경쟁우위를 갖게 될 가능성이 높다.

5) IT 관리체계 수립의 의의

IT Governance는 IT가 조직전략과 목적을 유지하고 확장함을 보장하도록 조직의 방향을 제시하고 통제하는 관계 및 프로세스의 구조로 이해할 수 있다. 따라서 효과적인 IT Governance 체계를 구축하기 위해서는 고객이 진정으로 원하는 것이 무엇인지 알아야 하며, 고객이 거래하기 쉬운 조직이 되어야 한다.

즉 IT Governance 체계를 통해 조직구조, 운영체계, 평가기준, 서비스 방식 등에 있어 고객의 가치제고와 편의 증진을 위해 준비되어 있는 IT 서비스 조직으로 변신할 수 있어야 한다. 이를 위한 첫걸음은 프로세스 중심의 기업으로 변화하는 것이다.

프로세스란 무엇인가? 마이클 해머는 "고객을 위한 결과물 또는 고객을 위해 가치를 창출하는 모든 관련 활동들의 집합"이라고 정의하고 있다. 이것은 기업의 궁극적인 목적이 고객가치 극대화에 있다고 가정했을 때 매우 적절한 정의라고 볼 수 있다. IT Governance를 위한 프로세스는 고객 지향적(Customer-Oriented)이어야 하며, 목적론(teleological)적이고 실제적인 과업성과를 중시해야 한다. 또한, 전체론(holistic)적이며 각각의 개별 활동들이 하나의 시각에서 인식될 수 있어야 한다.

이러한 프로세스적 관점에서 IT Governance가 인식될 때 비즈니스가 성공할 수 있을 것이다. 프로세스 중심의 IT Governance 체계를 어떻게 가져가야 하는가에는 표준화와 다양화라는 또 다른 이슈가 내재되어 있다. IBM, 텍사스 인스트루먼츠, 오웬스 코닝, 듀크 파워사와 같은 선진기업들은 그들의 경영 및 IT 구조와 핵심 프로세스 상의 조화를 통해 막대한 초과 이익을 창출하고 있다.

이러한 기업들의 특징은 프로세스의 표준화와 다양화를 적절히 선택하거나, 병행하고 있다는 것이다. IT 서비스 제공 조직의 프로세스 표준화는

- 간접비용의 절감,
- 공급업체와 고객, 해당조직 모두의 거래비용의 절감,
- 수요변화에 맞춘 인력 재배치의 용이성을 통한 조직 유연성 증대 등의 많은 이점이 있다.

마찬가지로 프로세스 다양화는 상이한 유형의 고객들에게 상이한 유형 서비스를 최적으로 제공할 수 있다. IT 서비스 제공 조직들은 고객들의 다양한 요구사항의 대응에 역행하지 않는 한 표준화된 프로세스를 기반으로 한 다양화를 추구하여야 한다. 그러나 A사의 경우, 다양한 프로세스를 허용하는 것보다 표준화된 프로세스를 강요하는 것이 더 어려웠다. 표준화를 제안할 때마다 그 필요성에는 수긍하나 항상 "그러나 우리는 다르다."라는 이구동성이었다. 물론, 표준화를 통해 고객의 요구사항을 부합시키지 못하는 경우도 있겠지만, 상당부분 IT 서비스 조직 자율권에 대한 Governance의 문제이기도 하였다.

A사는 20년 가깝게 SI, SM 분야의 IT 아웃소싱 서비스 제공 경험이 있음에도 불구하고, 각각의 조직 간 협업(Collaboration) 및 조직 내 운영 노하우의 공유가 미비하여 운영 시너지 효과(Synergy Effect)가 미흡한 상황이었다. 그러나 가이드북과 같은 표준 프로세스 중심의 IT 관리체계를 통해 [그림 5—8]과 같이 IT 서비스 조직 내부적으로는 운영 효율성과 지식 공유의 기반이 조성되었으며, 고객에게는 보다 명확한 업무/서비스 Scope에 대한 이해와 정량적인 업무평가의 기반을 제공해 줄 수 있었다.

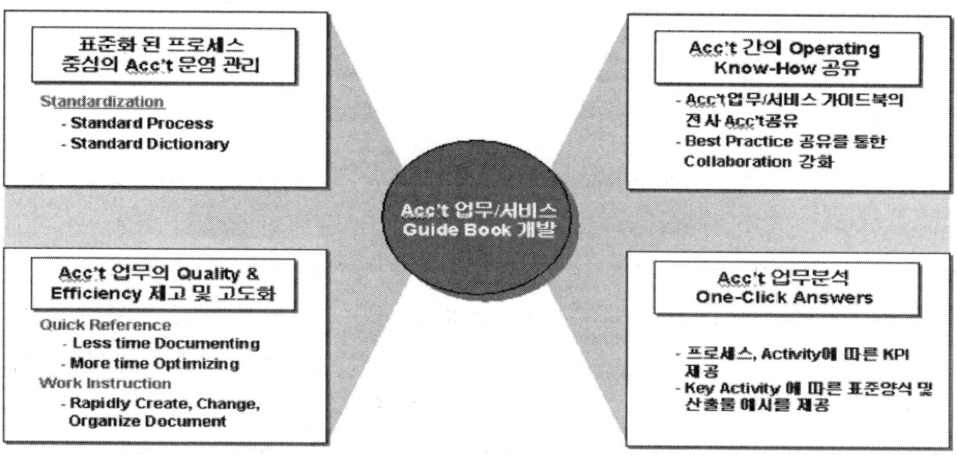

[그림 5-21] 표준 업무/서비스 가이드 북의 효익

4. IT 거버넌스를 위한 차세대 지침 COBIT 5.0

가. COBIT 5.0의 출현

비즈니스를 둘러싼 환경의 변화는 필수적이다. 공공기관과 기업의 조직은 그 조직내부의 자체 개선이나 선진화에 앞서 먼저, 조직 외부의 변화에 민감하게 반응하여야 한다. 공공기관이나 기업의 경우, 그 조직의 생존가능성에 대한 지속성, 이른바 지속경영 가능성(sustainability management)을 조직의 목적으로 보아야 하기 때문이다.

공공기관의 경우 대국민 서비스의 요구사항이 10년 전, 5년 전, 1년 전이 다를 수밖에 없다. 일반 기업의 경우에는 소비자의 마음이 하루가 다르게 빠르게 바뀌고 있다.

ISACA(Information System Audit and Control Association) 국제협회가 주장하는 주제나 영역도 변화하고 있으며 이에 따라 ISACA Korea 챕터 또한, 그 흐름을 국제협회와 같이 하고 있다. ISACA Korea가 걸어온 길이 벌써 25년을 넘어서면서 30년을 향해 나아가고 있다. 정보시스템감사통제에 대한 주제와 영역에 대해 그 동안 많은 변화를 겪어왔음은 당연하다고 할 수 있다.

ISACA를 대표하는 프레임워크인 COBIT(코빗)이 2012년 버전 5.0을 발표하였다. ISACA내에는 많은 프레임워크가 존재하지만 버전이 5.0까지 나온 것은 코빗이 유일하며, 1996년부터 17년 넘게 살아남아 있는 프레임워크로서도 유일하다. 거버넌스(Governance)를 지향하는 ISACA의 입장에서는 IT 거버넌스의 프레임워크인 COBIT을 대표주자로 하여야 함은 당연하다고 하겠다. 이제 COBIT 5.0을 출시하면서 기업 거버넌스로 거듭나는 모습을 지니게 되었다.

나. COBIT의 진화

COBIT이 처음 만들어진 1996년에는 외부감사를 전문으로 하는 회계사(CPA)를 위한 감사(audit) 도구로서 코빗이 사용되었다. 1990년도 후반에서부터 IT가 조직의 비즈니스 프로세스를 지원하면서 외부감사에 있어서 IT 감사는 필요한 영역이 되었기 때문이다.

그 이후 IT의 중요성이 부각되면서 IT에 대한 통제가 필요하게 되었고 코빗은 IT 통제(control) 도구로 자리매김을 하게 된다. 여기에서 멈추지 않고 2000년대를 맞이하면서 IT를 관리(management)하는 프레임워크로 코빗은 거듭나게 되었다.

2005년에 IT에 대한 관리는 IT 혼자만의 사안이 아니고 조직 전체의 영역이며, CIO의 책임이 아닌 BOD(Board of Director)와 고위 경영진의 책임으로 승화하게 되어 IT 거버넌스의 프레임워크로 코빗이 승격되게 된다.

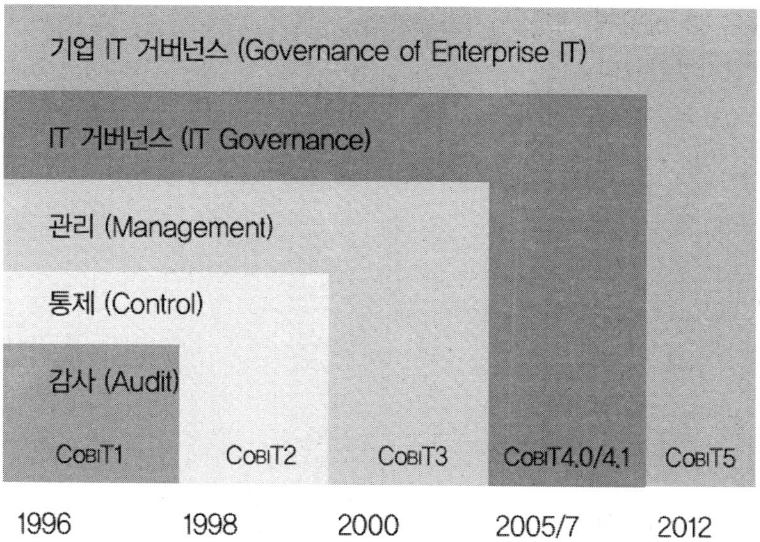

[그림 5-22] COBIT의 진화

2012년 이제 IT 거버넌스는 기업 IT 거버넌스(Governance of Enterprise IT)로 그 위치와 역할이 진화하게 된다. 기업을 위한 여러 가지 거버넌스에 연계되어야 하는 IT 거버넌스는 "기업 IT 거버넌스"로 확장되어야 한다는 개념이다. IT의 발전과 쓰임새에 따라 이에 따른 코빗의 진화과정은 계속되고 있다.

다. COBIT 5.0의 특징

코빗 5.0의 가장 큰 특징을 보자면 IT 관리와 거버넌스를 분리했다는 것이다. 코빗 4.1에서의 4대 도메인을'IT 관리'로 정리했다. 코빗 4.1에서의 코빗의 4대 도메인과 하위 프로세스는 다음과 같다.

- 계획수립 및 조직화(PO)
- PO 1. IT 전략계획수립
- PO 2. 정보아키텍처 정의

- PO 3. 기술방향 결정
- PO 4. IT 프로세스, 조직 및 관계의 정의
- PO 5. IT 투자관리
- PO 6. 목표 및 방향에 대한 의사소통관리
- PO 7. IT인적자원관리
- PO 8. 품질관리
- PO 9. IT 위험평가 및 관리
- PO 10. 프로젝트 관리

● 도입 및 구축(AI)

- AI 1. 자동화 솔루션 파악
- AI 2. 응용 소프트웨어 도입 및 유지보수
- AI 3. 기술 인프라 도입 및 유지보수
- AI 4. 운영 및 사용 지원
- AI 5. IT 자원구매/획득
- AI 6. 변경관리
- AI 7. 솔루션과 변경에 대한 설치 및 인가

● 운영 및 지원(DS)

- DS 1. 서비스 수준의 정의 및 관리
- DS 2. 외부업체 서비스 관리
- DS 3. 성능 및 용량관리
- DS 4. 지속적인서비스연속성 확보
- DS 5. 시스템 보안의 확보
- DS 6. 비용 식별 및 할당
- DS 7. 사용자 교육 및 훈련
- DS 8. 서비스 데스크 및 사고관리
- DS 9. 구성관리
- DS 10. 문제관리
- DS 11. 데이터관리
- DS 12. 물리적 환경관리
- DS 13. 운영관리

• 감시 및 평가(ME)
- ME 1. IT 성과 모니터링 및 평가
- ME 2. 내부통제감시 및 평가
- ME 3. 외부의 요구사항 준거 보증
- ME 4. IT 거버넌스 제공

코빗 5에서는 4.1의 4대 도메인과 내용을 다음과 같이 발전시켰다.

〈표 5-4〉 COBIT 도메인의 변화

코빗 4.1의 도메인	코빗 5.0의 도메인
계획수립 및 조직화(PO)	Align, Plan and Organise(APO)
도입 및 구축(AI)	Build, Acquire and Implement(BAI)
운영 및 지원(DS)	Deliver, Service and Support(DSS)
감시 및 평가(ME)	Monitor, Evaluate and Assess(MEA)

먼저 기존의 계획수립 및 조직화(PO)에는'연계(align)'라는 항목이 추가 되었다. IT 전략계획이나 정보 아키텍처의 연계는 물론 리스크, 정보보호, SLA(서비스 수준관리) 등이 연계되어야 함을 강조하였다. 코빗 5.0의 APO 도메인에는 기존 10개의 프로세스에서 13개의 프로세스로 추가되어 연계하여야 할 대상을 넓히게 되었다.

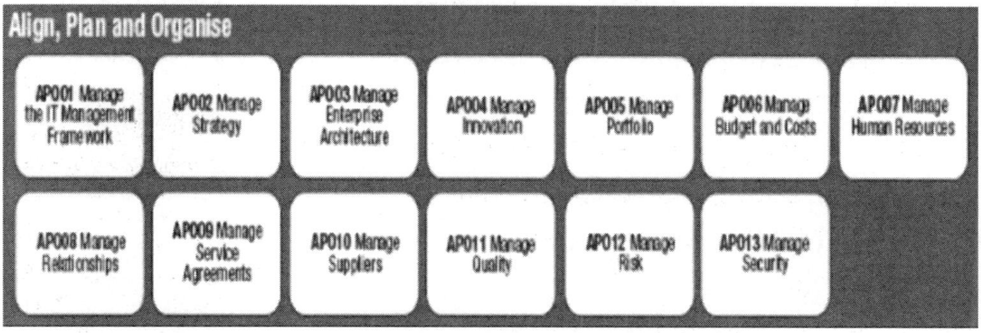

[그림 5-23] APO 도메인의 프로세스

다음으로 도입 및 구축(AI) 도메인에서는 '구축(build)'라는 항목을 추가하고 프로세스도 7개에서 10개로 늘렸다. IT 프로젝트의 Portfolio, Programme, Project라는 구조체계를 도입하고 이를 위한 솔루션과 체계구축 과정 등의 프로세스를 추가하였다.

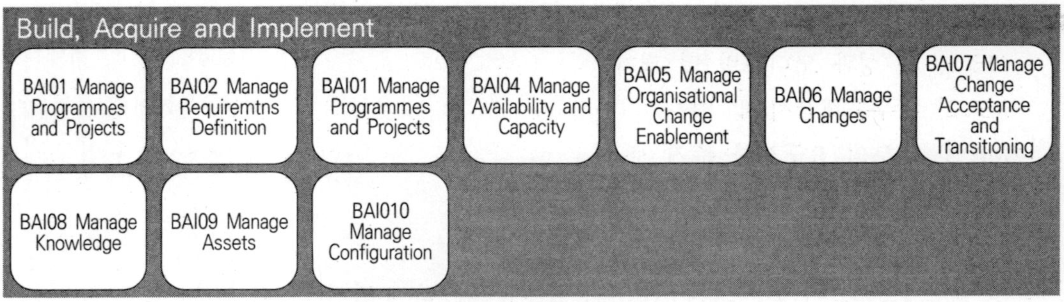

[그림 5-24] BAI 도메인의 프로세스

운영 및 지원(DS) 도메인은 '서비스(service)'라는 개념을 추가 했으며 프로세스도 과감하게 13개에서 6개로 줄이는 것으로 정착 되었다. IT운영에 있어서 서비스 개념을 도입하여 고객과 현업에게 가치(values)를 제공하는 운영에 중점을 두었다.

[그림 5-25] DSS 도메인의 프로세스

마지막으로 감시 및 평가(ME)도메인은 '감사(assess)'라는 영역을 강조하였고, 프로세스는 'IT 거버넌스 제공'이라는 프로세스를 생략하고 3가지 프로세스에 그 내용을 포함시켰다.

코빗 5의 도메인의 진화는 '거버넌스를 위한 관리'로 표현된다. 그 전의 코빗 4.1이 관리의 영역보다는 거버넌스의 영역으로 코빗의 도메인을 정리했다면, 이번 코빗 5에서는 코빗의 도메인을 '관리(management)'로 정의하였다.

관리는 IT 목표를 넘어서 기업 목표를 달성하기 위한 거버넌스 전체에 대한 방향 설정과 같은 구체적인 활동들을 계획, 구축, 운영 및 모니터링하는 것(PBRM: Plan-Build-Run-Monitor)이라 하였다. 여기에서 PBRM은 4개의 도메인을 지칭하는 것이다.

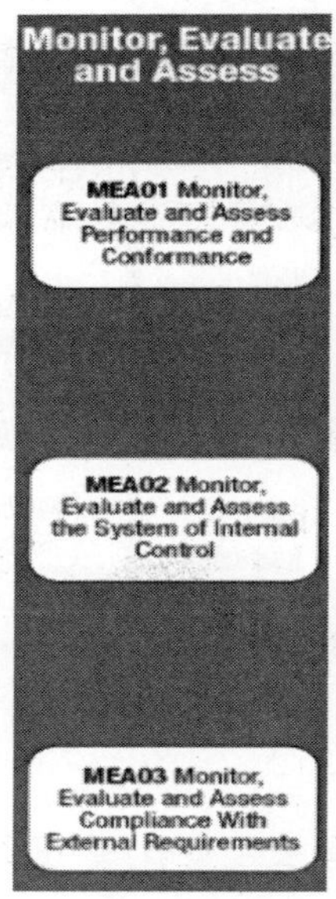

[그림 5-26] MEA 도메인의 프로세스

〈표 5-5〉 PBRM과 도메인

약 어	코빗 5.0의 도메인
Plan	Align, Plan and Organise(APO)
Build	Build, Acquire and Implement(BAI)
Run	Deliver, Service and Support(DSS)
Monitor	Monitor, Evaluate and Assess(MEA)

코빗 5.0에서는 거버넌스와 관리를 분리했다는 특징이 새롭다. 코빗의 5.0 도메인에서 살펴본 대로 도메인의 프로세스를 관리로 정하였다. 그리고 거버넌스는 아래와 같이 정의하게 된다. '거버넌스는 이해관계자가 필요성, 조건 및 선택사항을 평가함으로써 기업 목표가 달성되는 것을 보증하는 것이다. 조직에 있어서의 전략에 대한 우선순위와 의사 결정을 통해 조직의 방향을 설정하는 것으로 평가와 지시와 모니터링(EDM: Evaluate-Direct-Monitor)를 말한다.'

코빗 4.1에서는 자세하지 언급하지 않았던 거버넌스 영역이 자세히 등장하게 된다. 비즈니스의 요구사항에서 시작을 하여 코빗 5.0의 도메인들이 관리되는 것을 모니터(감시)하고 이를 평가하여, 개선된 방향을 제공하는 '관리위의 거버넌스'가 설명되고 있다. 또한, 코빗 5.0의 도메인들의 32개 프로세스 수행 과정은 피드백을 통하여 의사소통되고 있다.

[그림 5-27] 개념은 코빗 5이전에 2008년도에 발표된 ISO/IEC 38500:2008의 개념에서 확장

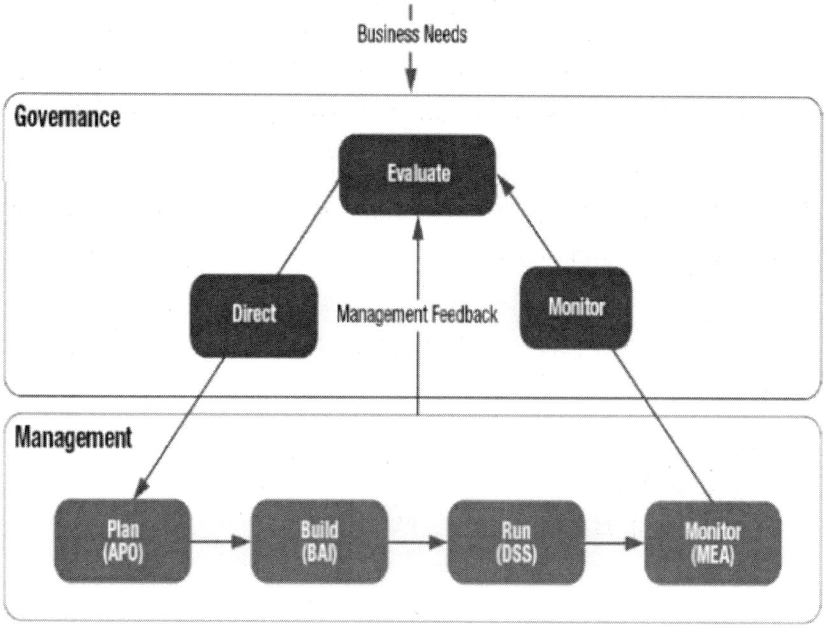

[그림 5-27] 코빗 5.0의 거버넌스

된 것이라 할 수 있다. ISO/IEC 38500:2008은 국제표준의 하나로써 원문에서도 알 수 있듯이 'Corporate governance of information technology'이다.

IT 거버넌스의 국제표준이 아닌, 기업 IT 거버넌스의 표준인 것이다. 호주 표준인 AS-8015-2005에 기반을 두는 효과적인 기업 IT 거버넌스를 위한 프레임워크를 제공하는 모델이다.

조직의 최상위층이 IT를 이용함에 있어서 연관된 법률, 규제, 윤리적 의무를 이해하고 이행하도록 도움이 되도록 하며 이사회가 조직 내에서 효과적, 효율적, 수용 가능한 IT의 사용에 대한 원칙을 제공한다. 특징으로는 IT를 비즈니스 프로세스를 지원하기 위해서 IT 프로젝트(Project)와 프로젝트 이후의 운영(Operations)을 반복하는 것으로 특징을 지었다는 것이며, 코빗 5는 이를 계획, 구축, 운영 및 모니터링 하는 것(PBRM: Plan-Build-RunMonitor)로 상세화 하였다는 것이다.

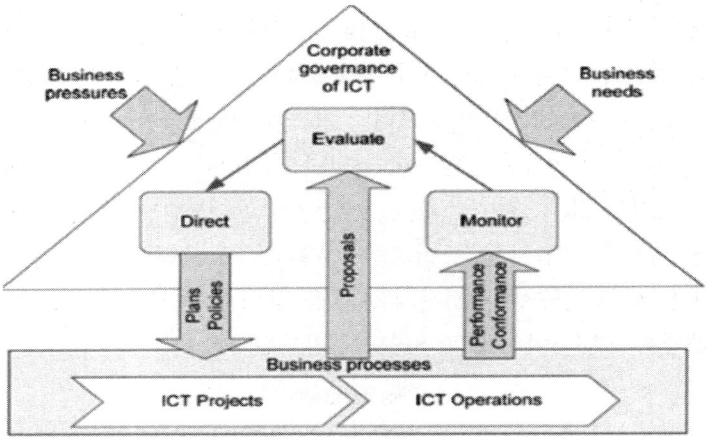

[그림 5-28] ISO/IEC 38500:2008

거버넌스를 평가와 지시와 모니터링(EDM: EvaluateDirect-Monitor)으로 구별하면서 5가지의 구제적인 프로세스로 세분화하였다.

- EDM 1. 거버넌스의 프레임워크와 측정기준의 수립
- EDM 2. 효익 제공
- EDM 3. 리스크 최적화
- EDM 4. 자원의 최적화
- EDM 5. 이해관계자의 투명성

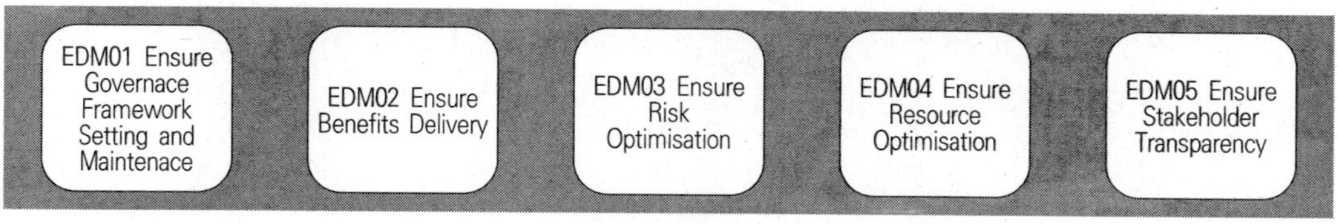

[그림 5-29] 코빗 5.0의 거버넌스 5대 목표

이 내용은 과거 거버넌스의 5개 목표가 발전된 것이라 할 수 있다. 전략적 연계, 가치 제공, 위험 관리, 자원 관리, 성과 측정의 코빗 4.1의 변화된 모습이라 할 수 있다.

[그림 5-30] 코빗 4.1의 거버넌스 5대 목표

라. 거버넌스와 후마니타스

후마니타스(Humanitas)는 인문학이다. 경영, 경제, 역사, 예술 등 인간과 문화에 관한 정신과 학을 통틀어 이르는 말이다. IT와 정보(Information)을 업(業)으로 하는 이들에게는 IT는 더 이상 정보시스템으로만 그쳐서는 안 된다. 그 이상의 경영의 의미를 파악할 수 있어야 한다.

IT와 정보(Information)를 업(業)으로 하는 이들에게 필요한 것은 인문학을 기초로 하여 경영을 지향하는 것이다. IT 거버넌스에서 기업 IT 거버넌스로 변화하고 코빗 4.1에서 코빗 5.0으로 진화하는 이유를 설명할 줄 하는 IT가 되어야 할 것이다. 기업 거버넌스 안에서 기업 IT 거버넌스, 정보보호 거버넌스 등 IT가 연계하고 알아야 할 분야가 있음을 넓은 시야를 가지고 봐야할 것이다.

$Y=k\ f(x)^2 + C$ means that

X is the most important than

at any component For maximizing **Y.**

능력과 **힘**은 무엇보다도

x(Transaction **활동**)를 많이 하는 것이

중요하다.

제 3 절 IT 컴플라이언스

1. IT 컴플라이언스의 개요

가. 컴플라이언스(Compliance)의 정의

일반적으로 컴플라이언스는 정부 기관이나 재무회계 관련 기업, 제약업종 등 특정한 산업 · 업무에서 반드시 준수되어야 하는 엄격한 규제와 지침을 일컫는다.

선진국 기업 최고경영자(CEO)와 최고정보책임자(CIO)들의 가장 큰 관심은 정부와 산업계의 각종 규제에 대한 대응방안이며 이를 일명 '컴플라이언스(Compliance)시스템'이라고도 하는데 주로 바젤II, 사베인스-옥슬리법 등 미국과 유럽의 선진국에서 발생되는 새로운 규제와 변화에 대응하고 급변하는 환경에 대한 민첩하고 능동적인 대처를 지원하기 위한 IT 솔루션 및 프로세스 영역 묶어서 IT 컴플라이언스라고 한다.

주로 미국의 사베인스-옥슬리법에 의해 회계규정, 내부통제시스템 구축과 유럽의 바젤 II의 BCP도입 관련한 규제사항과 이에 따른 같은 각종 규제조치의 강화로 정보접근과 보안문제, 리스크 관리에 수십억 달러 시장을 형성되고 있다.

미국에서 컴플라이언스 시스템이 부각되고 있는 것은 엔론 · 아더앤더슨 · 월드컴 등 기업들의 회계 부정의 빈발 때문이다. 경제 전반에 큰 파장을 미친 이 같은 사태가 재발하지 않도록 미 정부는 지난해 7월 기록관리 기준인 사반스 옥슬리(Sarbanes-Oxley)법을 통과시켜 더욱 엄격한 회계 책임을 기업들에 지우고 있다.

미국은 국방부의 5015.2 감사기준이나 보건 보험의 이전 및 책임성법(HIPAA), 연방 종이 서류 소거법 등은 각종 법규제에 대한 전사적 공유와 그 규제의 준수를 강요하고 있다. 이는 궁극적으로 소비자와 기업을 보호하고 산업의 안정성을 도모하기 위한 고민에서 나온 것이다.

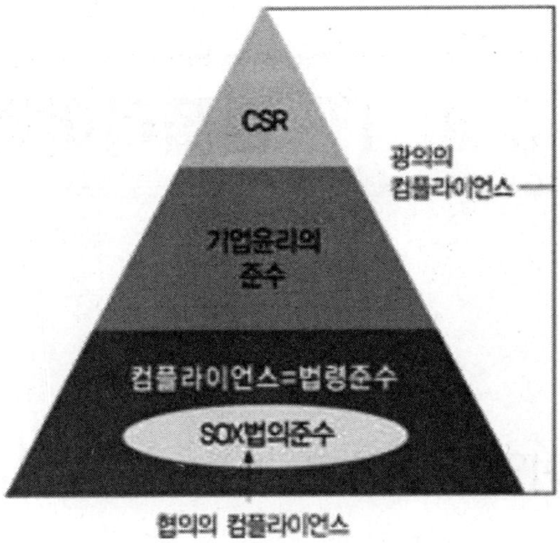

[그림 5-31] 컴플라이언스의 정의

기존 Compliance 개념은 단순히 법률과 규제를 준수하는 것이었으며 이를 협의의 Compliance라고 명명하기도 한다. 하지만 최근 Compliance는 기업 윤리를 준수하고 사회적 책임을 다하는 것까지 포함하는 개념으로 확장되고 있어 이를 광의의 Compliance라고 부르기도 한다.

규제준수를 위해서는 기업 내 정보 시스템과 업무 프로세스에 대한 엄격한 내부 통제가 필요한데, 이를 위해서는 규제가 요구하는 정보 공개(Disclosure), 책임성(Accountability) 이행을 위해 기업 내의 정보 시스템을 활용한다. 또한, 효과적인 IT와 Compliance 관계를 위해서는 해당 기업 IT 자원 현황에 대한 정확한 파악과 IT 컴플라이언스 지원 시스템의 적절한 활용이 필요하다.

나. IT 컴플라이언스(Compliance)의 주요 요구사항

다양한 IT 컴플라이언스들은 일반적으로 다음과 같은 주요 요구사항들을 제시하고 있다.

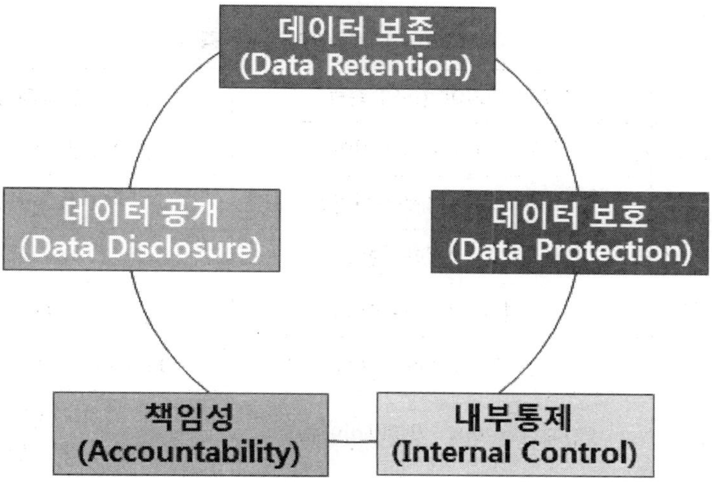

[그림 5-32] IT 컴플라이언스 주요 요구사항

1) 내부통제(Internal Control): 내부통제(Internal Control)의 강화는 IT Governance와 대부분의 IT 컴플라이언스들의 요구조건이자 핵심 대응책이다.

- 내부통제란 기업 데이터 및 프로세스의 투명성과 무결성 유지 등 조직의 위험을 감소시키기 위해 설치한 정책, 절차, 실무, 조직구조 일체를 가리킨다.
- 내부통제 지원시스템은 기업운영의 효율성 및 회계자료의 신뢰성 확보, 법규 준수 등의 목적을 달성하기 위한 합리적 확신을 제공하기 위해 실행되는 일련의 과정으로, 기업은 IT 컴플라이언스 준수를 위해 명백하게 문서화되고 문서화된 내부통제 지원시스템을 전사적으로 구축 및 운영해야 한다.
- SOX 404조, GLBA, HIPAA 등 거의 대부분의 IT 컴플라이언스들은 기업 내 내부 통제시스템 구축, 운영을 통한 내부 통제 강화를 요구하고 있다.

다. IT 컴플라이언스 종류 및 관련 규제/법규

1) IT 컴플라이언스의 종류

- IT 컴플라이언스는 다음과 같이 규제주체, 적용범위(지리/산업별), 규제목적, 보호대상별로 다양하게 존재하고 있다.

〈표 5-6〉 IT 컴플라이언스의 종류

항 목	IT 컴플라이언스의 종류	관련 규제 및 법규
규제주체	외부 규제적 컴플라이언스	SOX, BaselII, GLBA 등
	자율 규제적 컴플라이언스	PCI DSS(카드사) 등
규제적용범위 (지리적)	국제적 컴플라이언스	BaselI 등
	지역적 컴플라이언스	EU Directive 등
	일국적 컴플라이언스	GLBA(미국), 컴퍼니빌(영국) 등
규제적용범위 (산업별)	전체산업 범용 컴플라이언스	SOX(미국),컴퍼니빌(영국), 외감법(한국) 등
	특정산업 전용 컴플라이언스	GLBA(금융), HIPAA(의료) 등
규제목적	회계 투명서	SOX, J-SOX, K-SOX,
	금융 리스크 관리	BaselI
	개인 정보보호	EU Data Protection Act 등
	전자문서 이용 활성화	전자거래법. 전자서명법 등
	법적 증거 허용성	DSI DISC PD0008: 1999
보호대상	금융정보	BaselI 등
	개인금융정보	EU Directive 등
	카드정보	PCI DSS(카드사) 등
	환자정보	HIPAA, 의료법 등
	개인정보	EU Directive, SB1386 등

- HIPAA(Health Insurance Portability and Accountability ACT)

국제적으로 개인 의료정보에 대한 엄격한 통제와 보안을 규정하고 있으며 보건 보험의 이전 및 책임성에 관한 법률로 헬스케어시장, 의료정보기기, 및 보험 시장 관련한 정보보안에 관련된 규제사항을 다룬 미국 법률

- GLBA(Gramm-Leach-Bliley Act)

미국 내 은행 · 증권 · 보험사의 인수합병(M&A)을 쉽게 하고 금융권별 상품판매 규제를 대폭 완화하는 내용의 금융서비스 현대화법으로 은행들은 전략적 제휴나 합병을 통해 종합금융그룹

으로 발전할 수 있는 길을 열고 보험과 은행이 결합된 방카슈랑스 또는 증권이 결합한 유니버설 뱅킹의 출범이 가능하도록 한 법안으로 상품판매 규제는 완화한 대신에 고객에 대한 정보관련 보안 및 백업, 재해관리에 대한 규정을 통한 금융권 고객보호를 강화한 법률

- 온라인 프라이버시 보호법(국내는 개인정보보호법)

온라인에서 수집되는 정보를 '민감한 개인정보(SPII)'와 '민감하지 않은 개인정보(NPII)'로 구분해 어떤 프라이버시 정책을 결정할 것이냐를 다루는 법안으로 개인정보 파일의 파기 의무화와 개인정보 보보 심의위원회를 통한 개인정보 심의 기능 추가, 기업의 개인정보관리책임관리 및 운영하는 내용 등이 들어가 있으며, 온라인 기업들의 개인정보관련 시스템에 대한 강화도 포함되어 추진되는 법률

- Sarbox(Sarbanes-Oxley Act)

2003년부터 미국 증시에 상장된 모든 기업들이 반드시 이 규정을 준수하도록 의무화되어 있는 법안으로 동 규정에 근거한 회계관리와 내부통제 시스템 도입, 경영인증 시스템 구축을 통해 모든 단계별 기업활동을 효율적으로 운용하고 관리 감독할 수 있도록 규제한 법률로 최고경영자(CEO) 및 최고재무책임자(CFO)가 재무보고서에 서명하도록 규정한 302조와 감사인이 내부 통제 프로세스에 대해 인증하고 날인하도록 한 404조가 핵심 조문으로 구성된 법안

- Basel II

2006년 말부터 시행되는 바젤II(신바젤협약)는 3개의 중심 권고안(Pillar)으로 구성돼 있으며 Pillar 1은 최저자기자본 규제, Pillar 2는 감독당국의 점검, Pillar 3은 은행의 공시 강화를 통한 시장규율 강화를 다루고 있음

- 데이터베이스 보호를 위한 EU 지침:

소재의 선택과 배열에 창작성이 없는 데이터베이스도 보호하여 이에 대한 투자를 유도할 필요가 있다는 관점에서 만들어진 것으로 데이터베이스에 관하여, 데이터의 추출하는 것과 이것의 재이용을 금지하는 권리를 데이터베이스 작성자에게 부여하고 그 권리의 존속기간은 15년으로 보며 이에 따른 보호와 관리를 규제하는 법안

- 미 국방부 전자기록보관 표준(DoD 5015.2-STD):

전자적인 파일 레코드를 확실하고 안정적으로 보관하기 위해 전자 레코드 관리 시스템이 갖춰야 할 최소한의 요건을 정의한 표준으로 미 국방부나 영국 국립기록보존소와 같은 정부기관에서 규정되어 사용되고 있으며 국제적 표준으로 자리 잡고 있음

2) 세계 각국의 주요 IT 컴플라이언스

〈표 5-7〉 글로벌IT 컴플라이언스들과 미국의 IT 컴플라이언스

범 위	명 칭	개 요
전 세계	BaselI	전 세계적인 금융권 리스크 관리기관
	ISO-15489-2	디지털 정보 및 문서 보존 시스템이 갖추어야 할 요건에 관한 국제표준
	DiCom Digital Imaging and Communication in Medicine)	의학 분야에서의 디지털 영상 보존과 전송에 대한 국제 표준
미 국	SOX	미국 상장기업 회계 투명성 확보
	HIPAA	미국 의료 데이터 보관 기준
	SEC Rule 17a-4	금융권 전자문서에 대한 관리규정
	GLBA	미국 금융기관의 정보보호와 프라이버시 보호에 관한 내용
	DoD 5015.2	미국방부의 디지털 데이터 보관 시스템의 요구사항
	21 CFR Part 11	1997년 미국 FDA에 의해 제정된 전자기록과 전자서명 관리 지침
	NASD 3010 & 3110	증권회사들의 투자상담사 감시 및 기록 보관 의무화
	FERC Part 125	연방에너지통제위원회(FERC)에서 공공설비산업을 위한 전자 문서 보존 기간 및 보호를 명시
	Rev. Proc 97-22	납세관련 기록의 보존의 의무화
	NARA Part 1234	미국 국립기록청의 이메일과 메타데이터 기록 저장 의무화 제도
EU	MiFID (Markets in Financial Instruments Directive)	유럽연합의 금융 상품 지침에 관한 법률로 전자기록 관리 요구사항 제시
	Moreq(Model Specification of Requirements for Electronic Records Management System)	유럽의 전자문서 및 기록 관리 시스템이 갖추어야 할 요건 제시
	Data Protection Act	개인정보보호에 관한 일반법률
영 국	컴퍼니빌 (Companies Act)	영국 기업지배구조 관련 규제로 '기업지배구조법안'이라고도 불림
	돈세탁금지법 (Anti-Money Laundering Act)	돈세탁방지를 위한 고객 식별 및 수상한 거래 모니터링 및 신고 의무화

범 위	명 칭	개 요
영 국	BSI DISC PD0008:1999	전자문서의 증거력 및 법적 허용성 관련 행위규칙
	FSA	영국의 금융서비스 규정
	eGIF(eGovernment Interoperability Framework)	전자정부 상호 운영성 프레임워크
	WEEE	제조업체, 리셀러, 폐기물 처리업체에 대한 규제로 2004.8.13부터 발효
일 본	J-Sox	일본판 사베인스-옥슬리법
	개인정보보호에관한법률	개인정보에 대한 보호

3) 미국의 주요 IT 컴플라이언스들의 규제 내용 및 벌칙

미국은 IT 컴플라이언스 규제 미 준수에 대해 <표 5-8>과 같이 엄격하고 강력하게 책임을 묻고 있다.

<표 5-8> 미국의 IT 컴플라이언스 규제내용 및 벌칙

규제명칭	대상기관	규제내용	벌칙
SEC 17a-4	증권회사	6년간 고객과의 교신내역 보관	규정되지 않은 벌금과 구금형
NASD Rules 3010 & 3110	증권회사	6년간 고객과의 교신내역 보관	규정되지 않은 벌금
Sarbanes-Oxley	상장회사	모든 문서와 이메일 보관 및 설명 책	5천만 달러 벌금과 20년간 구금형
Gramm-Leach -Bliley Act	금융기관	개인정보의 외부 유출에 대한 방지	벌금과 5년간 구금형
Gramm-Leach -Bliley Act	금융기관	개인정보의 외부 유출에 대한 방지	벌금과 5년간 구금형
SB1386	캘리포니아 주민과 사업관계 기업	비공개 개인정보의 보호와 침해 사실의 고지	피해를 입은 고객과의 민사소송
HIPAA	의료기관	환자 프라이버시와 문서의 기밀성과 무결성 보장	25만 달러 벌금과 10년간 구금형
USA Patriot Act	미국 내 광의의 금융기관	테러자금 목적의 돈세탁 방지를 위한 정보제공을 요구	벌금 및 구금형

4) 국내의 주요 IT 컴플라이언스들의 규제 내용 및 벌칙

국내에도 〈표 5—9〉와 같이 다양한 목적의 IT 컴플라이언스들이 존재하고 있다.

〈표 5-9〉 국내의 IT 컴플라이언스 규제내용

규제명칭	규제내용
전자거래기본법	전자거래 이용자의 보호 책임과 전자거래기록 보존책임을 의무화하고 공인전자문서보관소 제도를 강제화함
의료법	의료기관이 의료기록을 일정기관 보관토록 강제함(환자명부 5년, 진료기록부 10년 등)
전자금융거래법	전자금융업자들로 하여금 소비자 보호를 위해 정보보호 시스템 구축, 전자거래 암호화, 기록 보존 등을 의무화
보안서버구축 의무화제도	영리를 목적으로 개인정보를 수집하는 온라인 사업자들은 의무적으로 보안서버를 구축해야 함
금융기관 재해복구시스템 구축 의무화	은행, 증권, 카드, 거래소 등은 3시간 이내, 보험사는 24시간 이내 재해복구시스템을 의무적으로 갖추어야 함
금융감독원 이메일 및 메신저 내부통제방안	증권회사들의 특정부서들은 이메일 및 메신저에서 주고 받는 내용을 백업하고 요청 시 제출해야 함
공공기관 자료관 시스템 구축	700여 개 공공기관들은 의무적으로 자료관 시스템을 구축해야 함
정보통신기반시설 보안의무	900여 개의 주요 통신기반 시설들은 취약점 분석 및 평가컨설팅을 받도록 의무화하고 있음
정보보호안전진단 의무화제도	100여 개의 온라인서비스 업체와 IDC는 의무적으로 정보보호안전진단을 받도록 함
증권사 영업관련 감독규정	온라인 증권거래시스템 장애발생을 대비해 백업시스템 등 대체주문수단을 의무적으로 갖추어야 함

라. 정보관리와 IT 컴플라이언스

1) IT 컴플라이언스의 3가지 범주

〈표 5-10〉과 같이 다양한 IT 컴플라이언스들은 크게 정보관리, 개인정보보호, 보안 등 세 가지 범주로 구분 가능하다.

〈표 5-10〉 IT 컴플라이언스의 3가지 범주

범 주	주요 요구사항	관련 컴플라이언스
정보관리	재무회계기록 및 주요 문서의 투명성과 정확성, 적시성, 완전성을 보장할 적절한 통제기능을 갖출 것을 요구함	SOX, J-SOX, K-SOX
개인 정보보호	기업이 사용자 개인정보를 어떻게 취급할 것인지를 규정하며, 정해진 개인정보 원칙이 침해되는 경우 어떤 조치를 취해야 하는지를 다룸	EU Directive, PIPEDA(CA) SB1386
보 안	기업의 주요 인프라를 보호하는 것으로 효과적 보안을 위해 어떻게 사용자를 식별하고 민감한 자원에 대한 사용자 접근을 어떻게 통제, 추적, 감시할 것인가를 규정함	US Patriot Act, GLBA

2) IT 컴플라이언스의 정보관리 의무

가) 정보관리

많은 IT 컴플라이언스들은 기업의 특정 데이터를 일정기간 동안 의무적으로 보존할 것을 의무화하고 있다.

- 미국에서만 10,000여 개 이상의 데이터 보존을 의무화하고 있는 규제들이 존재하고 있음
- 보존 대상 데이터는 스캔자료나 미디어와 같은 컨텐츠 데이터에서부터 이메일과 메신저 및 로그 기록까지 광범위함
- 기업은 데이터 보존 정책 및 시스템 구축을 통해 규제준수를 증명해야 하며, 데이터를 원래 상태 그대로 불변상태로 보존하고 있음을 증명해야 하며, 적법한 요청 시에는 쉽게 접근할 수 있도록 해야 함

〈표 5-11〉 IT 컴플라이언스의 규제별 데이터 보존기간

규 제	규제대상	보존 대상	보존 기간
Sarbanes-Oxley Act	상장기업	회계 및 감사용 기록	감사 후 4년(미준수시 구속)
HIPAA	의료기관	의료기록	21세 이하(평생) 환자 사후(2년)
SEC 17a-4	금융기관	딜러-고객 간 통신기록(메일/종이)	재무제표(3년) 회원등록자료(기업생존 내내) 거래계좌정보(해지 후 6년)
의료법시행규칙 18조	의료기관	진료기록	환자명부(5년), 진료기록부(10년) 처방전(2년), 수술기록(10년) 검사소견서(5년)
금감원 증권회사 지침	증권회사	이메일/메신저	3년
금융거래기본법	금융회사	로그 기록	3년 ~ 5년

나) IT 컴플라이언스의 데이터 보존 요구 조건

IT 컴플라이언스는 점차 다양하고 구체적인 데이터 보존 요구를 제시하고 있으며, 기업들은 다양한 데이터 보존 요구와 조건을 만족시킬 수 있어야 한다.

〈표 5-12〉 IT 컴플라이언스 데이터 보존 요구조건

규제항목	내 용
Retention	원하는 기간 동안 데이터를 보존해야 한다.
Integrity	데이터가 위 변조되지 않았음이 증명 가능해야 한다.
Unerasability/ Unrewritability	제불가능하고 재 기록 불가능한 미디어 및 데이터 저장소에 보관되어야 한다.
Access Control	적법한 권한을 가진 사람만이 데이터에 접근할 수 있음이 보장되어야 한다.
Documentation	데이터 보존 정책을 문서화해야 한다.
Time Stamping	증거 생성 시간과 개작 시간 등을 명시할 것을 요구해야 한다.
Accountability	작성자, 개작자를 명시함으로써 책임 추적성을 제공해야 한다.
Indexing	저장된 모든 데이터에 대한 인덱스를 제공하여 쉽게 검색할 수 있어야 하며, 인덱스 또한, 복사본을 별도의 장소에 보관하고 무결성이 보장되어야 한다.
Availability	적법한 권한이 있는 사람은 쉽게 검색하고 접근할 수 있어야 한다.
Security	보관중인 데이터들을 보호하기 위해 합리적인 보안정책 및 보안시스템을 운영하고 있음을 보여야 한다.
Auditing	보관중인 데이터에 대한 접근 및 변경 시도에 대한 로그를 기록하고 안전하게 보관해야 한다.

3) 개인정보보호와 IT 컴플라이언스

가) 개인정보보호

전 세계적으로 개인정보보호를 의무화하는 IT 컴플라이언스가 증가하고 있다

- 전 세계적으로 기업들이 수집하고 보관하고 있는 개인정보를 보호하기 위해 기업들이 준수해야 할 요구사항들을 담고 있는 많은 IT 컴플라이언스들이 존재함
- 이러한 규제들은 기업들로 하여금 암호화와 DB보안 등 개인정보에 대해 합리적 수준의 보호를 제공할 것과 개인정보 유출사고 발생 시에 그 사실을 공지할 것 등을 의무화하고 있음
- 특히 강력한 개인정보보호규제를 가지고 있는 EU의 경우 규제를 만족시킬 수 있는 수준의 개인정보보호를 제공하지 않는 국가에게는 개인정보를 제공할 수 없도록 하고 있어 EU 프라이버시 법제들은 일종의 Privacy Round로 작용하고 있음

〈표 5-13〉 개인정보보호 의무화 국가

국 가	규제 내용	비 고
International	OECD Guidelines on the Protection of Privacy and Transborder Flows of Personal Data	[국내 개인정보보호관련법제] · 공공기관의 개인정보보호에 관한 법률 · 개인정보의 기술적, 관리적 보호조치 기준 · 정보통신망 이용촉진 및 정보보호에 관한 법률 · 위치정보보호 및 이용 등에 관한 법률 · 개인정보보호법(예고)
EU	European Union Data Protection Directives of 1995	
EU-USA	Safe Harbor Principle	
USA	California Data Security Act(SB 1386)	
Canada	Personal Information Protection and Electronic Documents Act(PIPEDA, 2000)	
Australia	Privacy Act(1988)	
Hongkong	Personal Data Protection Ordinance(1995)	
Japan	개인정보보호법(2004)	

나) 개인정보 침해 사례

- 국내외적으로 대규모 개인정보침해 사례들이 증가하고 있는 추세이다
- GS 칼텍스, 1125만 명 고객정보 유출로 인한 집단소송(2008)
- 옥션, 1000만여 명의 고객정보 유출로 집단소송(2008)
- KT, 하나로 통신 730만 고객정보 유출로 인한 집단 소송(2008)
- 리니지 2 120만 건 명의도용 사건, 1인당 10만원 배상 판결(2007)
- 국민은행 3만 여명 개인정보 유출 사건, 1인당 20만원 배상 판결(2007)

4) IT 컴플라이언스의 보안관리

IT 컴플라이언스는 극복해야 할 장애물이 아니라, 기업의 비즈니스를 보다 완벽하게 이해하고 효과적인 통제 기능을 제도화하며, 이 같은 통제 기능과 이를 지원하는 기술을 활용하여 경영성과를 개선하고 사업을 확장할 수 있는 기회로 보아야 한다.

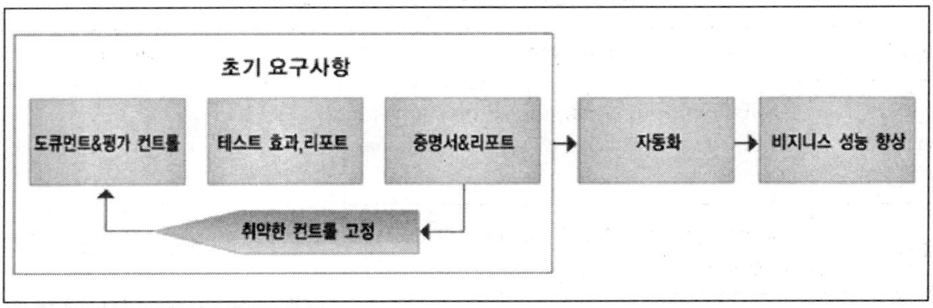

그림1. IT 컴플라이언스의 통상적 단계

- 보안 관리, IT 컴플라이언스 인프라의 근간

규제 기술	SOX	HIPPA	GLBA	SEC 7A-4	21 CERPart 11	신바젤협약	미국 애국법	CA SB 1386	캐나다 PIPEDA
BI(Business Intelligence)	O					O	O		
문서 관리	O	O	O	O	O	O	O	O	
기록 관리	O	O		O	O	O	O	O	
아카이브	O	O	O	O	O	O	O	O	
보안	O	O	O	O	O	O	O	O	O
스토리지	O	O		O	O	O	O	O	

표1. 주요 규제의 적용 범위

정부 규제는 기업 경영의 거의 모든 측면을 망라하여, 전산실의 출입 보안 방식부터 신입사원에 대한 보안책임 교육 방식에 이르기까지, 모든 것을 철저히 감사하고 규제한다.

보안 관리는 거의 모든 정부 규제의 핵심이다. 각종 시스템과 애플리케이션, 데이터 및 프로세스를 무단 접근이나 무단 사용으로부터 보호할 수 있는 강력한 보안 인프라 없이는, 어떠한 규제 준수도 쉽지 않다.

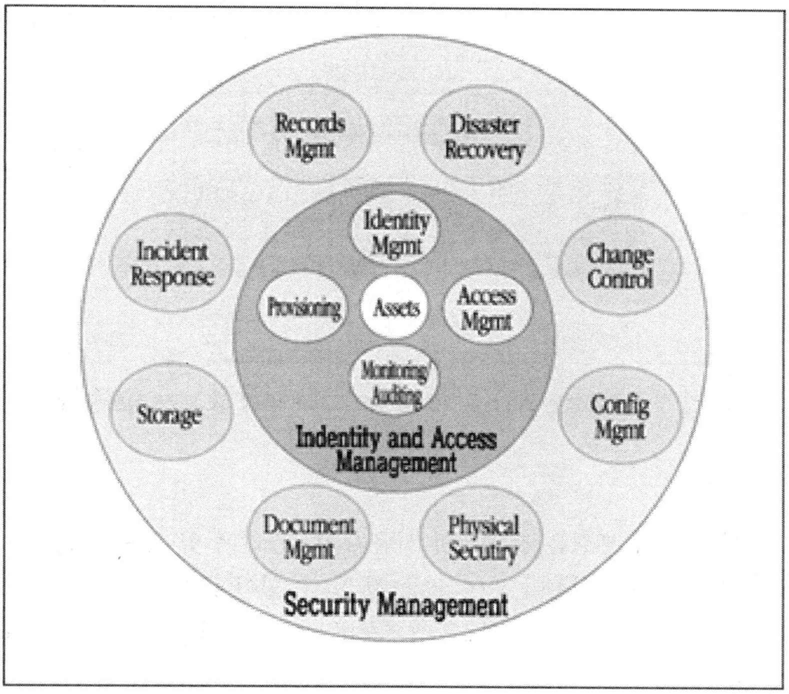

[그림 5-33] 규제 적용영역

[그림 5-33]은 주요 규제가 적용되는 다양한 영역들을 나타낸 것이다. 통상적으로 각각의 규제에는 이 같은 영역들의 각기 다른 부분집합이 포함되지만, 모든 규제에서 공통적으로 요구하는 한 가지 요소는 주요 기업 자산을 보호할 강력한 IT 통제 기능이다. 보안 관리 플랫폼은 이와 같은 강력한 IT 내부 통제 기능을 달성할 수 있는 효과적인 방법이다.

[그림 5-34]은 규제 준수에 있어 보안 관리의 중요성을 나타낸 것으로, 각 규제가 적용되는 IT 영역을 보여준다. 그림 3을 보면 강력한 보안 관리에 대한 요구사항은 모든 주요 규제에 공통적으로 적용된다는 것을 알 수 있다.

IT 컴플라이언스에 있어 보안 관리의 중요성은 명백하다. 효과적인 보안 관리 플랫폼은 다음과 같은 네 가지 요소로 구성된다.

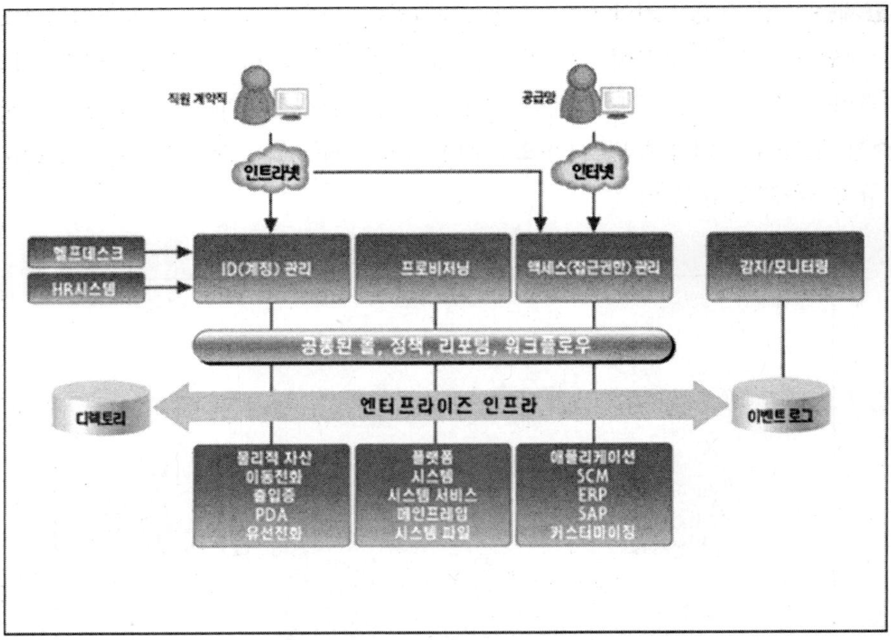

[그림 5-34] 통합된 보안 플랫폼의 주요 요소 및 각 요소 간 상호 관계

- ID 관리

모든 내부 통제 기능의 본질은 효과적인 사용자 ID 관리에 있다. 운용관리자는 사용자가 누구이며 그들에게 어떤 접근권한이 부여되었는지 알 수 있어야 한다. 사용자 프로파일 관리에는 사용자 권한 부여, 사용자 권한 취소, 셀프서비스 기능, 사용자 관리의 위임 등과 같은 서비스가 포함된다.

- 프로비저닝

모든 IT 컴플라이언스 플랫폼의 핵심은 신규 사용자에게 적절한 계정과 기업 자산에 대한 접근권한을 프로비저닝 하는 것과 사용자가 퇴사하는 경우 등에 적시에 이 같은 계정과 권한을 디프로비저닝(de-provisioning) 하는 것이며, 자동화 방식이 바람직하다.

- 접근권한 관리

일련의 프로세스를 통해 사용자 프로파일 접근권한이 사용자에게 적절하게 부여되었다면, 효과적인 내부 통제를 위해서는 실제로 접근권한 정책을 집행하는 플랫폼이 필수적이다. 이 같은 정책 집행에는 애플리케이션 접근권한은 물론, 구체적인 시스템 및 보호해야 할 시스템 서비스에 대한 접근권한도 포함되어야 한다. 사용자 접근에 대한 통제는 메인프레임 등 기업

환경에 포함된 모든 플랫폼(해당 규제와 관련된 플랫폼)에 대해 적용되어야 한다.

- 모니터링/감사

IT 컴플라이언스 프로그램의 본질은 주어진 시점에 기업 시스템이 어떻게 운영되고 있는지, 또 기업 시스템에 대한 효과적인 모니터링, 감사, 통제가 가능한지 파악하는 것이다. 운용관리자는 요주의 이벤트를 쉽게 정의하고 이 같은 이벤트에 대한 필터링 및 상관분석 정책을 쉽게 생성할 수 있어야 한다.

개별 이벤트 자체는 수상하게 보이지 않지만, 전체적인 관점에서 보면 즉각 조치가 필요한 보안 문제를 암시하는 것일 수도 있다. 요주의 이벤트를 식별하고 더 나아가 이에 효과적으로 대처할 수 있기 위해서는 전체적인 보안 인프라의 현황을 손쉽게 시각화할 수 있는 기능이 필수적이다.

2. IT 컴플라이언스와 경영성과 개선

IT 관리자들이 당장 눈앞에 닥친 규제를 준수해야 하는 문제와 씨름하다 보면 IT 컴플라이언스 노력이 제공하는 전체적인 비즈니스 가치를 파악하지 못하는 경우가 적지 않다. 법문의 자의(字義)를 충족시키는 데 급급한 나머지, 향후 실현해야 할 비즈니스 편익은 간과하게 되는 것이다.

가. IT 컴플라이언스와 경영성과 개선

1) IT 컴플라이언스 프로그램

IT 컴플라이언스와 경영성과는 분명히 서로 다르다. IT 컴플라이언스는 단순히 법률적 요건을 충족시키는 것이다. 이에 반해 IT 컴플라이언스의 맥락에서 경영성과는 IT 컴플라이언스 노력을 통해 야기된 프로세스 변화와 기술 변화를 활용하여 비즈니스 자체의 효율을 높이는 것이다. IT 컴플라이언스가 제공하는 편익을 최대한 활용하기 위해서는 다음과 같은 특성을 갖춘 IT 컴플라이언스 프로그램을 확립해야만 한다.

• 자동화

수동 방식의 IT 컴플라이언스 노력에는 상당한 비용이 소요된다. 자동화된 IT 컴플라이언스 프로그램이 존재하지 않는 경우, 사베인스-옥슬리 법처럼 매년 준수사실을 입증해야 할 때 기업의 수익성 및 경영 성과에 항구적인 부담이 될 것이다. 수동 방식의 IT 컴플라이언스 프로그램은 장기적으로 실효성이 떨어질 수밖에 없다. 끊임없이 새로운 규제가 등장하고 있는 데다 기존의 규제가 약화될 가능성도 희박하기 때문이다.

• 연속성

IT 컴플라이언스는 절대로 일회성 프로젝트가 아니다. 초기 IT 컴플라이언스 노력을 통해 만들어진 내부 통제 기능은 기업의 'DNA'에 녹아들지 않으면 안 된다. 중복 투자를 방지하기 위해서는 IT 컴플라이언스가 모든 구성원의 정규 업무의 일부분으로 통합되어야만 한다. 뿐만 아니라, 처음에는 사내 감사 조직을 비롯한 중앙 조직에서 관리하던 통제 기능을 분권화, 자동화를 통해 로컬 조직에 이양해야 한다.

• 지속가능성

IT 컴플라이언스는 광범위한 영역을 망라하며 관련 규제도 다양할 수 있지만, 어떤 경우든 지속 가능한 IT 컴플라이언스 프로그램의 핵심 요소는 모든 사용자 및 그들의 접근권한을 중앙에서 관리할 수 있는 일원화된 방법이다. ID 기반의 IT 컴플라이언스는 사용자 및 그들의 접근권한을 관리, 감사하는 데 이용되는 파편화된 수동 프로세스를 자동화, 최적화된 프로세스로 전환하는 가장 효과적인 방법이다. 한 주요 금융기관의 IT 담당 부사장은 다음과 같이 언급한 바 있다.

"사베인-옥슬리(SOX) 법을 통해 규제 당국이 알고 싶어 하는 것은 누가 어떤 시스템에 접속했고 거기서 무엇을 했으며 왜 거기에 접속했고 그 같은 접속이 허가된 것이었는지 그리고 접속 시간은 얼마나 됐는지 등이다. 때문에 역할 기반의 접근권한 관리 시스템이나 ID 관리 시스템 없이는 IT 컴플라이언스를 달성하기가 극히 어려울 것으로 보인다."

• IT 컴플라이언스 플랫폼의 편익

대부분의 기업들이 대개 수동 방식으로 최초의 IT 컴플라이언스 프로그램을 구축한 이후에 처음으로 직면하게 되는 과제는 IT 컴플라이언스 프로세스를 자동화하는 것이다. 일반적으로 기업들은 앞서 언급한 이유들 때문에 IT 컴플라이언스 프로세스를 자동화하기 위해 ID 관리 플랫폼을 구현한다.

하지만 포괄적인 IT 컴플라이언스 플랫폼이 제공하는 가장 강력한 편익은 이를 기업의 전체적인 경영 성과를 개선하는 데 활용할 때에만 실현이 가능하다. 그림1은 초기 IT 컴플라이언스, IT 컴플라이언스 자동화, 경영성과 개선 등의 통상적 단계를 나타낸 것이다.

2) IT 컴플라이언스의 경영성과 개선을 통한 기대효과

이와 같은 경영성과 개선을 통해 기대할 수 있는 편익은 다음과 같다.

- 리스크 감소

리스크 감소란, 기업이 심각한 규제 위반이나 기타 재난 상황의 희생양이 될 가능성을 줄이는 것을 뜻한다. 또, 리스크가 감소되면, 보다 장기간 동안 원활한 기업 운영이 가능해진다. 자본비용 감소나 최고경영진의 개인 책임 경감 같은 경제적 이득도 있다.

- 효율 제고

일단 관련 프로세스 및 통제 기능을 잘 이해하고 문서화하고 난 후에는 이들을 합리화하거나 다른 프로세스와 통합하거나 혹은 중복된 기능으로 간주되는 경우 폐지하는 일이 보다 용이해진다. 뿐만 아니라, 일원화 된 중앙집중식 ID 관리 플랫폼으로 전환하면, 신입사원에게 필요한 시스템에 대한 접근권한을 보다 신속하게 부여하여 생산성을 높이고 헬프데스크 인력을 감축할 수 있고 IT 보안 관리자 및 개발자들에 대한 업무 부담이 경감되는 등 중대한 효율 개선 효과를 거둘 수 있다.

- 비즈니스 유효성 개선

기업 프로세스에 대한 통찰 및 통제 강화는 통상적으로 예산 편성, 기획, 사업 분석 및 기타 기업 기능을 개선할 수 있음을 의미한다. 가장 중요한 것은 꼭 필요한 정확한 정보가 제공되기 때문에 기업의 의사결정 과정을 개선할 수 있다는 것이다.

- 비즈니스 기민성 강화

마지막으로, 성공적인 IT 컴플라이언스 프로그램은 비즈니스 기민성을 높여, 기업들이 새로운 사업 기회를 보다 발 빠르게 포착할 수 있게 만든다. 모든 보안 관리 및 사용자 접근권한 관리를 중앙으로 일원화하면, 신규 비즈니스를 보다 쉽게 기업 인프라에 통합할 수 있기 때문에 인수합병 과정에서 통합 작업의 복잡성이 완화된다.

3. 통합된 플랫폼의 필요성

앞서 살펴본 바와 같이, 지속 가능한 IT 컴플라이언스 이니셔티브를 위해서는 기업이 모든 사용자와 그들의 접근권한을 관리하고 이를 손쉽게 감사, 모니터링 할 수 있게 해주는 일원화된 플랫폼이 필요하다.

이 같은 기술을 각기 개별적으로 구현하고자 하는 시도로는 효과적인 IT 컴플라이언스가 불가능하다. 완벽하게 통합된 ID 및 접근권한 관리(IAM: Identity and Access Management) 플랫폼은 경쟁적인 IT 컴플라이언스 노력의 유효성 및 지속가능성을 보장할 수 있는 가장 효과적인 방법이다. 통합된 플랫폼이 필요한 이유는 여러 가지가 있다.

첫째, 다양한 핵심 개념들이 여러 요소에 공통으로 적용된다. 가령, 사용자의 역할이나 사용자 그룹의 소속 관계, 접근권한 정책 등과 같은 개념은 모든 요소에 공통적으로 적용된다. 만일 '역할'의 개념이 각 요소별로 상이하게 정의된다면, IT 컴플라이언스 플랫폼의 모든 요소에서 각각의 역할에 대한 접근 권한을 모니터링 하는 것은 사실상 불가능하다.

두 번째 이유는 감사 및 모니터링 요소가 이벤트의 기원과는 상관없이 인프라 전체를 시각화 할 수 있어야 하기 때문이다. 이와 같은 차원의 모니터링 통합 없이는 보안 환경 전체에 대한 통일된 뷰를 달성할 수 없다. 마지막으로 통합된 플랫폼은 관리가 훨씬 용이하고 보안도 강화한다. 개별 요소들이 통합되지 않을 경우 본질적으로 더 복잡할 수밖에 없고, 그로 인해 관리도 더 어렵고 보안 허점이 존재할 가능성도 더 높아진다.

4. IT 컴플라이언스의 대응방안

오늘날 기업들은 수 천만 개에 달하는 트랜잭션과 이메일의 관리 및 운영 문제에 시달리고 있다. 기술의 진화로 생산성은 크게 향상되었으나 연 50%가 넘게 폭증하는 데이터의 양과 복잡해진 시스템 운영에 따른 비용 증가 및 관리의 복잡성은 기업들을 IT 컴플라이언스 이슈에 직면케 하고 있다.

IT 컴플라이언스란 기업의 리스크 관리와 투명성 강화를 위해 각 정부나 관련 기관들이 새로이 제시한 규제나 법안 등에 대한 각종 요건을 충족시킬 수 있도록 기업의 정보 인프라와 업무프로세스를 재정비하는 것을 의하며, 기업을 운영할 경우에 내외부적으로 꼭 지켜야 하는 법적인 규제사항이나 지침을 말한다.

최근 모든 조직이 IT환경에 의존하면서 IT컴플라이언스는 더욱 강조되고 있다. 전자 문서의 작성 규칙과 문서 보관의 의무 등으로 조직의 투명성을 높이려는 목표가 있고, 장기적으로는 조직내의 경쟁력을 향상시킬 수 있는 효과가 있다. 거의 모든 조직이 전자 문서로 업무가 진행되기 때문에, IT인프라가 외부로부터 해킹이 된다면 모든 자료들이 노출될 가능성이 있게 된다.

지난 과거에 있었던 농협 전산망 마비, 싸이월드, 옥션, 3사 카드사 유출 등 IT인프라 공격으로 사회적으로 큰 부정적인 영향이 있었다. 정부는 지속적으로 정보통신망법, 개인정보보호법 등 개정안과 이에 따른 가이드라인까지 발표하고 있으며, 이를 준수하지 않을 경우 과징금이 부과 될 수 있기 때문에 관련 법규를 꼭 확인하여 불이익을 받지 않도록 해야 할 것이다.

또한, 이미 상당수의 기업들은 빠르게 변화하는 IT 환경에서 이런 다양한 규제들에 대응하는 IT 컴플라이언스의 진행에 대해 관심을 갖고 대응책을 고심하고 있다. 그저 IT 업계에 불어닥친 또 하나의 유행으로 지나치기에는 그 강제력이나 영향력이 크다는 점을 감안할 때 기업들은 IT 컴플라이언스에 대응하기 위한 방향 설정을 염두에 두어야 한다.

데이터 보관에 가장 큰 역할을 맡고 있는 스토리지 기업들은 각기 다른 효율적인 데이터 관리 방안을 제시하고 있다. 그 중 가장 큰 이슈가 되고 있는 Information Life-cycle Management(정보생명주기 관리, 이하 ILM) 전략은 최근 IT 업계의 대표적인 이슈 중 하나이다. 하지만 ILM 전략은 매우 광범위하고 모호한 개념이며 아직 지원되지 않는 비현실적인 방안을 제시하면서 지나치게 남용되고 있어 상당부분 과장되어 있다는 지적이다.

즉, 고객의 사소한 요구사항까지 실질적으로 충족시키기에는 기술적으로 부족한 면이 많다. IT 컴플라이언스에 대한 효과적인 대응 방안을 마련하기 위해서는 현재 지원 가능한 기술 수준 이상으로 과대 포장하는 거품을 양산해 시장을 선점하는 것이 아니라 효율적이고 실질적인 데이터 관리 정책을 제시하는 것이 중요하다. 효율적이고 실질적인 데이터 관리 정책과 더불어 IT 컴플라이언스 이슈에 대응하기 위해 무엇보다 중요한 것은 가격과 기능, 성능, 가용성 등 고객의 비즈니스 환경에 최적화된 맞춤형 솔루션의 제공이다.

고객마다 각기 다른 비즈니스 환경 및 요구사항을 정확하게 이해하는 것은 물론, 고객이 해결해야 하는 각종 규제의 궁극적 목표를 정확하게 파악하고 효율적으로 해결하는 것 역시 매우 중요하다. 그동안 기업들은 폭증하는 데이터의 보관 및 관리를 위해 스토리지 솔루션 구입보다 스토리지 장치 보관 장소 및 장비 관리 인원 유지에 더 많은 비용을 투자해 왔던 것이 사실이다.

기존 기업이 가지고 있던 문제점을 해결하고 효율적인 데이터 관리를 실현하기 위해 모든 데이터를 하이엔드 스토리지에 일괄적으로 저장하기 보다는 데이터의 활용 가치에 따라 로우엔드 스토리지로 옮겨 비용을 절감하는 '스토리지 계층화'가 기업의 스토리지 인프라 구축에 필수적인 요건으로 자리매김하게 되었다.

이처럼 다수의 스토리지를 계층화해서 관리하고 이를 통해 효율성 및 생산성을 높이려면 스토리지에 대한 새로운 접근 방식이 필요한데, 이러한 요구사항을 충족시키는 해답이 바로 '스토리지 가상화(Storage Virtualization) 기술'이다. 가상화 솔루션은 IT 관리자가 SAN과 같은 네트워크 스토리지상에서 스토리지 볼륨을 관리할 수 있게 한다. 또한, 다수의 이기종 스토리지에 산재된 볼륨들을 하나의 컨트롤러를 통해 단일화된 창으로 관리할 수 있으며, 하나의 리소스로 결합할 수 있도록 지원한다.

이 때문에 가상화 솔루션은 IT 컴플라이언스에 효과적으로 대비하기 위한 필수 구성요소로 인정받고 있다. 스토리지 가상화 기술에 있어 무엇보다 중요한 것은 강력한 성능과 우수한 호환성을 바탕으로 여러 대의 이기종 스토리지를 하나의 저장 풀로 만들어 기기간 자유로운 데이터 마이그레이션 및 볼륨 복제를 가능하게 해주어야 한다는 것이다.

스토리지 기업들은 IT 컴플라이언스 이슈를 효과적으로 해결할 수 있는 기능을 갖춘 솔루션을 통해 IT 컴플라이언스에 대응할 수 있는 대안을 제시할 수 있어야 한다. 이러한 추세에 따라 몇몇 스토리지 벤더들이 계층형 스토리지 플랫폼이나 기록관리 솔루션을 출시하고 컴플라이언스 시장에 도전장을 내밀고 있지만, 백업이나 데이터 관리 등 기존 제품의 기능을 적당히 보완해 주는 수준에 그치고 있는 실정이다. 새로운 기술이 등장하고 제품이 출시되는 것은 그다지 오랜 시간이 걸리지 않는다.

그러나 해당 기술이 지닌 배경과 목적을 제대로 파악하고 가장 최적화된 형태로 시너지 효과를 창출하는 데는 단순히 시장에서 물건을 고르는 것과는 비교할 수 없을 만큼 오랜 고민과 숨은 노력이 필요한 법이다. 스토리지 기업들은 독립적인 솔루션 별 기능 구현 차원에 머무는 것이 아니라 보다 전략적인 차원에서 시장의 요구에 부응하는 타깃화된 기능과 유연한 호환성을 제공함으로써, 기업이 IT 컴플라이언스 이슈에 능동적으로 대응할 수 있는 여건을 마련하여 줄 수 있어야 한다.

제 4 절 IT ROI

1. IT 투자의 현실과 IT 투자평가의 필요성

가. IT 투자에 대한 회의감 대두

정보통신기술(IT)이 일반기업은 물론 가정과 공공부문에까지 보편화되면서 전 세계적으로 IT투자규모는 지난 10년간 높은 증가세를 유지해 왔다. 그러나 이렇게 대규모 투자가 진전되는 가운데 IT투자의 수익성을 어떻게 확보하고, 그 효과(Effectiveness)는 어떻게 측정할 것인가 하는 문제는 상대적으로 관심을 크게 끌지는 못했다.

이는 IT 투자의 효과를 측정하기가 상대적으로 쉽지 않았다는 측면과 함께, 기업들마다 IT 투자에 뒤쳐지면 향후 경쟁에서 뒤처질 것이라는 막연한 위기의식이 정확한 투자수익의 계산이라는 경제적 마인드를 삼켜버렸기 때문이다.

1990년대 후반에 이르러서 정보통신산업의 급팽창과 함께 IT 투자규모도 천문학적 액수로 뛰어올랐다. 그러나 수익성(Profit)을 고려하지 않은 대규모 투자가 기업경영의 부실로 이어지는 것은 IT 부문에서도 예외는 아닌 법. 그 동안 IT 투자를 주도했던 세계적인 정보통신업체들이 과도한 투자로 어려움에 직면하고 있다는 기사가 심심치 않게 보도되고 있다.

또한, 1970 ~ 90년대 웬만한 경기침체에도 불구하고 '축소'라는 말과는 거리가 멀었던 IT투자가 정체현상을 보이기 시작했다는 기사들도 속속 보도되고 있다. 가장 최근 기사를 보면, 미국 위싱턴 소재의 프리커서(FreeCursor) 연구소가 금년 상반기 미국 기업들의 IT 투자가 전년 동기 대비 2.4% 감소해, 지난 1974년 이후 17년 만에 첫 감소세를 기록할 것이라고 발표했다.

이 같은 수치는 기업들의 IT관련 투자가 전년대비 19%나 급증했던 지난해와 큰 대조를 보이는 것이다. 한 마디로 그 동안 증가일로를 걸어 온 IT 투자에 대한 회의감이 점차 고개를 들고 있는 것이다. 이와 같은 상황에서 이제 기업들이 IT 투자의 수익성에 대해 관심을 갖고, IT 투자평가(Valuation)문제를 제기하는 것은 당연한 시대적 조류가 되고 있다.

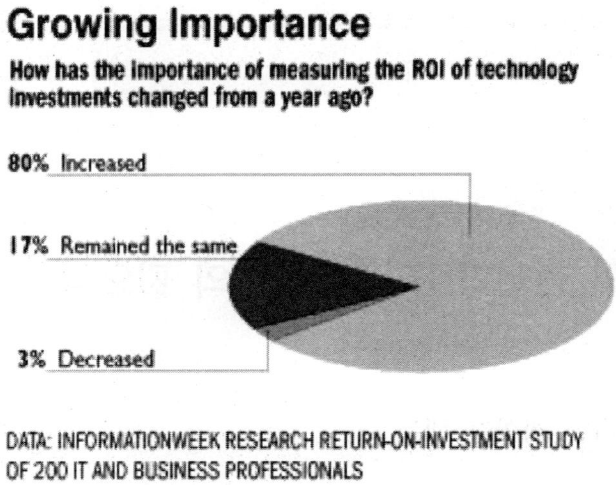

[그림 5-35] IT 투자에 관한 설문 결과

최근 Information Week지는 미국 내 각 기업의 IT담당자 200명에게 설문을 한 결과 80% 이상의 응답자들이 IT 투자에 있어 ROI(혹은 ROIT)의 중요성이 1년 전에 비해 높아졌다고 진술한 것으로 발표하였다. 또한, 같은 자료에 따르면 미국기업의 89%가 최소한의 투자수익률(Return on Investment: ROI) 분석을 거친 이후에야 IT투자를 집행하는 것으로 나타났다.

IT 투자 효과가 회수되는 기대시간도 점점 짧아져서 최근 기업들은 장기간에 걸쳐 효과가 나타나는 효과를 나타내는 IT투자는 기피하고, 투자 이후 6개월 이내 효과가 나타나는 경우를 선호하고 있다.

나. IT 투자 환경의 변화

최근의 경기침체와 함께 IT 투자의 증가율은 주춤거리고 있지만, 전 세계적인 IT 투자 열기가 식은 것으로는 보이지 않고 있다. 다만 IT 부문의 투자환경이 크게 변화하고 있다는 사실은 틀림없는 것으로 보여 진다. IT 투자에 대한 수익성의 요구가 더 커지고, 투자위험(Risk)에 대한 인식이 확산되면서 IT 투자결정 시 공급업체를 좀 더 신중히 선택하고, 투자효과가 확실한 부문에 투자를 집중하는 등 IT 투자 형태에 큰 변화가 일고 있다.

또한, 기업의 내부 Process 개선이라는 소극적인 시각에서 벗어나, IT 투자로 인해 기업의 고객과 매출액의 확대 및 현금흐름(Cash Flow)의 창출, 기업가치(Value) 향상에 어떤 기여를 가져왔고 경영목표 달성에 어떤 긍정적 영향을 미쳤는지에 대한 보다 구체적인 증거(Evidence)들을 요구하고 있다. 나아가 IT의 도입으로 기업 경영목표 및 기업전략의 변경 등을 가져오게끔 하는 매우 적극적인 투자목표를 요구하고 있는 것이다.

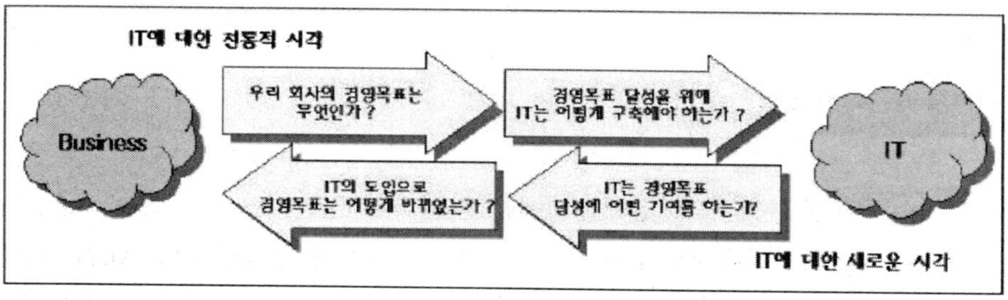

[그림 5-36] IT 투자 환경의 변화와 IT 투자에 대한 새로운 시각

다. IT 투자 평가의 필요성

"사업부문의 관리자들은 IT가 제공하는 서비스의 수준에 대해 실망을 느끼고 있으며, 기술을 담당한 사람들은 자신들이 제대로 대우 받지 못한 채 무시당하고 있다고 느꼈습니다. 나에게는 그 두 부류 모두와 말이 통할 매체가 필요했지요." 세계 최대의 생활용품 제조업체인 미국 Johnson&Johnson社의 랄프 라슨(Ralph Larsen)회장의 이 말은 IT 투자평가(Valuation)의 필요성과 그 역할을 잘 묘사해주고 있다.

IT 투자평가는 기업의 IT 투자의사결정을 도와주고, 기존에 구축된 IT자산의 효율적 활용을 유도하여 기업 경영목표의 달성과 기업가치 극대화를 이루기 위한 필수적인 도구이다. IT투자에 대한 평가를 통해 기업경영자는 IT 투자대안들(Alternatives)에 대한 효과분석을 토대로 투자 우선순위를 보다 합리적으로 결정할 수 있다. 또한, IT 부문의 현장 관리자들은 그들의 IT 투자 Project가 어떤 부문에서 효과를 나타내고 있고, 어떤 부문에서 성과가 미흡하게 나타나고 있는지를 판단해 볼 수 있다.

객관적인 IT 투자평가(Valuation) 과정을 거치면서 결과적으로 높은 성과를 창출할 수 있는 IT 투자를 유도할 수 있다는 것이다. IT와 관련된 제품과 서비스를 제공하는 기업들에게도

IT에 대한 평가문제는 중요한 이슈이다. 점점 더 많은 고객들이 자신들이 구하는 제품과 서비스에 대한 기능이나 사업기회에 대한 막연한 설명보다는, 투자효과에 대한 보다 직접적인 설명을 원하기 때문이다. 이와 같은 효용에도 불구하고 IT 투자평가는 그리 간단한 문제가 아니다.

2. IT 투자 평가를 위한 방법론

가. IT 투자 평가지표 체계

"컴퓨터가 도처에 깔려 있어도 경제통계에는 나타나지 않는다. (You can see computers everywhere – except in economic statistics)." 노벨 경제학상을 수상한 미국 MIT대학의 Robert M. Solow 교수가 한 말이다. '솔로우의 역설'로 회자되는 이 말은 IT 투자가 생산성(Productivity) 향상으로 이어진다는 것을 통계적으로 확인하기 어렵다는 점을 이야기할 때 자주 인용된다.

학계에는 IT 투자가 생산성과 기업수익 증대에 직결된다고 믿는 이가 있는 반면, 이는 통계적으로 검증할 수 없는 미신일 뿐이라고 반박하는 학자들도 있다. 사실 IT 자산에 대한 투자평가 문제는 그 동안 MIS 분야에서도 중요한 과제로 인식되고 있었다.

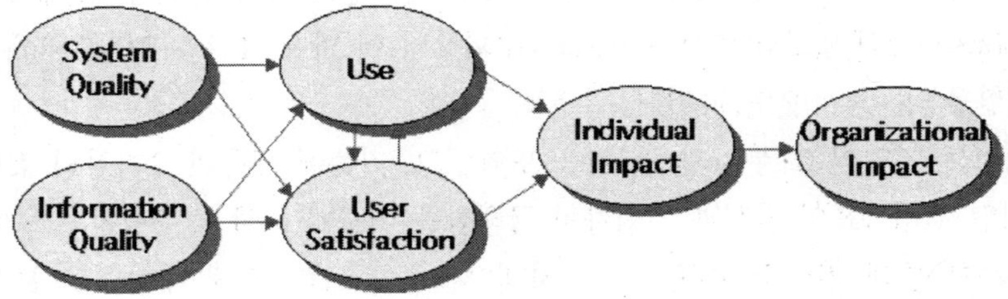

출처 : Leyland F. Pitt, et al (1995)

[그림 5-37] Delone & Mclean(1992)의 IS Success Model〉

대체로 투자평가 부문을 크게 재무적인 방법론(Methodology)상의 문제와 미시적인 투자평가지표(Measures)의 문제로 나누어 볼 때, 재무적인 방법론 측면에서는 어느 정도 공감대가 형성되어 있다고 볼 수 있다. 보유자산이나 시장에서 거래가 가능한 투자자산에 대한 일반적인 가치평가 방법인 순 현재가치 법(Net Present Value: NPV)이나 내부 수익률 법(Internal Rate of Return: IRR)이 통용되고 있고, 투자수익률(Return on Investment: ROI)이나 투자회수기간(Payback Periods) 등 일반적인 경제성 분석방법론도 IT 투자평가에 적용될 수 있기 때문이다.

그러나 그동안 IT 투자평가가 활성화되지 못한 것은 투자효과에 대한 미시적인 측정이 어렵다는 점 때문이었다. 그래서 학계의 논의도 자연스레 이 투자 평가지표 문제에 치중되어 왔다. IT 투자효과는 크게 측정 가능한(Measurable) 부문과 측정하기 곤란한 부문(Unmeasurable 혹은 Soft benefits)으로 나눌 수 있다. 측정하기 곤란한 부문으로서는 IT 투자에 따른 고객만족도의 증대나 업무 생산성의 증대, 경쟁력 강화, 나아가 지금 당장은 나타나지 않는 전략적인 가치(Strategic Value) 등이 있다.

이와 같이 IT 투자에 대한 평가지표들을 어떻게 분류하고 해당 IT 자산이나 정보시스템에 적합한 지표들을 찾아낼 것이냐 하는 점에 IT 투자평가의 핵심이 있다. 따라서 이러한 미시적 관점의 IT 투자평가지표를 중심으로 논의를 전개해 보고자자 한다.

Delone&Mclean(1992)은 1970 ~ 1980년대까지 IT 투자평가 지표에 관한 다양한 180여 개 Article 들을 종합하여 소위 'IS Success Model'을 고안하였다. 이들은 IT의 투자평가지표들을 크게 정보 시스템 및 제공 정보의 품질(Quality)과 정보시스템 사용자그룹의 사용 정도, 사용 시의 만족도(Satisfaction)를 통해 개인 및 기업성과에 미치는 영향(Impact)까지 각 단계별로 분류하였다.

여기에서 중요한 것은 각 평가지표들이 최종적으로 개인 및 기업의 성과에 영향을 미치기까지 일정한 계층(Hierarchy)을 이룬다고 본 점이다. 평가지표의 이러한 계층구조는 지표를 분류하고, 각 지표간의 가치연계도(Value Relation Diagram)를 고려할 때 중요한 분석틀을 제공해 준다는 점에서 이후 연구 작업의 표준이 되고 있다.

다만 'IS Success Model'에서는 정보시스템 및 이의 사용과 영향도 측면에서의 평가측면만 있고 정보시스템을 구축할 때 고려되는 비용측면에서의 평가지표가 없다는 점을 고려할 때, 전체적인 IT 투자의 평가 작업을 위해서는 투자비용 부문에 대해 보완해야 한다는 비난을 받아 왔다. IS Success Model의 누락 부문이라 할 수 있는 투자비용 측면을 보완하여 IT 투자평가지표를 분류하면 다음과 같은 4개의 분류체계를 도출할 수 있다.

1) 수준 혹은 투자(Investment)지표

수준지표는 IT 투자규모 그 자체를 의미한다. 평가 대상이 되는 정보시스템을 구축하기 위해 소요되는 총투자비용이 이 수준지표에 해당한다. 이때 정보시스템의 총투자비용은 개발 · 구축비용 이외에도 시스템의 유지 · 보수비용, 해당 임직원의 교육훈련비용까지를 포함한

총비용(Total Costs Ownership: TCO)의 개념이 적합하다. 일반적으로 기업, 부서 간 비교를 위해서나 정보시스템 상호간 수준지표 비교를 위해서 절대적인 TCO보다는 1인당 IT 투자비용 같은 비교 가능한 지표가 사용된다.

2) 품질(Quality)지표

품질지표는 평가 대상 정보시스템 자체의 품질을 나타내는 지표(System Quality)와 정보시스템이 제공해주는 정보의 품질(Information Quality)로 나누어 생각해 볼 수 있다.

정보품질(Quality)지표

- 정확성(Accuracy)
- 시사성(Currency)
- 적시성(Timeliness)
- 신뢰성(Reliability)
- 완전성(Completeness)
- 간결성(Conciseness)
- 표시형식(Format)
- 관련성(Relevance)
- 유용성(Usefulness)
- 중요성(Importance)
- 충분성(Sufficiency)
- 납득성(Understandability)
- 비교가능성(Comparability)
- 정량화(Quantitativeness)

[그림 5-38] 정보 품질 지표

시스템품질(Quality)지표

- 편리성(Convenience)
- 유연성(Flexibility)
- 통합성(Integration)
- 대응성(Response)
- 신뢰성(reliability)
- 유용성(Usefulness)
- 활용성(Utilization)
- 접근성(Accessibility)

[그림 5-39] 시스템 품질 지표

시스템의 품질지표로는 정보저장용량이나 정보처리속도와 같은 시스템의 성능을 표시해주는 지표들이나, 시스템의 편리성, 유연성 및 통합성과 같은 사용자 입장에서 평가할 수 있는 지표들이 포함된다. 정보 품질지표로는 시스템에서 제공하는 정보의 정확성(Accuracy), 완전성(Completeness), *적시성(Timeliness)[37] 등이 이용된다.

하지만 시스템에 대한 품질지표는 정보시스템 간 비교가능성이 떨어진다는 점, 정보에 대한 품질지표는 평가의 주관성이 개입된다는 한계를 지니고 있다. 가령 지식관리시스템(KMS)과 재무ERP는 서로의 기능이 다르고, 필요한 정보처리 속도에도 차이가 나는데, 정보처리 속도라는 일률적인 지표를 가지고 시스템의 성능을 비교하는 것은 의미가 없기 때문이다.

이에 대한 대안으로 평가 대상 시스템이 제공해주는 정보의 제공범위(Coverage)를 백분율

37) 적시성: 어떤 시기에 적합한 성질

(%)로 표준화하여 품질지표로 사용하기도 한다. 정보 Coverage지표는 정보시스템 간 비교가 용이할 뿐더러 품질에 대한 명확한 목표설정이 가능하다는 장점을 갖고 있다.

하지만 제공정보의 정확성, 적시성을 평가할 수 없고 별도의 작업을 거쳐야 하는 번거로움이 있다. 정보 Coverge의 평가는 해당 정보시스템의 CRUD분석을 통해 도출할 수 있다.

업무 필요정보	견적	출하요청 (계약)	승인	수금	BOM/ Routing	구매	외주	생산 지시	진도	자재 불출	제품 입고	출하	설치	정보제공도
표준단가(P2)	C,R	R				R	R	R						0%
견 적	C	R												0%
수 주 (Spec, 납기)		C Y	U Y	R	R	R Y	R Y	R,U Y	R,U Y		R Y	R Y	R Y	82%
일 정 (설계, 납기변경)		C Y	R Y	R Y	R Y	R Y	R Y	R,U Y	R,U Y	R Y	R Y	R Y	R Y	100%
BOM/Routing			R Y		C,R,U,D Y	C,R,U,D Y	C,R,U,D Y	R,U Y	R,U Y	R Y				100%
자 재 (재고, 구매)	U Y					C,R Y		R Y	R Y	C,R Y	U			83%
외 주 (업체, L/T)							C Y	R,U Y	R,U Y					100%
공 사 (업체, 난이도)	R	R					C,U	R	C,U					0%
공정진도 (부하, 진척율)		U,R		R		R	R	R	C	R	U	U,R	R	0%
업무지원도	25%	33%	100%	33%	67%	67%	57%	53%	71%	75%	50%	57%	57%	59%

[그림 5-40] CRUD 분석 사례(구매프로세스)

CRUD분석은 기업의 업무 프로세스 및 각 프로세스별 필요정보 분석을 통해 평가 대상 정보시스템이 각 프로세스 단계별로 필요한 정보를 제공해주고 있는지, 혹은 업무지원을 해주고 있는지를 백분율(%)로 평가하는 작업이다. 구체적으로 필요정보 제공 여부는 정보의 생성(Create), 사용(Use), 갱신(Update), 삭제(Delete)로 나누어 평가한다. CRUD분석은 정보시스템 개발단계에서 사용자 요구분석과 함께 광범위하게 사용되고 있어, IT 투자평가 시에는 별도의 작업을 거치지 않고 이를 원용할 수 있을 것이다.

3) 이용(Usability)지표

이용지표에는 해당 정보시스템의 활용도를 나타내는 것으로 접속횟수, 접속시간 등의 이용지표와 사용자만족도(User Satisfaction Index: USI) 등을 들 수 있다. Delone & Mclean(1992)에서는 사용(Use)지표와 사용자만족도(User Satisfaction)지표를 구분하고 있으나 이 두 지표는 상관관계가 매우 크므로 여기서는 이용(Usability)지표로 통합하였다.

이용(Use)지표

- 의사결정활용도(Decision use)
- 사용횟수(Frequency of use)
- 사용시간(Time of use)
- 산출물활용(Report usability)
- 사용자만족도(USI)

[그림 5-41] 이용 지표

그러나 일부 연구자들은 사용자만족도의 경우는 효과지표로 분류해야 한다는 주장도 있다. 대부분의 이용지표는 해당 정보시스템의 운용부서에서 쉽게 도출할 수 있다.

4) 효과(Effectiveness)지표

효과지표는 실제적으로 정보시스템을 사용하여 개인이나 기업의 업무성과 향상이 나타날 때 이를 측정할 수 있는 지표이다. 좁은 의미의 평가지표라고 할 때는, 이 효과지표를 의미할 수도 있다. 평가지표 중 가장 중요하기도 하고 그만큼 복잡한 성격을 갖는다. 효과지표는 다시 분류 관점에 따라 개인적 효과지표와 전사적 효과지표로 구분할 수 도 있고, 직접효과, 간접효과 및 전략적 효과지표로 구분할 수도 있다.

IT투자에 따른 기업의 수익성(Profitability) 측면에서 매출효과지표 및 비용효과지표로 구분하기도 한다. 종업원 1인당 매출액 증가나 고객 수의 증가, 고객 1인당 매출액 증가 등이 대표적인 매출효과지표이고, 업무처리시간의 단축, 업무 산출물의 수 증가 등이 대표적인 비용효과지표로 볼 수 있다.

효과(Effectiveness)지표

- 업무품질(Decision quality)
- 업무수행시간(Time of task)
- 1인당 생산성(Productivity)
- 의사결정효율성(Efficiency)
- 순이익(Profit), ROA, IRR
- 매출액증가율(Sales growth)
- 비용감소(Cost reduction)
- 시장점유율(Market share)
- 주식가격(Stock price)

[그림 5-42] 효과 지표

기업의 업무생산성(Productivity) 측면에서는 효과지표를 물량효과(Quantity Effect)와 가격효과(Price 혹은 Quality Effect)로 구분할 수 있다. IT투자에 따른 업무처리시간의 단축은 한 단위 산출물 생산을 위한 투입물량(시간)의 감소를 측정한 것이므로 대표적인 물량효과 지표이다. 한편, 고객 1인당 매출액의 증가는 고객 수(물량)의 변동이 아닌 서비스 품질(Quality) 증대에 따른 가격효과 지표이다.

이와 같이 기업의 IT투자는 기업의 업무생산성 향상과 밀접한 관련을 맺고 있는데, IT 투자평가는 이러한 생산성(Productivity)의 향상 효과를 추적하는 시스템이기도 하다.

지금까지 Delone & Mclean(1992) 모형에 따른 각 계층별 평가지표를 사례와 함께 소개했는데, 최종적인 IT 투자평가지표 체계를 구축하기 위해서는 두 가지 문제가 더 해결되어야 한다.

먼저 평가지표 간 정합성(整合性)의 문제이다. 앞의 예와 같이 다양한 관점에서의 지표 도출은 자칫 평가지표의 중복성을 야기하기도 하고 실제 평가지표의 획득(측정)가능성이나 관리가능성 측면에서 부적절할 수도 있다. 또한, 정보시스템의 기술적인 관점에 치우칠 경우, 기업성과와의 관련성이 떨어지는 평가지표가 도출될 수도 있다.

이와 같이 도출된 평가지표에 대한 검토 작업은 필수적인데 이는 평가 대상 시스템별로 평가지표 상호간의 인과관계 분석을 통해 수행된다. 예를 들어 영업시스템의 평가지표들 중에서 신상품성공률, 영업예측 정확도 등과 같이 영업업무의 품질(Quality)향상을 측정하는 지표들은 대고객 부문의 신규상품 도입과 같은 효과지표와 IT의 가치(Value)산출에서는 중복성의 문제를 야기한다.

이는 평가지표 간 가치 연계도를 그려봄으로써 쉽게 발견되며, 또한, 각 평가지표들은 획득가능성(Availability), 측정가능성(Measurability), 일관성(Consistency)과 같은 측면에서도 일정 기준을 넘어서야 최종 평가지표의 지위를 획득할 수 있다.

물론 최종적으로 도출된 평가지표들은 정보시스템의 사용자 및 개발자들과의 충분한 의사소통을 통해 이들이 받아들일 수 있는 설득력을 가져야 함은 당연하다.

다음으로 표준적인 IT 투자평가지표 체계의 가능성 문제이다. 기업들이 표준화된 IT 투자평가 지표 체계를 도입하기 어려운 이유 중의 하나가 바로 정보시스템 간 이질성(Heterogeniety)을 어떻게 반영할 것인가 하는 문제다. 이는 정보시스템의 분류체계와도 연결되는 문제인데 정보시스템은 크게 다음과 같이 유형별로 분류할 수 있다.

① 거래처리형 시스템(Threshold): 기업의 주요 거래처리를 자동화하거나 지원하는 시스템(e.g. 전자조달 시스템)
② 정보제공형 시스템(Information): 의사소통 개선이나 정보수집 프로세스를 자동화하는 시스템(e.g. 지식관리시스템)
③ 인프라 시스템(Infrastructure): 조직목적 달성이나 사업전략 수립과 연계되어 타 정보시

스템을 지원하는 시스템(e.g 운용정보관리시스템)

④ 기술개발 시스템(R&D): 기업의 사업적 지원보다는 기술개발 지원형 시스템(e.g. 기술개발지원시스템)

각 시스템 유형별로 기능 및 운용 프로세스에 차이가 크므로 설득력 있는 IT 투자평가지표 체계를 구축하기 위해서는 유형별 평가지표 목록이 차별화 되어야 한다. 다만 이러한 유형 구분이 필요한 부문은 효과(Effectiveness)지표이고 나머지 수준, 품질, 이용지표에서는 시스템별로 큰 차별성을 갖지 않는다.

나. 생산성 프로세스와 IT 투자평가 지표 체계

Delone & Mclean 모형에 따른 IT 투자평가지표 체계는 생산성 측면에서 본 IT 투자 프로세스와 어떻게 연결될 수 있는가? IT 투자 프로세스를 아래 그림과 같이 IT 기획에서부터 최종 기업 경영성과까지 6단계로 나누어볼 때, IT 투자평가지표 체계는 이중에서 ② IT 투자(Input) → ③ 정보시스템 구축 → ④ IT를 활용한 업무 Process → ⑤ 업무성과(Output) 향상 각 단계에 대응하여 평가지표를 구성하고 있다.

즉 IT 투자평가지표 체계는 IT 투자 프로세스 각 단계별로 평가 지표 체계를 계층화함으로써 IT의 생산성 향상 효과를 추적할 수 있는 것이다. 이와 같이 평가지표 체계가 계층화 관점에서 구축될 경우, 최종 IT 투자평가 결과에 대한 원인분석과 사후 Simulation을 수행할 수 있다는 점에서 큰 이점을 가지고 있다.

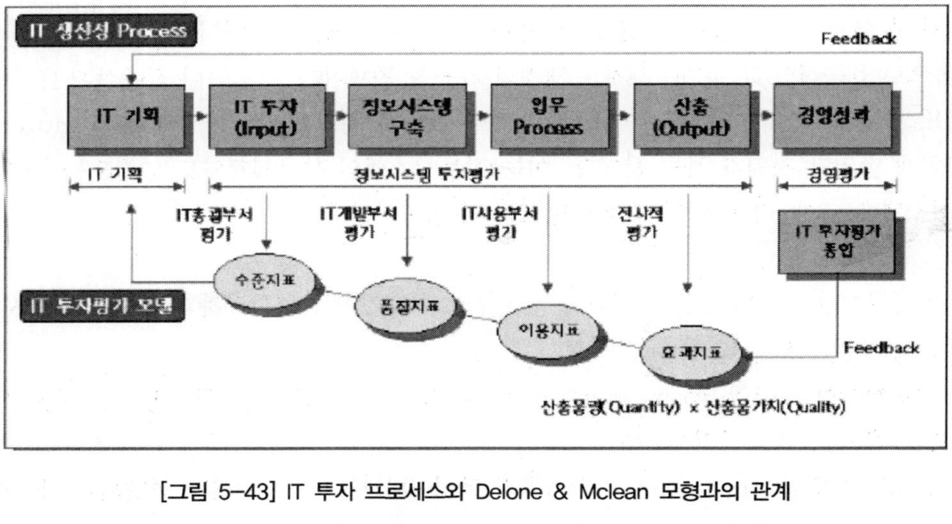

[그림 5-43] IT 투자 프로세스와 Delone & Mclean 모형과의 관계

가령 평가대상 정보시스템의 평가결과가 상대적으로 나쁘게 나왔다면, 이의 원인이 IT투자 수준의 부족에서 나온 것인지, 정보시스템의 품질이 좋지 않아서 연유된 것인지, 혹은 시스템 사용자의 이용실적이 저조해서 발생한 것인지를 분석해 볼 수 있다는 것이다. 이러한 원인분석은 사후 Simulation 과정을 거쳐 IT의 투자성과를 향상시키기 위한 대책을 수립할 때 중요한 역할을 수행한다.

1) IT 생산성의 측정

그러면 IT 투자평가지표를 토대로 IT 생산성을 구체적으로 어떻게 측정하는가? 생산성(Productivity)의 개념은 IT 부문에 있어서도 다른 생산성 개념과 동일하다. 즉 주어진 투입(Input) 대비 산출(Output)의 비율을 생산성으로 볼 수 있다.

IT 투자를 통해 기업이 보유하고 있는 자원(Resources 혹은 Input)을 활용하여 상품이나 서비스를 제공(Output)하는 프로세스에 개선을 가져올 경우 IT 생산성은 향상된다고 볼 수 있다. 종래에는 IT 투자로 인해 여타 투입자원의 절감(Efficiency)에 초점을 맞추어 왔으나, 최근에는 상품이나 서비스 등 산출의 증대(Effectiveness)에 대한 중요성이 높아졌다.

생산성을 구체적으로 측정할 때는, IT 투자를 투입(Input) 항목에 포함할 수도 있고, 제외시킬 수도 있는데 제외할 경우에는 사후에 생산성 향상 효과에서 IT 투자비용을 차감하면 된다. 생산성을 다시 분해하면 투입은 투입물량(Quantity)과 단위당 투입가격(Price)의 곱이 되는데, 산출 역시 산출물량(Quantity)과 단위당 산출가격(Price)으로 생각할 수 있다.

제조업체의 경우 산출물량은 판매물량으로, 산출가격은 판매가격(시장가격)으로 나타난다.

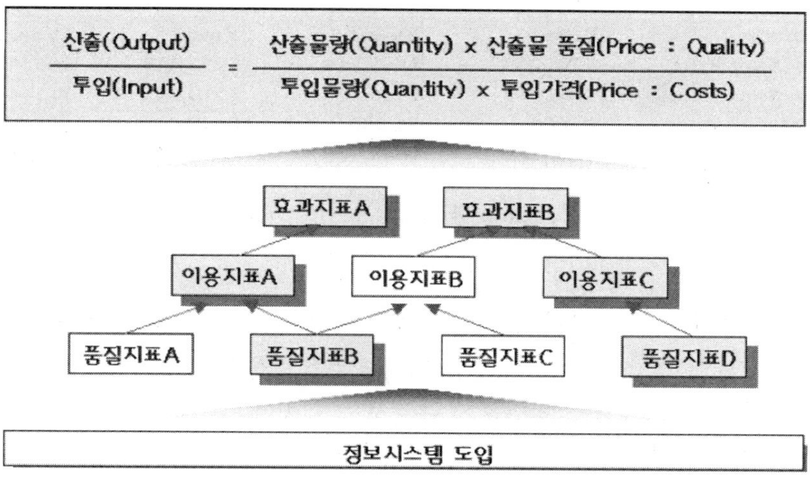

[그림 5-44] IT 투자평가지표와 IT 생상성의 측정

회원고객 기반의 서비스업체의 경우는 산출물량이 고객수(회원수), 산출가격은 고객1인당 지출액(Averare Revenue Per Person: ARUP)으로 나타날 것이다.

IT 투자평가지표 체계는 이와 같은 IT 투자에 따른 생산성 향상효과를 측정하기 위해 고안된 지표체계이다. 측정된 생산성의 향상효과는 그 표현형식을 비율(산출/투입)의 증가로 나타낼 수 도 있지만, 우리에게 친숙한 표현형식은 아무래도 산출과 투입의 차(산출−투입)인 화폐가치로 표현된 순 현재 가치(NPV)이다. 평가대상은 전체적인 IT 투자계획(Project)일수도 있고, 구체적인 특정 정보시스템일 수도 있다.

2) 화폐가치로 측정한 IT 투자의 생산성 향상 효과

평가대상 정보시스템의 평가지표를 선정하고, 구체적인 화폐가치로 IT투자의 생산성 향상효과를 측정할 때는 다음과 같은 세 단계의 절차가 필요하다. 먼저 평가지표의 '기초 값(혹은 기준 값)'을 구해야 한다. 가령 특정 서비스의 고객 수와 같은 평가지표는 정보시스템이 도입되기 이전의 수치가 기초 값이 될 것이다. 정보시스템이 도입되기 이전 단계에서 실시하는 사전평가의 경우 현재의 고객 수가 기초 값이 되겠지만, 현재 정보시스템이 운용되는 사후평가인 경우에는 정보시스템이 없는 상황을 상정해 기초 값을 설정해야 한다.

Job Title	Savings	Calculation
Agents:	$536,250	200 * ($41,250) * 10% * 65%
Managers:	$106,518	15 * ($54,625) * 20% * 65%
Forms and Mail:	$6,000	
Total Annual Savings:	**$648,768**	

Source: International Data Corporation

Annual Savings	Base	Year 1	Year 2	Year 3
Productivity (Sales Reps)	$536,250	$536,250	$555,019	$574,444
Productivity (Sales Managers)	$106,518	$106,518	$110,246	$114,105
Forms and Mail	$6,000	$6,000	$6,210	$6,427
Total Savings Per Period	**$648,768**	**$648,768**	**$671,475**	**$694,977**

Source: International Data Corporation

[그림 5-45] 화폐가치 산출 사례

이 경우에는 기초 값 설정이 사실상 다음 단계의 영향도 측정과 중복될 수도 있다. 다음으로 평가과정의 핵심인 '영향도 측정' 단계이다. 평가대상 정보시스템의 도입으로 1단계에서 설정한 기초 값이 어느 정도 영향을 받았는지 측정하는 것이다. 가령 특정 서비스의 고객 수가 정보시스템 도입으로 몇 명 늘어났는가를 측정하는 것이다.

화폐가치 측정에 핵심이 되는 이 '영향도 측정'은 기업 전산자료에 의해 제공되는 것이 객관성 측면에서 가장 바람직 하지만, 대부분의 경우 이는 정보시스템 사용자에 대한 설문조사나 전문가 인터뷰를 통해 이루어진다. 문제는 이러한 '영향도 측정' 시 최대한의 객관성을 확보하는 일이다. 이를 위해서는 표본 수를 크게 하고, 과학적인 설문조사 기법이나 인터뷰 기법을 동원하는 것이 불가피하다.

다. IT 투자평가 프로세스

다음으로 IT 투자평가를 위한 일반적인 프로세스에 대해 살펴보자. IT 투자평가를 위한 프로세스는 이를 적용하는 기업이나 단체의 특성을 반영하고, 업종별로도 다양하지만 큰 차이는 없는 편이다.

여기서는 미국 연방정부 조달청(General Service Administration: GSA)의 IT 투자조달에 관한 포괄적인 8단계 프로세스를 소개하기로 한다. 대부분의 IT 투자평가 프로세스는 이 8단계와 비슷한 구조를 갖고 있다.

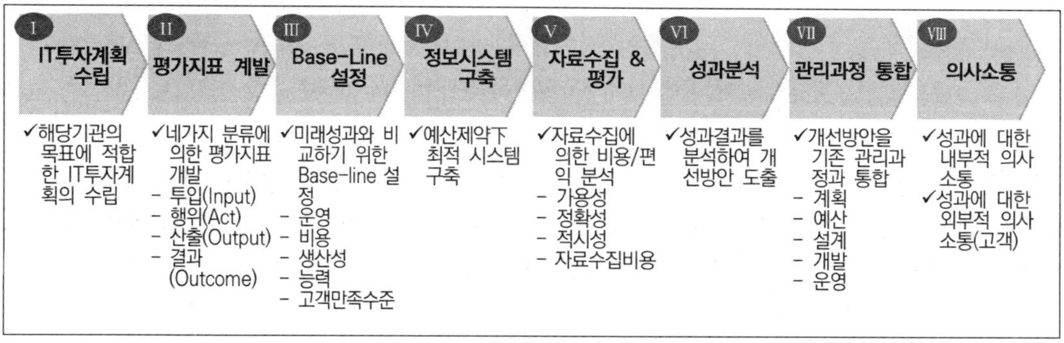

[그림 5-46] 미국 연방정부 조달청(GSA)의 IT 투자 평가 프로세스

첫 단계 IT 투자계획을 수립하는 것에서부터 시작하여 성과평가 결과 및 개선방안을 토대로 마지막 단계인 내·외부적 의사소통까지 일관된 프로세스를 유지하고 있다.

프로세스 상에서 볼 수 있듯이 중요한 점은 IT 투자평가를 실시한다는 자체보다도 그러한 결과가 도출된 원인분석을 하고 개선방안이나 목표치를 설정해서 기업 내부(임직원) 혹은 외부(고객)과의 의사소통을 통해 성과개선(Improvement)을 이끌어 내는 시스템의 구축이다. 즉 IT 평가시스템의 정확성, 객관성 확보도 중요하지만, 평가시스템의 활용내용이 더욱 중요하다는 것이다.

3. IT 투자 평가체계의 활용

이제 마지막으로 지금까지 소개한 IT 투자평가 체계가 기업의 일반적인 경영성과관리체계와 어떻게 연관될 수 있는지 살펴보자. 전사적인 성과관리를 위해서 많이 이용되는 것이 균형성과관리(Balanced Score Card: BSC)체계이다.

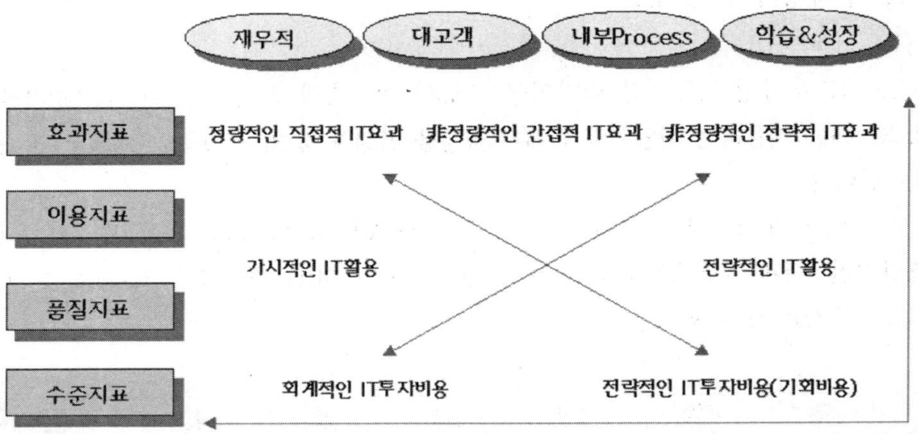

[그림 5-47] Delone & Mclean 모형과 IT-BSC 체계의 연계

IT 투자평가에서도 이러한 체계를 원용할 수 있는데 굳이 이름을 붙인다면 IT-BSC체계라 할 수 있겠다. 일반적인 BSC체계의 성과지표 분류는 ① 재무적, ② 대고객, ③ 내부Process, ④ 학습&성장 관점으로 나타낼 수 있는데, IT 투자평가지표를 이러한 관점에서 구축할 수도 있다.

앞에서의 Delone & Mclean(1992) 모형과 IT-BSC체계는 상호 배타적인 것이 아니라 두 체계를 결합했을 때, 좀 더 풍부한 시사점을 얻을 수 있다. Delone & Mclean(1992) 모형이 IT투자의 프로세스적 관점에서 평가지표를 분류한 것이라면, IT-BSC 분류체계는 재무적 및 전략적 평가관점에서 평가지표를 분류했기 때문이다. 두 분류체계를 2차원 평면상에 표시할 때 좌상향 방향의 평가지표들은 정량적이고 직접적인 IT 투자효과를 측정하는 반면, 우하향 방향의 평가지표들은 전략적인 IT투자비용(기회비용)을 측정하고 있다.

성과관리를 위한 IT-BSC체계를 IT 투자평가 관점에서만 구축한다면 재무적 · 대고객 · 내부 Process · 학습&성장 관점 대신에 수준 · 품질 · 이용 · 효과 관점에서 재구축할 수 있다. 기존의 BSC 체계상의 평가지표 분류는 상호 독립적일 수 있으나 IT-BSC체계상의 평가지표 분류는 명백한 계층구조를 이루어 있다는 점에 차이가 있다.

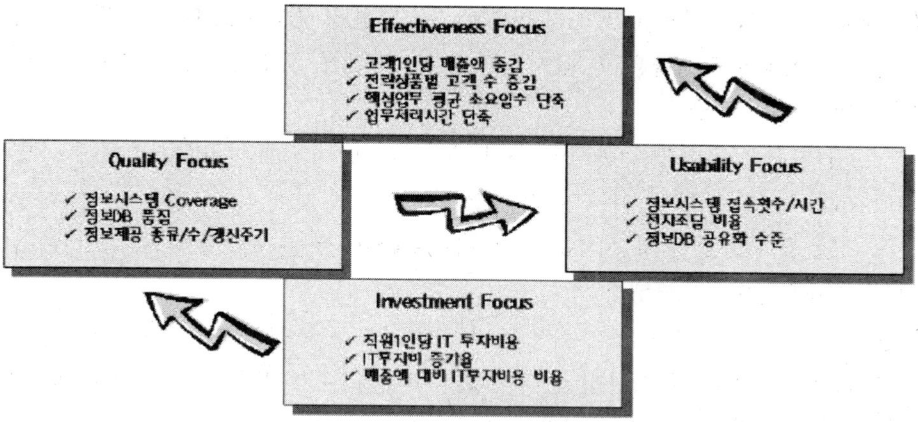

[그림 5-48] Delone & Mclean 모형과 IT-BSC 체계의 구축

아래 그림은 기업의 일반적인 영업시스템에 대한 IT 투자평가지표 체계를 Delone & Mclean(1992) 모형과 IT-BSC체계를 연계하여 가치연계도 형태로 표현한 것이다. 재무적 평가지표는 정보시스템 도입에 따른 직접적인 사업경비나 인건비의 절감 효과를 기록하고 대고객 평가지표는 매출(Revenue)의 변동과 관련된 효과를 측정한다. 한편, 내부Process의 개선은 업무 품질(Quality)의 향상이나 업무량(Quantity)의 증가를 주로 측정하고 있다. 혁신과 발전에 해당하는 평가지표는 주로 정보시스템의 전략적 가치를 측정한다.

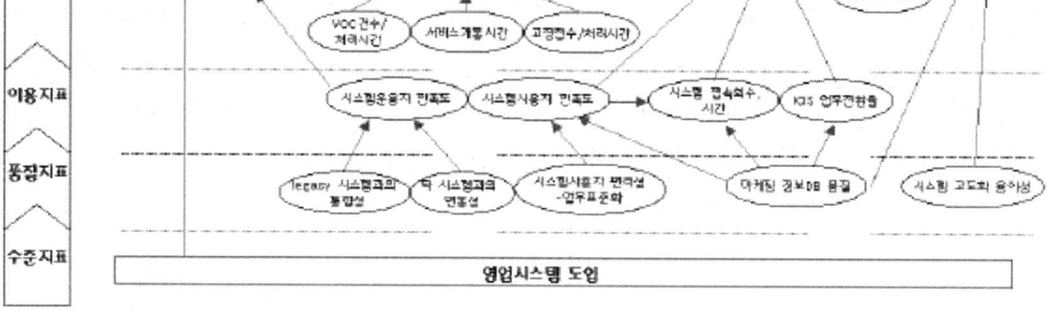

[그림 5-49] 정보시스템 평가지표의 가치연계도(영업관련 정보시스템 예시)

지금까지 Delone & Mclean(1992)의 IS Success 모형을 중심으로 IT 투자평가지표 체계에 대해 논의했다. 이러한 모형들은 학계는 물론 IT 투자평가를 하고자 하는 기업들이나 공공기관들에 널리 받아들여져 왔다.

하지만 평가의 문제는 항상 객관적인 측정 가능성(Measurability)이라는 문제에 발목을 잡혀 왔다. Information Week紙에 따르면 미국 기업들은 IT투자에 대한 평가 시 24%만이 측정 가능한 효과부문을 근거로 투자 여부를 결정하는 반면, 측정 곤란한 효과부문을 함께 고려한다고 응답한 비율은 30%에 달했다.

또한, 35%의 기업들은 전적으로 측정 곤란한 효과부문을 근거로 IT투자의사 결정을 하는 것으로 조사되었다. 아무리 이상적인 투자평가 체계를 구축한다 해도 측정의 문제는 항상 존재한다는 사실을 반증하는 결과이다.

마지막으로 IT투자와 관련해 우리 한국기업들이 갖고 있는 세 가지 일반적인 함정(Pitfall)을 살펴보면, 첫째 IT투자와 업무프로세스의 개혁이 따로 놀고 있다. IT투자의 목적은 IT로 인해 기업 내의 지식노동자들이 보다 창의적이고, 생산적인 업무에 집중할 수 있도록 하는 것이다.

그러나 단순한 노동력의 대체나 자동화만으로 IT투자의 목적이 변질되고 있는 것이다. 결국 IT를 통한 업무 프로세스의 개혁은 인력구조조정의 한 방편이 되고 있고, 이는 노동자들에게 거부감만 안겨 주고 있다.

두 번째 함정은 IT투자가 경영환경의 변화를 따라가지 못하고 있다. 어떤 기업의 IT투자 프로젝트는 1년을 훌쩍 넘어 5 ~ 7년까지 이어지는 대규모 투자로 이루어지고 있다. 요즘과 같이 스피드경영이 중요한 때에 이렇게 늘어지는 IT투자 프로젝트는 그 투자수익을 확보하기가 쉽지 않다.

5년 전에 기획한 정보시스템은 이미 낡은 시스템이 될 수밖에 없다. 최소한 1년 이상의 프로젝트는 보다 엄밀한 투자평가를 거친 이후에만 그 타당성을 인정하도록 해야 한다. 또한, 6개월 이내에 효과를 보지 못하는 IT투자는 재고해야만 한다.

마지막으로 투자 효과에 대한 책임이 불명확하다는 것이다. 정보시스템 구축에 실패했는데도 책임소재가 애매하면 정보화에 대한 불신감이 싹트기 시작한다. 특히 개발부서와 이용부서 간의 대립은 심각하다. IT 투자의 실패가 개발부서의 잘못인지, 이용 부서의 잘못인지 그 시시비비를 가릴 수 있어야 향후의 투자 실패를 방지할 수 있다. IT 투자평가 체계는 이러한 함정들을 극복할 수 있는 최소한의 무기인 것이다.

제 5 절 윤리경영과 기업의 가치

1. 윤리경영 개요

가. 윤리경영의 개념

1) 윤리경영의 의의

윤리경영이란 '회사경영 및 기업 활동에 있어 윤리를 최우선 가치로 생각하며 모든 업무활동의 기준을 윤리규범에 두고 투명하고 공정하며 합리적인 업무수행을 하는 것이다. 즉, 진정한 의미의 윤리경영이란 기업의 윤리적 책임을 다함으로써 고객, 주주, 종업원, 경쟁자, 공급자, 정부, 지역 사회 등 이해관계자들에게 신뢰를 얻을 수 있도록 기업 경영을 하는 것이다.

2) 윤리경영의 중요성

윤리경영은 기업이 사회적으로 정당한 역할이나 활동을 하여 시장으로 부터 지속적인 신뢰를 얻는데 기여할 수 있다. 시장 경제 체제하에서 기업의 생명은 소비자, 투자자, 금융기관 등 시장의 신뢰에 달려있으며, 기업의 경영 성과에도 영향을 미친다. 구성원의 정당한 대우가 보장되는 등 높은 수준의 윤리성이 유지되는 기업에서는 구성원도 자부심과 보람을 느끼고 열심히 일하려는 의욕이 생겨나 생산성이 크게 향상되는 효과를 가져 오기 때문이다.

기업의 국제 경쟁력을 평가하는 글로벌 스탠더드의 잣대로 윤리경영이 최우선 순위로 떠오르고 있다. 앞으로 기업 윤리를 무시하거나, 국제적 수준에 도달하지 못하는 기업은 세계 시장의 투자자나 소비자 단체들로부터 외면 받게 될 가능성이 높다.

독일의 사회학자 울리히 벡(Ulrich Beck)은 현대사회의 특성을 '위험사회(risk society)'라고 했다. 여기서 위험은 예측하기 어렵고, 불안감을 낳지만 '직접 감지되지는 않는 위험'이다. 현대사회는 무모한 모험(risk)을 체계적으로 재생산하고 있다. 위험이 용기와 생산성을 의미하던 시대에서 무모한 모험인 시대가 되어 모든 것을 스스로 파멸시킬 위협에 놓이게 되었다.

경영자가 직업윤리와 본분에 어긋나는 행동을 하거나, 직원과 고객을 무시하는 경영을 하면서 윤리경영을 하지 않는다면, 기업 자체가 자기 파멸의 최대 위험 원인이 될 수 있다. 중소기업이 쓰러지는 가장 큰 이유 또한, 오너의 오만이나 기업 자체에서 생성되는 비윤리적 행위들이며, 내부에서 끊임없이 지적되는 위험에 대한 목소리나 경고음을 무시하는 것이 문제가 된다.

이러한 위험은 경제적, 사회적 계급이 높고 낮음과 무관하고, 위험을 생산하는 자와 그로부터 이익을 얻는 사람들에게 동시에 타격이 가해진다는 점에서 심각하다. 벡의 가장 유명한 명제중 하나인 "빈곤은 위계적이지만 스모그는 민주적이다."라는 표현처럼 비윤리적 행위가 기업에 미치는 위험과 피해는 기업의 오너, 임원을 포함한 모든 구성원에게 두루두루 미친다는 점이다.

윤리경영에 대한 사회적 요구가 증가함에 따라 비윤리적 행위로 인한 기업의 위험은 점차 커지게 되나, 동시에 새로운 성장 잠재력을 생산해낼 가능성도 보여주고 있다. 경영자와 종업원, 고객을 포함한 이해관계자는 기업에 윤리경영의 구축이라는 새로운 목표를 요구하고 이해관계자 상호 간의 관계를 재설정해 기업이 비즈니스 상황에 보다 윤리적 방식으로 대응한다면, 진정한 경쟁력을 새로이 확보할 수 있다.

역사적으로 한 번 발생한 재난이나 사고가 얼마 지나지 않아 비슷한 유형으로 반복적으로 발생하는 것을 어렵지 않게 확인할 수 있다. 미국 보험회사의 관리감독자였던 H. W. 하인리히(H. W. Heinrich)는 수천 건의 보험 고객 상담을 통한 자료 분석 결과를 소개하면서 "사고는 예측하지 못하는 한순간에 갑자기 오는 것이 아니라 그전에 여러 번 경고성 징후를 보낸다."라고 주장하며 이를 1대29대300의 법칙으로 정립하였다.

통계적으로 볼 때 심각한 안전사고가 1건 일어나려면 그전에 동일한 원인으로 경미한 사고가 29건, 위험에 노출되는 경험이 300건 정도가 이미 존재한다는 것이다. 치명적인 사고가 터지기 전에 크고 작은 경고음들이 수차례 울린다는 이른바 '하인리히 법칙(Heinrich's Law)'이다.

윤리경영 또한, 마찬가지다. 치명적인 한 건의 비윤리적 행위로 기업이 몰락하기 전에 수십 건의 가벼운 비윤리적, 위법적 행위들이 있었을 것이고, 그 기업에는 수백 건의 경미한 규정 위반 행위가 있었을 것이다. 지금까지 발생한 경미한 규정 위반이나 비윤리적 행위, 사건사고의 근본 원인을 파악해 이를 개선하기 위한 노력이 부족하다면, 기업은 치명적인 비윤리적 위험에 심각하게 노출될 가능성이 높다.

그러면 누가 어떻게 윤리경영을 실천해야 하는가? 현대사회의 위험과 같이 윤리경영의 실패에 따라 체계적으로 생산되고 있는 위험성은 보통 눈에는 잘 보이지 않기 때문에 여전히 전문가 집단이나 종업원, 고객 등의 직접적인 이해관계자에게 의존할 수밖에 없으나, 이 분야에 전문가가 있다고 하기도 힘들다. 기업윤리 분야의 이러한 애로사항을 일부 해소하기 위해 지난 7월 딜로이트 안진회계법인과 서강대학교 지속가능기업 윤리연구소는 공동으로 '국제기업 윤리포럼'을 개최한 바 있다.

2. 윤리경영을 위한 접근 방법

가. Giving Voice to Values

서강대학교 지속가능기업 윤리연구소와 딜로이트 안진회계법인이 2013년 6월에 체결한 산학 협력의 일환으로 마련된 이번 포럼에는 학계 및 기업 관계자 100여 명이 참석한 가운데 한국 기업의 윤리경영을 위한 실질적인 방법론들에 대한 논의가 활발하게 이뤄졌다.

선진 기업들이 직면하는 기업윤리 딜레마에 대한 상황을 공유하고 미국 등 선진국 글로벌 기업들이 실현한 행동지침에 대한 구체적 사례들도 소개했다.

본격적인 주제발표 세션에서 'Giving Voice to Values'의 저자인 메리 C. 젠틸레(Mary C. Gentile) 뱁슨대 교수는 기업이 윤리적 문제에 직면할 때 실천력을 강화할 수 있는 실질적 접근법을 설명했다.

이어 '한국 기업이 처한 최대의 윤리적 문제(The Greatest Ethical Challenge Facing Korean Business)'라는 주제로 세션을 진행한 제임스 A. F.스토너(James A. F. Stoner) 포드햄대 교수는 윤리경영을 실천하기 위해 기업들이 무엇을 할 것인지에 대한 구체적인 항목들을 제시했다.

현재 미국 뱁슨대의 윤리 교육 프로그램인 'Giving Voice to Values'의 개발을 리드하고 있는 젠틀레 교수는 일반적으로 기업윤리는 어떤 행위가 옳은지 그른지에 대한 의사결정에 집중하고 있지만, 실제 기업 현장에서의 이슈는 옳고 그름에 대한 판단보다는 개인과 조직의 판단에 따라 이러한 결정을 실행에 옮길 수 있는지 없는지가 핵심이라는 점을 강조 했다.

주로 옳고 그름을 판단하고 올바른 의사결정에 초점을 맞춘 기존 방식에서 벗어나, 오히려 윤리 문제에 당면한 개인이 자신의 가치관에 근거해 올바른 결정이 무엇인지 알고 있다고 가정한다. 중요한 것은 이러한 올바른 결정을 어떻게 적절한 방법으로 적시에 실천에 옮길 것인가에 초점을 맞추는 것이다.

각 개인의 윤리적 가치에 근거해 윤리적 문제에 직면할 때 이를 효과적으로 처리하기 위한 방법과 행동 방식은 꾸준한 훈련 및 연습을 통해 키워질 수 있다. 이는 운동을 통해 근육을 강화하는 것과 마찬가지로, 각 개인이 윤리적 문제에 대해 스스로 해결하고 실천할 수 있는 윤리력(ethical muscle)을 키우는 것이다.

체계적이고 지속적인 훈련 및 연습을 통해 체화된 윤리적 행동이 실제 현장에 적용되면서 개인은 성취감과 보람을 느끼게 되고, 이는 또 다른 윤리적 문제에 대해 보다 적절하게 대처할 수 있는 선순환 작용을 일으킬 것이다.

나. 윤리경영 실천을 위한 3C

윤리경영이 추상적인 구호에 그치지 않고 실제 경영진의 의사결정이나 사원들의 행동에 영향을 주는 경영과정의 일부로 정착되기 위해서는 윤리경영 시스템(3C) 구축이 중요하다.

〈표 5-14〉 윤리경영 시스템(3C)

구 분	내 용
윤리강령 (Code of ethics)	기업윤리의 준수를 위해 구체적이고 성문화된 형태로 사원들의 행동지침이 제시되고 있는가?
윤리경영 교육에 의한 공감대 조성 (Consesus by ethic education)	기업윤리 준수를 위한 반복적이고 일상적인 교육이 제공되고 있는가?
준수여부 감독 조직 (Compliance check organization)	윤리경영을 실현하기 위한 조직과 제도가 구비되어 있는가? ⇨ 윤리경영 전담부서 및 임원, 내부 보고(고발) 시스템, 감사 및 평가시스템 등

- 윤리강령(code of ethics)은 기업윤리 준수를 위한 사원들의 행동지침을 성문화한 기업과 임직원들과의 약속이다.
- 윤리경영전담 임원을 선임하고 윤리경영을 실현하기 위한 일상적인 감독 조직(compliance check organization)을 운영하는 것이다. 감독조직은 내부고발제도를 윤리경영의 실천여부를 평가한다.
- 기업윤리 준수를 위해 반복적인 교육을 실행함으로써 임직원들 간의 공감대를 형성(consensus by ethic education)하는 것이다.

다. 윤리경영의 올바른 실천을 위한 노력과제

- 윤리경영에 대한 올바른 이해

윤리경영이 바람직하긴 하지만 이익을 창출하는 데는 별 도움이 되지 못한다는 인식이 있다. 이는 윤리경영을 비용으로만 인식하고 윤리경영이 가져다주는 효익을 간과하기 때문이다. 기업 윤리의 실천이 기업의 성과에도 긍정적인 영향을 준다.

- 성과 평가 시스템의 정비

윤리경영 촉진을 위해서는 성과에 대한 평가도 그에 맞게 정비되어야 한다. 특히, 윤리경영의 실천 여부를 모니터링 할 수 있도록 평가 항목을 정비하는 것이 필요하다. 어떠한 기준으로 평가받는가가 경영자의 의사 결정과 행동에 커다란 영향을 미치기 때문이다.

- 조직 문화로의 체화

윤리경영의 올바른 실천을 위해서 윤리경영이 하나의 조직 문화로 체화되도록 하는 것이다. 이를 위해서는 사전에 철저한 준비와 구성원들과 공유하려는 노력이 필요하다. 윤리경영은 단순히 경영 기법이나 스킬이라기보다는 구성원들 사이에 내재된 의식이며 가치이기 때문에 특히 자발적인 참여와 의사소통이 중요하다.

- 최고 경영자의 리더십과 의지

윤리경영의 실천을 위한 가장 중요한 요인은 최고 경영자의 리더십이라 할 수 있다. 기업의 장기적인 비전이나 전략 수립 등 중요한 의사 결정에 최고 경영자의 리더십은 핵심적인 역할을 하기 때문이다.

3. 기업의 사회적 책임(CSR)과 윤리경영

가. 기업의 사회적 책임의 개요

기업의 사회적 책임(CSR: Corporate Social Responsibility)에 대한 관심이 대기업뿐만 아니라 중소기업까지도 확산되는 움직임이 나타나고 있다.

기업의 사회적 책임(CSR)은 1950년대 미국에서 등장하여 1980년대부터 본격적으로 논의되어 왔으며, 최근에는 국제표준화 기구(ISO)의 표준화 가이드라인(ISO 26000)을 통해 새로운 무역 장벽으로 작용할 가능성이 증대되고 있기 때문이다.

하지만 아직도 우리의 많은 중소기업들은 CSR을 하나의 '사회적 봉사'로 인식하고 대기업에서 만 할 수 있는 하나의 사회사업으로 인식하고 있는 것이 현실이다.

예를 들면 첫째, 기업의 사회적 책임은 자선 사업이다 즉, 국내의 일부 경영자들은 기업의 사회적 책임을 기부나 사회봉사 혹은 환경보호 등과 혼동하는 경향이 있다. 이는 기업의 사회적 책임이 주로 환경이나 사회적인 측면에서의 책임만을 강조했기 때문에 생긴 오해이다. 기업의 가장 중요한 책임은 무엇보다 경제적 책임이다. 장기적 관점에서 경제적 책임과 사회적 책임이 조화를 이루는 것이 중요하다는 것이다.

둘째, 기업의 사회적 책임은 기업의 선택에 맡긴다고 생각한다. 이는 기업의 사회적 책임을 사회적 봉사라 생각하여 대기업에서 만 할 수 있는 하나의 사회사업이라고 생각하고 있으며, 기업의 사회적 책임은 기업의 상황에 따라 도입 시기를 조절할 수 있다고 생각하고 있다. 이는 대기업이건 중소기업이건 기업이 사회의 한 구성원으로서 반드시 행해야 할 의무이다. 또한, 국제표준인 ISO 26000을 통해 새로운 무역 장벽으로 작용할 가능성 증대되고 있다.

셋째, 기업의 사회적 책임은 기업 성장에 방해가 된다고 생각하고 있다.

이는 기업의 사회적 책임이 기업의 성장전략에 방해가 되지 않을까 하는 우려에서 나온 발상이다. 기업의 사회적 책임에서 앞선 기업들은 지속가능경영을 기존의 사업전략과 통합하여 새로운 성장기회를 발굴 하는데 활용해야 한다.

1) 기업의 사회적 책임(CSR)의 개념

1955년 포춘 100대 기업에 선정되었던 기업들 중 39개 기업만이 94년 포춘 100대 기업에 선정되었으며 다시 이들 100개 기업 중 33개만이 2003년 포춘 100대 기업에 포함되었다. 이는 경영환경 변화에 능동적으로 대응한 기업들만이 기업의 영속성이 보장될 수 있음을 의미한다.

지속가능경영(Sustainability Management) 지속가능경영은 무시할 수 없는 시대적 흐름이고 경쟁의 장으로 나아가기 위한 필수적인 요소이다. 나이키는 아동노동 착취로 기업이미지를 실추한 결과 1998년 영업이익 37%가 감소되는 현상이 나타났으며, SONY의 경우 PS2 연결 케이블에 카드뮴이 기준치를 초과하여 세관통과가 거부됨에 따라 2001년 1.6억 달러 손실을 보았고, 세계적인 에너지 기업인 엘론사는 회계 부정으로 인하여 시장신뢰가 붕괴되어 2001년 파산되는 최악의 경우를 겪은 사례가 있었다.

지속가능경영(Sustainability Management)은 광의의 CSR과 같이 TBL(Triple Bottom Line)

전체를 포함하는 것으로 정의하며, ISO26000, 협의의 사회적 책임을 내포한다.

여기서 「지속가능경영」이란 Global 기업에게 기존의 재무적 성과 외에 사회적 책임(윤리경영, 환경경영, 혁신경영, 노사협력 등 포함)을 강조하는 새로운 경영 Model이다. 즉, 사회적 측면으로는 윤리경영의 사회적 책임, 투명성, 인권 경영 등을 말하며, 환경적 측면으로는 환경영영으로 Eco Efficiency, Green Value Chain, 위험관리를 말하고 경제적 측면으로는 일반경영으로 수익성, 비전과 리더쉽, 파트너십을 말한다.

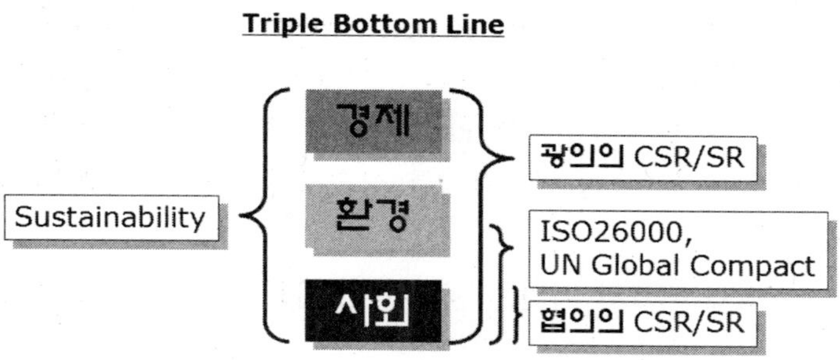

[그림 5-50] 지속가능경영의 모델

[그림 5—50]에서 보여주듯이 지속가능경영의 모델인 TBL(Triple Bottom Line)에서 광의의 CSR(Corporate Social Responsibility, 기업의 사회적 책임)은 경제, 환경, 사회를 말하는 것으로 기업 활동에 의해 영향을 받거나 영향을 주는 직, 간접적 이해관계자들에 대하여 발생 가능한 제반 이슈들에 대한 법적, 경제적, 윤리적 책임을 감당할 뿐 아니라, 기업의 리스크를 줄이고 기회를 포착하여 중장기적 기업 가치를 제고할 수 있도록 추진하는 일련의 "이해관계자 기반 경영활동"이라고 할 수 있다.

하지만 이에 대한 정의는 학자, 단체마다 다르게 나타나고 있고 공통적으로 사용하고 있는 정의가 없는 실정이다. 다양한 조직에서 서로 다른 내용으로 CSR에 대한 정의를 내리고 있으며 이러한 차이는 서로 다른 문화와, 국가의 발전정도, 지역사회에서의 우선순위 등이 반영되기 때문이다.

나. 기업의 사회적 책임의 등방배경과 발전과정

1) CSR의 등장 배경

CSR이란 용어는 지속가능발전(Sustainable Development; SD)이라는 용어에서 유래하였으며, 지속가능발전은 산업혁명 이후 급속한 인구 증가와 산업화로 인해 환경문제가 심화된 데서 제기된 새로운 패러다임이다.

1987년 브룬트란트가 그의 보고서에서 '미래세대의 역량을 축하지 않으면서 현 세대의 욕구를 충족시킬 수 있는 성장'이라는 의미로 처음 제시하였고, 이후 2000년 UN 글로벌 컴팩트(Global Compact)에서 사회적 책임이라는 용어를 사용하면서 중요이슈로 등장하게 되었다.

CSR과 관련된 몇 가지 정의를 살펴보면

첫째, The myth of CSR, Deborah Doane는 이익창출 및 이해관계자들의 수요에 부응하기 위해 규제에 순응하는 것 이상으로 기업이 노력하는 것이다.

둘째, OECD는 기업과 사회와의 공생관계를 성숙시키고 발전시키기 위해 기업이 취하는 행동을 말하고 있으며,

셋째,(WBCSD, 1998)에 따르면 직원, 가족, 지역, 사회 및 사회전체와 협력해 지속가능한 발전에 기여하고 이들의 삶의 질을 향상시키고자 하는 기업의 의지라 하고,

넷째, (Commission of the European Commnities, 2001)에 의하면 기업 스스로가 자신의 사업 활동을 행할 때나 이해관계자(stakeholder)와의 상호관계에서 자발적으로 사회적 또는 환경적인 요소들을 함께 고려하는 것으로 조금씩 다른 정의를 하는 것을 볼 수 있다.

하지만 이들의 공통점을 찾아보면 CSR이란 기업의 이익을 창출하는데 책임감을 갖고 있던 범위를 넘어 이해관계자를 포함한 사회와 환경 등에 대한 책임감을 갖고 그것을 실천하는 책임감임을 알 수 있다.

2) CSR의 발전과정

기업의 사회적 책임에 대한 논의는 기업 활동이 시작된 이래 오랫동안 지속되어 왔다. 이 논쟁의 초기에는 기업의 사명이 경제적 부가가치의 창출이라는 것이 대세였다.

경제학자 프리드만은 '기업의 유일한 책임은 경제적 이익을 내는 것이다.'라고 이야기한 바 있고, 1930년대 미국의 대법원은 주주의 이익 보호를 위해 사회에 대한 기부를 금하는 판결을 내리기도 했었다. 그러나 기업의 영향력이 커질수록 기업에 대한 사회적 요구도 커지기 시작했는데, 공정한 거래와 납세의 정확한 이행, 환경에 대한 고려 등 이윤 추구를 위한 과정에서 법적, 윤리적인 책임을 강조하게 된 것이 그 결과였다.

이를 다시 한번 정리하면, 기업의 사회적 책임에 대한 관심은 이미 19세기 기업의 재량행위 확산 및 1920년대 중반 복지자본주의 개념의 등장과 함께 나타났으며, 1930년대 경제 불황기를 거쳐 사회 환경 및 사회가치의 현저한 변화가 일어난 1950년대에 이르러서야 본격적인 중요성

을 지니게 되었다. 이후 기업의 사회적 책임 개념은 1960년대 광범위하게 확산되었다.

1970년대에는 기업의 사회적 감응성(Corporate Social Responsiveness), 기업의 사회적 실행(Corporate Social Performance)등의 개념들이 제시되었다. 1980년대는 기업의 사회적 책임 지수화 및 실증연구가 본격화되었고, 1990년대에는 이해관계자 이론, 기업윤리 이론, 기업시민 등의 대안적 주제로 확대되었다.

2000년대에는 기업의 사회적 책임에 대한 국제 표준 제정의 논의가 활발히 움직이면서 드디어 2010년 11월 1일 기업의 사회적 책임에 대한 국제표준인 ISO 26000이 제정되면서 조직의 지배구조, 인권, 노동관행, 환경, 공정운영관행, 소비자 이슈, 공동체 참여/발전 등 7개 분야의 가이드라인이 제시되기에 이르렀다.

이는 상대적으로 높은 사회적 책임 수준을 설정한 선진국과 선진기업들이 ISO26000을 새로운 무역장벽의 하나로 사용할 수 있다는 것을 암시하면서 하나의 메가트랜드로 작용할 수 있다. 그러면 이제부터 기업의 사회적 책임의 역사적 진화 과정을 미국을 중심으로 살펴보자.

가) 1950년대 이전: 기업자선 금지의 시기

이 시기에는 주주의 직접적 이익을 가져다주지 않는 기부행위는 법으로 금지하는 시기이다. 즉 기업의 목적은 주주의 이익을 극대화하는 것으로 주주의 몫으로 들어가는 이익을 사회에 비부하면 안 된다는 것이다.

한 예로 1881년 메사츠세스 대법원은 철도회사와 지역 음악 악기회사가 지역 철도변에서 개최 예정인 음악회에 대한 두 회사의 협찬을 불허한 사례가 있으며, 1934년 올그미션 포틀랜드 시멘트 대 헬버링(주주)간의 소송에서 샌프란시스코 공동 모금회에 대한 기부를 금지한 사례가 있었다.

나) 1950 ~ 1960년대: 기업자선 개막의 시기

1952년 재봉틀 회사인 스미스사 대 바로우(주주)의 소송에서 스미스사가 미국 프린스턴 대학에 1,500달러의 기부금을 낸 것에 바로우(주주)가 무효소송을 제기하였으나, 뉴저지 법원은 기부행위가 기업의 직접적인 이익과 무관하지만 사회적 책임의 범주로 인정한다는 판결을 하였다. 이는 직접적 이익의 원칙에서 전체로서의 이익의 원칙으로 진화하였음을 의미한다.

다) 1970년대: 사회적 책임 논의의 확산시기

이 시기 논의의 주류는 기업이 단순히 경제적 이익을 창출하는 것 이상의 책임을 가지고 있다는 것으로 사회적으로 책임 있는 기업은 경영진이 이윤 추구에 있어서 주주들의 이익만이 아닌 종업원, 하청업자 판매원, 지역사회 및 국가의 이익을 균형적인 시각에서 생각해야 한다는 것이다.

라) 1980년대 이후: 사회적 책임의 수행 방법과 대안 모색의 시기

피터 드러커는 기업의 이윤추구와 사회적 책임은 양립 가능하므로 사회적 책임을 사업 기회라는 발상으로 전환해야 한다고 주장하였다.

다. 기업의 사회적 책임에 관한 논쟁

1) 부정론: 주주 이익의 관점

부정론의 관점은 신고전학파 경제학의 시각으로 주주는 기업의 주인이므로, 주주의 이익을 극대화하는 것이 기업의 최대 역할로 보는 것이다. 즉, 경영자와 종업원은 임금지불로 보상받고, 지역사회는 세금징수로 보상받고, 공급업체는 적절한 납품 가격으로 보상을 받고 있기에 나머지 이익은 모두 주주에게 돌아가야 한다는 시각이다.

따라서 기업이 본연의 경제적 목적 외의 사회적 목적을 추구하도록 강요하는 것은 시장기능을 왜곡시키고, 사회적 부의 극대화를 저해시키기 때문에 기업의 사회적 책임은 불필요하다는 것이다.

2) 긍정론: 이해관계자 이익의 관점

긍정론의 관점은 피터 드러커 등이 주장하는 이해관계자론이다. 현대 자본주의하에서의 기업은 이윤을 추구하면서도 사회적 책임을 다해야 하는 제도적 존재가 되었으므로, 기업도 사회 구성원으로서 당연히 책임있는 역할을 수행해야 한다는 논리이다.

기업이 사회의 요구를 외면할 경우, 장기적으로 보면 결국 사회 전체의 비용으로 되돌아오게 되어 기업의 비용 지출이 증대된다. 따라서 사회 전체의 발전이 기업의 발전에도 도움이 되며 최소한의 사회적 책임을 보상할 수준의 이익을 내지 못하는 기업은 역설적으로 사회적으로 무책임한 기업이라고 주장하고 있다.

3) 수렴론: 사회적 투자의 관점

수렴론의 관점에서는 기업의 경제적 성과와 사회적 성과를 분리하지 말고 같이 다루어야 한다고 주장하며, 종업원이나 지역사회 같은 이해관계자의 요구에 충실하면서도 동시에 주주 이익을 극대화할 수 있는 새로운 의미의 기업의 사회적 책임에 관해 논의를 한다.

이들은 장기적 관점에서 주주의 이익이 되는 것은 동시에 이해관계자의 이익도 되기 때문에 기업의 목표인 이익 추구는 장기적 이익의 극대화에 초점을 맞추어야 하고 아울러 사회적 책임 추구는 장기적으로 주주에게 더 많은 이익을 가져다준다고 주장하고 있다.

라. 기업의 사회적 책임, 지속가능경영, 녹색성장

지속가능경영(Sustainability Management)은 궁극적으로 기업의 사회적 책임을 통해서만이 이루어질 수 있다. 여기서 지속가능성(Sustainability)이란 인간 사회의 환경, 경제, 사회적 양상의 연속성에 관련된 체계적 개념으로 현재는 물론 불확실한 미래에도 사람과 환경에 모두 최선을 주는 것이다. 1987년의 브룬틀랜드 보고서(Brundtland Report)에 따르면 지속 가능성이란 "미래 세대의 가능성을 제약하는 바 없이, 현 세대의 필요와 미래 세대의 필요가 조우하는 것"이라 하였다.

원래 용어인 '지속 가능한 발전(Sustainable Development)'은 미국의 의제 21(아젠다 21) 계획에서 채택된 용어이다. 어떤 이들은 '지속가능한 발전'이라는 표현이 '끊임없는 발전'의 의미를 연상시키는 포괄적인 용어라고 비판하며, 이 용어의 사용을 실제적인 개발 활동의 영역만으로 제한해야 한다고 주장을 한다.

오늘날 글로벌 경쟁시대의 속에서, 기업은 단기적 이익과 시장 점유율의 성과뿐만 아니라, 소비자 등 이해관계자들이 중시하는 사회적 가치를 십분 고려해야 하는 등 재무적 가치와 비재무적 가치의 융합에 대한 도전에 직면하고 있다.

시장에서 성과가 크다고 하여 자만하거나, 투명성과 책임성이 부족한 경영을 일삼다가 국내외 사회적 비판에 몰리게 되어 추락하는 사례가 나오고 있다. 과거 회계 부정으로 물의를 빚은 미국의 엘론이나 월드콤 같은 문제의 회사가 그 예이다.

그리고 녹색성장은 2008년 8월 15일 이명박 대통령은 건국 60주년 기념사에서 향후 60년의 국가 비전으로 "저탄소 녹색 성장"을 제시하였다. 여기서 녹색 성장이란 경제와 환경이 조화를 이루는 성장, 환경을 훼손하지 않고 개선하는 경제 성장, 환경을 새로운 동력으로 삼는 경제 성장이 바로 녹색성장이다.

녹색성장이 탄생된 배경에는 다음과 같은 지구적 환경문제가 있다. 지난 100년간 지구 기온은 0.74℃ 상승하고 금세기말 최고 6.4℃가 상승할 것으로 예상되며, 기후변화로 인한 경제 손실은 매년 세계 GDP의 5 ~ 20%에 이를 것으로 스턴 보고서는 예측하고 있다.

기후 변화와 함께 신흥 경제 개발국의 에너지 소비가 급증하고, 현재와 같은 화석 연료 중심의 에너지 수급은 구조적인 불균형과 함께 자원 고갈은 가속화 할 것이다.

한국은 화석 연료에 대한 수입의존도가 높고, 신재생 에너지 보급 수준은 매우 낮은 에너지 다소비 국가이다. (이산화탄소 배출 세계 9위), 반면 온실가스 배출량은 세계적으로 높은 수준이며, 연평균 증가율은 2005년 세계 1위를 기록하고 있다. 따라서 세계는 지금, Green Rase 중이며 요소 투입 위주의 경제 성장은 한계에 도달하였다. 녹색 기술과 환경 규제를 통한 새로운 성장 동력이 필요한 시기에 이르렀다. 이것이 바로 이명박 정부의 녹색성장 정책이 제시된 배경이다.

때문에 지속가능한 기업이 되려면 지속가능 경영을 실현해야 하고, 이를 실현하기 위해서는 첫째, 회사가 존재할 수 있는 경제적인 능력을 보유해야 하며, 둘째 지구적 환경문제의 해결과제인 녹색경영을 실시해야하며, 마지막 세 번째로 기업을 둘러싼 다양한 이해관계자들을 대상으로 기업의 사회적 책임인 CSR을 적극적으로 추진하여야 한다.

마. 우리나라에서 중소기업 CSR 도입 추진의 중요성

우리나라 중소기업은 전체 기업 수의 99%, 일자리의 88%를 떠맡고 있지만, 대기업 위주의 성장전략에 밀려 늘 한국경제의 조연 역할에 그쳤다. 정부는 '중소기업이 살아야 경제가 산다.'고 외치면서도 각종 경기대책에서 중소기업들을 홀대했고, 대기업들 또한, 납품단가 인하 압박과 무차별적인 중소기업시장 진출 등으로 상생협력을 외면해왔다.

지금도 대기업들은 글로벌 경제위기에도 불구하고 사상 최대 실적을 기록하고 있지만, 중소기업들은 자금난과 인력난으로 여전히 힘겨운 시기를 보내고 있다. 구조적인 내수 침체와 환율 불안 등 중소기업을 어렵게 하는 요인들이 한두 가지가 아니지만, 특히 대기업의 고질적인 납품단가 인하는 중소기업을 고사시키는 주원인으로 지적되고 있다.

2008년 우리나라의 무역 의존도가 82.4%를 기록했다. 2년 연속 80%대를 넘어섰다. 이를 두고 지나치게 높은 무역 의존도를 우려하는 전문가들이 많다. 대외변수에 경제가 휘둘릴 수 있어서다. 하지만 해외 수요는 아직 무한대에 가깝다. 또 세계수출 시장에서 우리나라 점유율은 아직 2%대에 불과하다. 한국은 지난 1988년 처음 세계 수출시장 점유율 2%대에 진입한 이후 22년째 정체 상태로 점유율 확대 여지는 많다.

지난 10년간(1998 ~ 2008년) 중소기업 고용은 379만 명이 늘어난 반면, 대기업 고용은 오히려 60만 명이 감소했다. 이는 대기업의 해외 수출의 하부구조를 담담하고 있는 중소기업이 대기업 수출의 큰 몫을 차지하고 있다는 반증이다.

다시 말해 우리나라 중소기업은 우리나라의 대외 수출의존도(GDP의 약60% ~ 65%)와 대기업과의 수직적인 하청관계로 되어 있기 때문에 성장 동력을 수출 위주로 하는 대기업에 매출구조의 거의 대부분을 차지하고 있다는 것이다.

때문에 국제표준화 기구(ISO)의 표준화 가이드라인(ISO 26000)을 통해 새로운 무역 장벽으로 작용할 가능성이 증대되고 있기 때문에 대기업 수출의 하부구조를 담당하고 있는 중소기업의 CSR 도입 추진의 중요성이 여기에 있는 것이다. 이는 중소기업의 부품하자로 나타난 결과인 도요다의 리콜사태가 이를 대변하고 있다.

바. 국내중소기업의 CSR 추진방안

1) ISO 26000 동향

ISO 26000의 공식명칭은 Guidance on Social Responsibilities(사회적 책임의 자발적 국제표준)이며, 기업만의 책임이 아니라 6개 이해관계자(정부, NGOs, 산업계, 소비자, 노동계, 기타) 공동의 책임을 의미하고 있다.

ISO 26000은 국제사회에서 사회적 책임 달성을 위한 체계적 실천지침을 제공하고 있으며, 우수 비즈니스 케이스 발굴을 목적으로 환경, 인권, 노사관계, 지배구조, 공정거래 등 다양한 사회적 이슈들을 핵심 의제로 삼고 있다. 이에따라 기업의 역량과 상기 ISO 국제표준 제정 원칙들을 정확히 인식하고, 이를 바탕으로 기업 차원에서 전략적으로 대응할 필요가 있다.

지난 5년간의 표준개발에 마침표를 찍고 드디어 2010년 11월 1일 사회적 책임에 대한 국제표준인 ISO 26000이 발간되었다. ISO 26000은 사회적 책임의 기본 원칙, 핵심 주제와 관련 쟁점 및 조직 내에 사회적 책임 활동을 통합하는 방법에 대한 지침을 제공한다.

새로운 지속가능발전 패러다임은 경제적 신뢰성, 환경적 건전성, 사회적 책임성의 조화 등 질적 성장과 다양한 이해관계자와 적극적인 Engagement를 근간으로 하고 있다. 2000년 이후 조직 별 이해관계자의 중요도와 영향력이 강화되면서 이해관계자 사이의 합의는 지속가능성장을 좌우하는 결정적 요소로 부상하고 있다.

특히, 2002년 남아공에서 열린 세계지속가능발전위원회(WSSD)에서 '빈곤퇴치' 등과 같은 사회적 문제를 '지속가능발전'의 핵심 아젠다로 논의되면서, 모든 조직에게 사회적 책임이

사회적 문제 해결을 위한 접근방식으로 주목을 받아 왔다. 이는 UN 전 사무총장 코피아난이 2000년에 주장한 유엔글로벌컴팩(사회적 책임에 대한 10대 원칙)이 관심을 받게 된 계기였다.

그리고 정부, 소비자, 산업계, NGO, 노동계, 학계 등 6대 이해관계자의 7대 사회적 책임 이슈, 원칙, 접근방법을 다루고 있는 ISO 26000 국제표준이 구체적인 내용을 담고 있지는 않지만 이목을 끄는 이유이다.

모든 이해관계자의 협의를 지향하는 ISO 26000은 사회적 통합을 유도하여 자원의 효율적 사용을 제고 시켜 지속가능경쟁력 강화에 도움을 줄 수 있고, 또한, 6대 이해관계자에게 사회적 책임의 방향성을 제시하고 있어 '공정사회'의 지침으로도 시사하는 바가 있기 때문이다.

다음은 ISO26000 국제표준의 긍정적인 면을 정리한 것이다. 첫째, 6대 이해관계자 상호간의 engagement를 바탕으로 하는 ISO 26000 국제표준은 사회적 갈등과 이에 따른 사회적 비용을 최소화하는데 도움을 줄 수 있다. 둘째, ISO 26000이 UN Global Compact, *GRI[38], 그리고 Davos Forum 100대기업 평가 등 국제사회에서 이미 통용되고 있는 기준과 연계되면서 조직의 성과에 대한 비재무적 요소이 중요성을 강조한다.

특히 새로운 경쟁 기준으로 사회적 책임을 확산시켜 우리사회의 건전한 경쟁기준으로 빠르게 정착될 수 있다. 셋째, 이해관계자 또는 조직의 합목적성에 준한 사회적 책임활동 요구로 사회 전체의 자원 왜곡을 최소화할 수 있다. 특히 이해관계자에게 집중된 사회적 책임 활동에서 조직의 합목적성에 준한 모든 이해관계자가 함께하는 사회적 책임 활동을 강조하고 있는 ISO26000은 사회 전체적으로 지속가능한 성장을 촉진시킬 수 있다.

2) 중소기업 CSR Framework

다음 소개하는 중소기업 CSR Framework은 한국생산성본부에서 2009년 중소기업에 CSR 경영을 확산하고 정착하기 위해 개발한 것으로 중소기업들이 단계별로 CSR 프로그램을 수립하고 CSR 성과를 개선시켜 나갈 수 있는 Framework을 제공한다.

중소기업 CSR Framework는 한국생산성본부에서 2010년에 개발한 것으로 크게 준비, 계획, 수행, 개선 4단계로 구성되어 있으며, 그 내용은 다음과 같다.

가) 준비단계(Prepare)

준비단계에서 제일먼저 추진해야하는 것은 첫째, 이해관계자 기대에 대한 정의와 이해로서, 그 의미는 이해관계자를 이해한다는 뜻이며, 그들의 관점과 기대사항을 이해하기 위해 그들과

38) GRI: 지속가능 보고서에 대한 가이드라인을 제시하는 국제기구

대화하고 소통한다는 것이다.

그리고 이해관계자들은 회사가 수행하는 것보다 더 가치 있는 정보를 제공해 줄 수 있기에 회사에서 파악하지 못하고 있는 시장에서의 격차, 경영상의 위험 요인 등에 대한 정보를 가지고 이해관계자들이 제공해 줄 수 있으므로 이들과의 커뮤니케이션은 매우 중요하다.

이를 추진하기 위한 방법은 이해관계자를 참여시키는 것은 생각보다 어렵기 때문에 이해관계자 참여 과정에 있어 회사에 중요한 이해관계들이 누락되는 일이 없도록 진행해야 한다.

둘째로, 책임의 범위와 한계를 설정해야 한다. 그 의미는 CSR 프로그램에서 다루고자하는 이슈를 결정할 때, 중소기업이 가치사슬 내에서 가지고 있는 책임의 범위와 한계를 설정해야 한다는 것이다. 여기서 중요한 점은 만약 책임의 범위를 너무 폭넓게 설정한다면, 중요한 이슈가 누락될 가능성은 적어지지만, 이슈를 관리하는데 드는 비용은 증가할 것이다. 반면 책임의 범위를 너무 좁게 설정한다면, 향후 기업에 큰 영향 및 위험을 미칠 수 있는 이슈에 적절히 대응하지 못할 것이다.

이에 대한 추진 방법은 책임의 범위 내에서 사회적, 윤리적, 환경적 영향을 끼칠 수 있는 모든 것과 재무적, 운영적 통제에 중대한 영향을 미치는 사안들을 포함해야 해야 한다는 것이다.

셋째로, CSR 이슈 정의와 우선순위 결정해야 하는데, 여기서는 CSR과 관련된 모든 이슈들이 회사에 중요한 것은 아니기에, 회사에서 집중해야 할 이슈들의 우선순위를 결정해야 한다. 여기서 중요한 점은 제한된 자원을 바탕으로 CSR 성과와 기업의 가치가 향상될 수 있는 영역에 집중할 필요가 있으며, 추진 방법은 CSR 이슈를 파악하고 이슈의 운선순위를 결정하는 것이다.

넷째, 의무(Commitment)를 규정해야하는데, 이 의미는 기업은 모든 것을 할 수 없기 때문에 의무(Commitment)는 어디에 집중해야 할지를 설명하고, 어떠한 다른 기회가 있는지를 명시하며, 기대를 관리하는 것을 지원하는 것이다. 의무를 정의함으로써 중소기업은 그 이슈가 다뤄지고 행동의 배경이 된다는 것을 인식하게 된다. 의무의 진정한 가치가 실현되기 위해서는 의무 자체가 중요한 과정이기도 하지만 전략, 목적과 성과가 이를 뒷받침해야 한다.

이의 추진 방법으로 의무를 수행하기 위해서는 조직의 최 상위 레벨의 동의를 얻어야 하며, 그 레벨에는 “시작” 단계의 의무, “확립” 단계의 의무와 “높은 수준” 단계의 의무가 있다.

다섯째, 전략 지향점을 정의하는 것으로 그 의미는 CSR 활동으로 성취하고자 하는 것과 그 이유를 명확하게 하여야 하는 것이다. 여기서 중요한 점은 너무 잦은 CSR 활동은 분명한 전략적 목적과 지향점 없이 진향되는 경향이 있기 때문에 CSR 활동이 비즈니스 니즈와 이해관계자 기대와 같은 모든 전략적 지향점과 함께 묶여 있다면 CSR 활동의 잠재적인 영향력은 훨씬 클 것이다.

이의 추진 방법은 전략 지향점을 정의할 때 의무뿐만 아니라 이해관계자 기대와 우선 이슈 또한, 고려해야 하며, 전략 지향점은 기업의 비전과 미션에 포함될 수가 있다.

나) 계획단계(Plan)

계획단계에서는 첫째, 목적과 목표를 수립하는 것으로 전략적 지향점을 설정하기 위해 보다 구체적인 목적과 목표를 설정할 필요가 있다. 그리고 여기서 정량적인 목표치 또는 정성적인 목적이 될 수가 있다. 여기서 중요한 점은 목적과 목표를 수립하기 위해 어떤 기간에 지향되는 모든 것과 분명하게 커뮤니케이션을 분명하게 해야 한다는 것이다. 분명한 목적이 없다면 전략적 지향점과 연결할 방법이 없기 때문이다. 그 추진 방법은 전략적 지향점을 정할 때 의무뿐만 아니라 이해관계자 기대와 우선 이슈 또한, 고려해야 한다. 전략적 지향점은 기업의 비전과 미션에 포함될 수가 있다.

둘째, 성과지표를 수립하는 것이다. 성과지표는 CSR 성과를 모니터링하고 평가할 수 있는 측정단위이며 지표 정의는 CSR 목표의 달성을 효과적으로 측정할 수 있도록 지원해야 한다. 분명한 목표와 목적이 없다면 전략적 지향점과 연결할 방법이 없다. 이의 추진 방법은 진척상황 파악을 명확히 할 수 있는 최고의 방법은 전략적 지향점, 목적이다. 목표에 대한 성과지표를 수립하는 것으로 잘 선정된 성과지표는 경영자가 어디에서 진척이 이루어지고 있고, 어디에서 그렇지 않은 지를 이해할 수 있도록 도와준다.

셋째로 프로그램과 프로젝트의 계획을 수립해야 한다. CSR 활동은 다른 비즈니스 핵심 필요사항의 계획과 동일한 방법으로 계획될 필요가 있다. 여기서 중요한 점은 CSR은 단지 핵심 비즈니스에 "추가적으로 하면 좋은 것"이 아니라, 매일매일의 모든 활동에 결합되는 것이어야 한다는 것이다. 그 추진 방법은 CSR 활동이 전략적 지향점, 목적과 목표가 달성되고 올바른 정보를 사용한다고 확신할 수 있는지 고려되어야 한다.

다음 넷째로 시스템과 프로그램 요건을 정의하는 일이다. 시스템과 프로세스는 CSR 활동을 성취 가능하게 하는 지원도구로서 여기에는 정보시스템, 재무시스템, 관리 시스템이나 기능 프로세스 등이 포함된다. 시스템과 프로세스는 자원을 효율적으로 사용하게 하고 통합이 발생하는 영역 중 하나이다. 여기서 가장 먼저 해야 할 일은 현재 가지고 있는 시스템과 프로세스를 검토하는 것이다. 즉, 새로운 시스템과 프로세스가 기존의 프로그램과 기능에 완전히 통합되어야 한다는 것을 확증할 수 있어야 한다.

다섯째로 자원, 역량, 교육여건을 수립하는 일로 CSR 활동을 위한 계획을 수립할 때 안전, 재무적 자원이 필요하다. 적은 수의 잘 갖추어진 활동들이 자원의 지원이 약한 많은 수의 활동보다 더 효과적이다. 그리고 필요한 역량을 갖추는 것은 성공을 위한 중요한 요소이다. 그 추진 방법은 가장 먼저 해야 할 일은 필요한 자원의 양이 존재하는가, 혹은 더 확보해야 하는가를 판단하는 일이다.

다) 수행단계(Perform)

수행단계에서 첫 번째로 해야 할 일은 자원집중과 역량의 확보이다. 이는 계획 수립은 계획이 이행되지 않는다면 아무런 의미를 가지지 않으며, 성공적으로 이행되기 위해서는 필요한 자원과 능력이 제자리에 있어야 한다는 의미이다. 그리고 이에 대한 성공여부는 투자에 좌우 된다. 투자는 수익과 가치 창출로 이어지고, 필수 자원과 능력의 부족은 성공을 어렵게 하기 때문이다. 추진 방법은 자원집중과 역량확보 계획은 상급 관리자 그리고 가능하다면 위원회의 승인을 받아야 한다. 그리고 자원의 배분과 책임의 할당은 반드시 기존 경험과 시스템과 통합이 되어야 한다.

다음 두 번째로 시스템과 프로세스 개선이다. 만약 계획이 이행되지 않았다면, 계획수립은 아무런 의미를 가지지 않으며, 성공적으로 이행되기 위해서는 필수적인 시스템과 프로세스가 제자리에 있어야 한다. 성공은 시스템과 프로세스의 효율성과 목적 부합성에 달려 있다. 필수적인 시스템과 프로세스 부재는 성공 가능성을 저해한다. 추진 방법으로는 어떠한 시스템과 프로세스를 필요로 하는지와 필수적인 자원들이 분되었는지, 시스템과 프로세스가 제자리에 배치되었는지를 알아야 하는 것이다.

세 번째로 해야 할 일은 프로그램과 프로젝트 시행이다. 성공적인 수행을 위해서는 역할과 책임이 명확하게 정의되고 의사소통할 필요가 있다. 이에 대한 성공여부는 효과적인 이행에 달려 있다. 즉, 계획, 자원, 시스템과 프로세스가 제대로 위치해 있으면 역량이 생기고, 역할과 책임이 확실히 정의되고 의사소통이 되었다면 남은 유일한 일은 이행이다.

라) 개선단계(Improve)

개선단계에서 첫 번째로 해야 할 일은 지속적인 모니터링과 평가이다. 지속적인 모니터링과 평가란 목적과 목표치가 어떻게 달성되는지를 구현하는 과정에서의 정보수집과 지속적인 피드백을 의미한다. 지속적인 모니터링은 가장 큰 효과를 내기 위해 변화가 필요한 곳이 어느 곳인지 진단하는 가장 빠른 길이다. 모니터링을 통해 데이터/정보 수집 및 기록저장, 주기적인 검사와 평가 및 조사를 통한 프로그램과 프로젝트 성과 핵심요소의 반복적인 추적이 필요하다. 프로그램과 프로젝트에 기인할 수 있는 주기적인 성과와 직접적으로 활동을 연결하기 위해 시도한다.

두 번째로 정기 내/외부 성과 감사를 실시하는 것이다. 감사는 무엇이 잘되고 있고 갭과 에러가 어디에 존재하는지에 대한 전체적인 시각을 가져다주고 관리자가 활동을 향상시킬 수 있게 도와 줄 수 있다. 독립적이고 주기적인 감사는 리뷰의 독립성을 강화하고, 다른 사람들이 잊어버릴 수 있는 문제점을 찾을 수 있게 해 준다. 또한, 주기적인 감사를 실시하는 것은 전체적인 성과의 청사진을 제공해주고 지속적인 발전을 지원한다.

셋째 책임, 전략, 성과 보고이다. CSR 성과보고는 보통 수행자의 성과뿐 아니라 책임, 전략, 관리방식의 보고도 포함한다. CSR 성과보고는 조직 내 변화를 유도하는데 도움을 준다. 만약 수행자가 어떤 것을 보고해야 한다면 그것을 좀 더 진지하게 받아들이고 최선을 다할 확률이 높다. 이에 대한 추진 방법은 누구를 위해서 보고서를 작성 하는가? 보고서이 범위는 어디까지 인가? 얼마나 자주 보고서를 낼 것인가? 어떻게 발간 할 것인가?를 살펴보는 것이다.

넷째, 보고서의 외부 검증 위임이다. 보고서 의 외부검증 혹은 검증서는 기본 시스템과 정보 뿐 아니라 보고서의 질을 평가한다. 보고서의 주요 이익과 목적 중 하나는 외부 이해관계자와 신뢰성 있는 의사소통을 하는 것이다. 외부 검증서는 CSR 보고서의 신뢰를 매우 향상시키며, 또한, 내부적으로 시스템, 데이터 간의 차이와 약점을 알아내는데 도움을 준다. 여기서 중요한 것은 검증방식과 범위를 정의하고 검증제와의 커뮤니케이션이다.

다섯째로 재검토와 개선이다. 몇 개 남지 않은 섹션들은 각각 해당 프레임 워크의 다른 섹션들의 제안사항과 개선점을 제공하는 평가와 재검토의 다양한 형식을 포함한다. 이러한 재검토 메커니즘의 목적은 진행 중인 영역과 개선이 필요한 것들을 강조하기 위함이며, CSR 책임과 전략은 다른 핵심 비즈니스 책임과 전략과 마찬가지로 최상의 결과를 얻기 위해 주기적으로 개선될 필요가 있다. 피드백 개선은 가장 최고치의 가치를 확실히 얻기 위해 매우 중요하다. 여기서 상급 관리자와 위원회 위원장은 개선에 대한 의사결정과 진보의 재검토를 위해 최소 일 년 단위로 함께 일을 해야 한다.

사. 우리나라 중소기업 CSR의 특성

중소기업 CSR Framework을 적용한 중소기업 CSR 현장적용 Pilot Project이 결과로 나타난 우리나라 중소기업 CSR의 특성은 다음과 같다. 앞서 제시한 바대로 우리나라 중소기업의 CSR 도입이 중요한 반면에 이의 추진을 위한 우리나라의 중소기업은 대기업에 비해 규모나 기업환경 등 여러 가지 특성에서 큰 차이가 있다.

첫째, 중소기업은 일반적으로 소유와 경영이 분리되지 않으며, 경영자가 여러 업무를 동시에 수행하고 있어 CSR 수행 시간적 여유와 전문적 지식이 부족. 또한, 경영자가 CSR에 대한 의지를 갖지 않는다면 추진이 불가능한 상황이다.

둘째, 중소기업은 대부분 자본금이 소액이며, 낮은 부가가치를 가지며, 이로 인해 수익성이 약하며 자금이 부족하여 CSR 수행 예산 등 경제적 여건이 마련되기 곤란한 실정이다.

셋째, 중소기업은 노동집약적인 영업을 영위하는 경우가 많아 노동력의 안전성 유무가 기업

경영의 성패를 좌우하기도 한다. 따라서 노사관계 CSR 활동은 매우 중요한 의미를 가진다. 특히 외국인 노동자들을 고용한 국내 중소기업의 산재사고나 외국에 진출해 있는 중소기업들의 부당한 '한국식 노무관리' 방식은 CSR과 관련하여 크게 문제가 될 수 있다.

넷째, 중소기업은 일정한 지역에 유사한 업종이 집중하여 공단을 형성하는 경향이 있다. 이에 따라 전체 사회보다는 지역 사회에 대한 CSR을 중시하고 있다. 때문에 지역사회의 환경보호, 고용 · 경제발전, 교육 · 지역문화에의 공헌 등이 CSR과 관련이 있게 된다.

다섯째, 중소기업은 대기업이나 다국적기업에 부품을 공급하거나 일부 공정을 아웃소싱하는 하청기업이 다수 있다. 따라서 소위 공급 사슬(Supply Chain) CSR의 영향력이 지대하다. (CSR 추진 중소기업 56%는 대기업 또는 다국적기업과 거래하는 협력회사로서 공급 사슬 CSR에 해당되고 있다.)

여섯째, 중소기업은 대기업과 달리 홍보할만한 브랜드나 이미지가 없는 실정이다. 즉 대기업은 기업별로 독자적인 CSR수행이 가능하지만, 중소기업은 기업 이미지를 높일 수 있는 이슈가 필요하다.

4. 지속가능경영 전략 및 추진 사례

가. 4대 지속가능경영전략

1) 윤리경영 전략

윤리경영 전략은 기업의 사업 추진 시 법령준수는 물론 사회 통념에 어긋나지 않는 의사결정 관행을 마련하여 각종 Risk를 사전에 예방하는 전략을 말한다.

2) 임직원 교육 전략

임직원 교육 전략은 기업 윤리준수를 위해 반복적인 교육을 실행하여 임직원들 간의 공감대를 형성시키는 전략을 말한다. 한 예로 시카고 타이레놀 독극물 사건의 사례를 보면, 1982년 타이레놀을 복용한 7명이 사망하는 사고 발생하였다. 타이레놀의 최고 책임자들은 다음과 같이 위기 대처방안을 제시하였다.

"절대 타이레놀을 복용하지 말라"로 언론 홍보하고 전국에서 1천억 원이 넘는 타이레놀을 수거하여 폐기 처분한 후, 조사 자료와 상황을 실시간으로 언론에 제공하였다. 결과 이 사건은 생산 후 독극물 투여로 밝혀졌다. 이후 포장을 바꾸고 대부분이 타이레놀 브랜드를 포기하자고 하였으나, 회장은 소비자와의 윤리적 약속을 위해 브랜드를 포기하지 않는 것으로 약속하였다. 이후 타이레놀은 최고의 매출을 올리는 진통해열제로 자리 잡았다.

3) 투자수익과 연계된 공헌활동 전략

투자 수익과 연계된 공헌활동 전략은 순수한 자선활동 차원을 넘어 기업가치로의 환원(투자수익)과 연계된 적극적 사회 공헌 활동을 펼치는 경영전략을 말한다. 사례의 하나로 아메리칸 익스프레스사는 전 세계 100여개의 유적 보존 운동을 전개하면서 카드사 여행상품과 얼떨결에 부가 수익을 올렸다. 다음 사례로 씨티은행은 개발도상국 영세 사업자에 대한 사업자금 대출 시스템을 구축함으로써 사회공헌 활동을 통한 수익기반을 창출하였다.

4) 비즈니스 모델화 전략

비즈니스 모델화 전략은 기업의 사회적 책임을 비즈니스 모델화하여, 이윤획득과 동시에 사회가치를 창조하여 경쟁 우위를 확보하는 경영전략을 말한다. 영국 Body Shop의 동물실험 금지사례를 보면, 당시 영국에서는 화장품 및 원료에 대한 동물 실험이 계속되고 있었으나, 영국 Body Shop은 자사 완제품 및 원료공급 업체의 동물 실험을 금지시키고, 컴퓨터 가상실험 또는 시험관 배양 인공스킨 실험으로 대체한 결과 소비자에 화장품의 안전성, 원료의 친 환경성을 증명하여 매출을 증대시키고, 전 세계 100여개의 유적 보존 운동을 전개하면서 카드사 여행상품과 연결시켜 부가수익을 올렸다.

나. 국내 CSR 추진 성공사례

1) 국내 20대 기업의 CSR 활동 평가

다음은 우리나라 20대 기업 브랜드 이미지와 CSR 평가 결과 조사를 통해 유한킴벌리의 브랜드 이미지를 소개한다. 평가대상은 공정거래 위원회가 2006년 1월 발표한 자산규모 기준 20대 기업집단이다. 여기에 자산규모 30은 아니지만, 오랜 기간 동안 CSR 활동을 해온 대표적인 기업 유한킴벌리와 담배를 제조하는 KT&G를 추가하였다.

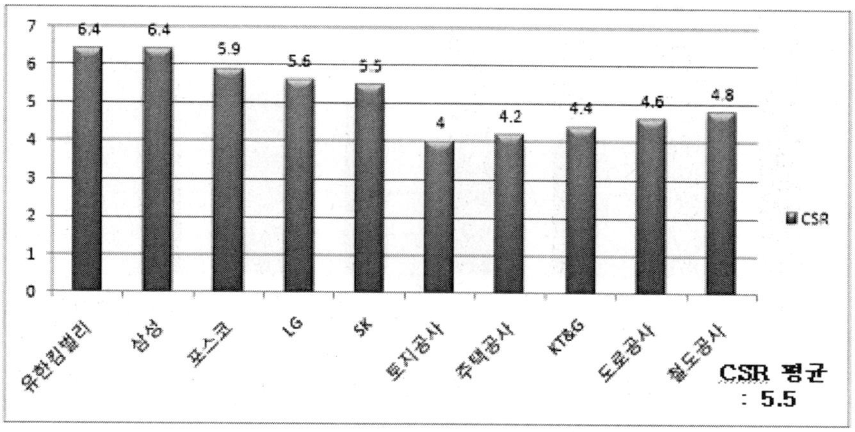

[그림 5-51] 국내 20대 기업의 CSR 활동 평가

평가 점수의 기준은 '매우 못한다'는 0점 ,'매우 잘한다'는 '10'점으로 하여 응답의 평균을 낸 결과이다. CSR 활동에 대한 결과는 삼성과 유한킴벌리가 가장 좋은 결과를 나타냈다. 이와 함께 브랜드 이미지도 함께 물었다. 그 CSR 활동에 대한 결과로는 좋은 기업 순으로 삼성과 유한킴벌리가(6.4), 포스코(5.9) 순이었다.

나머지 대상 그룹들은 중간지대에 몰려 있었으며, 나쁜 기업으로는 토지공사(4), 주택공사(4.2), KT&G(4.4) 순이었다. 브랜드 이미지에 대한 결과로는 좋은 기업 순으로 삼성(6.9), 유한킴벌리(6.6), 포스코와 현대차(6.1) 순이었다. 조사결과 기업의 CSR 활동과 기업의 브랜드 이미지는 상호 밀접한 영향을 주고 있는 것으로 나타났다.

다만 모든 면에서 기업에서 CSR 활동에 대한 평가점수는 브랜드 호감도에 비해 점수가 낮았다. 그리고 자산규모가 큰 회사일수록 기업의 사회적 책임에 대한 평가가 비교적 긍정적이었다. 하지만 예외적으로 유한킴벌리와 몇몇 공기업들은 기업의 자산규모에 비해 브랜드 호감도 점수가 높았다.

따라서 사회적 책임을 다하는 기업의 브랜드에게 소비자들의 호감도가 이동한다는 결과로 볼 수 있다. 또한, 큰 기업일수록 높은 브랜드 인지도를 갖고 있을 뿐만 아니라 사회적 책임에 대한 평가 점수도 높게 나타났다. 이는 기업들의 브랜드 이미지 상승 전략으로 CSR 활동을 적극적으로 활용하고 있다는 의미로 볼 수 있다.

[그림 5—52]의 결과로 보면 유한킴벌리가 자산규모에 비해 CSR 평가가 가장 좋은 기업으로 선정되었고, 도로공사, 주택공사 등은 자산규모에 비해 CSR 평가가 좋지 않은 기업으로 나타났다. 중요한 사실은 유한킴벌리의 제품들이 환경훼손과 밀접한 관련이 있지만 현재 국내에서는

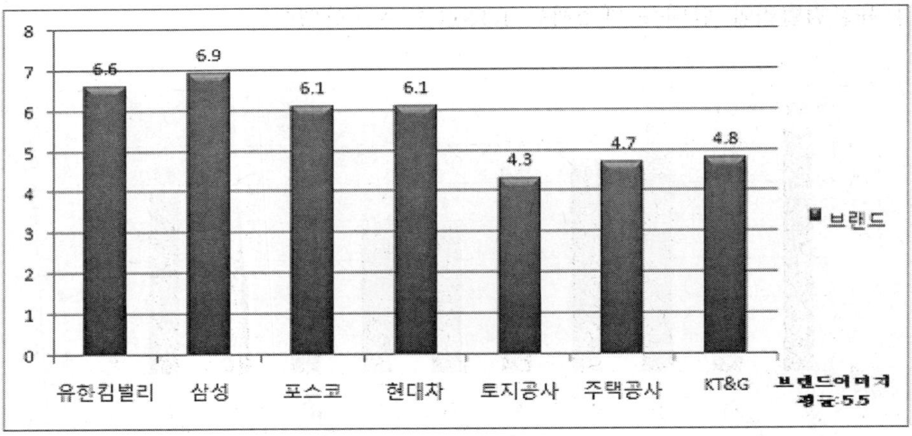

[그림 5-52] 국내 20대 기업의 브랜드 이미지 평가

어느 누구도 유한킴벌리를 환경오염 기업으로 인식하고 있지 않다는 것이다. 국내 환경 운동이 활발하게 진행되지 않았을 당시 이를 미리 인지하고 그러한 이미지를 극복하기 위해 사전에 철저히 준비한 유한킴벌리의 노력이 있었기에 가능한 것이었다.

2) 국내 중소기업의 CSR 활동 평가

다음은 우리나라 중소기업의 CSR 활동사례를 소개한다.

가) 성도 GL

세 번째 사례는 성도 GL의 직원 복지를 통한 CSR 경영이다. 성도GL의 핵심 기업이념에는 고객의 성공을 지원하는 '고객본위'의 정신이 녹아있다. 고객만족 경영을 위해성도GL이 역점을 두고 있는 활동은 다름 아닌 직원만족 경영이다. 그리고 직원만족경영의 중심에는 직원의 성공을 위한 아낌없는 지원과 격려가 자리 잡고 있다.

성도 GL은 직원들에게 뛰어난 업무능력 및 전문 지식의 개발을 위한 교육과 훈련을 제공하는 동시에 '엄격한 자기계발' 노력을 요구하고 있다. 성도 GL이 다른 중소기업의 직원복지 제공과 차별화되는 점은 직원들에게 전문 지식인으로서의 역량만을 강조하는 것이 아니라 문화와 예술 활동을 통해 인간미가 넘치는 조직 구성원으로서의 변화를 요구한다는 점이다.

예를 들어 직원 가족들을 초청해 호암 아트홀에서 뮤지컬을 관람하게 하는 등 직원들의 문화생활을 적극적으로 지원하고 있다. 이렇게 공연과 예술을 관람하고 취미와 교양 생활을 함께 즐기면서 직장 내에 창의적인 사고와 자유로운 커뮤니케이션 환경이 조성되기 시작하였다.

이러한 노력은 2002년에 22%에 달하던 직원 이직률이 2005년에는 2%로 감소하는 성과로 이어져, 조직의 안정화와 생산성 향상은 물론 나아가 고객사까지 성도GL의 문화경영에 대한 관심과 신뢰를 보이기에 이르렀다. "직원들이 신바람 나게 일할 수 있는 생기 넘치는 일터가 곧 행복한 직원을, 나아가 행복한 고객을 만든다고 믿습니다."라고 성도GL 김상래 대표 이사는 말한다.

직원만족을 향한 김상래 대표이사의 철학은 '삼더운동(더 똑똑하게, 더 빠르게, 더 즐겁게 일하자)'의 행동강령인 '삼더트리'의 첫 번째 우선순위로 행복한 직원을 꼽은 사실에서 확인된다. 그리고 내부 직원들을 위해 추진되던 문화경영은 현재 외부이해관계자인 고객을 넘어서 지역사회에 대한 *메세나[39] 활동으로까지 확산되었다.

성도GL은 한국 메세나 협의회를 통해 파주 헤이리 심포니 오케스트라의 정기적인 연주회 개최를 지원하고 있으며, 2008년 10월에는 복합문화공간인 '퍼플'을 헤이리 마을에 개관했다. 또한, 2003년부터 지금까지 임직원 급여의 1%에 해당하는 회사 지원금을 적립하여 경제적으로 어려운 이웃들에게 '문화와 예술'을 즐길 수 있는 기회를 제공하고 있다.

나) 풀잎라인

풀잎라인의 "공급망 CSR 경영과 사회공헌 활동"이다. 콩 관련 식료품을 생산하는 중견기업 풀잎라인은 식료품 제조기업의 특성상 제품에 대한 안정성이 기본적으로 확보되지 않으면 고객으로부터 쉽게 외면받아 기업의 지속적인 성장을 꿈꾸기 어렵게 된다는 생각을 갖고 있었다.

풀잎라인은 환경보호를 위한 활동과 미래를 위한 준비를 위해 산업자원부가 주관하는 대 · 중소 그린파트너십(SCEM: Supply Chain Environmental Management) 구축 사업에 참여하게 된다. 그 이유는 대 · 중소 그린파트너십 사업을 통해 환경경영시스템과 네트워크 시스템을 구축하여 공급망-CSR 경영에 동참함으로써 환경경영을 통한 제품책임을 제고하기 위해서였다.

이러한 환경 경영의 성과는 2006년 7월 환경경영시스템 인증 획득으로 이어졌다. 뿐만 아니라, 다양한 개선활동을 바탕으로 친환경 제품을 생산하는 동시에 용수절약, 폐기물 저감 활동 등에 적극 참여하며 친환경 기업 이미지를 더욱 강화해 나갔다.

CSR경영에 동참한 결과, 좋은 원료 구입에서부터 식료품 제조 그리고 유통에 이르기까지 소비자에게 판매되는 가치사슬 과정에서 체계적인 제품에 대한 안정성 확보 및 책임이행이 가능해졌고 이는 곧 풀잎라인의 제품에 대한 신뢰 구축으로 이어졌다.

CSR 경영을 통한 경쟁우위 창출이 달성된 것이다. 풀잎라인의 환경경영 활동은 거창하게 시작한 것이 아니라 경영활동으로 인해 발생할 수 있는 환경파괴를 줄이는 동시에 자연과

39) 메세나: 기업들이 문화예술에 적극적으로 지원함으로써 사회 공헌과 국가 경쟁력에 이바지하는 활동을 총칭

인류가 공존하는 상생의 길을 모색하는 과정에서 자연스럽게 시작된 것이다.

이를테면 두부 제품 제조 시 발생되는 폐기물인 비지를 인근 지역농장의 가축사료로 제공함으로써 폐기물을 처리비용 없이 환경 친화적으로 재활용하여 환경을 보호할 수 있고, 사료로 만들어진 비지는 농가에 작지만 큰 도움을 줌으로써 지역사회에 기여할 수 있게 된다.

다) 한경희 생활과학

한경희 생활과학의 "협력업체와의 협업을 통한 CSR 경영"이다. 스팀청소기로 유명한 중소기업 '한경희생활과학'과 이 회사의 협력업체인 '하이원전자'는 함께 일한다. 한경희 생활과학은 국내외에서 1300억원의 매출을 올린 11년차 중소기업이다.

이 회사 제품 70%의 조립 생산을 도맡는 하이원 전자는 어떻게 입주하여 같이 지내고 있는 것일까. 협력업체를 본사에 입주시키면 업체를 바꾸기 어렵다는 사실에 위험부담이 커진다. 하지만 신뢰를 바탕으로 협력업체와 동반성장을 해야 한다는 한경희 대표이사의 확신으로 함께 지내기로 결정하였다. 주변 시세보다도 임대료를 30% 싸게 내주고, 구내식당도 함께 이용할 수 있도록 배려했다.

이로써 2008년 하이원 전자가 옮겨온 뒤, 2009년 한경희 생활과학이 거둔 실적은 한 대표의 확신을 증명해주고도 남는다. 지난해 이 회사가 국내외에서 거둔 매출(1300억원)은 2008년보다 30%나 많은 수치다. 대신 불량률은 같은 기간 절반으로 줄어들었다.

이처럼 두 회사가 사이좋게 동반성장의 열매를 거둘 수 있던 데는 원청업체와 협력업체 사이에 '확 트인' 소통이 이뤄진 보탬이 컸다. 상생경영을 통해 협력업체와 윈윈하게 된 한경희 생활과학은 앞으로도 지속가능한 경영성과를 이룰 것이다.

라) 에듀윌

에듀윌의 "사회공헌을 통한 기업의 CSR 활동"이다. CSR 경영활동은 주요한 이해관계자를 중심으로 이루어진다. 특히 다양한 이해관계자 가운데 제품과 서비스를 이용하는 소비자를 대상으로 한 CSR 경영활동은 기업의 사회적 책임이행과 더불어 수익성 제고에 도움이 된다는 점에서 더욱 의미가 크다. 학습 기회를 접하기 어려운 사람들에게 에듀윌의 온라인 콘텐츠를 통한 무료 교육지원 사업은 에듀윌의 브랜드 가치를 상승시키고 신규 사업 창출의 기회로 이어져 사업기반의 CSR 경영활동의 예로 다른 중소기업들이 쉽게 벤치마킹할 수 있는 사례가 된다.

에듀윌은 1999년 간단한 회사소개 홈페이지 제작을 시작으로 2001년 말부터 인터넷을 통한 동영상 강의를 시작했다. 이듬해 제 2의 도약을 꿈꾸며 법인으로 전환한 이후 사업다각화를 통한 변화를 시도하였지만 매출부진으로 심각한 경영난에 부딪혔다.

그러나 어려운 경영여건에도 불구하고 에듀윌 양형남 대표이사는 '공부를 할 수 있는 기회를 많은 사람들에게 제공하고 싶다'라는 설립취지를 잊어버리면 안 된다고 생각해, 그 결심을 실천할 방안으로 온라인 무료교육이라는 CSR 활동을 시작하였다.

그가 시작한 '반딧불이 프로젝트'는 탈북 청소년 단체인 셋넷학교, 안산소년원, 청주보호관찰소, 포항보호관찰소 등 교육을 받기 힘든 집단으로 이루어진 단체들을 대상으로 온라인 검정고시 강의와 교재를 무상으로 지원하는 사업이었다. 단순히 소외 청소년 및 장애인 등 사회적 약자들에게 정규 교육과정의 기회를 제공하기 위해 시작했던 '반딧불이 프로젝트'는 어느덧 검정고시 교육을 수강한 탈북 청소년 수가 약 100여 명에 이르고, 2007년 검정고시 응시생 21명 중 20명이 합격하는 성과를 거두게 된다.

에듀윌의 CSR 활동들이 각종 미디어를 통해 소개되기 시작하면서 에듀윌의 브랜드 이미지는 점차 강화되었고 강화된 브랜드 이미지는 새로운 고객 창출의 기회를 가져다주었다. "빗방울이 모여 시내가 되고, 강이 되어, 다시 바다가 되듯이 작은 정성 하나하나가 모이면 많은 이들에게 도움을 줄 수 있는 커다란 힘이 됩니다. CSR 활동을 통해 우리의 작은 도움 하나하나가 더불어 사는 사회를 만드는 초석이 되기를 바랍니다."라고 에듀윌 양형남 대표이사는 말한다.

에듀윌은 사회적 약자들에게 배움의 기회를 제공하는 사업기반의 CSR 활동을 통해 중소기업이 CSR 경영을 추진할 때 가질 수 있는 전문 인력 및 예산부족의 한계를 극복하였다. 이는 다른 중소기업들에게 CSR 활동이 대기업만 할 수 있는 거창한 활동이 아니라 자사의 역량을 활용한 사업기반의 CSR 경영활동이 가능하며 더 나아가 수익창출의 기회로도 이어질 수 있다는 것을 보여준다. '언제나 어디서나 누구든지' 자유롭게 교육받을 수 있기를 바라는 에듀윌의 CSR 경영활동은 따뜻함을 전파하는 온(溫)라인 교육으로 실현되고 있다.

다. CSR 활동의 해외사례

1) 미국: General Electronic사

미국의 General Electronic사는 지역사회 기반한 자원봉사 활동 외에도, 친환경 경영을 주도하며, 2005년 "Ecomagination 캠페인"을 발표하였으며, 2009년에는 세계 보건의료문제 해결을 위해 'Healthymagination'을 출범시켰다. General Electronic사는 CSR 비용으로 매년 1억 달러 이상 지출하였으며, 자사 주가가 55% 폭락했던 2008년에도 CSR 비용은 삭감하지 않았으며, 경기 침체 영향으로 후원금이 대폭 줄어 심각한 경영난을 겪고 있던 식량 및 주거지원기관

(Food and Shelter Organization)에 2008년 2천만 달러 지원하였다.

GE의 사회공헌활동을 보면 크게 자원봉사조직 '엘펀'과 GE 재단 주축으로 전개하고 있다. GE의 자원봉사조직인 '엘펀(Elfun; Electrical Fund)'은 GE 직원으로 구성된 글로벌 조직으로 전 세계 146개 지부 운영하고 있다. 엘펀은 자발적 봉사활동을 강조, 지역사회서비스 프로젝트 활동에 집중(영국에서 문맹 퇴치캠페인, 브라질에서학교운동장건립, 말레이시아도서관건립등 지역봉사프로젝트전개)하고 있다.

한편 GE 재단(GE Foundation) 활동을 보면 1953년 설립되어 GE사업지역 소외계층의 교육과 장학사업, 공공정책 지원등의 활동전개하고, '09년에는 "Developing FuturesTM in Education" 프로그램 발표하여, 미국의 미래를 위한 수학 및 과학분야 집중교육 지원 시스템을 구축하였다.

그리고 GE의 친환경 경영 전략인 "Ecomagination"은 2005년부터 온실가스 배출 감축 등을 위해 환경 R&D에 수십억 달러의 막대한 자금 투입 계획을 추진하였다. 즉, 태양열 기관차, 공해 배출을 줄인 항공기 엔진, 에너지 고효율 전구 개발 집중해, 기업 신규 수익 창출과 인류 삶의 향상 모색하였다.

GE는 이를 통해 환경파괴기업 이미지를 벗고 친환경 기업 이미지 획득에 성공하였으며, 지속가능성 평가에서 가장 인정받고 있는 다우존스 지속가능성 지수(Dow Jones Sustainability World Index)에 비중 높은 기업에 포함되었다.

GE 제프리 이멜트 회장이 강조하는 CSR 원칙은 다음과 같다. "기업의 사회적 책임활동은 전략적이어야 한다." ① '기업'에 포커스를 맞춰라. 경쟁력과 수익성이 가장 중요하기 때문이다. ② 신뢰를 바탕으로 경영하라. 신뢰는 준법(Compliance), 관리(Governance), 투명성(Transparency)을 의미한다. ③ 기업문화와 직원들에 대해 장기적인 비전을 제시하라. ④ 기업이 사회적 문제를 해결하는 데 적응하도록 하라.

2) 미국: 에스티 로더사의 "핑크 리본 캠페인"

에스티 로더사의 가장 성공한 CSR 캠페인으로 전 세계로 확산된 '핑크 리본 캠페인'을 소개한다. 이 캠페인은 여성들의 유방암에 대한 인식 고취와 조기 검진의 중요성을 알리기 위해 1992년 처음으로 시작하였다. 자사 고객들에게 150만 개의 핑크 리본과 유방암 자가 진단카드를 나눠준 것을 시작으로, 2010년 70여 개국에서 진행, 1억1천만 개 이상의 핑크 리본을 배포하였다. 여기에 식품, 의류, 항공사 등 다양한 협력 기업들이 본 캠페인에 동참함으로써 효과가 극대화되었다.

"핑크 리본 캠페인"의 성과를 보면, 에스티 로더는 여성 건강 의식을 고취시키는 한편, 핑크 리본 컬렉션 제품을 출시, 이를 판매한 수익금 일부를 유방암연구재단(BCRF)에 연구기금으로 기부, 캠페인 참여 기업들은 핑크색 관련 제품을 판매하거나 이벤트를 실시해, 수익금 일부를 유방암 기금으로 기증, 이 캠페인 협력 기업의 기부금은 1993년부터 지금까지 약 4천5백만 달러 기록하였다.

유방암연구재단 측은 기업들이 제품에 핑크리본 로고를 이용해줌으로써 유방암에 대한 인식이 크게 향상되었다고 평가하고 있다. 즉, 현재 수백 개 기업이 동참하면서 '핑크리본' 캠페인은 가장 성공적인 CSR캠페인 중 하나로 평가되었으며, 2010년 캠페인은 전 세계 70여 개국 20억 명에게 메시지 파급효과 추정되어 글로벌 캠페인으로 확산되었다.

그리고 여성 의류업체 앤클라인, 핑크리본 상품으로 캐시미어스웨터를 선보여 폭발적인 반응을 거두면서 기부 목표액이었던 2만5000달러를 초과 달성하였으며, 3M의 경우 대표상품인 포스트잇의 핑크색 버전으로 80% 매출 증가를 기록하고, 캠벨수프, 자사 캔 제품 포장을 10월에만 핑크색과 흰색으로 교체한 것만으로 별도 광고 없이 슈퍼마켓 매출이 전년 동기 대비 2배 상승하였다.

그리고 델타항공은 항공기 기체를 핑크색으로 장식하고 핑크색 유니폼을 입은 승무원이 핑크색 레모네이드를 서비스하는 이벤트로 큰 주목을 받으며 브랜드 이미지 제고 효과를 본 것으로 보아 '핑크리본 캠페인' 동참기업들도 연대 효과를 획득한 것을 알 수 있다.

3) 미국: 코카콜라의 녹색경영 사례

"물" 관리에 나선 코카콜라의 녹색경영 사례로서 코카콜라는 "물 관리 3R 법칙과 범위"를 다음과 같이 정하였다. 물 자원을 아끼고 재생하여 다시 채운다는 3R(Reduce, Recycle, Replenish) 법칙을 적용하고 물에 대한 코카콜라의 종합 전략은 자사 공장의 물 사용성과(물 효율, 수질, 폐수 처리)에서부터 상수원 보호, 물 자원에 대한 홍보 및 공공의식 증진까지 포함하였다. 이를 위해 2010년 폐수 처리 및 재사용 기준을 확립하는 한편, 빗물 저장과 농업용수의 효율적공급 등에 대한투자 및 실행계획 중이다.

코카콜라는 자사 비즈니스가 지속 성장하면서 절대적인 물 사용량은 불가피하게 증가하나, 2012년까지 물 효율을 20% 향상시켜 약 500억 리터의 물을 절약할 것으로 기대하고 있다. 코카콜라는 더욱 효과적인 물 관리 투자가 될 수 있도록 외부 전문기관과의 파트너십을 공고히 하면서 World Wildlife Fund(WWF)에 기금 투자하고, '물 효율 관리 지침서'를 함께 제작하여 자사 각 보틀링 공장에 배포하였다. 그리고 그린피스(Greenpeac)와 함께, 코카콜라의 자동판매기 및 쿨러 기계에서 배출되는 탄소가스 감축 노력을 실시하였다.

4) 일본: KDDI사의 "CSR을 통한 토탈 고객만족 추구" 사례

일본 KDDI사는 2008년 4대 CSR 중점 과제를 선정하고 전문 부서를 설치해 CSR을 통한 TSC(Total Customer Satisfaction)를 추구하였다. 4대 CSR 중점 과제는 첫째, 안전한 정보통신 사회 실현, 둘째, 안정적인 정보통신 서비스 공급, 셋째, 지구 환경 보전, 넷째 다양한 인재 육성을 통한 활력 있는 기업 실현을 말한다. 또한, KDDI는 'KDDI 그룹 윤리 위원회'를 설치하여 정책 수립 및 규정에 반하는 사항이 발생할 경우의 대처, 외부 정보 공개, 재발 방지책 등을 검토하고 있으며, 위원회의 활동 상황은 전 직원에 공개하고 있다.

KDDI는 전 직원을 대상으로 기업 윤리 및 준수에 대한 의문 사항이나 고민 등을 상담하는 창구로 '기업 윤리 상담'을 설치하고 있다. 아울러 KDDI는 그린 전력 조달 시스템을 통한 에너지 절약, 상용 전원 외에 태양광 전력과 심야 시간대에 축전지에 충전된 전력을 활용, 시간대별로 가장 효율적인 전력 공급 시스템 구축하여 환경경영을 추진하고 있으며, 그 첫째로 리사이클 시스템 구축을 통한 자원 절약의 일환으로 전국 판매 대리점을 통해 폐휴대폰 회수 및 리사이클 운동 전개하고 철거되는 노후 통신 설비의 재활용도 적극적으로 추진하고 있다.

둘째로 고객과 함께하는 KDDI의 환경 경영으로 2010년 6월부터 모든 고객에게 웹 청구서만 제공, 산림보호에 앞장. KDDI가 발행하는 모든 청구서를 종이에서 웹으로 전환할 경우 연간 3만 톤의 온난화 가스를 줄일 수 있으며, 12만 그루의 나무를 보호하고, 자사의 'solamido'라는 휴대폰 사이트에서 착신음을 다운로드할 경우 그 수익 중 일부를 산림 정비에 기부하였으며, KDDI의 휴대폰을 통해 'Think the Earth 프로젝트 협찬 사이트'에서 제공하고 있는 환경 앱을 이용하면 그 수익 중 일부를 자연재해 관련 활동에 지원하고 KDDI의 스포츠 지원 서비스인 'au Smart Sports Run & Walk'를 이용해 걷기, 달리기 또는 자전거 주행을 하면 1km당 1엔으로 환산해 환경 보전 활동에 기부하였다.

KDDI의 사회 공헌 내용으로는 "개발도상국 통신 환경 정비" 일환으로 고정 WiMAX 기술을 활용, 현지 통신 인프라구축 및 고품질 인터넷 브랜드밴드 보급을 추진하고, 방글라데시, 캄보디아, 베트남, 필리핀 등에 현지 지자체와 함께 무선 광대역 통신환경 구축, 기술 이전 등을 실시하였다.

또한, "돌고래 생태 조사"를 위해 2005년부터 도쿄대, 인도 공대, WWF 인디아와 협력하여 서식 환경 변화로 멸종위기에 있는 간지스카와 돌고래 보호활동을 전개하고 있으며, "산림 보전 활동"의 일환으로 'au Smart Sports Run & Walk'을 통한 수익과 설명서, 포장 상자 회수 실시로 얻는 폐지 판매 수익 등으로 산림 보호 활동에 기부하고, '후지산 숲 만들기 프로젝트'에 참가해 2008년부터 지금까지 총 3ha의 면적에 약 3000그루 나무 심기 운동을 하고 있다.

5) 일본: 아사히 맥주의 사례

아사히 맥주의 CSR 8대 중점 테마(2010.1월 제정)는

① 저탄소사회 구축: 2020년까지 2008년 대비 30%의 이산화탄소 삭감
② 인재의 다양성 추진: 신상품 창출, 시장 개척 등 글로벌 기업 가치의 다양화에 부응할 수 있는 인재 육성
③ 잘못된 음주 문화 근절: 주류 사업자로서 미성년자 음주, 음주 운전 등 잘못된 음주 문화 근절
④ 사회 기여 상품 및 서비스 제공: 고객과의 커뮤니케이션을 통해 안전한 고품질의 제품 및 서비스 제공
⑤ 규정 준수 강화: 국내외 규정 준수 추진 체재 강화
⑥ 지역 생활 문화 창조에 기여: 지역사회의 생활문화 창조와 지역 문제 해결에 노력
⑦ CSR 활동의 커뮤니케이션 강화: 이해 관계자와의 관계 강화를 목표로 적극적인 커뮤니케이션 체재 구축
⑧ CSR 조달 추진: 환경 및 사회에 대한 기업의 사회적 책임에 대한 노력을 경주, 기업 가치 향상이며, 맥주의 기본 원료인 물, 보리, 호프 등은 모두 자연으로부터 얻는 것들이기 때문에, 지구 환경 보전 활동이 곧 기업의 생존과 연결된다는 인식하에 환경 경영에 주력하고 있다.

아사히맥주의 정도경영의 일환으로 법률 프로모터 제도 운영하고 있는데 이는 각 현장에서 규정 준수의 중요성을 이해하고 이를 실천할 수 있도록 1999년부터 법률 프로모터 제도 운영하고 있으며, 일정 연수에 참가해 일정 법률 지식을 갖춘 직원을 법률 프로모터로서 전 사업장에 배치하여 최신 법률 지식과 사례를 공유하고 있다.

한편 아사히맥주는 "클린라인 제도"를 운영하고 있는데, 이는 기업 활동에 따른 위험의 조기 발견 및 문제를 미연에 방지하는 목적으로 각종 법령 및 기업 윤리규정 등을 위반하거나 위반의 우려가 있을 경우 직제 라인을 통해 보고할 수 없을 때 이용할 수 있는 내부 신고제도이다.

그리고 아사히맥주의 환경 경영은 '저탄소 사회 구축', '순환형 사회 구축', '생물다양성 보전', '환경 교육' 등 4가지 테마를 중심으로 추진하고 있으며, 또한, "저탄소 사회 구축을 위한 활동"으로 발전 시 배출되는 배기가스를 다시 에너지로 활용하는 코제너레이션 시스템과 폐수 중 메탄가스를 재활용할 수 있는 폐수 처리 시설 도입하였으며, 전 공장에서 맥주 발효 공정에서 발생하는 이산화탄소를 수집하여 탱크에 저장하였다가 병, 캔 등 포장공정에 재활용하고 2003년부터 구마모토현의 '아소니시하라윈드팜' 풍력발전사업을 지원하였다.

"순환형 사회 구축을 위한 활동"으로는
① 제조 과정에서 발생하는 부산물 등의 폐기물을 100% 재활용
② 총 연간 30만 톤의 폐기물이 발생하는데 1996년 이바라키 공장에서 처음으로 폐기물

재활용 100%를 달성한 이래 1998년 전 공장으로 확대

③ 환경 부하가 적은 포장 용기 개발 및 병, 캔 등의 재활용도 적극적으로 추진하였으며,

"생물 다양성 보전을 위한 활동"으로

① 히로시마현에 '아사히의 숲'을 조성하고 직원과 그 가족들이 자원봉사자로 참가해 유지관리

② 니시노미야 공장은 직원과 아이들이 쉼터로 이용할 수 있도록 잠자리 연못을 조성하였으며, 카나가와 공장은 공장 준공 때부터 반딧불이 살 수 있는 환경 조성을 목표로 반딧불 유충을 사육하여 지금은 매년 많은 관광객들이 반딧불을 보러 오고 있다.

또한, 지역 사회를 중심으로 아래와 같이 각종 환경 행사 및 환경 교육 실시하였다.

① 여름방학 공장 견학: 아사히맥주 공장 견학 및 환경 학습 투어, 약 44,000명이 참가

② 반딧불 유충 방류회: 카나가와현 초등학생을 초청, 공장 내 정원에서 사육한 반딧불의 유충을 방류

③ 에코 탐험대: 카나가와현 초등학생을 대상으로 공장 견학과 부지 내 자연 관찰 투어를 실시

④ 아사히 에코 기자 클럽: 초등학생들이 공장을 견학하면서 아사히맥주 공장에서 나오는 폐기물의 처리 방법 취재, 에코 신문 제작

⑤ 송사리 학교: 멸종 위기의 송사리를 사육하고 있는 나고야 공장에서 초등학생을 대상으로 생태 교육

⑥ 물을 배우자: 폐수정화 공정에 대한 설명과 여과 모형 제작

⑦ 잠자리 세계: 전문가 초청 연중 40여종의 잠자리를 관찰

⑧ 딱정벌레와의 만남: 공장 주변 딱정벌레 생태 교육

⑨ 자연을 배운다: 이바라키 공장 정원에서 호프 재배와 딱정벌레 생태에 대한 교육 실시 등이다.

아사히 맥주의 "문화예술 공헌활동"에는

① 아사히 아트스퀘어: 아사히 맥주가 운영하는 예술 시설로 미술, 무용, 연극, 영상 등 다양한 예술 분야를 부담 없이 즐길 수 있음.

② 아사히 아트페스티발: 2002년부터 아사히 맥주가 주최하는 미술, 음악, 댄스 등 장르를 초월한 예술 축제

③ 아사히 에코아트시리즈: 환경보전 활동과 예술문화 활동을 연결하면서 예술가와 지역 주민이 함께 즐길 수 있는 프로그램 등이 있다.

한편 아사히 맥주의 사회공헌 활동을 살펴보면

① 아사히 원비어(One Beer)클럽: 2002년에 도입된 직원의 기부 제도로 '맥주 한잔분의 사회공헌'을 모토로 직원의 자발적인 의사에 따라 매월 1구좌당 200엔씩 적립해 다양한 사회공헌 활동단체에 기부

② 에코 마일리지: 직원들이 직장 인근의 쓰레기 줍기 등 자원 봉사를 해 쌓은 포인트를 금액으로 산출해 지역 사회 공헌 활동에 기부 등이 있다.

6) 독일: Bayer사의 "Bayer의 기업윤리 정책" 사례

"보다 나은 삶을 위한 과학(Science for a better life)"이라는 기업 이념을 추구하는 독일 Bayer는 혁신적이고 품질 지향적이며, 공정한 경쟁을 추구하고 있다. 이에 따라 기업 내부적으로 기업윤리 강령을 마련, 직원들과 사업 파트너가 이를 함께 준수할 것을 요구하고 있다.

이에 따른 "10대 기본 윤리 강령"은 다음과 같다.

① 공정한 경쟁: 공정한 경쟁 원칙 준수, 특히 독점 금지법 엄수

② 정직한 거래: 부패 비용인

③ 지속 가능성의 원칙: 환경 보호 및 개인의 건강 및 안전 보장에 대한 책임 인식

④ 대외무역법 준수: 각국 및 국제 대외 무역 거래 규정 준수

⑤ 증권 거래 시 동등한 기회 보장: 모든 직원은 주가에 영향을 미칠 수 있는 사내 정보를 기밀사항으로 다뤄야 할 의무

⑥ 적절한 서류관리와 재정리 포트의 투명성: 내부관리 시스템 상 주요사업 절차에 관한 적절한 문서기록, 회계 관련 정보는 완전하고 오차 없이 작성

⑦ 공정하고 존경할만한 업무 조건: 동료와 제 3자에 대하여 친절하고, 객관적이며, 공정하고, 존중하는 직원들의 자세 요구, 어떤 종류의 차별과 괴롭힘도 비용인

⑧ 자체 지적재산권 보호 및 제3자의 지적재산권 존중: 제3자에게 회사 기밀정보 누설 및 발표금지, 제3자의 지적재산권도 존중

⑨ 기업과 개인 관심사 구별: 인사 결정과 제 3자와의 사업 관계는 객관적 기준이 중요

⑩ 관계 당국과의 협력: 모든 관련 기관과 협력 관계 유지, 정보는 완전하고, 투명하고, 올바르며, 시기적절하고 이해 가능하도록 제공되어야 함 등이다.

한편 동사는 친환경 공정 및 CO2 방출 감축을 위한 프로그램 추진을 하고 있는데 '85년 캐나다에서 시작된 화학 산업계의 자발적인 활동인 'Responsible Care(책임을 다하는 사업)'에 적극적으로 참여 중으로

① 헬스케어, 안전 및 환경과 관련하여 자발적 품질 경영 시스템 구축
② 헬스케어, 안전, 환경, 품질(HSEQ: Health/Safety/Environment /Quality) 관련 리스크 최소화, HSEQ를 사업 전략 및 과정에 융합, HSEQ에 대한 인식 고취, 사업 관계자와의 열린 대화 및 Responsible Care 관련 협력 및 교류를 하고 있다. Bayer사는 제품의 개발 및 생산 단계에서부터 소비자의 사용 단계 및 사용후 폐기까지의 모든 과정에서 인체나 환경에 위험한 요소를 배제하고 최적의 기술을 사용하는 것을 원칙으로 삼고 있다.

동사의 친환경 경영은 '바이엘 기후변화 대응 프로그램(Bayer Climate Program)'을 중심으로 실행하고 있다. 특히 생산 공정에 있어 CO2 방출 감축을 위해 새로운 온실가스 방출 측정시스템인 'Bayer Climate Check' 도입, 새로운 세계 생산 공정 감독 체제 구축, 이로써 향후 제품 소재에서 운송까지 온실가스 방출을 감소시킬 수 있는 전기 마련하였으며, 또한, 에너지 효율적으로 염산에서 염소를 재활용할 수 있는 기술개발로 향후 전력소비와 CO2 방출에 있어 30% 절감 효과, 동 신기술은 에너지 효율성 상승효과를 인정받아 '08년 6월 연방 독일 산업협회에서 수여하는 친환경 기술 부문 환경상을 수상하였다.

아울러 "STRUCTeseR(Structured Efficiency Systemfor Energy)"로 불리는 시스템화 된 에너지 경영 프로그램을 도입하여 에너지 소비가 많은 시설에 있어서 지속적이고 체계적으로 CO2를 감축하였다. 이러한 노력과 함께 동사는 '90년에서 '07년까지 37%의 온실가스 방출 감축이라는 경이로운 성과를 기록한 데 이어, '13년까지 '08년 대비 10%의 생산 공정에서의 에너지 효율화 달성 및 연간 35만t에 이르는 CO2 감축 효과 달성을 목표로 하고 있다.

또한, 염소생산에 있어서 신기술로 '20년까지 약 25만 t의 온실가스 추가 감축이 가능하다고 한다. 글로벌 기업들의 온실가스 배출정보 및 기후변화 대응전략과 관련하여 선정된 '탄소 배출량 공개 친환경 우수 기업인 덱스(CDLI: Carbon Disclosure Leadership Index)에서 여러 차례에 걸쳐 해당분야 최우수 기업으로 선정되었다.

그리고 Bayer의 기후변화 대응 프로그램으로 'Bayer Climate Program'의 일환으로 '07년 이래 'EcoCommercial Building(에코 상업용 빌딩)' 이니셔티브 추진 중이다. 산하 Bayer CropScience의 주관으로 최고의 소재, 시스템, 기술을 한데 묶어 친환경 에너지 및 신소재를 활용한 CO2 무방출형 건축 모델 개발하였다.

이미 'EcoCommercial Building' 첫 모델로 태양광과 지열 및 혁신 신소재를 이용한 독일 몬하임(Mohnheim) 소재 직원 가족을 위한 탁아소 '09년 11월 완공, 이는 연방경제기술부가 수여하는 "2009 에너지 효율화 건축상"을 수상하였으며, 이어 '09년 5월 벨기에 다이젬(Diegem)에 기존 건물 대비 50%의 에너지 절감 효과가 있는 신 사무실용 건물 개관, 이는 '09년 벨기에 건축 및 에너지 상 수상하였다.

또한, '09.5월 인도 뉴델리에 이산화탄소 무 방출 그린 빌딩 설립 프로젝트 계획 발표하여 '10.9월 완공 → 동 건물은 고기능 하이테크 플라스틱 소재와 태양전지 등의 신기술을 사용해 해당 지역의 기후조건에 적합하도록 고안된 시스템으로 70%의 에너지 절감 기대하고 있다.

동사는 국제연합 환경계획(UNEP)과의 협력을 통한 청소년 및 환경 프로젝트 추진하고 있는데 바이엘사와 국제연합 환경계획(UNEP)은 공동으로 매년 국제 어린이 그리기대회가 주최되고 있다. '10년 개최된 제 19회 경영대회에서는 세계 95개국 만 6 ~ 14세의 60만 명의 어린이가 참여, "종의 다양성(Artenvielfalt)"라는 주제 하에 그림을 제출하는 것이다.

특히 금년 중국에서 지역 파트너와 연계 하에 별도로 중국 그림 경연대회 개최, 약 260만 여명이 참가하여 최고의 기록인 총 320만점의 그림을 제출하였다. 매년 세계 각국의 어린이들이 그린 그림 중 우수작은 전시회에 전시되고 있으며, '09년의 경우 상위에 입상한 어린이들은 국제 어린이 환경행사에 초대되고 있다.

동 글로벌 경연대회는 '91년부터 '09년까지 세계 100여 개국의 19만 명이상의 어린이들이 참가, 이를 통해 장래 기후변화에 대한 어린이들의 풍부한 상상력과 예리한 시선 관찰이 가능하며, 아울러 어린이들의 환경보호 인식 확대에도 큰 기여하고 있다. 그리고 기타 활동으로 Bayer는 상기 활동 외에도, 세계 곳곳에서 어린이와 청소년을 위한 12개의 환경 프로젝트를 추진 중에 있다.

또한, 세계적인 학술기관인 내셔널지오그래픽(National Geographic)과 함께 세계 식수보호 등을 위한 세계탐험기금을 지원하고 있다. 동사는 공장 가동 시 발생하는 폐수는 물론 본사가 위치하고 있는 레버쿠젠시에서 나오는 생활하수까지 정화시설을 거쳐 내보내는 등, 도시의 친환경 사업과 문화 및 스포츠 활동 등에도 다양한 지원을 하고 있다.

이러한 동사의 글로벌 친환경 의지 실천으로 이전 작은 마을에 불과했던 레버쿠젠(Leverkusen)은 현재 독일 내 화학, 제약, 기계 등의 제조업과 스포츠, 문화생활이 활발한 기업도시로 성장하였다. 이것은 100여 년 이상 기업과 지역사회가 동반 성장한 모범 사례라 할 수 있다.

7) 독일: Vaude Sport사의 "직장과 가정생활의 합일 유도"에 대한 사례

독일 Vaude Sport사는 '01년 이래 기업 자체적으로 어린이 집을 개설 · 운영 중이며, 이는 부모가 직업을 갖고 있는 가정을 지원하기 위한 목적을 가지고 있다. 어린이 집 개설 이후 기업 내 출산율이 뚜렷하게 증가하였으며, 여성 근로자의 비율이 60%로 상승, 이 중 다수가 자녀 양육과 직업을 병행하고 있다.

현재 '09년 기준 독일의 출산율이 전년 대비 3.6% 증가를 기록하는 등 지속적인 감소 추세를 보이고 있는 상황에서 가족 친화적인 대책 마련으로 출산율 증가에 기여하고 있다. 이러한 동사의 사회적 참여로 前요한네스 라우(Johannes Rau) 연방 대통령으로부터 "자유와 책임" 상을 수상한 바 있다.

이외, Vaude는 유연한 근무 시간제를 제공 하고 있으며, 기회균등에 대해 높은가치를 부여하고 있다. 이에 따라 동사는 중소기업임에도 대기업 대비 고급인력 확보에 용이하고, 근로자들의 의욕이 넘치며 만족도가 매우 높은 것으로 평가되고 있다. 동사는 "친환경 경영 및 생산 시스템"으로 '94년 "Ecolog" 레이블을 도입하여 재활용 이니셔티브를 추진하고 있다.

독일에서는 연간 1인당 약 23kg의 중고의류가 발생하는데, 이 중 스포츠 및 기능성 섬유의 경우, 대부분은 폴리에스테르 제품이다. 동사는 기능성 의류 제조사로서 자사 제품의 재활용에 대한 책임을 지기 위해 의류를 포함하여 단추나 지퍼 등 각종 부품 소재를 함께 녹여 100% 재활용할 수 있는 시스템을 개발하였다. 여기서 생성되는 물질은 다시 새로운 섬유나 액세서리로 재활용하고 있다.

Ecolog 도입 15주년을 기념하여 동사는 이를 아웃도어 분야 표준으로 정착시키기 위해 노력을 경주하고 있다. 아울러 동사는 "VAUDE ecosystem"라는 포괄적인 친환경 경영 시스템을 구축하여 개발에서 생산, 소비, 사용 및 폐기에 이르는 전 과정에 적용, 이를 통해 생산된 제품에 'ecosystem'이라는 레이블 부여하고 있다. 예컨대, 목재에서 추출한 자연 섬유인 "Tencel(텐셀)"이나 코코넛에서 추출한 "Cocona" 등과 같은 100% 생물학적으로 폐기 가능한 친환경섬유를 소재로 하며, 재료 기술의 경우에도 코코넛 껍질 소재 활성탄을 이용한 친환경적인 공법을 비롯하여 친환경 섬유 보강재로 사용하고 있다.

또한, 수선 서비스를 제공하여, 동사의 제품을 10 ~ 20년 이후에도 사용 가능할 수 있게 하였다. 또한, 최초의 스포츠용품 제조사로서 전 제조 공정분야에서 엄격한 환경기준인 *블루사인[40](bluesign) 기준을 준수, 전부가 가치사슬에 있어서 친환경성과 자원보호 등에 대한 높은 가치를 부여하고 있다. 고객에게 건강에 전혀 유해하지 않은 소재와 사회 및 환경 기준 준수 하에 제조된 고품질 제품을 제공하고 있다. 이에 따라 주요 고객인 산악 스포츠인 사이에서 친환경 기업의 이미지 확보 및 인지도를 높이고 있다.

이 외에도 사내 신문 발간 및 내부 인트라넷을 통해 기업의 환경보호 및 환경의 영향에 대한 정보를 제공하며, 매월 각 가정에 있어서의 자원 절감 등과 관련한 환경 정보 등을 제공하고 있다.

또한, 동사는 CSR 기준 적용을 통해 납품업체 및 파트너 기업과의 win-win 관계를 추구하고 있다. 즉, 동사는 납품업체와의 협력에 있어서 윤리, 사회, 생태학적 기준과 관련하여 행동규범 준수를 전제로 함. 이에 해당하는 세부분야는 다음과 같다.

---

40) 블루사인: 자연보호단체 Greenpeace가 Scholler Textil AG 사와 공동으로 협력하여 섬유산업 중에서도 가장 까다로운 기술인 특별공정과정이 요구되는 노동환경과 제품생산과정 검증

① 법적 최소 임금
② 법적으로 규정된 근무시간 준수
③ 모든 형식의 오용 및 악용에 대한 보호
④ 인종, 나이, 성별에 대한 차별 금지
⑤ 법적 최소 근로 연령 준수 및 강제적 노사 관계 포기
⑥ 모든 법적 근로 보호 및 안전 관련 규정 및 위생기준 준수
⑦ 모든 법적 환경 규정 준수, 특히 폐기 및 폐수에 대한 철저한 관리 등이다. 동 규정은 납품업체와의 계약 상 기본 준수사항이며, 정기적 감독 대상이다. 평가는 동사의 품질 컨트롤 팀의 사전 통보 및 미 통보 방문으로 이루어지며, 행동 규범 위반 시 협력 계약을 파기하는 것으로 하고 있다.

한편 동사는 파트너 기업 및 하도급 기업과 Win-Win 관계 추구하고 있는데 동사는 위와 같은 엄격한 조건을 파트너 기업과 납품기업에게도 적용함으로써 상호 근무 환경 개선에 크게 기여하고 있다.

이와 같이 근로자의 인권을 존중하는 노동환경 조성으로 납품업체 소속 근로자의 만족도 증대 효과를 가져 오고 있다. 또한, 동사는 납품업체 및 파트너 기업에게도 블루사인 인증을 취득하도록 요청하고 있다. "VAUDE-Academy" 차원에서 납품업체를 대상으로 한 교육 세미나를 개최, 납품업체의 경쟁력 유지 및 상호간에 win-win하는 지속적인 관계를 구축하고 있다.

8) 프랑스: Danone사

프랑스 Danone사의 "프랑스 최대 식품기업이라는 위상에 걸맞게 여러 분야에서 CSR 활동전개" 사례를 소개한다. 동 사례의 활동 분야는 식품안전, 환경경영, 책임구매(purchasing social responsibility 혹은 CSR procurement), 소외계층/지역 지원, 각종 문화/스포츠/예술 후원 등으로 주요 분야 중 하나인 환경경영의 경우 기후변화, 수자원 보호, 농업 증진, 생물학적 다양성, 자원 재활용과 관련된 이슈가 주를 이루고 있다.

타겟 분야별로 다양한 프로그램과 지원 프로젝트, 기금 조성을 통해 CSR 활동 구현하고 있는데, 예를 들어 "마프코폴로 프로젝트(The Marco Polo Project)"는 제품 운송 시 독일-프랑스 구간은 기존 트럭 운송에서 100% 철도 운송으로 전환, 온실가스 방출량 43%, 연간 운송연료 사용량 41% 감축하였다.

또 다른 예로 "다논 자연보호기금(the Danone Fund for the Nature)"는 습지대 보호 및 복원을 목표로 조성된 기금과 "나이지리아 식수 공급 캠페인(1 litre bought = 10 litres pumped)"으로 2006년 나이지리아 마라디 지방 주민에게 총 15억 리터를 공급했으며, 6개 신규 우물 건설, 이후 15년간 1억6천명에게 식수를 지속 공급하는 프로젝트가 있다.

그리고 "Danone Ecosystem Fund 운영"으로 그 취지는 전 세계 사회, 환경 관련 중요 이슈에 대한 보다 체계적이고 효율적인 해결책 지원을 위한 기금 조성하는 것으로 그 내용은 동 사기업 활동과 관계된 모든 이해당사자(공급자, 하청업체, 운송 및 물류업체, 지자체 등)의 애로사항 해결을 위한 기금 마련 및 지원을 하는 것이다. 그 규모 및 특징을 살펴보면 2009년 도입 당시 기금 규모는 100백만 유로로 이후 5년간 순이익의 1%까지 기금확대를 목표로 하여 기금 조성 및 지원대상 프로젝트 선정 등 모든 과정에서 NGO, 관련기관/단체와 긴밀한 협조체제를 구축하였다.

프로젝트를 예시하면 "우크라이나 우유 생산 농가 지원"으로 그 목적은 우크라이나 전체 우유 생산의 80%를 담당하는 소규모 농가를 지원하는 거시고, 내용을 보면 고품질 우유 생산을 위한 정보 제공과 기술 보급을 위한 러닝센터 운영, 그리고 지역 농가 발전 및 지속 가능한 가치창출에 기여하는 것이다.

9) 프랑스: Societe Generale사

Societe Generale사의 "프랑스 2대 은행 중 하나로 1위인 BNP Paribas와 더불어 금융권 CSR 활동의 주축 담당" 사례를 소개한다. 동사는 최근 경제위기의 주범이라는 오명에서 벗어난 이미지 회복을 위해 동 분야에 적극적인 관심과 투자가 이어질 것으로 기대되고 있다.

은행권 대표기업으로 사회책임투자(SRI: socially responsible investing)에서도 활발히 활동하는 것으로 알려져 있으나 그에 국한되지 않고 다양한 분야의 CSR활동을 추진 중이다. 주요 관심분야로 인적 자원 개발 및 지원, 환경보호, 책임구매, 교육 · 문화예술 · 스포츠 활동 후원 등을 들 수 있는데 그 중 "환경경영 구현을 위한 Carbone Neutrality 계획"으로 그 목적은 2008 ~ 2012년간 직원 1인당 CO2 배출량 11% 감축을 통한 환경경영 실현이다.

그 내용은

① 각 사업 부문별 다년간 액션플랜 수립
② 건물 유지, 교통, 정보통신 사무기기 사용, 종이 사용 등 업무 진행 과정에서 발생하는 유해가스 감소를 위한 best practice 발굴
③ 이산화탄소 배출 감소 등 환경 요소를 감안한 의사결정문화 도입 등이다.

'09년 성과를 보면

① 08 ~ 09년 직원 1인당 CO2 배출량 4.5% 감소

② 에너지, 종이 사용 절약 목표치 수립
③ 업무 출장 거리 축소에 따른 자원 및 비용 절약 목표치 수립
④ 각 사업 분야별 이산화탄소 배출 감소 계획 이행 등이다.

10) 영국: Barclays Bank사

영국 Barclays Bank사는
① 영국내 CSR 활동(2009 ~ 10년)
② 빈곤 지역에 거주하는 약 844,000명 국민에게 Cash Card Account 제공
③ 국가경제회복을 위해 2009년 대출예산을 110억 파운드 추가 배정
④ Money SKills 프로그램을 통한 취약계층 개인 금융관리 자문
⑤ 영국의 고령자 시민들에게 무료 재무자문 서비스 제공
⑥ Association of British Credit Union, Community Development Finance Association (CDFA)와 협력해 지속적으로 지역 경제 발전에 기여하고 있으며, Financial Inclusion Fund를 통해 기업들의 금융 소외 해소를 지원하고 있다.

그리고 "국제적 CSR 활동"을 보면 아프리카, 아시아, 남아메리카에 걸친 미소금융 제공활동으로
① 2009년 International Development Organisations, Pland and CARE International 과 협력, Banking on Change 라는 미소금융 프로그램으로 인도를 포함한 11개국 취약계층에 약 1000만 파운드 금융지원
② Ghanaian Microbanking 프로그램을 통한 가나 미소금융 지원
③ World Wildlife Fund(WWF)와 협력, 탄자니아 미소금융 개발 등이 있으며, WWF와 함께 동아프리카지역 자연 보호 활동과 아프리카에 AIDS/HIV 도움 관련 프로젝트 인력 지원 그리고 2009년에만 전 세계적으로 지역사회 개발에 5500만 파운드를 기부한 것을 들 수 있다.

11) 영국: GlaxoSmithKline사

영국 GlaxoSmithKline사의 "국제적 지역사회 발전 공헌" 사례로 동사는
① 28개국에 걸쳐 림프사상충증 박멸을 위해 4.25억 파운드 기부
② 의약품 판매에서 발생된 수익의 20%는 최빈국들의 의료시설과 필수 의약품 보급 향상 사업에 기부

③ HIV바이러스의 모자감염 예방을 위해 5천만 파운드 지원(Positive Action for Children)
④ 아동위생인식을 장려시키는 PHASE 프로그램에 5백만 파운드 지원
⑤ 아프리카 국들의 말라리아 퇴치에 150만 파운드 기부
⑥ 말라리아 백신 가격을 낮춰 아프리카 7개국의 말라리아 대응에 적극적으로 기여함. 이렇게 발생된 수익은 차세대 말라리아 백신 개발에 재투입
⑦ 8천만 파운드에 해당하는 필수 의약품들을 US Patient Assistance Program을 통해 약 50만 명의 미국 환자들에게 무료로 보급 등을 추진하였으며,

"환경 보호" 운동의 일환으로
① UN의 CEO Water Mandate를 준수하며, 회사 전체의 물 사용량도 2006년부터 현재까지 15% 감소
② 2006년과 비교해 고체 폐기물 19% 감축
③ 2006년 이후 휘발성 유기화합물 폐기 량 27% 감축
④ 2009년에 진행, 완료된 300여개의 에너지 절약 프로젝트를 이산화탄소 배기량 56천만 톤을 감축하였다.

Plan, Scenario, Back up, Confirm, Evaluation (P S B C E) process lead to successful results.

계획, 시나리오, 대안, 확인, 평가는 모든 일을 성공적으로 이끈다.

Management

Intelligence

Business

IT FIN TECH

Governance

BIG DATA

Information Governance

참고자료

용어해설

참고자료

1. 국내문헌

- 강남오, 심기영, 한상용, "S/W 등 디지털 정보의 재무적 가치평가 모델에 관한 연구", 한국소프트웨어감정평가학회, 2005.11
- 강영모, 이현경, 한경석, 김종배, "그린IT 평가 지표연구", Asia-pacific Journal of Multimedia Services Convergent with Art, Humanities, and Sociology Vol.6, No.4, 2016.04
- 강홍렬, "정부 클라우드 전략의 논의 방향", 정보통신정책연구원, 2011
- 강희종, "Green IT Initiative of Japan, Science and technology policy", 2009
- 경영정보시스템원론(제2판), 556p. 2005, 법영사
- 고장권. "정보와 컴퓨터", 학문사, 1995.01
- 김계철, "콜센터 상담사의 업무 저해요인이 직무만족에 미치는 영향에 관한 연구_스마트워크와 상사지원의 조절효과를 중심으로", 전남대학교 대학원, 2015.08
- 김대영, 김성훈, 하민근, 김태홍, 이요한(2011). 한국통신학회논문지. 제28권 제9호, p.49-57 1226-4717.
- 김문관, 글로벌 전자상거래 규모 2018년 2311조원…매년 10% 성장 전망", 조선일보, 2016.08
- 김문구 외(2010) 『IT 융합의 국내외 동향 및 국내 산업 역량 강화 방향』, 한국전자통신연구원
- 김민경, 조현, 김성희, "An Exploratory Study about Relation of Citizen's Green IT Recognition Level and Diffusion Status, Journal of Korean Associastion for Regional Information Society", 2012.
- 김승환(2011) 『의료 IT 융합기술 동향』, 한국전자통신연구원
- 김윤정, 유병은, "인공지능 기술 발전이 가져올 미래사회의 변화", KISTEP InI 제12호, 한국과학기술기획평가원(KISTEP), 2016.02.
- 김성우, "클라우드 컴퓨팅 사업 강화에 주력하는 NTT그룹", KT경제경영연구소, 2009
- 김성태(2001), "광역자치단체의 전자정부추진 실태분석: 정보화지표와 지표간 관계를 중심으로," 한국행정학보, 34, 235-255.
- 김성태(2007), 신전자정부론: 이론과전략, 법문사.
- 김양우, 정성욱,"클라우드 컴퓨팅 활성화 방안", 한국정보통신기술협회, 2009
- 김양우, "클라우드 컴퓨팅", 동국대학교, 2010
- 김은혜, "클라우드 서비스 브로커리지", 인터넷 진흥원, 2011
- 김용균, "인공지능 업계동향 및 인식조사결과," ICT 이슈, 정보통신기술진흥센터(IITP), 2016.03.
- 김정유, 이승아, "IT 투자 방법론과 활용방안", (주)이비즈그룹, 2001.09
- 김중태(2009) 『IT 융합현황과 사례』, 지역정보화(KLID)
- 김지희, 이제석, 이지환, "개도국의 식민피지배 경험에 기반한 해외 자정부 구축시장 분석", Journal of Strategic Management, 2011.01
- 김한주, "National strategy for Green Growth of Korea and the Role of Green IT", COMMUNICATIONS OF THE KOREA INFORMATION SCIENCE SOCIETY, 27(11), 2009
- 김현경, 김성도 외. "A Study on Green ICT Strategies in Korea", Korea Environmental Policy and Administration Society, 2010.
- 남수현, 노규성, 김유경, "스마트워크 수준 결정모형에 관한 연구", 디지털정책연구 제9권, 제4권, 2011
- 남수현, "스마트워크 출현과 비전", 스마트워크 2.0, 커뮤니케이션 북스, 2011.11
- 데이코산업연구소, "스마트워크, 모바일오피스 실태와 추진전략", 2011
- 데이코산업연구소(2010) 『융합산업 동향과 개발전략』, 데이코산업연구소

- 리스크 IT 프레임워크, 한국정보시스템감사통제협회, 20
- 맥킨지 & KAIST 테크노경영대학원, 2002. 'IT 투자로부터의 가치도출'
- 머니투데이, '3D 프린터로 만든 소총 격발 성공, 그 후엔…', 2013.07.28.
- 미래창조과학부, "2016년도 정보통신 진흥 및 융합 활성화 실행계획", 미래창조과학부, 2015.08
- 민경식, "사물인터넷", 한국인터넷진흥원, (사)한국기업기술가치평가회, 2004.09
- 민옥기 외(2009) 『훤히 보이는 클라우드 컴퓨팅』, 전자신문사
- 박민우, "O2O 옴니채널과 커머스를 위한 핀테크 서비스 전략방안", Digieco 보고서, 2015.07
- 박인규, "국내외 전자상거래의 현황과 발전과제", 우정정보 36, 1999
- 박혜진, "개방화 패러다임과 모바일인터넷의 진화", 세상을 이어주는 통신연합, 한국통신사업자연합회, 2009.08
- 방송통신위원회, "스마트 인프라 고도화 및 민간 활성화 기반 조성(안)", 2010
- 방승찬, 김일규, 고영조, "이동통신 시스템의 무선전송기술 발전사," 한국통신학회, 2015.
- 방승찬, "이동통신의 발전 및 핵심기술," Telecommunications Review , 2014.11.
- 벤처기업협회, "그린 SW 기술 및 시장동향_스마트오피스 분야", 벤처기업협회, 2009
- 전자신문, " [빅데이터 시대 카운트다운] 〈9〉 빅데이터가 인재를 선발한다", 전자신문, 2013.03.14
- 비지니스 솔류션 소프트웨어 및 서비스 제공업체(http://www.sas.com/)
- 산업은행, '3D 프린팅 기술현황", KDB 산업은행, 2015.07.
- 설성수, "전문인력 양성을 위한 기술가치평가", 한국기술거래소, (사)한국기업·기술가치평가회, 2004.09
- 소영진, "정보의 개념과 정보사회의 의미", 한국전산원, 1995.09
- 오재인, "유비쿼터스시대의 경영정보학 개론", 박영사, 2013.05
- 유승훈, 허재용, 안윤기, "지식정보 가치평가 모형의 실증적 개발", 한국데이터베이스진흥센터, 2009.
- 유효정, "클라우드 서비스 중개업", 전자신문, 2012
- 윤치훈(2012) 『중소기업 융합기술의 이해와 흐름』, 사단법인 중소기업융합 중앙회
- 윤혜정, 최귀영, 이중정, "모바일 오피스 시스템이 사용자의 업무과부하 및 직무 스트레스에 미치는 영향", 정보시스템연구, 제20권제2호, 2011
- 이병하 외, "한국기업의 워크스마트 실천방안"_SERI 연구보고서, 삼성경제연구소, 2012.03
- 이승희, 도현옥, 서경도, '스마트워크 활성화를 위한 경영관리 방안', 디지털정책연구, 2011
- 이영자, "정보학 개론", 정각당, 1987.02
- 이은경, "특허권의 가치평가에 관한 연구", 2002
- 이종화, 김태현, 이주영, "주요국 무선인터넷 생태계 발전전략 분석 및 정책 연구, 한국정보통신정책연구원, 2011.11
- 이종용, 조병선, "인공지능 산업활성화 생태계 조사을 위한 제언", 전자통신 동향 분석 제31권 제2호, 한국전자통신연구원, 2016.04.
- 인문의 숲에서 경영을 만나다.정진홍, 21세기북스, 2007
- 임정선, "IoT-가속화되는 연결의 빅뱅과 플랫폼 경쟁의 서막", 2015 ICT 10대 주목 이슈 , KT 경제경영연구소Special Report, 2015
- 임정욱, "핀테크에 주목하라", 하나금융그룹, 2015.06
- 임정욱, "핀테크 국내외 산업동향과 전망", 한국인터넷진흥원, 2015.06
- 신한철, "MRP 시스템 도입과 활용기법", 서울상공회의소, 1985.09
- 윤정모, 김계철, 도철구, "ERP 시스템의 개념과 발전 과정", 한국정보처리학회, 1999.09
- 임규관), '스마트워크 2.0 구축 방법론에 대한 연구', 디지털정책연구. 2011
- 임종인, "IT 컴플라이언스 관점에서 본 IT 융합 환경의 정보보호 패러다임", 고려대학교, 2016
- 임춘성, "e-Business File", (주)영진닷컴, 2009.12
- 장사형, "정보사회에서의 윤리 문제에 대한 사회적 접근과 도덕적 논의", 교육철학 제40집, 2010.04
- 장희선, "스마트워크의 국내외 추진사례 및 서비스", 정보통신산업진흥원, 2013.03
- 정대영, "MRP 연구", 서울대학교 산업공학과 공장자동화 실험실, 1996.06
- 정보보호 전문가의 CISSP 노트, 인포더북스, 2011

- 조광수, '3D 프린터의 시대', 한국인터넷진흥원, 2015.06.
- 조성갑, "인프라정보경영론", 진한엠엔비, 2000.02
- 조희준, "COBIT 5와 거버넌스 프레임워크", 정보시스템감사통제, 2012
- (주)테크밸류, "지적자산과 무형자산의 가치평가", 세창출판사, 2000
- 전자정보센터, "모바일 오피스, 엔터프라이즈 모빌리티의 구현", 2010
- 정국환. 소영진 "정보사회의 개념정립 및 정보화 추진 방안에 관한 연구", 한국전산원, 1996.08
- 정보통신기술진흥센터, "사물인터넷 R&D 추진 계획", IITP CP Issue Report, vol.14-4. 정보통신기술진흥센터, 2014.11
- 정보통신산업진흥원, "스마트 창조사회 혁신적 전환을 위한 Sensing+ 확산전략 수립", 정보통신산업진흥원, 2014.06
- 정보통신기술진흥센터, "일본 제조업 분야 사물인터넷(IoT) 활용사례와 정부의 대응 동향", 해외 ICT R&D 정책동향(2015년 3호), 2015
- 장광수, "성큼다가온 미래, 이제는 IoT", 한국정보화진흥원, 2014.06
- 정승렬, 김경섭(2002), "전자정부구성요소와 성공적인 구현과의 상관관계에 관한 연구," 한국지역정보화학회2002 지식정보화국가전략국제포럼.
- 정충식(2007), "2007 전자정부론", 서울경제경영. 2007
- 주대영, 김종기, "초연결시대 사물인터넷(IoT)의 창조적 융합 활성화 방안", 산업연구원, 2011.01
- 성낙환, "인공지능 기술의 걸음마가 시작되었다," LG Business Insight, 2012.06.20.
- 송관호(2011) 『IT 융합기술 개론』, 진한M&B
- 송길현, 신택수, "A Study on the Information of Green IT Based on the Cases of Implementing Green Internet Data Center, Information System Review", 2009
- 신영진, "A study on comparing the Green IT policy in the future society: Focused on comparing and cooperating the cases of Malaysia and South Korea, Public Policy Review", 2009
- 신의섭, '기업이 빅데이터 경쟁력을 갖는 방법', 컴퓨터월드, 2013.04
- "[알아봅시다] 기업 빅데이터 도입", 디지털타임즈, 2013.03.13
- 심태환. "빅 데이터 시대의 클라우드와 사례 연구를 통한 차별화 전략". Cloud & Data Center World. 2013.
- 오성미, "BI 솔루션 검토를 위한 마이크로소프트의 제안", 마이크로소프트, 2007.
- 양혜영, '빅데이터를 활용한 기술기획 방법론', 한국과학기술평가원, 2012.04
- 윤민희, 유기동. "MIS-based approaches for facilitating Green IT", Korean Institute of Industrial Engineers, 2009
- 윤훈주(2004) 『유비쿼터스 소개』, LG 이노텍 시스템 연구소
- 이미혜, "스마트그리드 시장현황 및 전망", 한국수출입은행, 2012.12
- 이태영, "핀테크란 무엇인가?", ITWorld, 2015.03
- 이효석, "핀테크에 대한 5가지 오해", 코리안리, 2015.03
- 이훈혜, "빅데이터 활용 가이드", 산업연구원, 2014.01
- 이희성, '스마트워크의 노동관계법적 이슈와 활성화', 2011
- 인터넷진흥원, "안전한 모바일 오피스 도입과 운영을 위한 정보보호 수칙", 방송통신위원회, 2012.02
- 임금순, "IT Governance의 전략적 도입과 활용", 시사컴퓨터, 2004.02.
- 장두석, "스마트 그리드 산업의 동향 및 산업화 방안". 산은경제연구소, 2012.04
- 장사형, "정보사회에서의 윤리 문제에 대한 사회적 접근과 도덕적 논의", 교육철학 제40집, 2010.04
- 장상수, "핀테크 시대의 정보보호 패러다임 변화", 정보통신기술진흥센터, 2015.04
- 정명선외 "오바마정부의 IT 정책방향과 시사점, IT 이슈트렌드, 한국정보사회진흥원, 2008.
- 정보통신기술진흥센터 정책기획팀(2016) 『주요선진국의 제4차 산업혁명 정책동향』, 정보통신기술진흥센터, 2016.04
- 정명애(2012) 『IT 융합기술과 융합산업』, 물리학과 첨단기술
- 정윤석, "인공지능 역사적관점에서의 고찰," ICT 신기술, 주간기술동향, 정보통신기술진흥센터(IITP), 2016.07.

- 정지훈(2015)『제4차 산업혁명은 도시를 어떻게 변화시킬 것인가』, 경희대학교, 2014.05
- 정태인. 1994.「정보기술산업의 국제적 전개」. 이각범 외,「미국의 첨단산업지구에 관한 연구: 실리콘밸리의 전자기업간 네트워크와 제도적 특성을 중심으로」. 서울대학교 지역종합연구소. pp.13-59.
- 조산구, "웹2.0 패러다임과 의미", TTA Journal No. 111, Special Report, web 2.0 표준화 및 서비스, 한국정보통신기술협회, 2007.05
- 채승병, " 빅데이터, 산업 지각변동의 진원", 2012, 삼성경제연구소
- 중앙일보, "디지털세계 빅브라더 '빅데이터", 2012.06
- 추형석, "인공지능(AI) 플랫폼 산업 동향", 월간 SW 중심사회, 소프트웨어정책연구소(SPRI), 2016.06.
- 최성, 김계철, "클라우드 성공 참조모델 발굴을 통한 중소기업 IT 경쟁력 강화 연구", 방송통신위원회, 2012
- 최성, 김계철, "클라우드 서비스 브로커리지 육성 정책방안 연구", 미래창조과학부, 2013.09,
- 최 성(2010) 『클라우드 컴퓨팅 서비스 플랫폼 기술동향』, 정보통신산업진흥원
- 최용락, 이정일 "데이터웨어하우스", bangganji.tistory.com/attachment/cfile6.uf@113BCA0C4C36865B34527F.pdf, 2007.
- 최재홍, '3D 프린터의 글로벌 동향 및 이슈', 한국인터넷진흥원, 2015.06.
- 컨넥티드컨설팅 그룹, "클라우드 브로커리지 모델의 부상과 통신사 신사업 기회 발굴 가능성", 2013
- 크리테오, "모바일 전자상거래 현황 보고서", 크리테오, 2016.
- 한국소프트웨어진흥원. "그린 IT 활용: 원칙과 실천", 정책연구센터, 한국소프트웨어진흥원, 2008.06
- 한국정보화진흥원 빅데이터전략센터 미래전략연구부(2014) 『인더스트리 4.0과 제조업의 창조경제 전략』, 한국정보화진흥원, 2014.05
- 한국정보화진흥원, "사물인터넷 수요 및 시장 동향". 한국정보화진흥원. 2015.12
- 한국정보화진흥원, "모바일 퍼스트 시대의 창조적 서비스 전략" ". 한국정보화진흥원. 2014.11
- 한국정보화진흥원 (2012). "전자정부 선진국의 정책 추진동향." 한국정보화진흥원. 2012.
- 한국정보사회진흥원(2007)『일본 xICT 비전』, 한국정보사회진흥원
- 한국정보사회진흥원(2007)『삶의 질 관련 산업의 미래 전망과 IT 활용과제 발굴 연구』, 한국정보사회진흥원
- 한국정보화진흥원."녹색성장으로가는 지름길, 그린 IT", 한국정보화진흥원, 2009.
- 한혁, 서진아, 이호신, '빅데이터 산업의 현황과 전망', KISIT MARKET REPORT. 한국과학기술정보연구원, 2013.04
- 홍용곤, "사물인터넷(IoT) 표준화 동향", 사물인터넷 기술 표준 및 특허 세미나, 한국전자통신연구원, 2014.06.
- 홍성걸, "이명박 정부의 IT 정책 추진체계_IT 컨트롤 타워 설치 필요성과 효율적 운영을 위한 제언", 정보화정책 제 16권 제4호. 2009.12
- 홍재범(2012)『제1차 산업융합발전계획』 강의 교안, 부경대학교
- 홍효진, "스마트워크의 성공적 정착을 위한 선결과제", 한국정보화진흥원, 2011
- 한국정보화진흥원, "모바일 시대를 넘어 AI 시대로," IT & Future Strategy, 제7호, 2010.08.25.
- 한국콘텐츠진흥원(), "트렌드 포커스, 전세계 주요국의 스마트 시티 추진사례 분석", 동향과 전망: 방송·통신·전파, 통권 제70호 2014.01
- 한국정보화진흥원, "스마트 시티를 통해 본 미래 도시", IT & Future Strategy 제13호, 2010.12.20
- 한영춘, 임명성, 김정군, 조연성, 한동철, "전자상거래", 이프레스, 2013
- 한국지역정보화 학회, "스마트워크 현황과 활성화 방안 연구", 2010
- 한국경제신문사, "전자상거래 혁명", 비즈니스, No16/8, 1999.02
- 한국전산원(1996), 전자정부개념 정립 및 구현방안에 관한 연구.
- 한국전산원(1997), 정보화시대의 행정서비스와 행정체제 개선방안.
- 현욱, 강신각, "스마트워크 표준화동향_텔레프레즌스를 중심으로", 전자통신 동향 분석 제26권 제2호, 한국전자통신연구소(ETRI), 2011.04
- COBIT 4.1 한글판, ISACA Korea, 2011
- CT 이슈분석, "사물인터넷이 열어갈 새로운세상", 한국콘텐츠진흥원, 2013.12
- Criteo, "모바일커머스현황, CRITEO, 2015.07

- Economy Chosun, “왜 현실적인 사업만 하려 하나 불가능하다는 사업이 기회인데,” 통권 135호, 2016.01.
- Ellie Fields 및 Brett Sheppard, 비즈니스 인텔리전스에 대한 새로운 접근 방법, Tableau, 2013.02
- IBM, “비즈니스 사용자를 위한 비즈니스 인텔이전스 : 언제 어디서든 필요한 통찰력 제공”, IBM 소프트웨어 비즈니스 애널리스틱, 2007.
- IITP, “인공지능(AI) 실태조사,” 최신 ICT 이슈, 주간기술동향, 정보통신기술진흥센터(IITP), 2015.11.
- IRS글로벌, ‘3D 프린팅(프린터, 소재) 시장, 기술 전망과 국내외 참여업체 사업전략’, 2013.07.
- ISACA 지식용어집과 ISACA 지식 FAQ, 한국정보시스템감사통제협회, 2009
- IT 거버넌스 프레임워크 코빗 COBIT4.1을 중심으로, 인포더북스, 2010
- NIPA, ‘3D 프린터, 차세대 제조업 혁신 주도 전망’, 주간기술동향, 2013.03.20.
- NIPA, ‘국내, 3D 프린터 시장 확대’, IT융합시스템 36호, 2013.03.
- SK 텔레콤, “모바일 오피스 플랫폼 구축방안”, 2011

2. 해외문헌

- ACADYS, 2003, ‘European Survey on the Economic Value of Information Technology’
- Braman, Sandra. 1989. Defining Information : An approach for policymakers. Telecommunications Policy, September. pp.233-242.
- Bell, Daniel. 1973. The Coming of Postindustrial Society. New York: Basic Books.
- Bell, Daniel.1980. The Winding Passage: Essays and Sociological Journeys. 서규환 譯. 「정보화사회와 문화의 미래」. 서울: 디자인하우스.
- Berman, B. 1986. Bureaucracy and the Computer Metaphor. in Studies in Communication and Information Technology. Queen's University.
- Block, Fred. 1990. Postindustrial Possibilities: A Critique of Economic Discourse. Berkeley, Los Angeles, Oxford: Univ. of California Press.
- Braman, Sandra. 1989. Defining Information: An approach for policymakers. Telecommunications Policy, September. pp.233-242.
- Braverman, H. 1974. Labor and Monopoly Capital. New York: Monthly Review Press.
- BCC Research, “Smart Machine: Technologies and Global Markets,” May 2015.
- CISCO, “The Internet of Everything”, 2013.6
- CIO Magazine, 2003.3
- CISCO(2013), “The Internet of Everything for Cities Connecting People, Process, Data, and Things To Improve the ‘Livability’ of Cities and Communities”
- Citi GPS & Oxford Martin School, “Technology at Work v2.0 - The Future Is Not What It Used to Be,” January 26, 2016
- COBIT 4.1, ITGI, 2007
- COBIT Control Practices 2nd edition, ITGI, 2007
- COBIT online, ISACA, 2008
- CGEIT Review manual, ITGI, 2009
- COBIT 5.0, ITGI, 2012
- Frey and Osborne (2013), “The Future of Employment: How Susceptible are Jobs to Computerisation?, Oxford Martin School Working Paper”, September 17, 2013
- Garnham, N. 1979. Contribution to a Political Economy of Mass-Communication. Media Culture & Society, Vol. 1. pp.123-146.
- International Journal of Emerging Technology and Advanced Engineering, ‘3D Printing,’ 2013. 3.

- Machlup, F. and U. Mansfield (eds). 1983. The Study of Information: Interdisciplinary Messages. New York: Wiley.
- Mandel, Ernest. 1978. Late Capitalism. London: Verso.
- Masuda, Yoneji. 1980. The Information Society: as Post-Industrial Society. Tokyo: Institute for the Information Society.
- Gartner, 2003, IT Spending 2002
- Gartner (2009). "Gartner Identifies the Top 10 Strategic Technologies for 2010",
- Gartner Symposium/ITxpo 2009.
- Information System Control vol. 1~4, ISACA, 2008~2011
- ITU-R, M.687, "INTERNATIONAL MOBILE TELECOMMUNICAIONS-2000 (IMT- 2000)", 1997.
- ITU-R, Report ITU-R M.[IMT. ABOVE 6GHZ], "The technical feasibility of IMT in thebandsabove6GHz," 2015년 6월.
- ITU-R, Recommendation ITU-R M.[IMT.VISION], "Framework and overall objectives of the future development of IMT for 2020 and beyond," 2015년 6월.
- Jack M. Nilles, (1998), "Manageing Telework : Strategies for Manageing the Virtual Workforce" John Wiley & Sons, Inc. 1998.
- Keeney, R. L. 1992. Value-Focused Thinking. Cambridge. Harvard University Press.
- Laudon, Kenneth C, Jane P. 《Management Information Systems 12/E: Managing the Digital Firm, CHAPTER 1》. Pearson Education Asia. ISBN-10 : 027375453X / ISBN-13 : 9780273754534.
- Leyland F. Pitt, Richard T. Watson & C. Bruce Kavan (1995) "Service Quality : A Measure of Information Systems Effectiveness" in MIS Quarterly, June 1995, pp. 173~187
- Masuda, Yoneji. 1980. The Information Society: as Post-Industrial Society. Tokyo: Institute for the Information Society.
- Naisbitt, John. 1982. Megatrends. 한국경제신문 외신부 譯, 「대변혁의 물결」.
- Schiller, Dan. 1988. How to Think About Information? in V. Mosco and J. Wasco(eds), The Political Economy of Information. Wisconsin Univ. Press.
- Shannon, C. and W. Weaver. 1949. The Mathematical Theory of Communication. University of Illinois Press. 1985. 「통신의 수학적 이론」. 통신정책연구소, 통신정책총서 85-9.
- SIMTech, 'Opportunities and Applications of 3D Additive Manufacturing,' 2013. 4.
- The Brookings Institute, 1992, and the Lev Analysis of S&P 500 companies, 1998.
- Toeffler, Alvin. 1980. The Third Wave. New York: Bantam Books Inc. 유재천 譯, 「제3의 물결」. 서울: 문화서적
- von Neumann, J. and Morgenstern, O. 1947. Theory of games and economic behavior. Princeton: Princeton University Press.
- von Winterfeldt, D. and Edward, E. 1986. Decision analysis and Behavioural Research. Cambridge: Cambridge University Press.
- Pratt, P.Shannon, Robert F. Reilly and Robert P. Schweihs, Valuing a Business, 3rded, Irwin, Chicago. 1996
- Michael Miller (2009). "Cloud Computing: Web-Based Applications that Change "the Way You Work and Collaborate Online", Que Publishing, 2009. 11.
- EPA, 'Report to Congress on Server and Data Center Energy Efficiency', 2007.
- DOE, 'DOE Data Center Energy Efficiency Program and Tool Strategy', 2007.
- Garnham, N. 1979. Contribution to a Political Economy of Mass- Communication. Media Culture & Society, Vol. 1. pp.123-146.
- GSA, 'Green IT: Green IT Is Essential to Green Government, Intergovernmental Solutions Newsletter, Issue 21, Fall', 2008.

- Mandel, Ernest. 1978. Late Capitalism. London: Verso.
- Marketing Next, 'Will the future be 3D printed?', 2013.09.26.
- McKinsey, "Big data: The next frontier for innovation, competition and productivity", June 2011
- MyEngineering, '5 Unbelievable 3D Printed Human Organs', 2015.
- O'Reilly Radar Team" Planning for Big Data"
- Philip Carter "Bigdata Analytics: Future Architectures, Skills and Roadmaps for the CIO", IDC, 2011. 9
- Schiller, Herbert. 1986. Information and the Crisis Economy. 강현두 譯, 「현대자본주의와 정보지배논리」. 서울: 나남.
- Shannon, C. and W. Weaver. 1949. The Mathematical Theory of Communication. University of Illinois Press. 1985. 「통신의 수학적 이론」. 통신정책연구소, 통신정책총서 85-9.
- Takayuki Sumita, 'Green IT Initiative as a policy to provide a solution', 2008(OECD Workshop on ICTs and Environmental Challenges 발표자료.
- Tractica, "Artificial Intelligence of Enterprise Applications," , 2Q, 2015.
- von Neumann, J. and Morgenstern, O.1947. Theory of games and economic behavior. Princeton: Princeton University Press.
- WIPO MAGAZINE
- World Economic Forum, "The Future of Jobs – Employment, Skills and Workforce Strategy for the Fourth Industrial Revolution," January 2016
- William H. Delone & Ephraim R Mclean (1992) "Information Systems Success : The Quest for the Dependent Variable" in Information Systems Research 3:1, March 1992, pp.60~95
- 3Dprin.com, 'University of Pittsburgh Research Teams Create 3D Printed, Metal, Biodegradable Bone Scaffolds', 2014.10.11.
- 特許庁, '平成26年度 特許出願技術動向調査報告書 (概要) 人工知能技術,' 平成27年3月
- 今井賢一. 1986. 박찬혁 譯, 「정보네트워크사회」. 통신정책연구소.

[전자화폐와 가상화폐]

- 황형규, 박만원, "일, 비트코인으로 전기료 내고 결제가능 상점 2500곳" 비트코인 해외활용사례, 매일경제신문, 2016.11.
- 정지성, "신한은행, 비트코인 해외송금…은행권으로는 처음", 지급결제와 정보기술 매일경제신문, 2016.11.
- 김태오, "가상화폐의 이용현황과 시사점", 지급결제와 정보기술 제53호, 금융결제원, 2013. 7.
- Alex Wawro, "역사상 가장 성공적인 가상 화폐 비트코인에 대한 이해" IDG Tech Report, IT World, 2016.11.
- 김태오, 직불형 카드 이용현황 및 국내 활성화 방안, 지급결제와 정보기술 제52호, 금융결제원, 2013.04.
- 성대규, 신용카드에서 직불형 카드 중심으로 카드시장 바꾼다, 한국개발연구원, 2012.
- 조석홍, 윤영웅, 이상출, 전자화폐 도입의 쟁점과 활성화 방안, 사회과학연구 제6권, 2006.
- 황선철, 국외 주요 전자화폐 현황 및 시사점, 지급결제와 정보기술 제33호, 금융결 제원, 2008.07.
- Bitcoin Virtual Currency: Unique Features Present Distinct Challenges for Deterring Illicit Activity, FBI, 2012.04.
- Jordan McKee, Redefining Virtual Currency, yankee group, 2013.05.
- Nakamoto Satoshi, Bitcoin: A Peer-to-Peer Electronic Cash System, http:// bitcoin.org, 2009.
- Virtual currency schemes, ECB, 2012.10.
- www.bitcoin.org
- www.bitcoin.de
- www.secondlife.com

[가상/증강현실]

- https://ko.wikipedia.org
- 이영호, 신춘성, "가상/증강현실 기반 원격 협업 기술 동향" 제 33권 제 11호, 2015, 11, pp. 19-26
- 김항섭, "가상현실의 기술 및 생태계 전망", 주간기술동향, 정보통신기술센터, 2016, 07
- 최아영, 황재인, "웨어러블 혼합현실 연구 및 산업 동향 : HMD와 인터랙션 분야", 주간기술동향, 정보통신진흥센터, 2016.06
- 박홍석, 최홍원, "증강현실의 기술원리 및 프레임워크", 차세대 가상생산기술, AR 테크놀러지, Cad & Graphics, 2008.05
- 주간기술동향, "가상현실과 증강현실 시장, 2020년 1,500억 달러 규모", 정보통신기술센터, 2015.04
- Sutherland, Ivan E. "A head-mounted three dimensional display." Proceedings of the December 9.11, 1968, fall joint computer conference, part I. ACM1968
- Sutherland, Ivan E. "Sketch pad a man-machine graphical communication system," Proceedings of the SHARE design automation workshop. ACM, 1964
- Wikipedia, Jaron Zepel Laniner(https://en.wikipedia. org/wiki/Jaron _Laniner)
- VRWiki, VPL EyePhone Model 1(https://vrwiki.wikispasees.com/VPL+ EyePhone)
- A.L. Janin, D.W. Mizell and T.P. Caudell, "Calibration of head-mounted displays for augmented reality applications," Virtual Reality Annual International Sympposium, 1993 IEEE, Seattle, WA, 1993 pp.246-255
- Milgram, Paul; H. Takemura; A. Utsumi; F. Kishino, "Augmented Reality; A class of displays on the reality-virtuality continuum(pdf)," Proceedings of Telemanipulator and Telepresence Technologies, 1994. pp.2351-34. Retrieved 2007.3.15.
- Azuma, Ronald, T. A Survey of Augmented Reality, Presence: Teleoperators and Virtual Environments 6. 4. August 1997. pp.355-385
- L. Wanger. The effect of shadow quality on the perception of spatial relationships in computer generated imagery. In Proc. Of SI3D'92. 1992, pp.39-42
- Li-Wei Chan, Hui-Shan kao, Mike Y. Chen, Ming-Sui Lee, Jane Hsu, and Yi-Ping Hung, Touching the void : direct-touch interaction for intangible displays. In Proceedings of the 28th international conference on Human factor on computing system(CHI'10). ACM. NY, USA, 2625-2634, 2010

[가상화]

- 이정호, "클라우드 컴퓨팅을 향한 VM 웨어의 여정", Cloud Computing & Virtualization, VMware Global Inc, 2014.11
- 한국IBM 전략컴퓨팅 시업본부, "가상화 기술 백서 : IBM System Agencnda와 가상화 엔진을 중심으로", IBM, 2014.11

3. Web site

- 앨빈토플러의 "제4의 물결 : http://myjinkyu.tistory.com/91
- 눈 높이 백과 2008년 : newdle.noonnoppi.com/xmlView.aspx?xmldid=22999
- www.ctp.or.kr
- Arnall et al. 2011, http://www.nearfield.org/2011/02/wifi-light-painting
- ABI Research(2013. 5. 9). More Than 30 Billion Devices Will Wirelessly Connect to the Internet of Everything in 2020, Retrieved from https://www.abiresearch.com/press/more-than-30-billion-devices-will-wirelessly-conne
- Arnall, T., Martinussen, E, S., & Schulze, J.(2011). Immaterials: light painting WiFi. Retrieved from http://www.nearfield.org/2011/02/wifi-light- painting
- Arthur D. Little(2011). Wanted: Smart market-makers for the "internet of Things". Retrieved from http://www.adlittle.com/downloads/tx_adlprism/ADL_Smart_market-makers.pdf
- Atzori, L., Iera, A., & Morabito, G. (2010). The internet of things: A survey. Computer Networks, 54(15), 2787-2805.
- Botanicalls(2013). Retrieved from http://www.botanicalls.com/
- CISCO IBSG(2011.4). The Internet of Things: How the next evolution of the internet is changing everything. Retrieved from http://www.cisco.com/web /about/ac79/docs/innov/IoT_ IBSG_0411FINAL.pdf
- Google(2012). Retrieved from http://www.google.com/glass/start/
- GreenGoose(2011). Retrieved from http://www.crunchbase.com/company /greengoose
- Gubbi, J., Buyya, R., Marusic, S., & Palaniswami, M. (2013). Internet of Things (IoT): A vision, architectural elements, and future directions. Future Generation Computer Systems.
- IDA(2012). Infocomm Technology Roadmap 2012-Internet of Things. Retrieved fromhttp://www.ida.gov.sg/~/media/Files/Infocomm%20Landscape/Technology/TechnologyRoadmap/ InternetOfThings.pdf
- Paraimpu(2011). Tlight. Retrieved from http://paraimpu.crs4.it/applicat ion/tlight
- Parrot(2013). Retrieved from http://ardrone2.parrot.com/
- Stanza(2010) Retrieved from http://www.stanza.co.uk/sensity/
- KBS(2013), Available at http://office.kbs.co.kr/dokdo
- 서울시(2013), Available at http://livecam.seoul.go.kr/
- IDA(2012, http://www.ida.gov.sg/~/media/Files/Infocomm%20Landscape/Technology/TechnologyRoadmap/InternetOfThings.pdf)
- www.etnews.com/tools/article_print.html?art_code=20140428000192&ch arset= utf-8
- www.fnnews.com/view?ra=Sent0901m_View&corp=fnnews&arcid=201404020100037460001382&cDateYea=014&cDateMonth=04&cDateDay =02
- http://www.zdnet.co.kr/news/news_view.asp?artice_id=20140424154637
- http://au.sun.com/edge/2007-07/eco.jsp?cid=920710
- https://www.cdp.net/en-US/Pages/HomePage.aspx
- http://acenter.colorado.edu/energy/projects/green_computing.html
- http://news.zdnet.co.uk/itmanagement/0,1000000308,39284324,00.htm
- Green Building Council, http://www.usgbc.org/
- http://www.infoworld.com/archives/t.jsp?N=s&V=85855
- https://www.cdp.net/en-US/Pages/HomePage.aspx
- http://www.thegreengrid.org/gg_content
- Venture Scanner, "The State of Artificial Intelligence in six visuals," Sept. 4th, 2015, http://insights.venturescanner.com/tag/artific ial-intelli gence

- www.isaca.org
- www.isaca.or.kr
- www.itgi.org
- http://www-01.ibm.com/software/data/bigdata/
- Douglas, Laney, '3D Data Management: Controlling Data Volume, Velocity and Variety'. Gartner. Retrieved 6 February 2001.
- http://www.gartner.com/it/page.jsp?id=1731916
- http://mike2.openmethodology.org/wiki/Big_Data_Definition
- McKinsey Global Institute(2011), Big data: The next frontier for innovation, competition, and productivity

용어해설

- API

API(Application Program Interface, 응용 프로그램 인터페이스)
: 운영 체계(OS)에서 응용 프로그램을 만들 수 있도록 제공하는 소프트웨어. 응용 프로그램은 API를 사용하여 OS가 가지고 있는 다양한 기능을 이용할 수 있다. 초기의 개인용 컴퓨터(PC)에서는 응용 프로그램이 하드웨어의 기능을 직접 조작하는 경우가 많았다. 그러나 파일 관리나 정보의 화면 표시 기능처럼 모든 기능을 응용 프로그램 내에 두면 프로그램 개발 효율이 떨어지고, 복수의 응용 프로그램을 번갈아 사용하였을 때 문제가 발생하기 쉽다. 따라서 많은 응용 프로그램이 공통으로 이용할 수 있는 기능은 OS에 두는 것이 일반이다. 응용 프로그램 작성자가 프로그램 중에 함수를 기술하기만 하면 함수 호출에 따라 다양한 기능을 이용할 수 있게 된다. 이 함수의 집합이 API이며, 종류가 다른 OS 사이에 API의 공통 형식이 규정되면 이기종의 컴퓨터 사이에 응용 프로그램의 이식성(portability)이 확보 된다
* 출처: 한국정보통신기술협회

- Bluetooth

Bluetooth, 블루투스
: '푸른 이빨'이라는 뜻으로 바이킹으로 유명한 헤럴드 블루투스의 이름에서 유래되었다. 사무실 · 회의실 · 가정이나 사용자 주변 공간 등 근거리 내에서 무선으로 서로 다른 통신장치들을 연결하도록 개발되었다. 블루투스를 이용한 무선 네트워크는 노트북 · PDA · 휴대용단말기 등과 같은 모든 정보기기 간에 자유로운 데이터 교환을 가능하게 한다.
1994년 스웨덴 에릭슨사에서 휴대폰과 주변기기들간의 소비전력이 적고 가격이 싼 무선 인터페이스를 연구하며 시작되었으며, 1998년 5월 에릭슨 · 노키아 · IBM · 도시바 · 인텔 등으로 구성된 블루투스 SIG(Special Interest Group)가 발족되었다. 이후 참여 기업이 늘어나면서 전 세계적인 규격으로 자리잡았다.
* 출처: Daum 백과

- LBS

LBS(location based services , 위치기반서비스)
: 이동성(Mobile) 기기를 통해 각종 교통 및 생활 정보를 실시간으로 받아 삶의 질을 향상시키는 서비스를 총칭한다. 대표적인 사례로는 친구찾기, 주행 중 길안내 및 가까운 주유소 찾기, 미아찾기 등이 있다. 특히 LBS는 지리정보시스템(GIS) 또는 지능형교통시스템(ITS)과 밀접한 관련성 및 상호보완성을 갖고 있어 성장성이 주목된다. 지리정보시스템은 지도 및 지리정보를 컴퓨터를 이용해 작성하고, 여기서 얻은 지리정보를 기초로 데이터를 수집, 분석, 가공하기 때문에 LBS의 기초 기술이 된다. ITS 역시 교통정보를 수집, 가공하는데 LBS와 밀접하게 연계된다.
* 출처: 매일경제 디지털 경제용어

• MAUT

MAUT(Multi-Attribute Utility Theory, 다속성 효용이론)

: 다기준 의사결정모형중의 하나로서 Keeny & Raiffa(1976)에 의해 제시되었으며 Von Neumann & Morgensten(1947)이 제시한 기대효용 가설에 기초를 두고 집단의사결정문제 해결기법으로 개발되었음 대부분의 의사결정은 단일목적 혹은 단일속성이라기보다는 다목적 또는 다속성의 형태를 띠고 있다. 즉, 어떤 의사결정문제는 고려할 수 있는 대안의 수가 많고,대안마다 발생할 수 있는 결과치가 불확실하며, 발생가능한 결과치를 평가하는 데사용되는 속성들이 여러 가지가 있을 수 있기 때문에 매우 복잡한 양상을 띄게 된다.

일반적으로 다속성 의사결정 문제는 여러 속성에 의해 설명되는 대안들 간의선택을 다룬다. 예컨대 좋은 맥주의 구입문제에 있어 발효법과 가격이라는 두 가지 속성이 있는 경우, 이 두 속성은 다소 상충적인 면을 지니고 있어 어떤 경우에는 두 속성의 가장 높은 수준을 달성할 수도 있지만, 또 다른 경우에는 한 속성은 다른 속성에 의해서 제한을 받을 수 있다. 이러한 상황 하에서 의사결정문제의 최적해는 서로 상반되는 속성들에 대해 의사결정자의 효용을 극대화하는 것이 필요하다. 이때 속성들 간의 상충 때문에 자연히 선호의 상충(trade-off) 문제가 발생하게 된다. 이를 해결하기 위해 다속성 효용이론이 개발되었음

* 출처: 인하대학교 대학원 논문집

• MMS

MMS(multi-media message service)

: 문자와 숫자로만 이뤄진 기존 문자메시지와 달리 동영상 사진 멜로디 등을 첨부할 수 있어 마치 유선 인터넷에서 보내는 것처럼 화려한 메시지를 보내는 서비스를 일컫는다. 3세대 이동통신에서 핵심 콘텐츠로 등장할 전망이어서 이동통신사들이 앞다퉈 도입하고 있다

* 출처: 매일경제 디티털 경제용어

• Multi-Tenant

Multi-Tenant , 멀티테넌트

: 다양한 고객(입주자)이 하나의 서비스 인스턴스를 공유하고 멀티테넌트 로드밸런스를 통하여 고객과 다양한 인스턴스와의 연계구성을 설정하는 기술. 즉, 하나의 응용 프로그램을 다양한 고객(입주자)이 공유하여 사용할 수 있는 하는 기술을 말함

* 출처: IT용어사전

• NFC

NFC(Near Field Communication)

: NFC는 전자태그(RFID)의 하나로 13.56MHz 주파수 대역을 사용하는 비접촉식 근거리 무선통신 모듈로 10cm의 가까운 거리에서 단말기 간 데이터를 전송하는 기술을 말한다. NFC는 결제뿐만 아니라 슈퍼마켓이나 일반 상점에서 물품 정보나 방문객을 위한 여행 정보 전송, 교통, 출입통제 잠금장치 등에 광범위하게 활용된다.

* 출처: 매일경제 디지털 경제용어

• NIST

NIST(National Institute of Standards and Technology, 미국 국립 표준 기술 연구소)
: 1901년에 설립된, 미국 상무부(United States Department of Commerce) 기술관리국 산하에 있는 표준 기술 연구소. 산업 현장에서 절대적으로 필요로 하는 각종 기술과 측정 분야에 국가 기준이 되는 표준을 개발하고 선정 및 적용하는 연구소이다. ※ http://www.nist.gov/
* 출처: 한국정보통신기술협회

• PG Payment Gateway

PG(Payment Gateway)
PG(Payment Gateway)社는 신용카드사와 가맹점 계약을 체결하는 것이 곤란한 중소 쇼핑몰을 대신해 카드사와 대표 가맹점 계약을 맺고 신용카드 결제 및 지불을 대행한 뒤 하부 쇼핑몰에서 수수료를 받는 업체다
* 출처: 다음 백과

• PHP

PHP(Hypertext Preprocessor , 하이퍼텍스트 프리프로세서)
: 하이퍼텍스트 생성 언어(HTML)에 포함되어 동작하는 스크립트 언어. 별도의 실행 파일을 만들 필요없이 HTML 문서 안에 직접 포함시켜 사용하며, C, Java, Perl 언어 등에서 많은 문장 형식을 준용하고, 각종 데이터베이스를 제어하는 함수와 웹 개발에 필요한 많은 함수를 제공하므로 동적인 웹 문서를 빠르고 쉽게 작성할 수 있다. 스크립트에 따라 내용이 다양해서 동적 HTML 처리 속도가 빠르며, PHP 스크립트가 포함된 HTML 페이지에는 PHP 개발 버전에 따라라 .php, .php3, .php4, .phtml 등의 확장자를 붙였으나 최근에는 .php 하나로 통일되고 있다. PHP는 유닉스나 리눅스, 윈도 등 대부분의 운영체제에서 동작한다. 1994년 라스머스 러도프(Rasmus Lerdorf)씨가 처음 고안 했을 때는 이름을 'Personal Home Page Tools'이라 불렀으며, 오픈 소스 프로젝트에 의해 개발되므로 누구든지 소스를 받아 수정하고 재배포 할 수 있다. 공식 사이트 주소는 www.php.net이다.
* 출처: 한국정보통신기술협회

• PoC

PoC(Proof of Concept, 개념증명)
: 제품, 기술, 정보 시스템 등이 조직의 특수 문제 해결을 실현할 수 있다는 증명 과정. 아직 시장에 나오지 않은 신제품에 대한 사전 검증을 위해 사용된다. 즉, 고객이 현재의 시스템을 새로운 기술 기반으로 변경하거나 새로운 솔루션의 도입이 필요하다고 판단될 경우 새로운 Solution 에 대해서 향후 고객사에서 Business Needs상 필요한 기능에 대해서 검증하는 것을 말함
* 출처: 한국정보통신기술협회

• SBU(Strategic Business Unit, 전략적 사업단위)

SBU, 전략적 사업단위

: 근조직의 수명 주기 모형은 기업이 성장을 하면서 나타나는 전략과 조직을 각 성장단계별로 파악하기 위한 것으로 기업의 성장 단계별 조직형태는 제1성장기(기업가형 조직), 제2성장기(중앙집권적 기능별 조직), 제3성장기(사업부 조직), 제4성장기(전략사업단위(SBU)), 제5성장기(메트릭스 조직)으로 나뉜다. 전략사업단위는 사업부조직의 단점을 극복하기 위한 조직으로서 각 단위에 공통적인 주요 전략요소에 기준을 두고 각 사업단위를 통합한 조직형태이다. 다른 전략사업단위와 구별될 수 있는 독자적인 사업을 가져야 하고 분명한 경쟁자가 있어야 한다. 전략사업단위는 기업 조직의 어느 수준에서도 구성될 수 있다. 가장 중요한 성격은 기업의 전략을 가장 작은 단위로 나누었을 때, 그 전략단위의 주체가 된다는 점이다. 따라서 최고경영자는 전략사업단위책임자에게 목표를 제시하고 기업 전체의 차원에서 그가 입안한 전략에 대한 평가와 조정에 대한 역할만을 담당한다.

* 출처 : 매경 시사 용어사전(dic.mk.co.kr)

• Semantic

Semantic, 시맨틱

: 컴퓨터가 정보자원의 뜻을 이해하고, 논리적 추론까지 할 수 있는 차세대 지능형 웹을 뜻함

* 출처: Daum 백과사전

• SMS

SMS(short message service , 문자메시지서비스)

: 이동전화 시스템에서 음성 통신과는 별도로 짧은 문자 메시지를 상대방 단말기에 전송하는 일종의 양방향 무선 데이터 서비스. 발송 시점과 거의 동시에 상대방의 단말기에 내용 전달과 저장이 가능하고, 동시에 다수의 수신처에 보내거나, 시간을 지정하여 예약 발송할 수도 있으며, 수신자는 저장된 메시지 중 원하는 것만 선택할 수도 있기 때문에 편리하다. 또한, SMS는 다른 서비스와의 융합에 의해 보다 다양한 서비스를 창출하거나 네트워크 내의 제어 기기에 제어 신호의 전달하는 용도로 사용될 수도 있어 전화 통화와는 또다른 하나의 통신수단으로서 확고한 자리를 굳히고 있다.

* 출처: 한국정보통신기술협회

• Zigbee

Zigbee, 지그비

: 무선홈 네트워킹 기술 가운데 주목 받고 있는 기술 중의 하나로 저속 전송속도를 갖는 홈오토메이션과 데이터 네트워크를 위한 표준기술로 저전력 저비용의 강점을 지니고 있는데, 전력소모를 최소화하는 대신 소량의 정보를 소통시키는 반경 30m내에서 250kbps 속도로 데이터 전송이 가능하며 하나의 무선네트워크에 255대의 기기를 연결할 수 있는 장점이 있음

* 출처:

약어설명

1. AIX — Advanced Interactive eXecutive: IBM사에서 자사의 워크스테이션인 IBM RTPC를 위해 개발한 일종의 유닉스 운영체제
2. AOP — Aspect Oriented Programming: 애플리케이션 개발을 신속하고 유연하게 하면서 결합 비율을 줄이기 위해 중복되거나 예외적인 영역을 하나로 모아 처리함으로써 효율성을 높이고 업무별 재코딩을 지양하고자 하는 프로그래밍 기법, 프로그램 내부 여러 곳에서 사용되는 특정함수에 대한 통제를 중앙 집중화함으로써 개발절차를 단순화
3. API — Application Program Interface: 특정한 업무 처리를 위해 프로그램 또는 시스템간 상호 호출하는 메쏘드의 집합
4. ATM — Asynchronous Transfer Mode: ITU-T에서 1988년에 광대역 종합 정보 통신망(B-ISDN)의 전송방식으로 결정하여, B-ISDN의 핵심이 되는 전송, 교환기술
5. AR — Augumented Reality: 실세계에 3차원의 가상물체를 겹쳐서 보여주는 기술을 활용해 현실과 가상환경을 융합하는 복합형 가상현실
6. BPR — Business Process Reengineering: 업무 프로세스의 근본적인 재고가 수반되며, 원가, 서비스 품질, 직원들의 활력 등과 같은 중대한 지표들이나 또는 그 모두를 강화하기 위한 업무활동의 재설계
7. BI — Business Intelligence: 업무 의사결정을 지원하기 위해 data를 수집, 저장, 분석, 활용하는 기술 및 application의 광범위한 범주
8. BRMS — Business Rule Management System: 비즈니스 룰을 추출하여 정의하고 관리함으로써 애플리케이션에서 비즈니스 룰을 분리/관리하는 시스템
9. CAD — Computer-Aided Design: 컴퓨터를 이용한 설계 방식 및 도구
10. CALS — Continuous Acquisition & Life-cycle Support: 건설사업의 설계, 시공, 유지관리 등 전 과정의 생산정보를 발주자, 관련업체 등이 전산망을 통하여 교환, 공유하기 위한 정보화 전략
11. CMS — Contents Management System: 웹 사이트를 구성하고 있는 다양한 콘텐츠를 효율적으로 관리할 수 있도록 도와주는 시스템
12. COM+ — COM+는 COM의 중요한 확장으로서 윈도 2000을 통해 소개되었다. 동시에 마이크로소프트는 DCOM을 별개의 다른 기술로서 강조하지 않았다. 트랜잭션적인 COM 컴포넌트들은 이전 윈도 NT4 환경에서는 마이크로소프트 트랜잭션 서버 애플리케이션 인터페이스를 통해 배치되었지만, 현재는 COM+의 추가된 레이어에서 직접 다루어진다. COM+ 컴포넌트들은 현재 컴포넌트 서비스 애플리케이션 인터페이스를 통해 추가된다.
13. CPU — Central Processing Unit: CPU는 프로세서나 마이크로프로세서의 옛 이름으로서, 컴퓨터 프로그램의 명령어를 처리하기 위한 논리회로를 담고있는 컴퓨터의 핵심 부품
14. CVS — Concurrent Version System: 공동으로 진행하는 프로젝트의 버전 관리 시스템
15. DBMS — Database Management Systems: 데이터베이스로부터 정보를 추출하거나 저장, 수정할 수 있도록 해 주는 프로그램들의 집합
16. DoS — Denial of Service: 사용자나 기관이 인터넷상에서 평소 잘 이용하던 자원에 대한 서비스를 더 이상 받지 못하게 되는 상황
17. DW — Data Warehouse: 다양한 비즈니스 관점에서의 전략 분석을 위해 내부 데이터와 외부 데이터를 주제별로 통합하여 구축한 데이터베이스

18. DNS	Domain Name System: 네트워크에서 도메인이나 호스트 이름을 숫자로 된 IP 주소로 해석해 주는 TCP/IP 네트워크 서비스
19. DM	Data Mart: 주제영역별로 연관된 데이터를 다양한 분석 관점별로 분석할 수 있도록 다차원모델 기법을 사용하며 데이터를 저장해 놓은 데이터베이스
20. EAI	Enterpris Application Integration: EAI는 기업내의 컴퓨터 애플리케이션들을 현대화하고, 통합하고, 조정하는 것을 목표로 세운 계획, 방법 및 도구
21. ECC	Error Correction Code: 에러를 정정(correct)하는 것 뿐 아니라, 기존의 패리티 메모리에서와 같이 에러를 검출해내는 기능
22. EDA	Exploratory Data Analysis: 존 튜키라는 미국의 저명한 통계학자가 창안한 자료 분석 방법론이다. 기존의 통계학이 정보의 추출에서 가설 검정 등에 치우쳐 자료가 가지고 있는 본연의 의미를 찾는데 어려움이 있어 이를 보완하고자 주어진 자료만 가지고도 충분한 정보를 찾을 수 있도록 여러가지 탐색적 자료 분석 방법을 개발하였다. 대표적인 예로 박스플롯을 들 수 있다. 탐색적 자료 분석을 통하여 자료에 대한 충분한 이해를 한 후에 모형 적합 등의 좀 더 정교한 모형을 개발할 수 있다.
23. ERD	Entity Relationship Diagram: 말로서 되어있는 요구분석사항을 그림으로 그려내어 그 관계를 도출하는 것
24. ER	Entity Relationship: 현실에서의 사실을 도출하고 그 관계를 나타내는 모델링의 한 기법
25. EIS	Executive Information System: 의사결정권자에게 데이터 정보를 가공하여 가독성을 극대화 환 전사적 현황보고 및 통계정보를 제공하는 서비스 시스템
26. ETL	Extract, Transfrom and Load: 운영계 시스템으로부터 데이터를 추출, 정제, 변환하여 타겟 시스템에 적재하는 일련의 과정
27. EUC	End-User computing: 최종사용자의 컴퓨터활용
28. GHG	Green House Gas: 온실가스
29. GIS	Geographic Information System: 지리정보시스템, 지리공간 데이터를 분석 가공하여 교통, 통신 등과 같은 지형 관련 분야에 활용할 수 있는 시스템
30. GPKI	Government Public Key Infrastructure: 행정기관의 전자공문서 인증을 위한 전자서명인증관리기반의 행정기관 공통표준
31. GUI	Graphical User Interface: 순전한 텍스트보다는 그래픽을 통해 사용자와 컴퓨터간 인터페이스를 구현하는 것
32. HA	High Availability: 서버의 안정성을 높이기 위해 공유 디스크를 중심으로 다수의 시스템을 동시에 연결하는 구성
33. HDD	Hard Disk Drive: 자성체로 코팅된 원판형 알루미늄 기판에 자료를 저장할 수 있도록 만든 보조기억장치의 한 종류
34. HTTP	Hyper Transfer Protocol: 하이퍼 텍스트 전송 규약, 웹 상에서 파일(텍스트, 그래픽 이미지, 사운드, 비디오 그리고 기타 멀티미디어 파일)을 주고받는데 필요한 프로토콜로서 TCP/IP와 관련된 하나의 응용 프로토콜
35. ICT	Information Communication Technology: 정보통신기술, IT로 쓰이기도 함
36. ISO 표준화 기구	International Standards Organization: 국제 표준화 기구

37. IDS	Intrusion Detection System: 조직이 내부 네트워크에 대한 비정상적 접근을 실시간으로 탐지하는 보안 솔루션
38. IEEE	Institute of Electrical and Electronics Engineers: 1884년 설립. 회원수 31만명. 약 600규격(대부분은 ANSI 규격으로 채용)을 제정, 규격은 일련번호로 표시된다. (예)IEEE 828-1990: IEEE Standard for Software Configulation Management Plans. ANSI의 16개 위원회에 참여. 연방정부에도 30개 IEEE 규격이 채용되고 있다. IEEE의 Standards Board의 승인으로 규격이 제정된다. 규격은 5년마다 재검토 된다
39. IPS	Intrusion Prevention System: 잠재적 위협을 인지한 후 이에 즉각적인 대응을 하기 위한 네트워크 보안 시스템
40. ISDN	Integrated Services Digital Network: 전화, 전신, 텔렉스, 데이터, 비디오 등 성격이 다른 서비스를 종합적으로 취급하는 디지털 통신망
41. ISP	Information Strategy Planning: 조직의 경영계획과 목표를 지원하기 위한 정보시스템의 비전을 수립하는 정보전략계획
42. J2EE	Java 2 platform Enterprise Editioon: 웹 기반의 엔터프라이즈 애플리케이션을 구축하기 위한 SUN의 플랫폼
43. JDOM	Java Document Object Model: XML을 다루기(read, write, manipulate) 위해 자바 코드를 사용하여 만든 새로운 API
44. JMS	Java Message Service: 메시징 기반의 시스템 커뮤니케이션을 위한 자바 프로그래밍 인터페이스
45. JMX	Java Management Extensions: 응용 프로그램 소프트웨어/객체/장치(프린터 등) 및 서비스 지향 네트워크 등을 감시 관리를 위한 도구를 제공하기 위한 자바 API
46. JNDI	Java Naming and Directory Interface: 명명 및 디렉토리 서비스에 접근하기 위한 API
47. JTA	Java Transaction API: JAVA 기반에서 트렌젝션을 프로그래밍 할 수 있도록 하는 API
48. LAN	Local Area Network: 폐쇄된 범위 안에서 가까운 지역을 연결한 근거리 통신망
49. MHz	Megahertz: 컴퓨터의 두뇌라 불려지는 CPU(중앙 연산 장치)의 속도를 표시하는 단위
50. NAS	Network Attached Storage: 이더넷이나 TCP/IP와 같은 전통적인 LAN 프로토콜을 사용하여 네트워크에 접속되도록 특화된 스토리지
51. MEMS	Micro Electro Mechanical Systems: 멤스(MEMS)란 미세전자기계시스템, 미세전자제어기술 등으로 불리우는 것으로, 반도체 공정기술을 기반으로 성립되는 마이크론(㎛)이나 ㎜크기의 초소형 정밀기계 제작기술을 말한다.
52. MPEG	Moving Pictures Experts Group: 비디오나 오디오 압축에 관해 동영상 전문가 그룹에 의해 개발되어 진화되고 있는 일련의 표준
53. OLAP	On-Line Analytic Processing: 일반 사용자가 직접 대규모 데이터에 대한 실시간 분석처리가 가능하도록 한 어플리케이션
54. OS	Opertation System: 컴퓨터의 시스템 자원 활용을 위한 기본적인 운영체제
55. PKI	Public Key Infrastructure: 공개키 암호화 및 전자서명에 사용되는 사용자들의 공개키 정보를 신뢰할 수 있는 인증기관에 의해 공개적으로 안전하게 인증(Certification
56. PMS	Project Management System: 문자 그대로는 프로젝트 관리 시스템이며, 전사적으로 프로젝트를 관리할 수 있는 툴
57. PMP	Project Management Professional: 미국 프로젝트 관리 전문가 단체인 PMI(Project Management Institute)에서 주관하는 자격

58. QoS　Quality of Service: 사용자 또는 애플리케이션에 대해 중요도에 따라 서비스 수준을 차등화하여 한정된 WAN 대역폭에서 트래픽과 대역폭을 정책적으로 관리하는 제반 기술 및 개념

59. RAC　Random Access Control Unit: 기억 장치의 주소 선택, 기록, 해독 등의 동작을 제어하는 장치

60. RAID　Redundant Array of Independent Disks: 중요한 데이터를 가지고 있는 서버에 주로 사용되며, 여러 대의 하드디스크가 있을 때 동일한 데이터를 다른 위치에 중복해서 저장하는 방법

61. RFID　Radio-Frequency Identification: 주파수를 이용해 ID를 식별하는 SYSTEM으로 일명 전자태그로 불린다. RFID 기술이란 전파를 이용해 먼 거리에서 정보를 인식하는 기술을 말한다.

62. RMI　Remote Method Invocation: 원격 메쏘드 호출, 자바 프로그래밍 언어와 개발환경을 사용하여 서로 다른 컴퓨터들 상에 있는 객체들이 분산 네트워크 내에서 상호 작용하는 객체지향형 프로그램을 작성할 수 있는 방식

63. RTE　Real Time Enterprise: 회사의 주요 경영정보를 통합관리하는 실시간 기업의 기업경영 새 시스템

64. RPC　Remote Procedure Call: 원격 컴퓨터나 프로세스에 존재하는 함수를 호출하는데 사용하는 프로토콜

65. RSA　Rivest Shamir Adleman: Adi Shamir와 Leonard Adleman에 의해 개발된 알고리즘을 사용하는 인터넷 암호화 및 인증 시스템

66. SAN　Storage Area Network: 대규모 네트워크 사용자들을 위하여 서로 다른 종류의 데이터 저장장치를 관련 데이터 서버와 함께 연결하는 특수 목적용 고속 네트워크

67. SCSI　Small Computer System Interface: 컴퓨터에서 주변기기를 접속하기 위한 직렬 표준 인터페이스

68. SOA　Service Oriented Architecture: 대규모 컴퓨터 시스템을 구축할 때의 개념으로 업무상에 일 처리에 해당하는 소프트웨어 기능을 서비스로 판단하여 그 서비스를 네트워크상에 연동하여 시스템 전체를 구축해 나가는 방법

69. SOAP　Simple Object Access Protocol: 웹서비스를 실제로 이용하기 위한 객체 간의 통신규약으로 인터넷을 통하여 웹서비스가 통신할 수 있게 하는 역할을 담당하는 기술임. SOAP(SOAP Envelope), SOAP 헤더, SOAP 본체, SOAP Encoding Rule, SOAP RPC Representation의 5가지 요소로 구성

70. SLA　Service Level Agreement: 기업이 정보 제공자(IP)와 주고받는 서비스의 품질에 관한 계약에 사용되는 보증서, 원래는 프레임 중계 서비스 등을 제공하는 통신 사업자가 이용자에 대해서 광역 통신망(WAN) 트래픽의 전송 품질을 보증하는 계약

71. SMS　Short Message Service: 이동 전화 시스템에서 음성 통신과는 별도로 짧은 문자 메시지를 상대방 단말기에 전송하는 일종의 양방향 무선 데이터 서비스

72. SOCKET　SOCKET: 소켓은 네트워크상에서 클라이언트 프로그램과 서버 프로그램 사이의 통신 방법이다. 소켓은 "접속의 끝 부분"으로 정의되며, 때로 소켓 API라고 불리는, 일련의 프로그래밍 요청이나 function call로 만들어지고 사용된다. 가장 보편적인 소켓 API는 버클리 유닉스 C 언어 인터페이스

73. SQL　Structured Query Language: 관계형 데이터베이스에 대한 질의 언어 표준

74. SSO　Single Sign-On: 한 번의 인증만으로 이기종의 허가된 모든 자원에 대해 사용할 수 있도록 해 주는 기능

75. UDDI　Universal Description Discovery and Integration: 인터넷 상의 전 세계 비즈니스 목록에 자신을 등재하기 위한 XML 기반의 레지스트리

76. UDP　User Datagram Protocol: 사용자 데이터그램 프로토콜, TCP/IP 프로토콜 스택에서 비연결형 트랜스포트 계층 프로토콜

77. UI　User Interface: 사람들과 상호 작용을 하도록 설계된 장비나 반응

78. UML　Unified Modeling Language: 소프트웨어 개발 과정에서 산출되는 산출물들을 명시, 개발, 문서화하기 위한 모델링 언어

79. VR　Virtual Reality: 특수한 안경과 장갑을 사용하여 인간의 시각, 청각 등 감각을 통하여 컴퓨터의 소프트웨어 프로그램 내부에서 가능한 것을 현실인 것처럼 유사 체험하게 하는 유저 인터페이스 기술의 하나

80. WAN　Wide Area Network: 구내 정보 통신망(LAN)이나 도시권 통신망(MAN)을 상호 접속하여 형성한 대규모 통신망

81. WAS　Web Application Server: 데이터베이스 조회나 일반적인 비즈니스 로직에 대한 처리를 위해 개발된 웹 기반 미들웨어

82. WBS　Work Breakdown Structure: 프로젝트를 구성하는 다양한 작업을 유기적으로 역할을 할 수 있도록 구성한 작업목록

83. XML　eXtensable Markup Language: 1996년 W3C에서 제안한 것으로서, 웹 상에서 구조화된 문서를 전송 가능하도록 설계된 표준화

팔영산 깃대봉에서

조성갑

팔영산 깃대봉에서
절벽 산하에 집 나온 나비 한마리 1령 넘어 안녕 2령 넘어 올라 야호
3령 딛고 야야 4령 스치며 구름과 인사하고
하늘 아래 직각 떨어진 5령 위를 넘나드네
나도 날개를 원한다

솔잎 사이로 바위 스쳐온 향기 품은 산골 바람이
뛰고 뛰는 심장을 식히며 6령 고개 맞이하고
하루밤 쉬고 돌아 온 노랑 나비
한마리가 춤을 추며 반긴다 나도 춤을 원한다

가파른 산길을 밟으며 인내하고 희망하며 걷고 또 걸으며
속비치는 여린 연녹색의 생명력을 맡으며 지나 온 시간의 연속에서
인내와 시간이 무엇인지 알았고 길게 뿌리 박고 결연이 서 있는
8령 고봉기암에 앉아있는 왕나비 한마리 나도 그 자리에 앉고싶다

저멀리 점점이 박혀있는 섬과 양철 기와집, 닭 오리 돼지 염소.
돌담 사이로 솟아오른 돌밭에는 마늘 양파 냉이가
외딴섬을 느리게 오가는 연락선의 환영을 받고
출렁이는 파도위에 호랑나비 타고 추억을 만들자 하네

거기는 어두워도 어둡지 않고, 비가 와도 젖지 않고,
눈이 와도 미끄럽지 않고, 밥이 없어도 배 고프지 않고
한잔, 두잔, 말술에도 취하지 않고
붓이 없어도 그려지는 그런 곳이었습니다.

대표저자 조성갑 은 성균관대학교 경제학사, 연세대학교 경제학 석사, 중앙대학교 국제경제학 박사학위를 취득하였다. 컴퓨터와의 인연은 IBM에 입사하면서 시작되었으며 왓슨 연구소, 하버드 대학교 비즈니스 스쿨, 미네소타 연구소 등 국내외에 걸친 심화교육과 실전 프로젝트를 통하여 Flow Chart를 통한 Assembler에서부터 IT에 관련 된 산지식을 습득하였다.

(재)인천정보산업진흥원장, 한국정보통신수출진흥원장, 현대정보기술 부사장, 한국전자통신연구원 초빙 연구원. (사)한국IT전문가협회 회장, (사)한국정보처리학회 회장 (사)한국인터넷윤리진흥협회 회장 (사)한국정보기술학술단체총연합회 회장을 하면서 우리나라 초·중·고등학교에 소프트웨어 정규 교과목화를 할 수 있도록 하였다. 숭실대학교, 고려대학교 단국대학교 및 재능원격평생교육원장, 컴퓨터정보과 교수로 강의와 연구를 하며 영국 IBC(International Biography Center)에서 세계 지식인 2000인에 선정되었다.

주요저서로는『인프라정보경영론』,『세계최고 CIO되기』,『ICT 기술발전과 미래 인터넷 화폐에 대한 정책 연구』,『우리가 남겨놓은 10년과 앞으로의 100년』,『날마다 새롭게』가 있으며 대통령상, 산업훈장, 국민훈장 목련장을 수훈하였다.

공동저자 김계철 은 중앙대학교 회계학과를 졸업하고 서울과학기술대학교 산업대학원에서컴퓨터공학 석사 학위를 취득 후 전남대학교 일반대학원에서 전자상거래학 박사를 취득하였다.

제조(동양정밀공업), 유통(삼보컴퓨터), IT(동부그룹 정보통신부문, 현 동부 C&I) 분야에서 20여년간 쌓은 풍부한 실무경험을 비롯한 정보처리부문 기술지도사, IMS 심사원, 한국생산성본부의 CSR 전문가, 한국정보통신기술사협회의 IT-EAP 전문가 자격증을 보유하고 기업 및 정부와 공공기관을 대상으로 정보화전략계획(ISP), 정보기술아키텍처(EA), BPR, ERP, BSC 등 경영 및 정보기술 분야의 컨설턴트로 활동하고 있다.

현재는 IT 및 정보경영 분야의 컨설팅회사인 주식회사 비온드아이티 대표이사로 재직 중에 있으며, 대외 활동으로는 한국IT전문가협회 산하의 정보통신시스템 기술원 원장을 역임하였으며, 한국디지털콘텐츠학회, 한국정보기술응용학회, 한국디지털정책학회, 한국녹색산업진흥협회의 이사 등으로 활동 중이다.

공동저자 안종철 은 한국외국어 대학 법학을 전공하고 고려대학교 대학원에서 정보통신 석사를 취득한 후 서울과학기술대에서 IT 정책공학박사를 취득하였다. 지상파DMB 방송국인 유원미디어을 설립하고 대한전선미디어 대표이사로 재직 시 중국 국영방송인 CCTV와 베이징에 합작사를 설립하여 국내 최초 중국방송시장 진출을 하여 한류의 물고를 열었다. 이후 서울과학기술대에서 강의와 청주시 문화산업진흥재단의 대표로 활동하면서 문화산업기술과 예술을 접목 시키는 아티언스 분야의 개척자로 활동 하였다.

현재는 한국문화예술콘텐츠연구원 원장으로 재직 중이며, 대외 활동으로는 한국문화산업진흥협회 상임부회장과 한국만화영상진흥원 이사 등으로 활동 중이다.

저자와의
협의에 의해
인지 생략

정보 거버넌스

1판 1쇄 2017년 3월 2일

저 자 조성갑 / 김계철 / 안종철
발행인 송광헌
발행처 복두출판사
주 소 서울특별시 영등포구 경인로82길 3-4
센터플러스 807호
(우) 07371
전 화 02-2164-2580~1
FAX 02-2164-2584
등 록 1993. 11. 22. 제 10-902 호

정가 : 19,000원

ISBN : 979-11-5906-218-6 93560

한국과학기술출판협회 회원사